Tim Rojek
Hegels Begriff der Weltgeschichte

Quellen und Studien zur Philosophie

―

Herausgegeben von
Jens Halfwassen, Dominik Perler
und Michael Quante

Band 131

Tim Rojek

Hegels Begriff der Weltgeschichte

Eine wissenschaftstheoretische Studie

DE GRUYTER

Die Publikation dieser Arbeit wurde aus Mitteln des SFB 1150 „Kulturen des Entscheidens" der Westfälischen Wilhelms-Universität Münster gefördert und auf seine Veranlassung unter Verwendung der ihm von der Deutschen Forschungsgemeinschaft zur Verfügung gestellten Mittel gedruckt.

ISBN 978-3-11-062696-4
e-ISBN (PDF) 978-3-11-050234-3
e-ISBN (EPUB) 978-3-11-049868-4
ISSN 0344-8142

Library of Congress Cataloging-in-Publication Data
A CIP catalog record for this book has been applied for at the Library of Congress.

Bibliografische Information der Deutschen Nationalbibliothek
Die Deutsche Nationalbibliothek verzeichnet diese Publikation in der Deutschen Nationalbibliografie; detaillierte bibliografische Daten sind im Internet über http://dnb.dnb.de abrufbar.

© 2018 Walter de Gruyter GmbH, Berlin/Boston
Dieser Band ist text- und seitenidentisch mit der 2017 erschienenen gebundenen Ausgabe.
Druck und Bindung: Hubert und Co. GmbH & Co. KG, Göttingen

♾ Gedruckt auf säurefreiem Papier
Printed in Germany

www.degruyter.com

Meinen Eltern

Vorwort

Dieses Buch ist die überarbeitete Fassung meiner Dissertationsschrift „Hegels Begriff der Weltgeschichte. Eine wissenschaftstheoretische Studie zum Verhältnis von Geschichtsschreibung und Geschichtsphilosophie sowie den Grundlagen der Philosophie der Weltgeschichte." Die Dissertation wurde im Juni 2015 an der *Westfälischen Wilhelms-Universität* Münster beim Gemeinsamen beschließenden Ausschuss der Fachbereiche 08/09 eingereicht und im Februar des Folgejahres ebendort verteidigt. Zum Abschluss dieses Projekts möchte ich das Vorwort nutzen, um der angenehmen Pflicht nachzukommen, mich bei einer Vielzahl von Personen und Institutionen zu bedanken, die mich bei diesem Projekt unterstützt haben.

Für die Möglichkeit, mehrfach Teile des Projektes zu präsentieren und zur Diskussion zu stellen, danke ich sowohl dem Oberseminar von Prof. Dirk Hartmann an der Universität Duisburg-Essen als auch dem Kolloquium von Prof. Michael Quante in Münster und natürlich insbesondere den Teilnehmerinnen und Teilnehmern für ihre Vorschläge, Anregungen und Kritik.

Für zahlreiche philosophische Diskussionen und Gespräche sowohl zur Philosophie im Allgemeinen als auch zur hegelschen Philosophie im Besonderen und für all das, was ich von euch lernen durfte, danke ich aus dem Münsteraner Umfeld Amir Mohseni, David Schweikard, Dominik Düber und Simon Derpmann. Meine ehemaligen Essener Bürokollegen Fritz Bender und Christian Prenzing und zuletzt Isabell Schunn haben sich immer bereitwillig auf philosophische Gespräche jedweder Art eingelassen. Zu danken habe ich auch den anderen Mitgliedern der Essener Arbeitsgruppe: Sven Ender, Jan Podacker und Athena Panteos. Claudia Held danke ich insbesondere für die angenehme und stetige Motivationshilfe. Von Matthias Wille habe ich in unseren gemeinsamen Kölner und Essener Jahren weit mehr gelernt als ich hier zum Ausdruck bringen könnte und danke ihm vor allem für seinen mitreißenden philosophischen Enthusiasmus, der mir immer wieder deutlich werden ließ, worauf es ankommt.

Ganz besonderen Dank für nunmehr zehn Jahre permanenter philosophischer Gespräche, Diskussionen, Lesekreise, kritische Prüfungen und nicht zuletzt auch der Möglichkeit einer Lebensgestaltung, in der Philosophie und Freizeit nahtlos in einander übergehen danke ich Nadine Mooren und Thomas Meyer. Aus unseren Diskussionen habe ich weit mehr gelernt, als aus so mancher Vorlesung und so manchem Seminar. Möge es noch viele Jahre so weitergehen!

Zu danken habe ich auch dafür, dass ich in derjenigen WG leben und arbeiten durfte, die dem Begriff einer freundschaftlichen Arbeitsgemeinschaft wohl am nächsten kommt, vielen Dank dafür an Sebastian Kohl, Sabine Menges und Thomas Meyer.

Die Verschriftlichung dieser Arbeit, die Lektüre und die endlosen Diskussionen wären weitaus weniger angenehm gewesen, wenn uns das Café Duddel in Köln nicht mehr oder weniger eine Zweitwohnung zur Verfügung gestellt hätte! Ich danke seinem Besitzer Arne, sowie allen Mitarbeiterinnen und Mitarbeitern, dass es möglich ist, dort Arbeits- und Privatleben auf einzigartige Weise miteinander zu verknüpfen. Von den ‚Bewohnern' danke ich insbesondere Lasse Lorenzen und Jan Köster für permanente Gesprächsbereitschaft.

Zu danken habe ich auch Andi, Basim, Bastian, Tobi und Frau Triller und vor allem meinem Bruder Sebastian, aus dessen historischen Monologen ich sehr viel lernen durfte.

Pela Nehring danke ich dafür, mich nun schon seit mehreren Jahren zu ertragen, für ihr Verständnis und ihre stete Unterstützung!

Für die Hilfe bei der Endkorrektur der Arbeit danke ich Thomas Meyer und Barbara Gotzes sehr herzlich.

Herrn Prof. Dr. Oliver R. Scholz gebührt nicht nur großer Dank für die gründliche und aufmerksame Zweitkorrektur der Arbeit, sondern auch dafür, dass er mir in sehr wichtigen Gesprächen ermöglichte, von seinem enormen Wissensschatz zu profitieren und sich immer die Zeit nahm, mich gerade bei den historischen Fragen der Arbeit durch seine beeindruckende Literaturkenntnis zu unterstützen. Was ich von ihm lernen durfte, reicht über die vorliegende Arbeit weit hinaus.

Ein ganz besonderer Dank gebührt Herrn Prof. Dr. Dirk Hartmann: Seine Unterstützung und die Arbeitsmöglichkeit an der Universität Duisburg-Essen hat mir allererst die materiellen Mittel verschafft, das vorliegende Projekt in Angriff zu nehmen und unter sehr glücklichen Arbeitsbedingungen vorantreiben und abschließen zu können. Zu danken habe ich aber für weit mehr: Für sein Vertrauen, die philosophische und wissenschaftliche Horizonterweiterung dank seines schier endlosen Wissensfundus und der klaren und stets sachorientierten Behandlung philosophischer Probleme im Besonderen und wissenschaftlicher Probleme im Allgemeinen, habe ich viel gelernt und denke so immer sehr gern an die Essener Jahre zurück.

Der größte Dank gebührt meinem Doktorvater Prof. Dr. Michael Quante. Lieber Michael,

deine jahrelange, geduldige und immer hilfsbereite Unterstützung, deine Seminare, Vorlesungen und zahlreiche Gespräche sowie dein bemerkenswerter Umgang mit philosophischen Texten und Problemen haben mich weit mehr gelehrt, als in diesem Buch zum Ausdruck kommt und kommen kann. Möge dieses Buch zumindest ein Teil des Aufwandes gewissermaßen zurückerstatten.

Ich danke dem De Gruyter Verlag, sowie den Herausgebern der Reihe *Quellen und Studien zur Philosophie*, Jens Halfwassen, Dominik Perler und Michael Quante für die Aufnahme des Buches in die entsprechende Reihe.

Für die Unterstützung in der Endphase der Dissertation und bei der Drucklegung danke ich dem SFB 1150 „Kulturen des Entscheidens".

Für die großartige, freundliche und geduldige Betreuung seitens des Verlags danke ich Frau Gertrud Grünkorn und Frau Johanna Wange sehr herzlich.

Meinen Eltern danke ich für ihre stetige und nachhaltige Unterstützung über viele Jahre. Ihnen sei dieses Buch gewidmet.

Inhalt

Vorwort —— VII

Einleitung —— 1

1 Die Editionsgeschichte der hegelschen Geschichtsphilosophie —— 10
1.1 Die Freundesvereinsausgabe und die ersten Editionen der Philosophie der Geschichte —— 11
1.1.1 Die Freundesvereinsausgabe —— 11
1.1.2 Die Editionen der Geschichtsphilosophie in der Freundesvereinsausgabe —— 18
1.2 Die Ausgaben von G.J.P.J. Bolland, Fritz Brunstäd und die Jubiläumsausgabe —— 22
1.3 Die Ausgaben Lasson/Hoffmeister in der Philosophischen Bibliothek —— 23
1.4 Die Theorie-Werkausgabe von Moldenhauer/Michel —— 27
1.5 Die Manuskripte der Philosophie der Geschichte und die Vorlesungseditionen in den Abteilungen der kritischen Werkausgabe —— 30
1.6 Resultat der Editionsgeschichte: Welche Ausgaben können welchen Interpretationszwecken dienen? Welche Ausgaben und Textbasis liegen dieser Arbeit zugrunde? —— 39

2 Das Verhältnis von Geschichtsschreibung und Geschichtsphilosophie —— 44
2.1 Einleitung —— 44
2.2 Die Genese der nicht-philosophischen Geschichtsschreibung —— 45
2.2.1 Weisen der Geschichtsbehandlung —— 45
2.2.2 Die Formen nicht-philosophischer Geschichtsschreibung —— 50
2.3 Zwischenergebnis —— 163
2.4 Geschichtsphilosophie und die Wissenschaften —— 167
2.4.1 Die philosophische Geschichte —— 167
2.4.2 Hegels Konzeption des Denkens und der Denkformen —— 170
2.4.3 Hegels Zurückweisung inadäquater Konzeptionen der Geschichtsphilosophie —— 175
2.4.4 Hegels allgemeine Bestimmung des Begriffs der Weltgeschichte: Die Vernunftthese —— 180

2.4.5 Verhältnisbestimmung: Geschichtsschreibung und spekulative Philosophie —— **211**

3 **Der Begriff der Freiheit als Grundbegriff der hegelschen Philosophie der Weltgeschichte —— 221**
3.1 Vorgehen —— **221**
3.1.1 Zwei Erkenntnisinteressen —— **221**
3.1.2 Zwei Auslassungen —— **222**
3.2 Die Bedeutung des Begriffs der Freiheit für Hegels materiale Geschichtsphilosophie —— **223**
3.2.1 Die Bedeutung der ‚Freiheit' für Hegels Philosophie des objektiven Geistes —— **224**
3.2.2 Die Bedeutung des Freiheitsbegriffs im Rahmen der Philosophie der Weltgeschichte —— **227**
3.2.3 Zugang über die Spezialgeschichte —— **237**
3.2.4 Philosophische vs. nicht-philosophische Begriffsgeschichte —— **241**
3.3 Zwischen theoretischer und praktischer Philosophie: der metaphilosophische Ort der Geschichtsphilosophie Hegels —— **246**
3.3.1 Religion, Theodizee und Weltgeschichte —— **247**
3.3.2 Philosophische Weltgeschichte als Teil des Versöhnungsprojektes und Teil der Rechtfertigung des Universalprinzips —— **281**

Fazit und Ausblick —— 285

Literaturverzeichnis: —— 293
A: Hegel-Literatur mit Siglen —— **293**
B: Verwendete Hegel-Ausgaben —— **294**
(a) Ausgaben der Geschichtsphilosophie —— **294**
(b) Verwendete Ausgaben/Texte anderer hegelscher Werke —— **294**
(c) Sonstige Literatur —— **295**

Personenregister —— 305

Sachregister —— 308

Einleitung

Diese Studie stellt einen Beitrag zur Analyse von Hegels Geschichtsphilosophie dar. Von ‚Geschichtsphilosophie' kann dabei in *zwei* Bedeutungen die Rede sein:

(1) Man kann darunter eine Untersuchung der hegelschen Geschichtsphilosophie *im weiten Sinne* verstehen, d.h. eine Untersuchung derjenigen Theorien und Thesen hinsichtlich sämtlicher Gegenstände seines Systems, die über eine historische Entwicklungsdimension verfügen. Darunter fällt für Hegel zum einen die Weltgeschichte als Ganze, wie sie Gegenstand des letzten Teils seiner Philosophie des objektiven Geistes ist. Zum anderen aber auch seine Theorien zu den Gegenständen der Philosophie des absoluten Geistes, d.h. Kunst, Religion und Philosophie. Auch zu diesen Bereichen hat Hegel, soviel lässt sich mindestens aus den Vorlesungsnachschriften ablesen, ausführliche Untersuchungen vorgenommen, die die historische Entwicklungsdimension der jeweiligen Gegenstände berücksichtigen.

(2) Von dieser Fassung der hegelschen Geschichtsphilosophie lässt sich die Geschichtsphilosophie *im engen Sinne* unterscheiden. In diesem Sinne versteht man unter Hegels Geschichtsphilosophie seine *Philosophie der Weltgeschichte*, deren Grundlagen er vor allem in den *Grundlinien der Philosophie des Rechts* vorgelegt hat.[1]

Systematisch kann man die Geschichtsphilosophie als philosophische Disziplin hinsichtlich zweier Aspekte unterscheiden.

Zum einen gibt es eine *formale* Geschichtsphilosophie, zum anderen eine *materiale*.

(a) Erstere, die vor allem im Neukantianismus und der analytischen Philosophie seit den vierziger Jahren des 20. Jhd. entwickelt wurde, lässt sich als normative und deskriptive Wissenschaftstheorie der Geschichte als (Fach-)wissenschaft verstehen.

(b) Die materiale Geschichtsphilosophie lässt sich als Untersuchung des geschichtlichen Geschehens selbst begreifen. In ihr stehen Fragen wie diejenige, ob die Geschichte insgesamt einen ‚Sinn' aufweise, ob sich in ihr ein näher zu bestimmender, etwa moralischer Fortschritt oder Niedergang nachweisen lasse, oder ob die ‚Geschichte' in diesem Sinne einen Endpunkt aufweise, im Mittelpunkt des Interesses.

Die materiale Geschichtsphilosophie geriet im Verlauf des neunzehnten und zwanzigsten Jahrhunderts und mit der Entwicklung der formalen Geschichtsphilosophie, die sich vor allem in kritischer Abkehr von der materialen

---

[1] Vgl. *GPR* §§ 341–360.

Geschichtsphilosophie und im Wiener Kreis unter einer generellen Kritik an Metaphysik, ausprägte, in Misskredit. Sie gilt heute weithin als obskure Disziplin fragwürdiger Observanz. Eine materiale Geschichtsphilosophie hat auch Hegel entwickelt.

Ein Vorwurf gegen die materiale Geschichtsphilosophie insgesamt lautet, dass diese ihr Verhältnis zur nicht-philosophischen Geschichtswissenschaft unzureichend geklärt habe. Wie weiter unten knapp skizziert wurde, geht dieser Vorwurf bereits auf die Phase der Eigenkonstitution der Geschichtsschreibung im 19. Jahrhundert zurück.

Im Rahmen dieser Studie möchte ich zeigen, dass Hegel – entgegen dieses Vorwurfs – eine differenzierte Theorie darüber entwickelt hat, wie sich die Geschichtsphilosophie zur nicht-philosophischen Geschichtsschreibung verhält. Im Zuge dieser Theorie war Hegel gemäß der obigen systematischen Einteilung auch an formalen Fragen interessiert. Er selbst hat, wie sich zeigen soll, die Klärung solcher formalen Fragen als Bedingung für das Betreiben einer materialen Philosophie der Geschichte angesehen.

Hinsichtlich der obigen Unterscheidungen interessiere ich mich für die Geschichtsphilosophie im Sinne der unter (a) benannten Disziplin und untersuche in diesem Sinne die hegelsche Geschichtsphilosophie in der durch (2) abgesteckten Reichweite. Die Studie untersucht also primär aus der Perspektive der formalen Geschichtsphilosophie Hegels Philosophie der Weltgeschichte.

Dabei möchte ich zeigen, dass diese Geschichtsphilosophie im engeren Sinne von (2) sich selbst noch einmal in dreifacher Hinsicht zerlegen lässt, unter denen für Hegel das Phänomen der Geschichte sowie die Geschichtsschreibung relevant war. Ich möchte zeigen, dass Hegels Philosophie der Weltgeschichte, gemäß der obigen Einteilung, eine Geschichtsphilosophie darstellt, in der die Klärung formaler Fragen im Dienste der Ausgestaltung einer materialen Geschichtsphilosophie steht. Das heißt, dass er sowohl an materialen als auch formalen Fragen hinsichtlich der Weltgeschichte und ihrer Geschichtsschreibung interessiert ist.

Hegel untersucht die Geschichtsschreibung daher hinsichtlich dreier Aspekte: *Einmal* bietet er eine methodische Genese der Geschichtsschreibung und zeigt, dass sich diese als rationale und sinnvolle Form wissenschaftlicher Erkenntnis begreifen lässt. *Zweitens* tritt Hegel im Rahmen seines geschichtsphilosophischen Projekts als normativer Wissenschaftstheoretiker in Erscheinung. In dieser Rolle stellt er einige Kriterien dafür bereit, adäquate von inadäquaten Formen der Behandlung der Geschichte durch die nicht-philosophische Geschichtsschreibung zu unterscheiden.

Drittens zeigt Hegel auf, inwiefern er als material interessierter Geschichtsphilosoph auf die Arbeit der nicht-philosophischen Geschichtsschreibung angewiesen ist (i) und (ii) unter welcher spezifischen Perspektive sich, auf Basis der von der nicht-philosophischen Geschichtsschreibung bereitgestellten Daten, eine genuin materiale Geschichtsphilosophie entwickeln lässt.

Ich bin dabei nicht an Hegels Versuch einer Ausführung der *materialen* Geschichtsphilosophie interessiert, sondern konzentriere mich auf deren Grundlagen. Um diese Grundlagen zu explizieren, gilt es zuvor die verschiedenen Bezugnahmen Hegels auf die Geschichte und die Geschichtsschreibung – die ich oben angedeutet habe – im Detail am Text zu klären.

Nun besteht hinsichtlich der Textbasis, auf die sich eine solche Untersuchung stützen könnte, kein Konsens im Rahmen der Hegel-Forschung. Zur Philosophie der Weltgeschichte hat sich Hegel äußerst knapp in den drei Fassungen der *Enzyklopädie der philosophischen Wissenschaften im Grundrisse* (1817, 1827, 1830) geäußert, zudem – geringfügig ausführlicher – in der Monographie zur Philosophie des objektiven Geistes, den *Grundlinien der Philosophie des Rechts* (1820). Hegel hat zudem die Philosophie der Weltgeschichte fünfmal zum Gegenstand seiner Vorlesungstätigkeit in Berlin gemacht. Von dieser Tätigkeit sind zwei Fragmente aus Hegels eigener Hand erhalten, die sich jeweils mit den Einleitungsproblemen in eine solche Philosophie beschäftigen. Darüber hinaus liegen eine Vielzahl von Vorlesungsnachschriften vor, die zumeist für die Arbeit an der hegelschen Geschichtsphilosophie herangezogen werden. Aufgrund dieser Sachlage, habe ich in Kapitel 1 eine ausführliche Editionsgeschichte entwickelt, auf deren Basis näher begründet wird, auf welche Textbasis sich die vorliegende Studie stützt. Ich habe dabei zum einen aus philologischen Gründen, zum anderen aufgrund meines spezifischen Interesses an den formalen Eigenheiten des hegelschen Ansatzes, eine sehr enge Auswahl getroffen. Ich stütze mich nahezu ausschließlich auf Originaltexte Hegels.[2] Leserinnen und Leser, die sich nicht für die Editionsgeschichte der hegelschen Geschichtsphilosophie interessieren, sei empfohlen nur den Abschnitt 1.6 zu lesen, in welchem die dieser Arbeit zugrundeliegenden Quellen angeführt werden und dann gleich im zweiten Kapitel mit der Analyse der hegelschen Geschichtsphilosophie fortzufahren.

In den folgenden beiden Kapiteln wird dann auf Basis der editionsphilologischen Klärung und der ausgezeichneten Erkenntnisinteressen die systematische Analyse vorgenommen. In Kapitel 2 untersuche ich in einer ausführlichen und textnahen Auseinandersetzung mit den beiden Manuskripten Hegels die Verhältnisbestimmungen zwischen Geschichtsschreibung und Geschichtsphilosophie.

---

[2] Die Ausnahmen, an denen meine Interpretation dann philologisch angreifbarer ist als an den anderen Stellen, habe ich an den jeweiligen Passagen explizit gekennzeichnet.

Eine solche Analyse – insbesondere an Texten Hegels – ist mitunter ein mühsames Geschäft. Getragen ist es von *zwei* Zielen: *Zum einen* einem genuinen Interesse an der Geschichtsphilosophie. *Zum anderen* durch ein genuines Interesse an Hegels Philosophie. Meine Hoffnung ist, dass sowohl die systematische Debatte um Geschichtsphilosophie und Geschichtsschreibung durch die Auseinandersetzung mit Hegel neue Impulse gewinnt, als auch, dass sich Hegels Philosophie der Weltgeschichte unter Maßgabe einer solchen Perspektive auf ergiebige Weise interpretieren und verstehen lässt. Geleitet bin ich dabei von der Hoffnung einer wechselseitigen Erhellung. Von dieser Studie sollten sowohl systematisch an der Disziplin ‚Geschichtsphilosophie' Interessierte, als auch an Hegel (sei es systematisch oder historisch) Interessierte profitieren können.

Wieso sollte man sich der hegelschen Geschichtsphilosophie überhaupt in wissenschaftstheoretischer Perspektive zuwenden? Zentral ist hierfür die Feststellung, dass die hegelsche Geschichtsphilosophie zu denjenigen Bereichen des hegelschen Systems gehört, die dieses insgesamt nachhaltig diskreditiert haben. Im Rahmen dieser Arbeit kann keine umfängliche historische Aufarbeitung der Rezeption der hegelschen Philosophie als Ganze oder auch nur der Geschichtsphilosophie, sei es in der Philosophie oder in den Geschichtswissenschaften geleistet werden. Stattdessen soll an exemplarischen Fällen gezeigt werden, dass diese Rezeption sich frühzeitig von einer textnahen Deutung verabschiedete und daher eine Interpretation, die sich von dieser freimacht, zu fruchtbaren Resultaten führen kann.

Gerade der Versuch mit philosophischen Mitteln historische Sachverhalte zu behandeln, führte im 19. Jhd. zur kritischen Abgrenzung und Eigenkonstitution der sich bereits zu Hegels Lebzeiten abzeichnenden Genese der modernen Historiographie als Wissenschaft. So urteilt etwa Schnädelbach:

> „Das allgemeine Bewußtsein des 19. Jahrhunderts emanzipierte sich vom Idealismus im Namen der Wissenschaft und der Geschichte. Damit dies möglich war, mußten ‚Wissenschaft' und ‚Geschichte' eine Bedeutungsveränderung durchgemacht haben, die diese Begriffe in einen Gegensatz zu dem brachte, was sie z. B. bei Hegel bedeuteten; schlagwortartig formuliert heißt es jetzt: ‚Wissenschaft *statt* philosophisches System', ‚Geschichtswissenschaft *statt* Geschichtsphilosophie'. Hegel selbst wurde bereits mit solchen für ihn unsinnigen Entgegensetzungen konfrontiert, und er polemisierte wiederholt dagegen: Wissenschaft konnte für ihn nur systematisch sein, und philosophisch zu sein war nicht erst seit dem deutschen Idealismus eine Grundbedingung der Wissenschaftlichkeit von Wissenschaft."[3]

Wie an diesem Passus deutlich wird, war es für die Eigenkonstitution der Geschichtsschreibung als Wissenschaft von zentraler Bedeutung, sich kritisch von

---

3 Schnädelbach 1983:49.

der Philosophie abzusetzen und zwar in dem Sinne, dass die Prädikate ‚wissenschaftlich sein' und ‚Teil eines philosophischen Systems sein' oder auch ‚philosophisch sein', nicht mehr zusammenfallen sollten, sondern vielmehr auseinanderfallen. Die Geschichtsschreibung konstituierte ihrem Selbstverständnis nach gerade durch ihre Enthaltung hinsichtlich philosophischer Grundlagenfragen eine eigenständige empirische Erforschung der Vergangenheit mittels in diesem Rahmen zusehends entwickelter und explizit gemachter quellenpositivistischer Regelwerke und Spezialhermeneutiken. Hegels Geschichtsphilosophie fungierte dabei als einer der Marksteine desjenigen Vorgehens, von dem man sich kritisch abzusetzen suchte.[4] Nach den ersten modernen Überlegungen zur Methodologie und Rolle der Geschichtsschreibung im 18. Jahrhundert setzte sich die Geschichtsschreibung im 19. Jahrhundert erfolgreich als eigenständige und breit akzeptierte Wissenschaft durch. In diesem Rahmen wurde zunehmend eine Reflexion auf die methodologischen Grundlagen der damit einhergehenden Tätigkeiten eingefordert und umgesetzt. Friedrich Schiller befasste sich mit den zugrundeliegenden Problemen in seiner populären Antrittsvorlesung einer historischen Professur in Jena, Wilhelm von Humboldt machte sich zu Anfang der 1820er Jahre Gedanken über die Geschichtsschreibung.[5] Während sich sowohl bei Schiller als auch bei Humboldt noch der Anspruch findet, materiale Geschichtsphilosophie und Geschichtswissenschaft zu verbinden, wird dies im Verlaufe des 19. Jahrhunderts im Zuge der Eigenkonstitution der Historiographie zunehmend zurückgewiesen.[6] Im Jahre 1837 fordert Gervinus die Historiker nachdrücklich dazu auf eine Methodologie ihrer Wissenschaft zu entwickeln:

> „Wie kommt es, daß sich neben der Poetik nie eine Historik Platz verschaffen konnte? Denn d i e Meinung wird doch nicht mehr gelten sollen, die man wohl ehedem aufstellte, daß es keine historische Kunst gebe, und schon darum, weil Aristoteles eben davon nicht gehandelt habe! Wie kommt es, daß über das Wesen der Geschichte, über die verschiedenen Arten der Geschichtsschreibung über das Geschäft und Verfahren des Historikers verhältnismäßig so weniges, an sich so unbedeutendes geschrieben ward?"[7]

---

4 Ein besonders deutlicher und polemischer Fall: Barth 1967 [1890]. Die Ablehnung der hegelschen Geschichtsphilosophie hatte dabei auch politische Gründe, die mit dem Vorwurf, er stütze den antiliberalen preußischen Staat, zusammenhingen und etwa durch das einflussreiche Staats-Lexikon von Rotteck und Welcker verbreitet wurden. Vgl. hierzu Bauer 2001: 48–56.
5 Vgl. Schiller 2004 [1785] Humboldt 1960 [1821].
6 Zur Geschichte der modernen Geschichtsschreibung vgl. insbesondere Muhlack 1991; Fulda 1996.
7 Gervinus 2015 [1837]: 9f.

Im 26. Kapitel seiner *Grundzüge der Historik* setzt sich Gervinus kritisch mit dem Verhältnis der Geschichtsschreibung zur (Geschichts-)Philosophie auseinander. Zwar räumt er ein, dass es der Philosophie zukomme, die Grundlagen der Geschichte wissenschaftstheoretisch auszuprägen, da diese Aufgabe nicht mit den Mitteln der Geschichtsschreibung zu vollziehen sei, verhält sich aber kritisch zu den eigenständigen, da historisch wiederum unausgebildeten Versuchen einer materialen Geschichtsphilosophie etwa bei Herder. Sinnvollerweise sollte die formale Geschichtsphilosophie von Historikern (wie Gervinus) betrieben werden, da diese über die nötige Fachkenntnis verfügten. Insgesamt gehört Gervinus bereits zu den Stimmen, die materialer Geschichtsphilosophie kritisch gegenüberstehen:

> „Wenn noch Männer wie Herder und Kant in der Geschichte immer ein Ziel, einen idealen Höhepunkt, vollkommene Vereinigung in der Menschengattung u. dergl. suchen, so kann man sagen, daß sie das Alphabet und Einmaleins aller Geschichtslehre nicht inne gehabt haben, und dann daher wenig Hoffnung zu dem fassen, was uns die philosophischen Ansichten der Geschichte vorläufig einbringen würden."[8]

Auf Hegel als Beispiel einer solchen materialen Geschichtsphilosophie geht Gervinus in seiner Schrift noch nicht ein. Dies deshalb, da Hegels Philosophie der Weltgeschichte zu diesem Zeitpunkt allenfalls in Ansätzen in dessen *Enzyklopädie*, sowie den *Grundlinien der Philosophie des Rechts* erkennbar war. Die erste Edition seiner Vorlesungen zur Philosophie der Weltgeschichte erschien zeitgleich mit Gervinus *Grundzügen der Historik* und fand obdessen in diesen noch keine Berücksichtigung.

In den folgenden Jahrzehnten wurde die hegelsche Geschichtsphilosophie dann das Paradebeispiel einer quellenenthobenen und methodisch fragwürdigen materialen Geschichtsphilosophie. Zwar hörte der einflussreiche Berliner Althistoriker Droysen, der seine Vorlesungen zur Historik in 25 Jahren 18mal anbot und die auf seine Hörer Eindruck machten, selbst noch bei Hegel und ist – wie eine genauere Rekonstruktion zeigen könnte – auch durchaus von diesem beeinflusst. Er grenzte sich aber in seiner Selbstdarstellung und den Ansprüchen für die Geschichtsschreibung explizit von material-geschichtsphilosophischen Unternehmungen ab.[9] Zudem wurden seine Vorlesungen zur Historik erst posthum ediert und im Jahre 1936 von Droysens Enkel Rudolf Hübner veröffentlicht.[10]

---

8 ebd. 63.
9 Droysen versucht die Geschichte als eigenständige Wissenschaft sowohl von konkurrierenden Ansprüchen der Philosophie, sich die Geschichte einzuverleiben, als auch von den kolonialisierenden Einflüssen der Naturwissenschaften fernzuhalten. „So wie vor 50 Jahren die Philosophie noch in vollem Übermut der Alleinherrschaft sagte, nur das Philosophische ist wissen-

Als kanonisch für die Geschichtswissenschaft kann dann wohl die Auffassung gelten, die Ernst Bernheim in seinem – noch heute lesenswerten – vormaligen Standardwerk *Lehrbuch der historischen Methode und der Geschichtsphilosophie* zu Hegel vertrat. Bernheims Werk, erstmals gegen Ende des 19. Jahrhunderts publiziert, wurde von diesem mehrfach überarbeitet und erlebte bis in die 1930er Jahre hinein zahlreiche Auflagen. Auch in diesem Werk wird Hegel kritisch als Vertreter einer materialen Geschichtsphilosophie gewürdigt, ohne jedoch auf die methodologischen Auseinandersetzungen Hegels mit der Geschichtsschreibung einzugehen. Er betont wie Gervinus die Notwendigkeit einer formal-geschichtsphilosophischen Auseinandersetzung mit der Geschichte, steht der materialen Geschichtsphilosophie aber kritisch gegenüber. So hebt er hervor, dass die bisherigen Geschichtsphilosophen als „Philosophen, Sociologen oder Dilettanten der historischen Fachbildung fern"[11] standen. Als Vorzug seiner Aufbereitung der Geschichtsphilosophie, die er im eigentlichen Sinne mit Herder beginnen lässt, hebt er hervor,

> „daß die folgenden Darstellungen der verschiedenen Systeme nicht Arbeit zweiter Hand nach philosophischen Kompendien sind, sondern auf eigenster Kenntnis der Autoren selbst beruhen."

Hier lässt sich nun eine erste Begründung dafür finden, warum es fruchtbar sein kann, sich der hegelschen Geschichtsphilosophie erneut unter formal-geschichtsphilosophischer Perspektive zuzuwenden. Die Quellen, die im 19. Jahrhundert für die Auseinandersetzung mit Hegels Geschichtsphilosophie zur Verfügung standen, erweisen sich als editionsphilologisch fragwürdig, wie im ersten Kapitel der vorliegenden Studie aufgewiesen wird. Zudem trug – wie die gelieferte kurze Skizze der Rezeption Hegels in den Geschichtswissenschaften des 19. Jahrhunderts plausibel machen sollte – die Konkurrenzwahrnehmung zwischen materialer Geschichtsphilosophie und nicht-philosophischer Geschichtsschreibung dazu bei, eher abgrenzende als gemeinsame Fragestellungen zu betonen. Aus diesem Grund soll in der vorliegenden Arbeit der Schwerpunkt auf den methodologischen Überlegungen Hegels liegen und diese einer kritischen Würdigung unterzogen werden. Eine solche Auseinandersetzung wird es überhaupt erst ermöglichen, Hegels material-geschichtsphilosophische Vorschläge und de-

---

schaftlich und die Geschichte ist nur Wissenschaft, sofern sie philosophisch zu sein weiß, – ebenso kommen jetzt die Naturwissenschaften und sagen, Wissenschaft ist nur, was in der naturwissenschaftlichen Methode sich bewegt [...]." (Droysen 1977 [1936]: 18.)
10 Zum komplexen Verhältnis Hegel-Droysen vgl. die Untersuchung von Bauer 2001.
11 Bernheim 1903: 637. Zur kritischen Darstellung Hegels ebd. 645–648.

ren Plausibilität adäquat in den Blick nehmen zu können. Dabei wird das zweite Kapitel sich nach der Klärung der Quellenlage im ersten Kapitel gerade der Verhältnisbestimmung zwischen nicht-philosophischer Geschichtsschreibung und Geschichtsphilosophie bei Hegel widmen.

In Kapitel 3 wird es dann möglich, die formalen Grundlagen von Hegels materialem Projekt zu analysieren. Es wird dort untersucht, inwiefern die Geschichte, abgesehen von der wissenschaftstheoretischen Analyse der Geschichtsschreibung, ein eigenständiger Gegenstand philosophischen Fragens und Nachdenkens sein kann. Dafür werde ich die Bedeutung des Begriffs der ‚Freiheit' für Hegels materiales Projekt eingehend untersuchen.

Meine These wird dort sein, dass sich Hegels materiale Geschichtsphilosophie als das Projekt einer philosophischen Begriffsgeschichte verstehen lässt, die es uns ermöglicht, unsere eigene Vergangenheit als rationales Element im Verstehen unserer sozialen Wirklichkeit integrieren zu können.

Abschließen werde ich diese formale Untersuchung mit der Frage, inwiefern sich die philosophische Teildisziplin ‚materiale Geschichtsphilosophie' metaphilosophisch klassifizieren lässt. Während die formale Geschichtsphilosophie klassischerweise der theoretischen Philosophie zugerechnet wird, gehörte die materiale Geschichtsphilosophie gängigerweise in den Zuständigkeitsbereich der praktischen Philosophie. Dabei soll plausibel gemacht werden, dass sich Hegels Philosophie der Weltgeschichte der *praktischen Philosophie im weiten Sinne* zurechnen lässt, d.h. sie leistet einen Beitrag zur Stabilisierung derjenigen sittlichen Verhältnisse der Gegenwart, die das Zusammenleben in einem gedeihlichen und in seinen Institutionen einsichtigen Staat ermöglichen. Dieser Beitrag besteht darin, die Genese dieser Institutionen als vernünftige verständlich zu machen.

Ich gehe im Rahmen dieser Studie ‚induktiv' vor, d.h. ich versuche im Ausgang von Hegels Philosophie der Weltgeschichte die Thesen und Argumentationen zu rekonstruieren. Ich greife dabei kontextuell auf andere Stellen des hegelschen Systems zurück, beanspruche aber nicht von einem umgreifenden Verständnis – etwa der *Wissenschaft der Logik* – ausgehend, die Philosophie der Weltgeschichte in ein solches Verständnis zu integrieren. Zu einem solchen umgreifenden Verständnis durch eine detaillierte Analyse der Geschichtsphilosophie beizutragen, ist mein Interesse. Dabei kann es sein, dass detaillierte Analysen anderer Passagen des hegelschen Systems zu Änderungen im Rahmen der von mir vorgelegten Analysen führen können oder umgekehrt. In diesem Sinne ist die Studie fallibilistisch und kohärentistisch. Sicherlich ist die Analyse einzelner Passagen nicht unabhängig von einem Vorverständnis anderer Passagen, detaillierte Analysen können aber dazu beitragen, sich zum *einen* dieses Vorverständnisses bewusst zu werden, zum *anderen* überhaupt zu klären, wie die von Hegel beanspruchten Zusammenhänge seines Systems tatsächlich funktionieren.

Meine Untersuchung nimmt mindestens zwei Ausblendungen vor: (A) Ich bin nicht an der Entwicklungsdimension der hegelschen Geschichtsphilosophie im Rahmen von Hegels Forscherbiographie interessiert, sondern konzentriere mich auf das hegelsche System in der Fassung, die er ihm seit der *Wissenschaft der Logik* (1812–1816) und der *Enzyklopädie der philosophischen Wissenschaften* (ab 1817) verliehen hat.

(B) Die Studie ist unabhängig von der Frage, ob Hegels Durchführung der materialen Geschichtsphilosophie selbst plausibel oder überzeugend ausgefallen ist. Meine Untersuchung ist vielmehr von der Überzeugung getragen, dass sich eine solche Untersuchung nur dann adäquat durchführen lässt, wenn die *Grundlagen* dieser Geschichtsphilosophie transparent gemacht und plausibilisiert worden sind.

Die Plausibilität dieser Grundlagen ist dabei *unabhängig* von dem Erfolg oder Misserfolg der hegelschen Durchführung der materialen Philosophie der Weltgeschichte, der gegenüber sich diese Studie eines Urteils enthält. Diese *Grundlagen* näher zu fassen und zu verstehen, ist das Ziel der nachfolgenden Untersuchung.

1 Die Editionsgeschichte der hegelschen Geschichtsphilosophie

> Die Wirkungsgeschichte philosophischer
> wie literarischer Werke zeigt in der Regel einen
> engen Zusammenhang zwischen den
> Geschichten ihrer Edition und ihrer Rezeption.[12]
> (Walter Jaeschke)

Von Hegel selbst liegen fünf Monographien vor: die *Differenzschrift*, die *Phänomenologie des Geistes*, die *Wissenschaft der Logik* (1812,1813,1816 sowie 1832[13]), die *Enzyklopädie der philosophischen Wissenschaften im Grundrisse* in drei Auflagen (1817, 1827, 1830), sowie als eigenständige Ausführung, wie die Enzyklopädie „[z]um Gebrauch für seine Vorlesungen"[14] die *Grundlinien der Philosophie des Rechts* (1820).[15] Dies sind die einzigen Monographien, die zu Hegels Lebzeiten von ihm zur Publikation gebracht bzw. abgeschlossen wurden. Insgesamt lässt sich dasjenige, was unter Hegels Namen in diversen Ausgaben firmiert, in drei Kategorien einteilen: *erstens*, Texte die Hegel zu Lebzeiten fertiggestellt und zur Publikation gebracht hat, *zweitens* Texte, die aus Hegels Nachlass heraus publiziert wurden, ihm als Autor aber klarerweise zugeschrieben werden können, und *drittens* Texte, die nicht von Hegel stammen, aber als Nach- oder Mitschriften wiedergeben, was dieser in seinen Vorlesungen vorgetragen haben soll, und ausnahmslos nach dessen Tod publiziert wurden.[16]

---

12 Vgl. Jaeschke 2001: 15.
13 Hegel stellte die zweite Fassung der Seinslogik kurz vor seinem Tode fertig. Daher zählt sie trotz postumer Publikation zu den zu Lebzeiten verfassten Werken.
14 Vgl. das Titelblatt der *Grundlinien der Philosophie des Rechts*.
15 Die *Rechtsphilosophie* wurde im letzten Quartal 1820 publiziert und erhielt daher die Druckangabe 1821. Ich beziehe mich oben auf das faktische Publikationsdatum.
16 In diese Einteilung lassen sich zwei der Hegel-Texte nur ungenau einordnen und zwar zum einen Hegels kommentierte Übersetzung einer Schrift aus seiner Frankfurter Lebensphase. Dort übersetzte und kommentierte er eine Schrift des Berner Anwalts Cart. Beim anderen Text handelt es sich um das Systemprogramm des deutschen Idealismus, dessen Autorschaft umstritten ist. Zu diesen Einteilungen vgl.: Emundts/Horstmann 2002: 16f. Folgt man der strengen Einteilung Pippins, dann hat Hegel zwar mehrere Monographien publiziert, aber nur zwei „actual books" verfasst, nämlich die *Phänomenologie des Geistes* und die *Wissenschaft der Logik* (1812–1816), vgl. Pippin 1989: 13. Für die Einteilung des hegelschen Textkorpus scheint mir der Vorschlag von Emundts und Horstmann zielführender.

Zur Geschichtsphilosophie selbst hat Hegel *kein* eigenständiges Werk publiziert.[17] Er hat jedoch während seiner Berliner Vorlesungstätigkeit[18] gesonderte Vorlesungen zu diesem Gegenstandsbereich seines philosophischen Systems abgehalten. Er hat insgesamt fünfmal über die Philosophie der Geschichte gelesen, erstmals im Wintersemester 1822/23, jeweils vier Stunden in der Woche, bei jeweils einer Stunde am Tag. Diese Vorlesungen wiederholte er bis zu seinem Tod in zweijährigem Turnus, also in den Jahren 1824/25, 1826/27, 1828/29 und 1830/31.[19] Hegel, der am 14.11.1831 verstarb, konnte auch dieses letzte Kolleg noch vollständig abhalten.

1.1 Die Freundesvereinsausgabe und die ersten Editionen der Philosophie der Geschichte

1.1.1 Die Freundesvereinsausgabe

Bereits kurz nach Hegels Tod entstand der Plan, eine Gesamtausgabe seiner Werke zu publizieren. Bereits am 17. November, drei Tage nach Hegels Tod, berichtet Hegels Witwe Marie in einem Brief an ihre Schwägerin, Hegels Schwester Christiane:

> Es hat sich schon jetzt ein Kreis von seinen gelehrten und eingeweihten Schülern und Freunden vereint, die geistigen Schätze seiner hinterlassenen Schriften zu ordnen. Das reiche Material aus seinen Kollegienheften verglichen und zusammengestellt mit den Heften seiner Schüler soll durch sie zu unserem Besten in einer Reihe von Bänden herausgegeben werden.[20]

Die Schüler Hegels, die sich selbst als „Freunde" bezeichneten, brachten ihren Plan noch 1831 folgendermaßen zur Anzeige:

> Vorläufige Anzeige einer Ausgabe der Werke G.W.F. Hegel's
> Den Freunden und Zuhörern Hegel's wird hierdurch angezeigt, daß zum Vorteile der Erben ein Verein zusammengetreten ist, um eine Herausgabe der Werke Hegel's, in welche sämmtliche Vorlesungen und vermischte Schriften aufgenommen werden sollen, zu besorgen.[21]

---

17 Jaeschke vermutet, dass Hegel eine Publikation zur Geschichtsphilosophie zu Beginn der 1830er Jahre plante, dazu ist es jedenfalls nicht gekommen. Vgl. Jaeschke 1995: 381.
18 Einen tabellarischen Überblick über Hegels gesamte Vorlesungstätigkeit bietet: Fulda 2003: 267. Während seiner Berliner Dozententätigkeit (1818–1831) hat Hegel in 26 Semestern Lehrtätigkeit durchschnittlich 2 Vorlesungen pro Semester angeboten. Vgl. Jaeschke 1980: 56.
19 Vgl. Jaeschke 2003: 400 f..
20 Zitiert nach: Nicolin 1957: 117.
21 Zitiert nach: Beyer 1967: 563.

Die sogenannten „Freunde des Verewigten"[22] arbeiteten dabei größtenteils ohne finanzielle Gegenleistung, da das Geld Hegels Witwe Marie und den verbliebenen Kindern Hegels, Karl und Immanuel, zu Gute kommen sollte.[23] Die Herausgeber sahen ihr primäres Ziel darin, die hegelsche Philosophie als *die* Philosophie überhaupt zu positionieren, an der, abgesehen von einer weiteren, detaillierteren Ausarbeitung der hegelschen Gedanken, keine substantiellen Änderungen vorzunehmen seien. Ziel war es, die generelle Überlegenheit der hegelschen Philosophie gegenüber konkurrierenden philosophischen Angeboten, sowohl hinsichtlich der Systematik als auch der Tiefe der philosophischen Durchdringung der Gegenstandsbereiche, aufzuzeigen.

Man einigte sich innerhalb des Vereins darauf, dass jeweils einer der ‚Freunde' für eines der Sachgebiete der hegelschen Philosophie bzw. für eine der Monographien zuständig sein sollte. In Karl Hegels Autobiographie werden die Zuständigkeiten folgendermaßen wiedergegeben:

„Marheineke übernahm die Religionsphilosophie, Gans die Philosophie der Geschichte und das Naturrecht, Hotho die Ästhetik, Michelet die Geschichte der Philosophie, v. Henning die Enzyklopädie. Außer diesen Vorlesungen sind in Hegels Werken noch erschienen: die philosophischen Abhandlungen, herausgeben von Michelet, die Phänomenologie des Geistes hg. von Johannes Schulze, die Propädeutik hg. von Rosenkranz, die vermischten Schriften hg. von Fr. Förster und Boumann und als Supplement: Hegels Leben von Rosenkranz (1844)."[24]

Die Ausgabe erschien in den Jahren 1832–1845 in 21 Bänden, die in 18 Bänden gezählt wurden, da der siebte Band in zwei Teilbände aufgeteilt wurde, der 10. Band in drei Teilbände zerfiel.[25] Bis 1845 erschienen darüber hinaus einige der Bände bereits in überarbeiteter zweiter Auflage, was zum Teil mit auftretenden Spannungen innerhalb der Herausgeberschaft erklärt werden kann, da die Pu-

---

22 Die Mitglieder des Vereins waren: Ludwig Boumann, Friedrich Förster, Eduard Gans, Karl Hegel, Leopold von Henning, Heinrich Gustav Hotho, Philipp Marheineke, Karl Ludwig Michelet, Karl Rosenkranz und Johannes Schulze. Zu diesen trat später noch Hegels Sohn Karl als weiterer Herausgeber hinzu, der für die zweite Auflage der hegelschen *Philosophie der Weltgeschichte*, sowie den Band 19 verantwortlich war. Sodann kam noch Bruno Bauer, der an der zweiten Auflage der Religionsphilosophie als Editor maßgeblich beteiligt war, hinzu. (vgl. Nicolin 1957: 119).
23 Vgl. Hegel, Karl 1900: 19. Hegels drittes und ältestes Kind, der unehelich geborene Ludwig Fischer war bereits 1830 verstorben.
24 Hegel, Karl 1900: 19f.
25 Vgl. Nicolin 1961: 296f. Die Ausgabe war folgendermaßen aufgeteilt: Band I Philosophische Abhandlung, II. Phänomenologie des Geistes, III.-V. Wissenschaft der Logik, VI-VII (1 und 2) Enzyklopädie, VIII Grundlinien der Philosophie des Rechts, IX Philosophie der Geschichte X (3) Ästhetik, XI-XII Geschichte der Religion, XIII-XV Geschichte der Philosophie, XVI-XVII Vermischte Schriften, XVIII Philosophische Propädeutik und schließlich 1887: XIX (2) Briefe von und an Hegel.

blikation der Werkausgabe mit dem Zerfall der Hegel-Schule einherging.[26] Bis in die zweite Hälfte des 19. Jahrhunderts erlebte die Freundesvereinsausgabe einige Neuauflagen. Ergänzt wurde sie schließlich im Jahr 1887, um einen 19. Band (wiederum in zwei Teilbänden), der eine Edition der Briefe Hegels enthielt, die von seinem Sohn, dem Historiker Karl Hegel, durchgeführt und publiziert wurde, danach war die Ausgabe nur noch antiquarisch erhältlich.[27]

Die Herausgeber der Freundesvereinsausgabe beschränkten sich nicht auf eine Edition der bisherigen Werke und publizierten Schriften Hegels, sondern ergänzten diese um ganze Bücher, die zum Teil auf Vorlesungsmanuskripten Hegels basierten, zum größeren Teil jedoch auf Nachschriften, entweder von den Herausgebern selbst, oder aber von anderen Hörern und Schülern, an deren Nachschriften die Herausgeber zu dem Zweck gelangt waren, möglichst alle Teile der Philosophie Hegels in ihrer ganzen Breite präsentieren zu können. Diese Publikationsweise diente dem Ziel, einen möglichst *abgeschlossenen* und *vollständigen* Eindruck von Hegels Philosophie zu geben. Auf Nachschriften basieren dabei insbesondere Hegels *Vorlesungen über die Ästhetik*, über die *Philosophie der Religion*, die *Geschichte der Philosophie* und die, hier zentrale, *Philosophie der Weltgeschichte*. Bevor ich mich der letztgenannten Publikation in der Freundesvereinsausgabe zuwende, möchte ich eine kritische Würdigung der ersten Gesamtausgabe vornehmen, vor deren Hintergrund bereits deutlich werden soll, zu welchen Zwecken diese Ausgabe heute noch sinnvollerweise verwandt werden kann und zu welchen nicht. Dann werde ich im Anschluss an eine Darstellung der Edition der *Philosophie der Weltgeschichte*, die Gründe dafür vortragen, warum diese Ausgabe nicht die Grundlage für meine Analyse bieten kann.

Insgesamt lässt sich festhalten, dass die Herausgeber zumindest das Minimalziel mit dieser Ausgabe erreichten, nämlich Hegels Philosophie für interessierte Leser in großer Breite zur Verfügung zu stellen. Sie hielt Hegel im Gespräch und etablierte den Hegelianismus in einem gewissen Umfange an den Universitäten, ehe er im Zuge des Neukantianismus, sowie aufgrund von politischen Einwänden gegen gewisse Formen des Hegelianismus, die insbesondere mit dem problematischen Status der hegelschen Religionsphilosophie zusammenhängen,

---

26 Zum Zerfall der Hegel-Schule vgl. Quante 2010.
27 Vgl. Quante 2010: 297, sowie: Moldenhauer/Michel 1971: 533 f. Dort behaupten Moldenhauer und Michel, dass die Ausgabe zum letzten Mal 1877 vollständig im Handel angeboten wurde. Zugleich behaupten sie jedoch, dass im selben Jahr, als die Ausgabe zum letzten Mal geschlossen angeboten wurde, die Briefedition Karl Hegels erschienen sei, so dass man wohl von einem Tippfehler in ihrem Bericht ausgehen muss, und die Ausgabe zum letzten Mal 1887 geschlossen erhältlich war, ehe nur noch ein antiquarischer Zugriff blieb.

aus der Universitätslandschaft verdrängt wurde.[28] Die auf Hegel Bezug nehmenden Philosophen des neunzehnten und frühen zwanzigsten Jahrhunderts rezipierten Hegel anhand dieser Ausgabe, so etwa für die Geschichtsphilosophie bereits sehr früh August v. Ciezkowski,[29] für die hegelsche Philosophie insgesamt etwa Marx, Kierkegaard[30] oder auch Lenin. Ziel der Herausgeber war es, die Philosophie ihres Lehrers als endgültiges Wort in der Philosophie, oder zumindest seine Methode und einen Teil ihrer Resultate als unumstößlich durchzusetzen und in der philosophischen Landschaft fest zu etablieren.[31] Entwicklungsgeschichtliche und werkgenetische Fragen traten dabei in den Hintergrund. Dies schlägt sich auch in der Ausgabe selbst nieder, die keine unveröffentlichten Dokumente und Manuskripte enthält, zumindest sind sie, sofern sie in die Editionen der Vorlesungen eingeflossen sind, nicht explizit als solche gekennzeichnet.[32] Die Ausgabe ermöglicht daher keinen unverstellten und unvoreingenommenen Blick auf Hegel, sondern dieser wird so präsentiert, wie die Schüler ihn sahen, was nicht bedeutet, dass alle Schüler Hegels Philosophie auf dieselbe Weise rezipiert hätten. Eine kanonische Lehrmeinung existierte auch zwischen den Herausgebern selbst nicht, ganz abgesehen von dem aufbrechenden Streit innerhalb der Hegel-Schule, zwischen linken, rechten und Zentrumshegelianern.[33] Bestenfalls gab es einen basalen Grundkonsens darüber, dass Hegels Philosophie die entscheidenden Lösungen für die Probleme und Fragen der Philosophie bereitstelle. Ich kann die historischen Bedingungen, unter denen die Freundesvereinsausgabe entstand

---

[28] Vgl. Köhnke 1986.
[29] Vgl. Ciezskowski 1981.
[30] In welchem Umfang Kierkegaard selbst Hegel anhand dieser Ausgabe rezipiert hat, ist in der Forschung umstritten. Unstrittig ist aber, dass diejenigen Hegelianer, über die Kierkegaards Kenntnisse indirekt vermittelt sein mögen, in Abhängigkeit zur Freundesvereinsausgabe stehen. Zu Kierkegaards kompliziertem Verhältnis zu Hegel, siehe: Stewart 2003.
[31] Vgl. Jaeschke 2003: 503 f..
[32] Eine Ausnahme bildet hier die Biographie über Hegels Leben, die als Supplement Band der Ausgabe beigegeben wurde. Dieses Buch enthält im Anhang einige unveröffentlichte Manuskripte und Urkunden Hegels. Diese sind zum Teil nur noch als Sekundärüberlieferungen aufgrund des Buches von Rosenkranz erhalten geblieben. Vgl. Rosenkranz 1974 [1844]: 431–566.
[33] Diesen Punkt betont etwa Gethmann-Siefert, die darauf hinweist, dass in Hothos Edition der Ästhetik Thesen eingeflossen sind, die eher Hotho selbst als Hegel zuzuschreiben sind (vgl. Gethmann-Siefert 2005: 305 f.). Dass auch bezüglich der Editionsprinzipien kein Konsens vorlag, zeigt sich etwa daran, dass Gans in seiner Vorrede zur Edition der Geschichtsphilosophie darauf hinweist, dass sein Umgang mit den hegelschen Manuskripten nicht von allen ‚Freunden' geteilt wurde: „Der Herausgeber, hier nicht gerade im Einverständnis mit allen seinen Freunden, glaubte da, wo sich ein Hegelscher Torso vorfand, aller eigenmächtigen Einschaltungen und aller Bearbeitung selbst sich enthalten zu müssen." (Gans 1837) Dass Gans selbst sich – gemessen an modernen philologischen Standards – nicht an diese Weisung gehalten hat, spielt hier keine Rolle.

und die für eine historische Durchdringung der Hegelschule sicher aufschlussreich wären, im Rahmen der Zielsetzung sowohl dieses Abschnittes, als auch im gesamten Rahmen dieser Arbeit nicht historisch adäquat und in voller Breite rekonstruieren. Die Spannungen seien hier aber erwähnt, da sie zum Verständnis der Schwierigkeiten beitragen, mit denen die Freundesvereinsausgabe behaftet ist.[34]

Doch nicht nur aufgrund dieser, gewissermaßen wissenschaftspolitischen, Ziele der Hegel-Schüler, sondern auch aus philologischen Gründen ist die Freundesvereinsausgabe für eine adäquate Rekonstruktion der hegelschen Philosophie in weiten Teilen nicht geeignet. So entstand etwa die in zwei Bücher mit insgesamt knapp tausend Seiten aufgeteilte Religionsphilosophie Hegels, die von Philipp Marheineke ediert und herausgegeben wurde, ohne dass hier eine Buchvorlage Hegels existierte, ausschließlich anhand von Vorlesungsnach- und Mitschriften. Zwar existierte ein umfangreiches Manuskript Hegels zur Religionsphilosophie[35], aufgrund der Probleme bei der Entzifferung der hegelschen Handschrift verzichtete Marheineke aber ganz auf dasselbe, zugunsten der Erzeugung eines Textkörpers anhand diverser Nachschriften (die als solche im Text nicht gekennzeichnet sind), um ein vollständiges Buch Hegels zu diesem Sachgebiet zu suggerieren. Hier zeigt sich, wie wissenschaftspolitische und editorische Ziele zusammenwirken. Inwiefern die Nachschriften auf eine Weise zusammengefügt wurden, die Hegels Absichten irgendwie entsprochen hätte, lässt sich schwer sagen, da Marheineke die Religionsphilosophie zusätzlich in einer Geschwindigkeit zur Publikation brachte, die auch gemessen an heutigen Möglichkeiten der Editionsphilologie starke Zweifel an einer seriösen Durchdringung und Aufbereitung des Inhalts aufkommen lassen. Marheineke brachte die Ausgabe bereits um das Neujahr 1831/32 zum Druck und im Jahr 1832 erschien die Religionsphilosophie als erster Band der Freundesvereinsausgabe im Buchhandel.[36] In einer zweiten Auflage der Religionsphilosophie, die von Bruno Bauer besorgt wurde, arbeitete dieser schließlich das Manuskript der Religionsphilosophie (ohne es im Textbild kenntlich zu machen) in die erste Auflage ein.

---

34 Die zusätzlichen Streitigkeiten und Probleme der Herausgeber mit der hegelschen Familie werden dargestellt in Beyer 1967. Man muss jedoch nicht so weit gehen, wie Beyer, der Hegels Witwe anlastet, aufgrund ihrer pietistischen Einstellungen die Werkausgabe in Richtung des Rechtshegelianismus gedrängt zu haben, um zu erkennen, dass es hier Spannungen zwischen Hegels Erben und seinen Schülern gab.
35 Dieses Manuskript liegt heute in der Edition der Ausgabe der Gesammelten Werke gesondert vor. Vgl. Hegel, G.W.F. (1987): Vorlesungsmanuskripte I (1816–1831). Hrsg. Walter Jaeschke. Hamburg.
36 Vgl. zu Marheineke: Heimsoeth 1959/60: 507.

Bezüglich der Geschwindigkeit, in der die Freundesvereinsausgabe insgesamt fertiggestellt wurde, lässt sich feststellen, dass Marheinekes Edition hier *keine* Sonderrolle zukommt. Die Ausgabe wurde, wenn man von dem Briefband Karl Hegels absieht, in dreizehn Jahren zum Abschluss geführt. Was insgesamt eine ungewöhnlich kurze Zeitspanne für editorische Arbeiten dieses Umfangs darstellt. Neben dem Problem, dass in den Editionen der Vorlesungen, diese jeweils als vollständige Bücher auftreten, kommt noch hinzu, dass die Editoren auch nicht vor inhaltlichen Eingriffen in die Schriften zurückschreckten, die Hegel noch zu Lebzeiten zum Druck gebracht hatte. So wurden als Erläuterung in die *Enzyklopädie* sowie die *Rechtsphilosophie* sogenannte mündliche Zusätze eingearbeitet, die aus den Nachschriften der Vorlesungen stammten. Bei diesem Verfahren, das zum einen der Erläuterung der Paragraphen dienen, zum anderen den Grundrisscharakter, den diese Werke ursprünglich hatten, verdecken und sie zu vollständigen Darstellungen des hegelschen Systems aufwerten sollte, lässt sich feststellen, dass die Editoren die Zusätze unterschiedslos aus Phasen der hegelschen Entwicklung herausnahmen und in den Text einfügten. So finden sich sogar Zusätze, die auf Nachschriften aus Hegels Jenaer Vorlesungen zurückgehen, im Text. Manche Zusätze weisen also auf eine Zeit zurück, in der überhaupt das Konzept der *Enzyklopädie* noch in weiter Ferne lag. Inhaltliche Eingriffe zeigen sich daran, dass im hegelschen Text ganze Paragraphen umgestellt wurden, der Wortlaut abgeändert, oder Teile ausgelassen wurden.[37] Auch die Entzifferung der Manuskripte Hegels, sowie der Nachschriften, weist, wie sich bei späteren Editionen herausstellte, starke philologische Mängel auf.[38]

Der Charakter der Abgeschlossenheit der hegelschen Philosophie sollte dadurch verstärkt werden, dass entwicklungsgeschichtliche Dokumente Hegels nicht in die Ausgabe übernommen wurden. Weder werden Manuskripte losgelöst von den Nachschriften abgedruckt oder als solche kenntlich gemacht, noch werden die Fassungen der *Enzyklopädie* von 1817 und 1827 erneut publiziert. Problematisch für eine angemessene Interpretation ist dies vor allem bei der hegelschen *Wissenschaft der Logik*, hier wurde der *Lehre vom Sein*, die Hegel kurz vor seinem Tode zum Druck bringen lassen konnte und die 1832 veröffentlicht wurde, umstandslos die *Lehre vom Wesen*, die er 1813 veröffentlich hatte, angehangen, ohne die Erstfassung der Seinslogik, *Das Sein* von 1812, überhaupt in die Ausgabe aufzunehmen, wodurch inhaltlich Probleme beim Nachvollzug des Übergangs von der Seins- zur Wesenslogik auftreten.[39] Auch die Randnotizen

---

37 Auf diesen Umgang mit der *Enzyklopädie* weist etwa Nicolin hin. Vgl. Nicolin 1961: 299.
38 Vgl. etwa: Hegel, G.W.F. (1955): Die Vernunft in der Geschichte. Herausgegeben von Johannes Hoffmeister. Fünfte abermals verbesserte Auflage. Hamburg. S. 273
39 Vgl. zu diesem Problem mit Hegels *Wissenschaft der Logik:* Nicolin 1957: 118 u. 126.

Hegels in seinen Exemplaren der für die Vorlesungen vorgesehenen Werke (*Enzyklopädie* und *Rechtsphilosophie*) wurden in der Ausgabe nicht wiedergegeben.

Angesichts dieser Sachlage stellt sich die Frage, für welche interpretatorischen Anliegen die Freundesvereinsausgabe Verwendung finden mag. Festzuhalten ist, dass sie weder den *ganzen Hegel*[40] enthält, noch Texte, die modernen philologischen Standards zu genügen vermögen. Meiner Auffassung nach taugt die Ausgabe aufgrund der genannten Mängel kaum für eine detaillierte inhaltliche Auseinandersetzung mit seiner Philosophie. Ein gewisses Maß an Verständnis für dieses Vorgehen kann dadurch aufgebracht werden, dass es zu Hegels Zeiten noch keineswegs üblich war, auf geordnete Weise mit dem Nachlass eines Philosophen oder Literaten umzugehen. Auch hatte Hegel selbst, wenngleich er seine Manuskripte sorgfältig aufbewahrt hatte, keinerlei Hinweise bezüglich seines Nachlasses gegeben.[41]

Zur Verteidigung der Freundesvereinsausgabe ließe sich zudem ins Feld führen, dass gerade die Ausgaben der hegelschen Vorlesungen, die in ganzen Büchern präsentiert werden, doch zumindest einen *generellen* Eindruck des hegelschen Philosophierens, seiner Anliegen, Beweisziele und seiner Vorgehensweise vermitteln könnten, die zudem den Vorteil haben, dass die Herausgeber, die Hegel schließlich noch persönlich gekannt hatten, viel ‚näher dran' gewesen seien, als heutige Interpreten, die sich Hegel unter ganz anderen historischen und philosophischen Voraussetzungen nähern müssen. Hier könnte doch gerade die Freundesvereinsausgabe eine wichtige Brückenfunktion übernehmen, um den Hiat zwischen damals und heute zu überwinden. Dieser möglichen Argumentation möchte ich mich *nicht* anschließen. Dies deshalb, weil sich *erstens* anhand der Ausgaben schwerlich prüfen lässt, welche Gehalte tatsächlich auf Hegel zurückgehen und welche auf Missverständnisse der Hörer bzw. Herausgeber; *zweitens* scheint es angesichts der bereits früh aufgebrochenen Konflikte innerhalb der Hegel-Schule fragwürdig, ob man überhaupt anhand dieser Texte, ohne unabhängig von Ihnen gewonnene Einsichten in die hegelsche Philosophie, ein besseres Verständnis derselben erwerben kann. Die Ausgabe könnte daher bestenfalls zur Unterstützung von unabhängig von ihr bereits relativ sicheren Thesen herangezogen werden. Ein Hiat lässt sich mit ihr allein sicher nicht überwinden.

Verwendung finden kann und sollte diese Ausgabe für *rezeptionsgeschichtliche* Zwecke, dies betrifft nicht nur die Rezeption der hegelschen Philosophie durch die Herausgeber selbst, sondern etwa auch Arbeiten zur Rezeption der

---

[40] Sofern man unter dem ‚ganzen Hegel' sämtliche Auflagen und den gesamten Nachlass der von Hegel verfassten Schriften versteht.
[41] Zum gewandelten Umgang mit philosophischen Nachlässen vgl.: Henrich 2011: 12f.

hegelschen Philosophie z. B. durch Lenin, der diese Ausgabe bei seinen Versuchen, die hegelsche Philosophie fruchtbar zu machen, zugrunde gelegt hat.[42] Für andere interpretatorische Zwecke, etwa eine systematische Erarbeitung eines Verständnisses der hegelschen Philosophie, ihrer Prämissen, Thesen und Beweisziele scheint sie ebenso ungeeignet, wie für eine Fruchtbarmachung der hegelschen Philosophie für aktuelle Debatten, da diese Ziele relativ zu Texten erreicht werden sollten, die wir tatsächlich Hegel zuschreiben können.[43] Wo solche Texte gar nicht oder nicht in genügendem Umfang vorliegen, lässt sich eine solche Arbeit auch nicht durchführen. Abschließend möchte ich mich dem generellen Urteil über die Freundesvereinsausgabe anschließen, das Jaeschke formuliert:

> Die Wirkungsmächtigkeit dieser Freundesvereinsausgabe beruhte gerade auf der Nichtbeachtung der Prinzipien, die uns heute diese Ausgabe philologisch verdächtig macht: Anonymität der einzelnen Quellen, Verschleifung entwicklungsgeschichtlicher Differenzen, Präsentation eines integrierten Textes, wobei aber das Integrationsprinzip im Dunkeln bleibt. Allein indem sie Hegels Werk in dieser geschlossenen Form darbot, indem die Vorlesungsbände sich als Surrogat und sogar als überlegenes Surrogat von Hegel nicht publizierter Werke präsentieren, konnte diese Ausgabe ihre bis heute bestimmende Wirkung entfalten.[44]

Nach dieser generellen Erörterung der Probleme und möglichen Anwendungen der Freundesvereinsausgabe möchte ich mich den beiden Fassungen der Geschichtsphilosophie widmen, die innerhalb dieser Edition publiziert wurden.

1.1.2 Die Editionen der Geschichtsphilosophie in der Freundesvereinsausgabe

Im Jahr 1837 veröffentlichte Eduard Gans die *Vorlesungen über die Philosophie der Geschichte* als Band 9 der Freundesvereinsausgabe. Der Band umfasst abzüglich des Gansschen Vorwortes 446 Seiten. Diese Ausgabe teilt die Probleme, die ich weiter oben generell bezüglich der Vorlesungen kenntlich gemacht habe. Der Herausgeber schreibt in seinem Vorwort:

> Der Bearbeiter hatte hier Vorlesungen als ein Buch zu übergeben: er mußte aus Gesprochenem Lesbares machen, er hatte Hefte aus verschiedenen Jahren, sowie Manuscripte vor

---

42 Vgl. Lenin 1971: 79 f.
43 Prinzipiell kann natürlich jeder Text hinsichtlich der aus ihm zu gewinnenden systematischen Argumente gelesen und interpretiert werden. Wir sollten aber anhand dieser Ausgaben gewonnene Argumente nicht ohne Weiteres als ‚hegelsche Argumente' kennzeichnen.
44 Jaeschke 1980: 57.

1.1 Die Freundesvereinsausgabe und die ersten Editionen der Philosophie — 19

sich, er hatte die Pflicht, die Längen der Vorträge abzukürzen, die Erzählungen in Einklang mit den spekulativen Betrachtungen des Urhebers zu setzen, dafür zu sorgen, daß die letzteren von den ersteren nicht gedrückt würden, und das diesen ersteren wiederum der Charakter der Selbstständigkeit und des Fürsichseyns genommen werden; anderer Seits durfte er nicht einen Augenblick vergessen, daß das Buch Vorlesungen enthalte; die Naivität, das sich hingeben, die Unbekümmertheit um eigentliche Vollendung mußten, wie sie sich fanden, gelassen werden, und sogar öftere Wiederholungen, da wo sie nicht allzu störend und ermüdend waren, konnte man nicht ganz ausmerzen. Trotz allen diesen der Bearbeitung durch die Natur der Sache zufallenden Rechten und Pflichten darf doch die Versicherung gegeben werden, daß den Hegelschen Gedanken keine eigenen des Herausgebers untergeschoben worden sind, daß der Leser hier ein eigenes durchaus unverfälschtes Werk des großen Philosophen erhält, und daß, wenn der Bearbeiter anders verfahren wäre, er eben nur die Wahl gehabt hätte, etwas als Buch ganz Ungenießbares zu produciren, oder anderer Seits zuviel Eigenes an die Stelle des Vorgefundenen zu setzen.[45]

An diesen Äußerungen Gans' zeigen sich bereits die als problematisch hervorgehobenen Punkte: *erstens* meint Gans ein vollständiges Buch vorlegen zu müssen, *zweitens* macht er in dem Text nirgendwo deutlich, wo er tatsächlich auf Quellenmaterial aus Hegels Nachlass zurückgreift, wo auf Nach- und/oder Mitschriften. Der Rezipient hat Gans zu vertrauen, dass dieser, wie er behauptet, tatsächlich nur Sachverhalte wiedergibt, die Hegel vorgetragen hat. Dem Leserinnen und Lesern ist es auf der Basis des Gansschen Textes nicht möglich zu prüfen, ob es ihm tatsächlich gelungen ist, die einzelnen Nachschriften, Manuskripte und Sachgebiete kohärent zu gewichten und wiederzugeben. Um dies kritisch anzumerken, ist es nicht nötig, Gans böse Absicht (also eine bewusste Verzerrung des Inhaltes) vorzuwerfen. Da die Ganssche Gewichtung intransparent bleibt, lässt sich schlicht nicht feststellen, ob er die hegelsche Philosophie der Geschichte relativ zu dem über die Jahre Vorgetragenen, angemessen wiedergibt. Der Interpret muss seine *Interpretationsautonomie*[46] hier zu einem gehörigen Teil

---

45 Hegel, G.W.F. (1837): Georg Wilhelm Friedrich Hegel's Vorlesungen über die Philosophie der Geschichte. Herausgegeben von Dr. Eduard Gans. Georg Wilhelm Friedrich Hegel's Werke. Vollständige Ausgabe durch einen Verein von Freunden des Verewigten: Dr. Ph. Marheineke, D. J. Schulze, D. Ed. Gans, D. Lp. v. Henning, D. G. Hotho, D. K. Michelet, D. F. Förster. Neunter Band. Berlin. Verlag Duncker und Humblot. S. XVII-XVIII.
46 Hierunter verstehe ich das Wissen um das Zustandekommen eines gegebenen Textvorkommnisses, das dem Rezipienten des Textes zur Verfügung steht. Je intransparenter das Zustandekommen des Textes vom Editor gemacht wird z. B. durch das Fehlen von Informationen über die verwendeten Nachschriften, desto paternalistischer handelt der Editor, und desto geringer ist die Autonomie des Interpreten/Rezipienten. Der Interpretationsautonomie steht also der editorische Paternalismus gegenüber.
  Relativ zu dem Interpreteninteresse einen Text vor sich zu haben, der in dieser Form einem Autor zugeschrieben werden kann, hat der Editor dafür zu sorgen, dass ein solcher Text zur

an den Herausgeber bzw. Editor abgeben, der, aufgrund seines Vorgehens, bereits zahlreiche Entscheidungen auf intransparente Weise getroffen hat. Man mag dies für bequem halten, schließlich verlassen wir uns bei unseren Interpretationen auch heute noch darauf, dass die Philologen die historischen Texte sachgemäß und ehrlich ediert haben; das Problem liegt hier aber darin, dass Gans' Ausgabe eine eigenständige Überprüfung seiner Behauptungen verunmöglicht, denn die Ausgabe enthält keinen kritischen Apparat u. ä. So gesehen verfährt Gans in seiner Editionsarbeit *paternalistisch* im schlechten Sinne.

Da mein Umgang mit Hegels Geschichtsphilosophie jedoch nicht nur inhaltlich nachvollziehbar sein soll, sondern sich auch als die Position Hegels (in gewissem Sinne) ausweisen lassen können soll, kann die selbige nicht auf der Basis eines intransparenten Textkörpers aufbauen. Aufgrund dessen werde ich nicht auf die Ausgabe von Eduard Gans zurückgreifen.[47]

Nun macht Gans, wie ausgeführt, nicht explizit, wie genau er seine Gewichtungen vorgenommen hat (ganz abgesehen von der Frage, ob ein Abdruck der erhaltenen hegelschen Manuskripte statt eines Gewichtungsverfahrens zwischen Manuskripten und Nach- bzw. Mitschriften nicht sinnvoller gewesen wäre, wenngleich ein solcher Abdruck außerhalb der Zielsetzung der ‚Freunde' lag). Dies stößt bereits auf die Kritik von Hegels Sohn, der daher 1840 den Band 9 in zweiter Auflage herausgab. Hierin kann man eine Berechtigung meiner Kritik sehen, da bereits ein weiterer Hörer[48] der hegelschen Philosophie der Weltgeschichte Zweifel an den von Gans vorgenommenen Gewichtungen äußert, ob-

---

Verfügung steht und zudem die Möglichkeit die Genese des Textes nachzuvollziehen. Dabei muss nun nicht für jede Ausgabe gefordert werden, dass sie einen ausführlichen editorischen Bericht enthält, ein solcher sollte aber für jede Ausgabe prinzipiell zur Verfügung stehen. So unterscheiden sich Studienausgaben häufig von kritischen Gesamtausgaben dadurch, dass der philologische Apparat fortgelassen wird, um z. B. den Preis zu senken. Dies ist dann vertretbar, wenn eine kritische Ausgabe zur Verfügung steht, der man die editorischen Angaben entnehmen kann. Der Ausdruck der Interpretationsautonomie soll nur dieses Verhältnis zwischen Editor und Leser handhab- und bewertbar machen, wenn man zwischen den Vor- und Nachteilen diverser Ausgaben zu wählen hat, dann, so meine ich, ist eine hohe Autonomie des Rezipienten ein Vorteil für diese Ausgabe. Hiermit ist selbstverständlich nicht gemeint, dass der Interpret auf der Basis eines vorliegenden Textes interpretieren könne was immer er wolle, tatsächlich wird seine Interpretation bei ansteigenden Informationen eher mehr als weniger ausweisbare Gründe anführen können, warum seine Interpretation vertretbar ist.

47 In einer Zusammenfassung meiner interpretatorischen Absichten am Ende des Kapitels werde ich näher darauf eingehen, was es heißen kann eine historische Position adäquat zu interpretieren.

48 Karl Hegel erwähnt in seiner Autobiographie, dass er die Vorlesung von 1830/31 selbst gehört habe. Vgl. Hegel, Karl 1900: 16.

wohl er ‚nahe dran' an Hegels Philosophie und den allgemeinen Zeitumständen war. Dies zeigt zudem, dass auch bezüglich der Philosophie der Geschichte kein durchschlagender Konsens bezüglich dessen, was als ihr Inhalt verstanden werden sollte, bestand. Seine Ausgabe gibt den Text der Gansschen Ausgabe in großen Teilen, jedoch um etwa 100 Seiten erweitert, wieder.[49]

Karl Hegel verweist in seinem Vorwort darauf, dass es seinem Vorgänger zwar gelungen sei, die Vorlesung von 1830/31 im Wesentlichen zu rekonstruieren, er habe jedoch nicht beachtet, dass Hegels „philosophische[.] Kraft"[50] in den Vorlesungen von 1822/23 und 1824/25 weitaus größer gewesen sei, so dass diese Vorlesungen stärkere Berücksichtigung im Buch zu finden hätten. Da sich auf Basis der beiden genannten Ausgaben keine Klärung der Frage herbeiführen lässt, welche Ausgabe Hegel ‚adäquater' wiedergibt, und die Ausgabe darüber hinaus die anderen aufgeführten Probleme teilt, werde ich auch auf diese Ausgabe nicht zurückgreifen.

Bei der Besprechung der Nachschriftenedition in der zweiten Abteilung der *Gesammelten Werke*, die einen Teil der Nachschriften selbst in transparenterer Weise dem Leser zur Verfügung stellt, werde ich diskutieren, ob sich eine angemessene und vollständige Wiedergabe der hegelschen Geschichtsphilosophie *überhaupt* erreichen lässt, und wenn die Antwort positiv ausfällt, was dies für meine Interpretationsabsichten bedeuten sollte.

Die von Karl Hegel edierte Ausgabe erschien 1848 noch einmal in einer dritten Auflage im Rahmen der Freundesvereinsausgabe. Abgesehen von der Korrektur diverser Druckfehler handelt es sich hierbei um dieselbe Ausgabe, wie acht Jahre zuvor.[51]

---

49 Hegel, Georg Wilhelm Friedrich (1840): *Georg Wilhelm Friedrich Hegel's Vorlesungen über die Philosophie der Geschichte*. Herausgegeben von Dr. Eduard Gans. Zweite Auflage besorgt von Dr. Karl Hegel. Berlin, 1840. Verlag von Duncker und Humblot Neunter Band Zweite Auflage.
50 Hegel, Georg Wilhelm Friedrich (1840): *Georg Wilhelm Friedrich Hegel's Vorlesungen über die Philosophie der Geschichte*. Herausgegeben von Dr. Eduard Gans. Zweite Auflage besorgt von Dr. Karl Hegel. Berlin, 1840. Verlag von Duncker und Humblot Neunter Band Zweite Auflage. S. XXII.
51 Vgl.: Hegel, Georg Wilhelm Friedrich (1961 [1907]): Vorlesungen über die Philosophie der Geschichte. Mit einer Einführung von Theodor Litt. Herausgegeben von Fritz Brunstäd. Stuttgart. S. 35–36.

1.2 Die Ausgaben von G.J.P.J. Bolland, Fritz Brunstäd und die Jubiläumsausgabe

Nachdem die Freundesvereinsausgabe schließlich im letzten Drittel des neunzehnten Jahrhunderts aus dem Buchhandel verschwand und nur noch antiquarisch zu beziehen war, blieben diese drei Ausgaben die einzigen Fassungen der hegelschen Geschichtsphilosophie, auf die die Hegel-Forschung, sowie interessierte Philosophen und Leser, zugreifen konnten. Dies änderte sich auch nicht, als der von Eduard v. Hartmann zum Hegelianismus geführte Niederländer G.J.P.J Bolland in den Jahren 1899–1908 einen, mit ausführlichen Einleitungen versehenen Nachdruck einiger der hegelschen Werke in Einzelausgaben veranstaltete, die auf der Freundesvereinsausgabe beruhten. Unter diesen Einzelbänden berücksichtigte Bolland die Philosophie der Geschichte jedoch nicht.[52] Da seine Ausgabe auf der Freundesvereinsausgabe beruht, bzw. diese wiederabdruckt, teilt sie sämtliche mit dieser verbundenen Probleme. Von philosophiehistorischem bzw. rezeptionsgeschichtlichem Interesse sind allenfalls die langen Einführungen, die Bolland den Bänden beigegeben hat.

Die Geschichtsphilosophie erreichte den Buchhandel parallel zu Erstellung der Bolland-Ausgabe, jedoch unabhängig von dieser, durch eine von Fritz Brunstäd veranstaltete Ausgabe, die 1907 bei Reclam erschien. Brunstäd hält, wie er in seinem Vorwort schreibt, die Ausgabe Karl Hegels, die er, unverändert im Wortlaut abdruckt, für „authentisch"[53]. Brunstäd hat lediglich in der Einleitung der hegelschen Vorlesungen, das Inhaltsverzeichnis, das auf Eduard Gans und Karl Hegel zurückging, abgeändert, um die Struktur in einem Sinne, den er für deutlicher hielt, abzuwandeln. Inwiefern man davon sprechen kann, dass eine vorliegende Ausgabe der hegelschen Geschichtsphilosophie, die versucht, den Text, der faktisch in den Vorlesungen (bzw. zumindest in einer davon) vorgetragen wurde, wiederzugeben, authentisch ist oder nicht, werde ich zum Abschluss dieses Kapitels diskutieren. Gegenüber der von Brunstäd veranstalteten Ausgabe gelten davon abgesehen die weiter oben aufgeführten Einwände. Da nicht klar ist, welche Textteile auf Hegel zurückgehen bzw. aus welcher Vorlesung sie stammen, eignet

---

[52] Bolland veröffentlichte die ‚kleine Logik' d.h. die enzyklopädische Fassung derselben, die *Enzyklopädie* (1830) selbst mit allen Zusätzen, die von den ‚Freunden' hinzugefügt worden waren, die *Vorlesungen zur Philosophie der Religion*, die *Grundlinien der Philosophie des Rechts*, die *Phänomenologie des Geistes*, sowie die *Vorlesungen zur Geschichte der Philosophie*. Vgl. Nicolin 1961: 299 f.

[53] Hegel, Georg Wilhelm Friedrich (1961 [1907]): Vorlesungen über die Philosophie der Geschichte. Mit einer Einführung von Theodor Litt. Herausgegeben von Fritz Brunstäd. Stuttgart. S. 37.

sich der Text aufgrund der mangelnden Interpretationsautonomie, die er dem Rezipienten bietet, nicht für eine detaillierte Analyse des Textes, sofern man gewillt ist, den dort gegebenen Inhalt tatsächlich Hegel zuzuschreiben.

Auch die zwischen 1927 und 1930 veröffentlichte, sogenannte ‚Jubiläumsausgabe', die von Hermann Glockner veranstaltet wurde, räumt die vorhandenen Probleme nicht aus, sondern reproduziert sie. Glockners Ausgabe gab die Freundesvereinsausgabe mit einigen geringeren Abweichungen, die die Geschichtsphilosophie jedoch nicht betreffen, mit Hilfe des damals neuen Verfahrens des fotomechanischen Abdrucks wieder und machte sie dem regulären Buchhandel wieder zugänglich. Hierbei ordnete Glockner die Werke jedoch in einer anderen Reihenfolge und tilgte zwei Aufsätze, die Hegel von den ‚Freunden' fälschlicherweise zugeschrieben worden waren, aus der Ausgabe. Darüber hinaus gab er einen fotomechanischen Abdruck der Enzyklopädie-Fassung von 1817 aus Hegels Heidelberger Zeit heraus, so dass seiner Ausgabe zumindest das Verdienst zukommt, gegenüber der ersten Gesamtausgabe, Hegels philosophische Entwicklung in einem gewissen Umfang wieder sichtbar zu machen. Die *Philosophie der Geschichte* findet sich im 11. Band dieser Ausgabe und gibt eine Reproduktion der Ausgabe von Karl Hegel, die erste Fassung von Eduard Gans hat Glockner nicht in die „Jubiläumsausgabe" aufgenommen.[54]

1.3 Die Ausgaben Lasson/Hoffmeister in der Philosophischen Bibliothek

Eine signifikante Änderung der Geschichtsphilosophie, die bisher jeweils in der auf Karl Hegel zurückgehenden Variante abgedruckt worden war, versuchte dagegen Georg Lasson in seiner Ausgabe der *Philosophie der Weltgeschichte* zu leisten. Lasson zerlegte das Textkorpus in vier Teile, die, abgesehen vom ersten Band, die Epochen der Weltgeschichte, in die Hegels Geschichtsphilosophie aufgeteilt ist, abbilden. Lasson publizierte 1917 den ersten Band *Die Vernunft in der Geschichte*, der 1920 in zweiter überarbeiteter, 1930 in ebenfalls überarbeiteter Auflage ein drittes Mal und 1944 in unveränderter Auflage herausgegeben wurde. Auf dieser Ausgabe baut der entsprechende Band von Johannes Hoffmeister auf, den dieser 1955 herausgab und der weiter unten abgehandelt wird. Den zweiten Band *Die orientalische Welt* veröffentlichte Lasson 1919. 1920 erschienen die Bände drei *Die griechische und römische Welt* und vier *Die germanische Welt*. Die drei letztgenannten Bände publizierte Lasson erneut 1923. Er versucht als

---

[54] Vgl. Moldenhauer/Michel 1971: 534, sowie: Nicolin 1957: 118.

erster Herausgeber seit Karl Hegel, ähnlich wie dieser und Eduard Gans, anhand von noch erhaltenen bzw. wieder aufgefundenen Nach- und Mitschriften einen möglichst vollständigen und kohärenten Text zu erzeugen, der Hegels Geschichtsphilosophie in vollständiger Breite wiedergibt. Da ich, wie oben angekündigt, für meine Analysen, mit einer Ausnahme, nur auf die hegelschen Manuskripte zurückgreifen werde, und zu den Teilen, die Lasson in den Bänden zwei bis vier herausgibt, keine Manuskripte erhalten sind[55], werde ich meine Darstellung im Folgenden auf die Versionen des ersten Bandes *Die Vernunft in der Geschichte* fokussieren. Lasson stand 1917 ein Originalmanuskript Hegels aus der Zeit der Vorlesung von 1830/31 zur Verfügung, das auch Gans bereits für seine Ausgabe verwendet hatte.[56] In Lassons Ausgabe jedoch ist der hegelsche Originaltext erstmals als solcher im Textbild kenntlich gemacht, indem er von den aus den Kollegnachschriften eingeflochtenen Stellen abgehoben ist. Dies hat klarerweise den Vorteil, dass ein Teil der *Interpretationsautonomie* vom Editor an den Rezipienten weitergereicht wird, der so klar feststellen kann, wann er sich auf eine faktisch von Hegel geschriebene Stelle beruft und wann nicht. Aufgrund der Funde weiterer Kollegnachschriften, sowie zweier weiterer hegelscher Manuskripte, konnte Lasson in den folgenden Ausgaben den Text deutlich verbessern. Bei dem ersten Manuskript handelt es sich um das bereits erwähnte Manuskript *Zur Geschichte des Orients*, das evtl. Hoffmeister noch zur Verfügung stand, der dieses Manuskript in seiner Neubearbeitung des zweiten Bandes von Lassons Ausgabe einzubinden gedachte[57]; da er jedoch zuvor verstarb, kam es zu dieser Edition nicht mehr. Lasson veröffentlichte dieses Manuskript im Anhang seiner dritten Auflage von *Die Vernunft in der Geschichte* im Jahr 1930 erstmals. Irgendwann zwischen 1930 und 1955 ist dieses Manuskript jedoch verloren gegangen.[58] Bei dem

---

55 Mit Ausnahme des Manuskripts *Zur Geschichte des Orients*, welches heute nur noch in sekundärer Überlieferung erhalten ist, Lasson aber bei seiner Ausgabe noch zur Verfügung stand. Heute findet man das Manuskript in: Hegel, G.W.F. (1995): *Gesammelte Werke Band 18*. (Vorlesungsmanuskripte 1816–1831 II) (Hg.) Walter Jaeschke. Hamburg. S. 221–227.

56 Gans erwähnt das Manuskript in seiner Vorrede: „Was nun die Stylisierung des Werkes betrifft, so war der Bearbeiter genötigt, es vom Anfange bis zum Ende niederzuschreiben. Indessen fand er von Vorne herein für einen Theil der Einleitung (bis zu S. 73 des Buches) eine von Hegel im Jahre 1830 begonnene Ausarbeitung, die, wenn sie auch nicht gerade zum Drucke bestimmt war, doch augenscheinlich an die Stelle der früheren Einleitungen treten sollte." (Hegel, G.W.F. (1837): Georg Wilhelm Friedrich Hegel's Vorlesungen über die Philosophie der Geschichte. Herausgegeben von Dr. Eduard Gans. Berlin S. XVIII.)

57 Vgl. Hoffmeisters dementsprechende Äußerung: Hegel, G.W.F. (1955): Die Vernunft in der Geschichte. Herausgegeben von Johannes Hoffmeister. Fünfte abermals verbesserte Auflage. Hamburg. S. XI.

58 Zur Geschichte dieses Manuskripts vgl. Jaeschke 1995: 389f.

zweiten Manuskript handelt es sich um eine Einleitung in die Philosophie der Geschichte, die Hegel in dieser Fassung vermutlich zwischen 1822/23 und dem Wintersemester 1828/29 verwandt hatte. Ich werde weiter unten, anlässlich der Diskussion dieses Manuskripts in den *Gesammelten Werken*, näher darüber informieren. Lasson selbst hat in seiner Ausgabe, seit dem ihm das Manuskript von 1822–1828 zur Verfügung stand, dieses in seiner Ausgabe von dem zweiten Manuskript von 1830/31 separiert, obwohl er das Ziel verfolgte, einen flüssig lesbaren Text zu erzeugen, der es ermöglichen sollte, die hegelsche Geschichtsphilosophie *vollständig* zu lesen. Lasson dachte, dass die beiden Manuskripte nicht unmittelbar aneinander anknüpfen. Erst Johannes Hoffmeister stellte bei seiner Vorbereitung und Herausgabe der fünften Auflage von *Die Vernunft in der Geschichte* fest, dass die beiden Manuskripte, sofern man gewillt ist, einen vollständig lesbaren Text zu erzeugen, unmittelbar aneinander anschließen. So schreibt er:

> Der eigentliche Grund für die Behandlung des textkritischen Problems dieses Kapitels war freilich der, daß Lasson nicht bemerkt hatte, daß die beiden neu aufgefundenen Bogen [d. h. das Manuskript 1822–28/T.R.] nicht etwa nur, wie er glaubte, „ziemlich nahe, wohl höchstens durch einen halben Bogen getrennt", zusammenhängen, sondern sich vielmehr wörtlich, von einem Worte („sein") zum nächsten („Bewußtsein") aneinanderanschließen. Ich habe die Nahtstelle im Text selbst bezeichnet. Durch diese genaue Zusammengehörigkeit, die übrigens auch Lassons Vorgänger nicht bemerkt hatten, ergibt sich mit den vermißten Schlußabsätzen zusammen, die nach wie vor aus den Kollegnachschriften, bzw. den bisherigen Ausgaben ergänzt werden müssen, eine in sich geschlossene und durch Hegels eigenhändige Niederschrift fast durchgängig verbürgte Abhandlung, die den Namen eines „Ersten Entwurfs" schon deshalb zu Recht trägt, weil sie – nach dem Ausweis der Daten auf dem Züricher Bogen, wirklich diejenigen Gedanken bringt, mit denen Hegel seine erste Vorlesung über die Philosophie der Weltgeschichte eröffnet hat, und aus dem gleichen Grunde auch wieder die Stelle verdient, die die früheren Herausgeber ihr eingeräumt hatten. Im übrigen schließt, wie schon die jetzige „Inhaltsübersicht" zeigt, der „Zweite Entwurf" der Sache nach unmittelbar an den ersten an.[59]

Diese Stelle belegt unter anderem die nach wie vor bestehenden editorischen Probleme bei dem Versuch, einen vollständigen Vorlesungstext zu erstellen und dabei möglichst viele der hegelschen Originalhandschriften in dieses Korpus zu integrieren, ohne die Lesbarkeit, die man von einer Monographie erwartet, die einen fortlaufenden, inhaltlichen Text zu präsentieren beansprucht, zu beschädigen. Weder Lasson noch Hoffmeister geben damit die Hoffnung auf, die bereits Eduard Gans und Karl Hegel leitete, auch in den nur als Vorlesungen ausgeführten Systemteilen einen vollständigen Hegel in dem Sinne zu bieten, dass sämtliche

---

59 Hegel, G.W.F. (1955): Die Vernunft in der Geschichte. Herausgegeben von Johannes Hoffmeister. Fünfte abermals verbesserte Auflage. Hamburg. S. X-XI.

Teile seines philosophischen Systems in der ganzen Breite und Ausführlichkeit präsentiert werden, die Hegel mit seiner Philosophie vermutlich erreichen wollte. Im Grunde perpetuieren die Herausgeber damit die Hoffnung, dass man Hegels System als Ganzes tatsächlich, sofern der editorische Aufwand und die Gewichtung der entsprechenden Kolleghefte nur vorsichtig und umsichtig genug vorgenommen wird, vorlegen könne, obwohl Hegel selbst verstorben ist, ohne eine solche Arbeit geleistet zu haben. Bezüglich des Gewichtungsproblems setzt sich auch bei Lasson und Hoffmeister das Programm fort, nicht anzugeben, welche Textteile sie aus welchen Nachschriften und mit welchen Gründen entnommen haben.

Der Forschung stehen nun also bereits drei verschiedene Ausgaben zur Verfügung, die zu gewichten versuchen, in welchem Verhältnis das von Hegel damals, über mehrere Jahre wiederholt und abgewandelt Vorgetragene in den Nachschriften zu seinen systematischen Vorgaben in anderen Systemteilen steht. Da für einen Großteil der Geschichtsphilosophie keine Angaben Hegels überliefert sind, bewegt man sich hier auf philologisch dünnem Eis, da man letztlich Nachschriften gegen Nachschriften in einem kohärentistischen Verfahren abzuwägen hat. Dieses Verfahren bedarf jedoch eines transparenten Umgangs mit den Textzeugen, um eine Vorlesung philologisch-historisch angemessen edieren zu können. Davon zu unterscheiden ist Lassons und Hoffmeisters Anspruch, alle Vorlesungen auf einmal heranzuziehen und ein ganzes Buch als Text zu konstituieren. Womit eine Vorlesung rekonstruiert werden soll, die Hegel so *niemals* gehalten haben kann.

Ich sehe nicht, inwiefern mit den Lasson/Hoffmeister-Editionen ein Text vorliegt, dessen inhaltliche Gewichtung de facto Hegels philosophischen Zielen entspricht und diese in adäquaten Formulierungen wiedergibt. Daher werde ich meiner Interpretation auch diese Ausgaben nicht zu Grunde legen. Dies liegt unter anderem auch daran, dass ich davon überzeugt bin, dass man um Hegels philosophische Durchdringung der materialen Geschichte (etwa der Reformation u. ä.) zu verstehen, erst verstehen muss, was Hegel überhaupt unter Geschichtsphilosophie versteht und in welchem Zusammenhang eine solche mit den systematischen Vorgaben der reifen Philosophie Hegels steht. Eine solche Frage wird sich aber auf der Basis einer Ausgabe, die zum größten Teil Nachschriften ineinanderwirkt, um einen vollständigen und mehr oder weniger ‚bequem' lesbaren Text hervorzubringen, kaum seriös klären lassen. Eine solche Arbeit wird sich erst in Angriff nehmen lassen, wenn, auf einer philologisch vertretbaren und transparenten Basis Klarheit über Hegels philosophisches Vorgehen gewonnen wurde, ein Vorhaben, das unter Berücksichtigung eines editionsphilologisch vertretbaren Textbestandes in dieser Arbeit ausgeführt werden soll.

Bevor ich zur neuen Hegel-Gesamtausgabe und ihren Fassungen der hegelschen Geschichtsphilosophie übergehe, werde ich noch auf die weit verbreitete

Ausgabe der hegelschen Werke eingehen, die Anfang der 1970er Jahre im Suhrkamp Verlag herausgegeben wurde.

1.4 Die Theorie-Werkausgabe von Moldenhauer/Michel

Die Theorie-Werkausgabe wurde von Eva Moldenhauer und Karl Markus Michel redaktionell betreut. Die Redakteure schreiben anlässlich der Endredaktion hinsichtlich der Zielsetzung ihrer Ausgabe:

> Andererseits kann nicht deutlich genug betont werden, daß diese Ausgabe keine kritischen Ansprüche geltend macht und zur Hegel-Philologie nichts beizutragen hat. Sie gibt sich damit zufrieden, im Rahmen des Möglichen einen zuverlässigen Text zu liefern aufgrund der jeweils angegebenen Vorlagen und Quellen. Was sie darüber hinaus anstrebt, ist die *Lesbarkeit* der Texte, letztlich also die *Verständlichkeit* Hegels.[60]

Dieser Zielsetzung gemäß reproduziert die Theorie-Werkausgabe in zwanzig Bänden im Wesentlichen die Freundesvereinsausgabe, allerdings anders als Glockner nicht im fotomechanischen Nachdruck, sondern unter Verbesserung und geringfügiger Abänderung von Interpunktion und Orthographie nach den Maßstäben der damaligen deutschen Rechtschreibung. Moldenhauer und Michel streben, wie im Zitat deutlich wird, also eine Ausgabe an, die für Interessierte diesen Philosophen zugänglich macht, ohne dabei den strengen Editionsprinzipien zu folgen, wie sie etwa für die historisch-kritische Ausgabe der *Gesammelten Werke* vorgesehen sind, die ihrem Abschluss entgegen geht.[61] Die Redakteure sind der Ansicht, dass eine lesbare und nebenbei bemerkt finanziell erschwingliche Gesamtausgabe der Werke Hegels der Forschung förderlich sei, gerade da der Abschluss der historisch-kritischen Ausgabe bei Erscheinen der Theorie-Werkausgabe noch in weiter Ferne lag.

> Die historisch-kritische Gesamtausgabe, in der schon soviel Arbeit steckt, wird aller Voraussicht nach in diesem Jahrhundert nicht abgeschlossen werden. Ob ihre für heutige Maßstäbe mustergültigen (wiewohl den Laien einschüchternden) Editionsprinzipien in ein paar Jahrzehnten noch optimal erscheinen, steht dahin. Die aktuelle Aneignung Hegels, die kritische Auseinandersetzung mit Hegel wird sich jedenfalls nicht so lange gedulden wollen. Sie knüpft an die Hegel-Rezeption des 19. und frühen 20. Jahrhunderts an, auch wenn die Texte, auf die sie zurückgreifen muß, nicht immer den gewachsenen Ansprüchen genügen. In

---

60 Moldenhauer/Michel 1971: 538.
61 Vgl. Jaeschke 2001: 15.

diesem Kontext sieht sich die vorliegende Ausgabe. Sie ist für jene bestimmt, die mit Hegel weiterkommen, nicht auf ihm sitzenbleiben wollen.[62]

Nun lässt sich allerdings fragen, wem eigentlich mit den entsprechenden Zielen und der polemischen Abgrenzung gegen eine sauber edierte Ausgabe geholfen sein soll. Die Frage ist also, zu welchen Zwecken sich die Theorie-Werkausgabe einsetzen lässt. Es mag ein ehrwürdiges Ziel sein, eine erschwingliche Ausgabe in den Handel zu geben, aber wem dient sie eigentlich? Die Redakteure der Theorie-Werkausgabe verstehen unter dem ‚ganzen Hegel' ersichtlich denjenigen, der von den ‚Freunden' tradiert und überliefert wurde, so enthält die Ausgabe in insgesamt zehn Bänden die Vorlesungen Hegels in den Fassungen, die von den ‚Freunden' ediert wurden. Anhand der oben aufgeführten Mängel dieser Ausgabe scheint es fraglich, ob hier für mehr als rezeptionsgeschichtlich oder oberflächlich interessierte Leserinnen und Leser viel Fruchtbares zu interpretieren und zu verstehen ist. Nach meiner Auffassung ist es gefährlich, mit dem Namen ‚Hegel' auf eine Textbasis zu referieren, die diesem Autor bestenfalls vage zugesprochen werden kann. Darüber hinaus setzt die Theorie-Werkausgabe das Problem einer entwicklungsgeschichtlichen Intransparenz fort: so findet sich kein Abdruck der Enzyklopädiefassungen von 1817 und 1827 und die *Lehre vom Sein* von 1832 ist vor die *Lehre vom Wesen* von 1813 einsortiert worden, während *Das Sein* von 1812 sich in der Ausgabe gar nicht findet. So taugt sie zumindest für ernsthaft an der Hegel-Forschung interessierte Leser bestenfalls für einen groben Eindruck unter dem Risiko, etwas für hegelsche Philosophie zu halten, was ihr nicht zugeschrieben werden kann. Abgesehen von der erhöhten Lesbarkeit des Textes durch den Verzicht auf Frakturschrift und die leichte Abänderung von Interpunktion und Orthographie, reproduziert diese Ausgabe, wenn ich recht sehe, *alle* Probleme der Freundesvereinsausgabe. Sie suggeriert einen ganzen Hegel, der in dieser Form zumindest aus philologischer Perspektive durch eine Textbasis hergestellt wird, die so dem Autor nicht zugeschrieben werden kann. Die Philosophie der Geschichte wird anhand der Vorlesungsedition von Karl Hegel dargeboten und bietet somit keinen Fortschritt über dessen Ausgabe hinaus, zumindest wenn man davon absieht, dass im Anhang dieser Ausgabe ein *Auszug* (d. h. also nicht die ganzen Manuskripte in ihrer vollen, überlieferten Länge) aus den erhaltenen Originalmanuskripten beigegeben worden ist.[63]

---

62 Moldenhauer/Michel 1971: 537 f.
63 Vgl. Hegel, G.W.F. (1970): *Vorlesungen über die Philosophie der Geschichte*. Werke Band 12. Auf der Grundlage der *Werke* von 1832–45 neu edierte Ausgabe. Redaktion Eva Moldenhauer und Karl Markus Michel. Frankfurt am Main. Die Manuskriptauszüge finden sich auf den Seiten 543–556.

Zumindest für meine Zwecke bietet diese Ausgabe daher kein attraktives Angebot. Meiner Ansicht nach hat die Hegel-Forschung der Versuchung zu widerstehen, auf philologisch uninformierter Basis unter dem Label ‚Hegel' oder in meinem Fall dem Ausdruck ‚Hegels Geschichtsphilosophie' Ausgaben zu verwenden, die eine Vollständigkeit suggerieren, die Hegels Nachlass und Werk zu Lebzeiten faktisch nicht angenommen haben. Exemplarisch für ein solches, hier abgelehntes Vorgehen, sei auf das offenkundige Bekenntnis Thomas Gils hingewiesen:

> Selbst wenn die Ausgabe von E. Moldenhauer und K.M. Michel textkritischen Ansprüchen nicht ganz genügt, habe ich mich im folgenden aufgrund der Tatsache, daß sie allgemein benützt wird, für sie entschieden.[64]

Eine solche Entscheidung auf der Basis einer generellen Konvention zu treffen, scheint mir ein fadenscheiniges Argument zu sein, insbesondere wenn bessere Ausgaben zur Verfügung stehen. Dieser Punkt ist unabhängig davon, zu welchen Interpretationszwecken man Hegels Geschichtsphilosophie fruchtbar machen möchte. Eine Ausgabe zu verwenden, deren Intransparenz bzgl. der Quellenlage hinlänglich bekannt ist, sollte eher dazu führen, dass wenn man sie benutzt, auch nur Zwecke mit ihr verfolgt, die mit ihr umzusetzen sind. Meiner Ansicht nach lassen sich alle Ausgaben, die letztlich auf der Freundesvereinsausgabe aufruhen, wenn man sie unabhängig von anderen Ausgaben als Textbasis verwendet, nicht ohne weiteres dafür in Anspruch nehmen, *Hegels* Philosophie oder Geschichtsphilosophie zu rekonstruieren.[65] Sie taugen jedoch zu rezeptionsgeschichtlichen Zwecken. Die Dignität, die in diesem Fall dann insbesondere der Vorlage der Theorie-Werkausgabe, eben der Freundesvereinsausgabe, zukommt, ist dann aber allemal höher als diejenige der Ausgabe von Moldenhauer und Michel.[66]

---

64 Gil 1998: 254 Fn2. Ich erwähne Thomas Gil hier nicht, um ihm als Einzelnem einen Vorwurf zu machen, sondern weil er immerhin so ehrlich ist, sich offen zu einer in der Hegel-Forschung weit verbreiteten Praxis zu bekennen.
65 Anderer Auffassung ist etwa Wilkins, der schreibt: „I believe, however, that it would be wrong to attach great philosophical significance to differences among the various editions of this text [d. h. der hegelschen Geschichtsphilosophie/T.R.]". Wilkins 1974: 18.
66 Mit dieser Problemlage sind selbstverständlich auch Leserin und Leser der *Zusätze* konfrontiert, die der *Rechtsphilosophie* und der *Enzyklopädie* von den ursprünglichen Herausgebern beigegeben wurden. Auch diese sind für eine Interpretation nicht ohne Weiteres zu verwenden, was bedeutet: Wer eine rezeptionsgeschichtlich orientierte Arbeit schreibt bzw. rekonstruieren will, was Hegel in seinen Kompendienvorlesungen, also den Vorlesungen, die er auf Basis entweder einer Fassung der *Enzyklopädie* oder auf Basis der *Rechtsphilosophie* gehalten hat, damals

Nun hat die bisherige Analyse ein offenkundig unbefriedigendes Bild ergeben. Keine der bisher abgehandelten Ausgaben erfüllt textkritische und philologische Ansprüche in zufriedenstellendem Maße. Dennoch werden sie, vor allem die Theorie-Werkausgabe, in der Forschung vielfach verwendet und zugrundegelegt. Mir geht es nicht darum, sämtliche auf Basis dieser oder ähnlicher problematischer Ausgaben entstandene Forschungsbeiträge als irrelevant aus der Forschungslandschaft auszuschließen, sondern darum, klarzustellen, zu welchen Zwecken sie sinnvoll verwandt werden sollten. So ist eine Arbeit, die die *Phänomenologie des Geistes* auf Basis der Theorie-Werkausgabe interpretiert, sicher weniger philologisch zu kritisieren, als eine, die unkritisch die dort abgedruckten Vorlesungen heranzieht, als handele es sich um Texte, die Hegel oder besser gesagt seinem System ohne weiteres anzulasten oder zu Gute zu halten seien. Ich werde im letzten Teil des Kapitels einige Unterscheidungen einführen, anhand derer deutlich werden soll, welche Ausgaben wie verwendet werden können und verwandt werden konnten, womit also auch Forschungsbeiträge, die vor längerer Zeit entstanden sind, durchaus meinen Ansprüchen standhalten und somit Verwendung in meiner Analyse finden können.

Bevor ich mich diesem Abschnitt zuwende, werde ich noch die bis dato letzten beiden Ausgaben der hegelschen Geschichtsphilosophie vorstellen.

1.5 Die Manuskripte der Philosophie der Geschichte und die Vorlesungseditionen in den Abteilungen der kritischen Werkausgabe

Im Jahr 1957 erteilte die Deutsche Forschungsgemeinschaft den Auftrag zur Erstellung einer neuen, historisch-kritischen Gesamtausgabe der Werke und des Nachlasses Hegels, sowie der erhaltenen und wieder gefundenen Nach- und Mitschriften.[67] Im Rahmen dieser Ausgabe, die explizit den Anspruch stellt, hohen philologischen und editorischen Standards zu genügen, erschienen insgesamt *drei* Bände, die für die Thematik der hegelschen Geschichtsphilosophie von spezifischer Relevanz sind: zum einen in der ersten Abteilung der Ausgabe die erhaltenen Manuskripte Hegels, zum anderen wurden in einer weiteren Abteilung einige der

---

faktisch *gesagt* hat und den entsprechenden Zusatz anhand einer Nachschrift als relativ gesichert nachweisen kann, darf den Zusatz in seiner Interpretation heranziehen. In allen anderen Fällen halte ich dies für philologisch unsauber, was de facto heißt, dass die Interpretation mittels einer solchen Textbasis, insofern sie davon zehrt, kontaminiert wird.

67 Vgl. insgesamt zur Grundlegung und den editorischen und philologischen Standards dieser Ausgabe: Nicolin 1957; Heimsoeth 1959/60; Nicolin 1961.

1.5 Die Manuskripte der Philosophie der Geschichte und die Vorlesungseditionen — 31

überlieferten Nachschriften Hegels zu einer neuen Fassung der hegelschen Vorlesung zur Geschichte zusammengefügt. Eine weitere Nachschriftenkomposition wurde in der zweiten Abteilung der *Gesammelten Werke* publiziert.

Ich werde zuerst auf die Manuskripte eingehen, und dann die erste Vorlesungsedition vorstellen, sowie knapp auf die neue Edition der Nachschriften im Rahmen der zweiten Abteilung der *Gesammelten Werke* eingehen (vgl. dort die Bände GW 23–30).

Nachdem über die Jahrzehnte hinweg unter anderem aufgrund der mangelnden Sorgfalt der ‚Freunde' bzgl. der Bewahrung der hegelschen Manuskripte, die sie etwa an Bekannte verschenkten oder aber sonst wie aus den Augen verloren, sowie aufgrund der Vernichtung eines Teils des Nachlasses durch Hegels Söhne Karl und Immanuel und durch andere Umstände verlorengegangene Manuskripte, ist ein gewisser Teil des hegelschen Nachlasses nicht mehr vorhanden. Zu Hegels Geschichtsphilosophie haben sich vier Dokumente erhalten, ein fünftes in sekundärer Überlieferung.[68] Alle fünf Dokumente befinden sich in Band 18 der *Gesammelten Werke*.[69] Dort werden die Dokumente, mit textkritischem Apparat versehen, erstmals in der Weise öffentlich gemacht, in der sie sich heute noch vorfinden. Damit enthält dieser Band tatsächlich ausschließlich philologisch gesichertes Material ohne Nachschriften oder den Versuch, Nachschriften und Originalmanuskripte zu einem Text zu verknüpfen. Ich werde den überlieferten Textbefund etwas ausführlicher vorstellen, da ich, wie oben angekündigt, meine Analysen im Wesentlichen auf die überlieferten Manuskripte stützen werde.

Erhalten haben sich zwei Manuskripte Hegels, die er wahrscheinlich seinen Vorlesungen zugrunde gelegt hat. Diese Manuskripte umfassen jeweils die Einleitung der entsprechenden Vorlesungen. Der Inhalt des ersten Manuskripts (vgl. GW 18 S. 121–137) war wohl Grundlage der Einleitung in den Vorlesungen zwischen 1822 und 1828. Das Manuskript selbst stammt, wie Jaeschke vermutet, aus dem Jahre 1828. In seinem Editionsbericht schreibt er:

> Links von der Überschrift hat Hegel den Zeitpunkt des Kollegbeginns festgehalten: 30/10 28. Dieses Datum ist mit der gleichen Tinte niedergeschrieben und offensichtlich in einem Zuge mit der Überschrift notiert worden. Nochmals links neben diesem Datum hat Hegel – mit anderer Tinte – vermerkt: 31/10 22, also das Anfangsdatum des Kollegs von 1822/23. Auf Grund

---

[68] Zum hegelschen Nachlass vgl.: Henrich 1981; Becker 1981.
[69] Vgl. Jaeschke, Walter (1995): Vorlesungsmanuskripte II (1816–1831). Georg Wilhelm Friedrich Hegel Gesammelte Werke Band 18. (Hg.) Walter Jaeschke. Hamburg. Darin: 1. Philosophie der Weltgeschichte. Einleitung 1822–1828 (S. 121–137) 2. Philosophie der Weltgeschichte 1830/31 (S. 138–207) 3. Blätter zur Philosophie der Weltgeschichte auch Schauspiele der unendlichen Verwiklungen (S. 208–210) 4. C. Gang (S. 211–214) 5. [Sekundär Überliefert] Zur Geschichte des Orients (S. 221–227).

der Eigentümlichkeit der Schrift kann ausgeschlossen werden, daß Hegel dieses Manuskript bereits zu diesem frühen Zeitpunkt begonnen hat; vielmehr ist zu vermuten, daß er dieses Datum aus einem früheren Heft nachgetragen hat, das er bei der Niederschrift der Notizen zum Kolleg 1828/29 als Vorlage benutzt hat.[70] [im Original kursiv gesetzt/T.R.]

Das Manuskript bricht während der Darstellung der zweiten von drei Arten der Geschichtsschreibung, die Hegel hier unterscheidet, ab. Lasson und Hoffmeister vermuteten, dass Hegel *dieses* Manuskript seit 1822 regelmäßig überarbeitet habe, Jaeschke kann jedoch nachweisen, dass Hegel vielmehr seine alten Manuskripte abgeschrieben und im Zuge dessen zu den jeweiligen Zwecken der nächsten Vorlesung überarbeitet hat.[71] Dies wird daran ersichtlich, dass Hegel, wie sich an Tinte und Schriftschwung zeigen lässt, *zuerst* das auf dem ersten Blatt des Manuskripts vermerkte Datum der Vorlesung von 1828/29 und *danach* das Datum seiner ersten Vorlesung zur Philosophie der Geschichte, den 31/10/22 notiert hat. Jaeschke folgert aus diesem und einigen weiteren Indizien:

> Es ist deshalb anzunehmen, daß Hegel bei der Niederschrift seines Manuskripts – wahrscheinlich in der vorlesungsfreien Zeit kurz vor Beginn des Wintersemesters 1828/29 – im wesentlichen ein älteres Manuskript abgeschrieben hat – ein Verfahren, das auch für seine philosophiegeschichtlichen Vorlesungen belegt ist.[72] [im Original kursiv gesetzt/T.R.]

Das zweite erhaltene Manuskript, das ebenfalls die Einleitung wiedergibt, ist, auch was die Formulierung der Sätze und die Anordnung angeht, in deutlich besserem Zustand erhalten und umfasst auch eine weitaus breitere Textmenge (vgl. GW 18 S. 138–207). Insgesamt stellt es den längsten erhaltenen Originaltext Hegels zu seiner reifen Philosophie der Geschichte dar, selbst wenn man die Ausführungen in den drei Fassungen der *Enzyklopädie* und in den *Grundlinien der Philosophie des Rechts* berücksichtigt.[73]

Das Manuskript trägt auf der ersten Seite die Aufschrift 8/11/30, dies war das Datum des Vorlesungsbeginns für das Wintersemester 1830/31, in dem Hegel seine Vorlesung zur Geschichtsphilosophie zum letzten Mal abhalten konnte. Die Tinte der Datumsangabe ist dieselbe, wie diejenige des Manuskripttextes, so dass die Vermutung nahe liegt, dass Hegel das Datum zugleich mit der Niederschrift aufgesetzt hat.[74] Ob Hegel *genau* dieses erhaltene Manuskript seiner letzten

---

70 Jaeschke 1995: 377.
71 Jaeschke 1995: 379.
72 Jaeschke 1995: 380.
73 Vgl. *Enz.* (1817) §§ 448–452; *Enz.* (1827) §§ 548–552; *Enz.* (1830) §§ 548–552 (wobei alle drei Fassungen voneinander abweichen). Sowie GPR §§ 330–360.
74 Jaeschke 1995: 381.

1.5 Die Manuskripte der Philosophie der Geschichte und die Vorlesungseditionen

Vorlesung zugrunde gelegt hat, oder ein anderes, davon abweichendes Manuskript, ist nicht klar zu rekonstruieren. Zumindest zeigen sich anhand der Nachschriften Abweichungen zwischen dem erhaltenen Manuskript und demjenigen, was Hegel in der Vorlesung wohl tatsächlich gesagt hat.[75] Hieraus lässt sich evtl. der Schluss ziehen, dass Hegel dieses Manuskript tatsächlich zu anderen Zwecken angefertigt hat. So vermutet Jaeschke aufgrund des Zustands des Manuskripts, dass Hegel eine Publikation desselben plante:

> Das Manuskript weist somit insgesamt einen fortgeschrittenen Grad der Ausarbeitung auf, der dem einer Reinschrift zumindest sehr nahe kommt. Die Sorgfalt bei der Ausarbeitung geht sogar so weit, daß Hegel an einer Stelle die Unterstreichung eines Wortes wieder tilgt. Die Einleitung 1830/31 muß deshalb sowohl von der Diktion als auch von der Sorgfalt bei der Niederschrift des Manuskripts als Vorstufe einer Publikation gelten – auch wenn wir hier nicht, wie etwa für die Vorlesungen über die Beweise vom Daseyn Gottes, Nachrichten über Publikationspläne haben. [Text im Original kursiv gesetzt/T.R.][76]

Bereits dieser Befund liefert ein gutes Argument dafür, dieses Manuskript einer gesonderten und detaillierten Analyse zu unterziehen, um Hegels Geschichtsphilosophie einem Verständnis zuzuführen. Abgesehen von diesen beiden Manuskripten haben sich zwei Manuskripte mit Notizen Hegels erhalten, die auf seine Vorlesungen verweisen. Das erste davon enthält Notizen, die sich auf einige der Stellen im Manuskript von 1830/31 beziehen lassen. Die Notizen hat Hegel auf die Rückseite eines Briefes geschrieben, der mit dem Datum: 5.8.1830 versehen ist, so dass dieses Datum als *terminus post quem* für Hegels Notizen gelten kann. Da seine letzte Vorlesung zur Geschichtsphilosophie zu diesem Zeitpunkt bereits im Jahr 1829 endete, liegt es in der Tat nahe, die Notizen auf das Manuskript bzw. die Vorlesungsvorbereitungen für das Kolleg von 1830/31 zu beziehen.[77]

Das letzte erhaltene Manuskript, dass mit *C.Gang* überschrieben (GW 18 S. 211–213) und daher auch so benannt worden ist, ist ebenfalls auf der Rückseite eines Briefes notiert worden, der mit der Angabe: 27.11.1829 versehen ist. Aufgrund der komplizierten Falttechnik, in der der Brief geknickt wurde, ist nicht ohne weitergehende Interpretation zu sehen, welche der Notizen sich aufeinander be-

---

75 Jaeschke 2009.
76 Jaeschke 1995: 381. Erhärtet wird diese These durch Jaeschkes Vergleich der Nachschrift Karl Hegels zur Vorlesung 1830/31 mit dem Manuskript. Dies führt dazu, zu vermuten, dass Hegel auch nach der Vorlesung noch an dem heute erhaltenen Manuskript weitergearbeitet hat. Vgl. Jaeschke 2009: 42–44.
77 Vgl. Jaeschke 1995: 385–387. Jaeschke vermutet einen Bezug auf die Stellen: GW 18, S. 208.4–16, sowie S. 209.4 – S. 210.5.

ziehen. Das Fragment fällt aufgrund des Datums und des Inhalts vermutlich in eine frühe Phase der Vorbereitung der Vorlesung von 1830/31.[78]

Damit ist die Darstellung der Textlage der heute noch erhaltenen Hegelschen Originalmanuskripte zur Geschichtsphilosophie abgeschlossen. Die beiden Notizmanuskripte rechtfertigen meiner Ansicht nach keine eigenständige Analyse, sie können aber zu einem Kohärenztest und als Explikationsmittel an die Analyse der Vorlesung von 1830/31 herangetragen werden. Diesen Notizen kommt damit eine vergleichbare Rolle zu wie den Randnotizen Hegels zu seinen *Grundlinien der Philosophie des Rechts*, die sich, anders als die Zusätze, gefahrlos als Hilfsmittel an die Analyse der Paragraphen herantragen lassen.

Lediglich in sekundärer Überlieferung erhalten hat sich ein Fragment Hegels *Zur Geschichte des Orients* (vgl. GW 18, S. 221–227), welches oben anlässlich der Darstellung der Ausgaben von Lasson und Hoffmeister bereits Erwähnung gefunden hat. Jaeschke schreibt zu dem Manuskript, welches er anhand der Lasson-Ausgabe wiedergibt, dessen Editor es noch vorlag:

> Das hier mitgeteilte Fragment hat Georg Lasson erstmals in der dritten Auflage seiner Edition der Vorlesungen über die Philosophie der Weltgeschichte unter den Nachträgen veröffentlicht. In seiner Vorbemerkung hierzu teilt er mit, daß das Fragment in den Jahren nach der zweiten Auflage im Autographenhandel aufgetaucht und im Besitze von Dr. Hellersberg, Charlottenburg sei.[79] [Im Original kursiv gesetzt/T.R.]

Irgendwann nach dieser Edition ging das Manuskript verloren und ist bis heute unauffindbar. Das Manuskript lässt sich zeitlich schwerlich einordnen. Aufgrund eines von Hegel erwähnten Buches kann es nicht vor seinem ersten geschichtsphilosophischen Kolleg entstanden sein.[80]

Ich werde dieses Manuskript nicht heranziehen, da ich kein Interesse an einer Rekonstruktion des materialen Teils der hegelschen Philosophie der Geschichte hege.[81] Zumindest aus philologischer Perspektive lässt sich gegen die Edition der *Gesammelten Werke*, soweit ich sehe, kein schwerwiegender Einwand erheben. Wer auf der Basis eines philologisch sauber edierten Textes arbeiten möchte, dem bleibt keine Alternative. So urteilt Ludwig Siep bereits 1984 anlässlich der neuen Hegel-Gesamtausgabe, dass „die Hegel-Edition ja fast eine Wunschform"[82] darstelle.

---

78 Vgl. Jaeschke 1995: 386 f.
79 Vgl. Jaeschke 1995: 389.
80 Vgl. Jaeschke 1995: 391.
81 Ich habe gegen dieses Dokument aber keine Einwände, die sich aus seinem editorischen Status ergeben.
82 Siep 1984: 115.

Neben den hegelschen Manuskripten hat man sich im Rahmen der Edition und Herausgabe der *Gesammelten Werke* auch um die Nachschriften der hegelschen Vorlesungen bemüht. So wurden zusätzlich zur kritischen Edition die *Vorlesungen über die Philosophie der Weltgeschichte. Berlin 1822/23* ediert.[83] Die Editoren bemühen sich hierbei darum, auf Basis der heute noch erhaltenen Nachschriften jeweils einen Vorlesungsjahrgang oder, je nach erhaltener Menge und philosophisch zu erwartender Fruchtbarkeit, mehrere Vorlesungsjahrgänge wiederherzustellen. Anders als in den vorhergehenden Editionen, in denen Nachschriften verwendet wurden, wird hier jeweils ausgewiesen, welche Textteile aus welcher Nachschrift stammen, es wird desweiteren über den Zustand der entsprechenden Nachschriften informiert und Ähnliches. Abweichend von den bisherigen Editionen auf Basis der Nachschriften, wird dem Rezipienten also ein Textkörper geboten, der das größtmögliche Maß an Transparenz aufbietet, ohne dabei die Nachschriften jeweils einzeln einfach abzudrucken; ein Verfahren, das darum nicht zu wünschen wäre, weil so lediglich die „Individualität des Schreibers"[84], in den Vordergrund gerückt würde[85] und nicht das eigentliche Ziel, darzulegen, was Hegel damals gesagt hat. Hierbei bedienen sich die Herausgeber eines philologischen Verfahrens, das Walter Jaeschke, als es an die Vorbereitung dieser Editionen ging, bereits vorgestellt hat: Es werden aus je einem Vorlesungsjahrgang, aus dem Nachschriften erhalten sind (im Falle der Geschichtsphilosophie sind zu jedem Jahrgang Nachschriften von schwankender Qualität erhalten), diejenigen Nachschriften bzw. derjenige Jahrgang, der besonders fruchtbar oder interessant zu sein scheint, selektiert. Beim Abgleich zwischen den Textzeugen fungiert nun eine Nachschrift als Leittext, anhand dessen die Vorlesung im Wesentlichen wiedergegeben wird. Demgegenüber fungieren gut erhaltene, aber leicht abweichende bzw. philologisch aus diversen Gründen weniger geeignete Nachschriften als Kontrolltexte, während die restlichen Nachschriften oder Nachschriftenfragmente als Ergänzungstexte für Leit- und Kontrolltext dienen. Mittels dieses Verfahrens wird ein vollständiger Vorlesungstext erzeugt,

---

83 Vgl. Hegel, G.W.F. (1996): Vorlesungen über die Philosophie der Weltgeschichte. Berlin 1822/23. (Vorlesungen. Ausgewählte Nachschriften und Manuskripte Band 12). (Hrsg.): Karl-Heinz Ilting, Karl Brehmer und Hoo Nam Seelmann. Hamburg.
84 Jaeschke 1980: 52.
85 Hier könnte eingewandt werden, dass auch die ‚Freunde' in ihren Editionen wohl vermeiden wollten, die ‚Individualität' einer Nachschrift schlicht abzudrucken. Dabei verfallen sie aber, aufgrund der mangelnden Interpretationsautonomie und dem Versuch, *die* hegelsche Philosophie der Geschichte und nicht wenigstens eine Vorlesungsfassung derselben zu konstituieren, statt der Skylla der Nachschriftenindividualität der Charybdis der Editorenindividualität, was der Streit zwischen den einzelnen Herausgebern hinreichend belegt. Die Ausgabe in der zweiten Abteilung der *Gesammelten Werke* hält sich m. E. in der Mitte der beiden Gefahren.

bei dem durch Fußnoten und Anmerkungen der Herausgeber stets transparent bleibt, woher welche Informationen und Textteile entnommen wurden.[86] Hiermit liegt zum ersten Mal in der Editionsgeschichte der hegelschen Werke ein Verfahren zu Grunde, das anders als etwa in der Freundesvereinsausgabe oder bei Lasson, die Interpretationsautonomie in hohem Maße an den Rezipienten zurückgibt, statt den Herausgeber bzw. Editor paternalistisch bezüglich dessen walten zu lassen, was er dem Leser vorenthält und was nicht, ohne darüber Rechenschaft ablegen zu müssen.

Im Falle der Vorlesungen zur Philosophie der Geschichte wurde Hegels erste Vorlesung zu diesem Gegenstand aus dem Jahre 1822/23 ediert. Als Textzeugen fungierten drei Nachschriften, zwei vollständige Nachschriften und eine unvollständige. Die Nachschrift Heinrich Gustav Hothos übernahm dabei die Rolle des Leittextes, die ebenfalls vollständige Nachschrift von Karl Gustav Julius von Griesheim diente als Kontrolltext, die unvollständige Nachschrift von Carl Hermann Victor von Kehler als Ergänzungstext.[87] An dem Vorgehen, das dieser Ausgabe zugrunde liegt, gibt es meiner Ansicht nach relativ zu den damit verfolgten Interessen nichts auszusetzen. Die Interpretationsautonomie ist, vor allem relativ zu den vorhergehenden Editionen, sehr hoch zu veranschlagen; das Ziel, eine Vorlesung historisch adäquat wiederzugeben scheint attraktiv, etwa weil diese dann für historische Forschungen nutzbar gemacht werden kann.

Ich möchte daher knapp begründen, warum diese Ausgabe in meiner Analyse nichtsdestotrotz nur eine untergeordnete Rolle spielen wird. Soweit ich sehe, lässt sie sich primär für den Zweck verwenden, zu rekonstruieren, was Hegel damals tatsächlich *gesagt* hat. Diese gewissermaßen historische bzw. rezeptionsgeschichtlich relevante Frage spielt für meine Interpretation insofern keine Rolle, als es mir darum geht, Hegels Philosophie der Geschichte *systematisch* zu analysieren und wo nötig zu rekonstruieren. Daher blende ich entwicklungs- und rezeptionsgeschichtliche Fragen vollständig aus. Es ist für meine Zwecke schlicht irrelevant, was Hegel, sofern die Nachschriften, deren philologische Zweitrangigkeit, was ihren Quellenstatus gegenüber den hegelschen Originalmanuskripten angeht, selbstverständlich auch von der besten Edition nicht ausgeräumt werden kann, damals faktisch *gesagt* hat.[88] Da mein Erkenntnisinteresse darüber hinaus

---

86 Zur Erläuterung dieses Verfahren vgl. Jaeschke 1980: 54f.
87 Vgl. Hegel, G.W.F. (1996): Vorlesungen über die Philosophie der Weltgeschichte. Berlin 1822/23. (Vorlesungen. Ausgewählte Nachschriften und Manuskripte Band 12). (Hrsg.): Karl-Heinz Ilting, Karl Brehmer und Hoo Nam Seelmann. Hamburg. S. 531.
88 Ich beziehe mich also, aufgrund der philologischen Probleme, eindeutig festzustellen, was Hegel damals *gesagt* hat, bei meiner Interpretation nur auf Texte, die Hegel eindeutig zugeordnet werden können. Nicht auf Texte von anderen, die versuchten festzuhalten, was Hegel sagte.

1.5 Die Manuskripte der Philosophie der Geschichte und die Vorlesungseditionen — 37

nicht darauf zielt, Hegels Geschichtsphilosophie *materialiter* nachzuvollziehen oder gar plausibel zu machen, kann ich mich dabei de facto auf die beiden Manuskripte, die Hegels Einleitung darbieten, konzentrieren, ohne meine Textbasis in größerem Umfang auf die Nachschriften hin zu erweitern, was zwingend notwendig wäre, sofern man sich *irgendwie* zum Verhältnis des Berliner Hegel z. B. zur Reformation oder etwa zur Ägyptischen Hochkultur äußern will. Ich möchte damit die Versuche, Hegels Vorlesungen historisch möglichst adäquat zu rekonstruieren, weder als belanglos noch als überflüssig oder unmöglich abwerten, sondern darauf verweisen, dass für meine Interpretationsziele ein Rückgriff auf diese Ausgaben nahezu verzichtbar ist. Ich werde die hier zur Diskussion stehende Ausgabe lediglich an einer Stelle im Text (Kapitel 2.2.2.5 – 2.2.2.6) zugrunde legen, um einen genaueren Einblick in die Unterscheidungen geben zu können, die Hegel im Rahmen der Diskussion der reflektierten Geschichtsschreibung als eine Art Geschichte zu schreiben vornimmt. Bei diesem Rückgriff handelt es sich anders als bei sämtlichen im Text der Ausgabe weiter unten stehenden Textteilen nicht um das vollständige Verlassen einer durch hegelsche Originaltexte abgestützte Interpretation, da zum entsprechenden Textteil auch Teile des hegelschen Manuskripts von 1822/23 passen, zwischen denen sich keine gravierende Abweichung feststellen lässt. Anders als bei späteren Textstellen findet hier also kein Kohärenzverfahren Anwendung, in das keine hegelschen Originalschriften mit eingehen, sondern die Interpretation wird durch eine solche abgestützt und ist zudem sachlich aufschlussreich, weshalb an dieser Stelle Abstriche in der Rigidität der editionsphilologischen Kriterien vorgenommen werden.[89] Ich werde in einem Exkurs auf die methodischen Gefahren und die systematischen Hoffnungen, die mich zu diesem Verfahren bewogen haben, eigens eingehen.

Zusätzlich zu der oben besprochenen Edition steht nun auch eine Komposition der Nachschriften in der zweiten Abteilung der *Gesammelte Werke* zur Verfügung. Auch in dieser Ausgabe werden die Textzeugen für Hegels erste geschichtsphilosophische Vorlesung für eine Rekonstruktion derselben herangezogen.[90] Ebenso wie in der zuvor besprochenen Ausgabe fungiert hier die Nachschrift Heinrich Gustav Hothos als Leittext, zusätzlich zu diesem werden im Rahmen dieser Ausgabe Varianten aus den Nachschriften explizit verzeichnet. Dabei werden auch in dieser Ausgabe die Nachschriften von Karl Gustav Julius von Griesheim und Friedrich Carl Hermann Victor von Kehler für die Angabe von

---

[89] Weshalb meine Arbeit an dieser Stelle zugegebenermaßen aus editionsphilologischer Perspektive angreifbarer ist als an den anderen.
[90] Vgl. Hegel, G.W.F. (2015): *Vorlesungen über die Philosophie der Weltgeschichte. Gesammelte Werke Band 27.1 Nachschriften zu dem Kolleg des Wintersemesters 1822/23.* Hrsg. Bernadette Collenberg-Plotnikov. Hamburg.

Varianten verwertet. Neu hinzugetreten ist eine Nachschrift von Karl Rudolf Hagenbach, auf die in der vorherigen Edition der Vorlesung von 1822/23 noch nicht zurückgegriffen wurde. Durch die ausführliche Verzeichnung von Varianten stellt die Edition im Rahmen der zweiten Abteilung sicherlich nochmals eine Verbesserung gegenüber der vorherigen Edition der ersten hegelschen Vorlesung zur Philosophie der Weltgeschichte dar. *Inhaltlich* aber ergeben sich dabei für den Rückgriff auf Nachschriften im Rahmen der vorliegenden Studie keine Abweichungen gegenüber der vorherigen Edition, auf die ich daher an der gekennzeichneten Stelle zurückgreifen werde. Aufgrund der ausführlicheren Rekonstruktion der für meine Studie relevanten Passagen in der Vorgängerausgabe habe ich mich entschlossen, die Edition in der zweiten Abteilung lediglich zum Kohärenztest gegenüber der Vorgängeredition und meiner aus dieser entnommenen Hinweise zu gebrauchen. Zwar bietet die Edition in der zweiten Abteilung die Nachschriften den Leserinnen und Lesern weitaus eher in derjenigen Form, in der sie auch dem Editor vor Augen liegt – die Orthographie, der Satzbau sind nur geringfügig angepasst usw. –, und liefern daher demjenigen, der *spezifisch* an den Nachschriften oder einer besonderen Nachschrift interessiert ist, sicherlich eine wertvollere Arbeitsgrundlage als die Vorgängeredition. Mir aber geht es bei dem Heranziehen der Nachschriften nicht um diese selbst, sondern letztlich um eine plausible Deutung der hegelschen Philosophie der Weltgeschichte und relativ zu den für meine Arbeit relevanten Passagen, sehe ich hier die Vorgängeredition im Vorteil.

Damit sind nun sämtliche bisher erstellte Ausgaben der hegelschen Philosophie der Weltgeschichte präsentiert.

Es bleibt darauf hinzuweisen, dass ich selbst *keine* editionsphilologischen Studien durchgeführt habe. Bezüglich des Zustandes der Manuskripte verlasse ich mich auf die editionsphilologischen Kompetenzen der Editoren des Hegel-Archivs. Dies liegt zum einen daran, dass ich selbst über keine größeren Kompetenzen in diesem Bereich verfüge, zum Anderen daran, dass es einen Unterschied gibt, zwischen philosophischer und editorischer Arbeit. Eine seriöse philosophische Interpretation setzt eine saubere philologische Edition voraus, solange jedoch keine Zweifel an der Kompetenz der Editoren oder der Güte der editorischen Prinzipien besteht, sollte sich die kritische Reflexion darauf richten, wie mit verschiedenen Ausgaben zu verfahren ist, statt selbst eine neue erstellen zu wollen. Da mir keine editionsphilologische Kritik an der Ausgabe der *Gesammelten Werke* bekannt ist, betrachte ich diese daher insbesondere gemessen an dem Kriterium der Interpretationsautonomie als verlässlich.

Zum Abschluss dieser Darstellung der Editionsgeschichte, ihrer Probleme und Fortschritte werde ich ein Fazit ziehen, in dem ich noch einmal kurz festhalten werde, auf welche Textbasis ich mich stütze (1), wenn ich Ausdrücke wie ‚Hegels

Philosophie' oder ‚Hegels Geschichtsphilosophie' gebrauche. Zudem werde ich darlegen, (2) welche Ausgaben für welche Zwecke verwendet werden können.

1.6 Resultat der Editionsgeschichte: Welche Ausgaben können welchen Interpretationszwecken dienen? Welche Ausgaben und Textbasis liegen dieser Arbeit zugrunde?

Ich werde mich zentral einer Analyse der erhaltenen Manuskripte Hegels widmen, wie sie die Ausgabe der *Gesammelten Werke* zur Verfügung stellt, als Ergänzung werde ich die beiden erhaltenen Notizen Hegels heranziehen, das Manuskript zur *Geschichte des Orients*, in sekundärer Überlieferung, werde ich allenfalls nebenbei verwenden. Insgesamt werde ich ausschließlich Texte Hegels heranziehen. Wenn ich also von „Hegels Philosophie" spreche, beziehe ich mich damit auf eine Textbasis, die ausschließlich aus Schriften besteht, die klarerweise und eindeutig der Person G.W.F. Hegel als ihrem Autor zugeschrieben werden können. Da ich entwicklungsgeschichtliche Aspekte innerhalb der Werkgenese ausblende, beschränke ich mich darüber hinaus auf den reifen Hegel. Dies bedeutet insbesondere, dass die *Phänomenologie des Geistes* keiner spezifischen Analyse unterzogen wird; wie oben bereits angemerkt, erachte ich diese Monographie als nicht zu Hegels System gehörig, sie müsste daher, im Bezug auf die in ihr enthaltenen geschichtsphilosophischen Gehalte gesondert untersucht werden. Eine Untersuchung dieser Art werde ich im Umfang dieser Arbeit nicht leisten, sie ist aber selbstverständlich als eigenständiges Erkenntnisziel keineswegs ausgeschlossen.

Für die Einbettung der hegelschen Geschichtsphilosophie in das Gesamtsystem ziehe ich alle drei Fassungen der *Enzyklopädie* heran, sowie die *Grundlinien der Philosophie des Rechts*. Wenn ich also im Folgenden von ‚Hegels Geschichtsphilosophie' spreche, so beziehe ich mich damit bezüglich der Textbasis auf eine solche, die durch die entsprechenden Manuskripte, die Fassungen der *Enzyklopädie* sowie der *Rechtsphilosophie* konstituiert wird.[91] Sofern Abweichungen zwischen diesen Fassungen bestehen, so geht es in dieser Arbeit nicht darum, herauszufinden, was der Mensch Hegel damals gedacht hat oder für Absichten gehegt haben mag. Ich verfahre insofern *texthermeneutisch*, als die Absichten Hegels für meine Interpretation keine Berücksichtigung finden werden.

---

[91] Dies bedeutet nicht, dass ich andere Schriften Hegels zum Verständnis seiner Geschichtsphilosophie, etwa die systematisch grundlegende *Wissenschaft der Logik*, nicht heranziehen werde. Die oben genannten Werke sind jedoch die, in denen Hegel die Geschichtsphilosophie *explizit* verortet.

Es geht mir vielmehr darum, aus den entsprechenden Texten eine kohärente, mit den Texten insgesamt so weit wie möglich kompatible Deutung in systematischer Perspektive auf die aktuellen Probleme der Möglichkeit und Durchführung einer Philosophie der Geschichte zu entwickeln. Daher beziehe ich mich mit dem Ausdruck ‚Hegel' abkürzend auf diejenigen Texte, die ihm zugeschrieben werden können. Sofern ich Ausdrücke verwende wie z. B. „Hegel wollte vermutlich', so ist dies als abkürzende Redeweise dafür zu nehmen, dass ich hier versuche, aus den entsprechenden Texten eine möglichst sinnvolle Deutung gemessen an argumentativen Standards und nicht an potentiellen psychischen Zuständen des Menschen Hegel zu erstellen. Falls sich dabei herausstellt, dass Hegels Philosophie der Geschichte nicht in allen Teilen sinnvoll zu verteidigen ist, werde ich an gegebenen Stellen erörtern, welche seiner systematischen Pointen als bewahrenswert beurteilt werden können und welche nicht.[92] Ich verfolge hier kein *rein* systematisches Interesse, weil es mir zudem darum geht, eine *Interpretation* der hegelschen Geschichtsphilosophie vorzuschlagen. Eine solche ist von einer *Variation* der hegelschen Geschichtsphilosophie in systematischer Absicht zu unterscheiden. Für letztere können auch die Nachschriften von Interesse sein. Da die Kennzeichnung als Variation hegelscher Einsichten, aber nur relativ zu einer Feststellung, derjenigen Merkmale, die wir der hegelschen Philosophie relativ zu denjenigen Texten, die auf ihn zurückgehen, zusprechen können, setzt eine solche eine Interpretation voraus.

Mit diesen Ausführungen sollte verständlich werden, warum ich die philologisch fragwürdigen Ausgaben zurückweise. Sie stellen selbst schon Variationen des historischen Urtextes dar und treffen somit Vorentscheidungen, denen ich mich nicht ohne weiteres anschließen möchte. Ich werde nun *drei* Arten von Erkenntnisinteressen unterscheiden. Diese Interessen sind dabei idealtypisch unterschieden. Je nachdem, welches davon man primär oder auch ausschließlich verfolgt, erscheinen unterschiedliche der vorliegenden Editionen attraktiv:

Erstens gibt es ein biographisches Interesse, *zweitens* ein rezeptionsgeschichtliches Interesse und *drittens* ein systematisches. Wer das erste Interesse verfolgt, wird neben möglichst getreuen Originaldokumenten Hegels auch auf die Nachschriften und zwar in verschiedenen Fassungen zurückgreifen müssen, so-

---

[92] Letztlich ist keine Problembeschreibung und kein Erkenntnisinteresse (oder eine systematisch für attraktiv gehaltene Position) unabhängig von den selbst aus welchen Gründen auch immer für plausibel gehaltenen Überzeugungen und Werteinstellungen abhebbar. Zudem ist es nicht möglich, in einem Buch alle Fragen zu klären. Ich werde die mich leitenden Interessen und Überzeugungen jedoch weitestgehend offenlegen, um so der Leserin/dem Leser die Möglichkeit zu geben, einschätzen zu können, inwieweit er/sie von mir abweicht bzw. bereit ist meiner Untersuchung zu folgen.

fern daran gelegen ist, das Leben und Denken des Menschen G.W.F. Hegel zu rekonstruieren und narrativ aufzubereiten.[93] Für diesen Zweck müssen mehrere der entsprechenden Ausgaben herangezogen werden, die Freundesvereinsausgabe aufgrund ihrer Nähe zur Person Hegel, die Ausgabe der *Gesammelten Werke*, um die historischen Dokumente in adäquater Form präsentiert zu bekommen.

Beim *zweiten* Typ von Erkenntnisinteressen hängt es davon ab, welcher Gegenstand rezeptionsgeschichtlich erörtert werden soll. Man kann zum einen historisch aufbereiten wie ein *Autor rezipiert wurde*, zum anderen, wie ein *Autor andere Autoren rezipiert hat*. Möchte man wissen, wie etwa Karl Marx Hegel rezipiert hat, wird man neben marxschen Dokumenten auf die Freundesvereinsausgabe zurückgreifen müssen, um den marxschen Hegel zu verstehen, denn jener hat diesen anhand der erwähnten Ausgabe gelesen und rezipiert. Womit bereits deutlich wird, dass es keineswegs immer von vornherein klar ist, worauf man sich genau bezieht, wenn man ‚Hegel' sagt. Im Falle Marxens zieht er seine Informationen im Wesentlichen aus der Freundesvereinsausgabe. In anderen Fällen ist hier z. B. auf die Ausgabe Hermann Glockners zu verweisen usw. Möchte man hingegen rekonstruieren, wie Hegel rezipiert wurde, wird man z. B. Marx, die Linkshegelianer und die Herausgeber der Freundesvereinsausgabe dahingehend untersuchen, wie sie Hegel gesehen haben, in Abgrenzung davon, wie er unabhängig von deren Verständigungsversuchen erscheint. Um diese Unabhängigkeit herzustellen, wird man systematische und/oder biographische Fragen stellen müssen. Hier zeigt sich, dass die drei Fragestellungen zwar unterschieden werden können, aber nicht vollständig unabhängig voneinander sind.

Die dritte, hier systematisch genannte Herangehensweise versucht einen historisch vorliegenden Textbefund hinsichtlich seiner Fruchtbarkeit für aktuelle philosophische Fragen zu analysieren und nutzbar zu machen. Hierbei geht es nicht darum, die eigenen Absichten und Vorstellungen adäquaten Philosophierens einem Text überzustülpen, um im Folgenden mittels der ‚Autorität der Tradition' die eigenen Vorstellungen als die eines prominenten Denkers ausgeben zu können. Die Kohärenz der Interpretation, sowie dasjenige, woraufhin man den Text interpretiert, wird durch eine systematische Fragestellung relativ zum festgelegten Textkorpus vorgegeben. Die Grenze ist jedoch da überschritten, wo sich eine Lesart nur *gegen* den Textbefund durchhalten lässt. Selbstverständlich ist zuzugestehen, dass jede Interpretation hier nur graduell zu verteidigen ist. Das Ziel einer Interpretation kann es nicht sein, einen hundertprozentigen Konsens in der Forschungslandschaft zu erzielen oder gar auf Dauer zu stellen. Vielmehr ist zusätzlich zu sehen, dass auch die systematischen Interessen inhaltlich einem

---

93 Dieses explizit biographische Interesse wird z. B. verfolgt von: Pinkard 2000 und Althaus 1992.

Wandel unterliegen, was eine weitere Nichtabschließbarkeit der Forschung zur Folge haben kann.

Man hat es also immer mit einer graduell adäquateren oder inadäquateren Interpretation zu tun. Nichtsdestotrotz lassen sich Adäquatheitsbedingungen angeben. Eine Interpretation darf dem Textbefund nicht widersprechen, indem sie z. B. Textvorkommnisse schlicht ignoriert. Steht in einem Text etwa eine Verneinung, darf man sie nicht ohne sehr hohen Begründungsaufwand ignorieren. Zum anderen hat eine Interpretation ihre Gelingensbedingungen explizit zu machen. Eine solche Transparenz bezüglich des Textbestandes herzustellen, war, neben den empirischen Informationen über die diversen Editionen, die Kernaufgabe dieses Kapitels. Ein systematisches Interesse bedeutet nicht, historische Informationen vollständig auszublenden. Diese sind insoweit zu berücksichtigen, als sie zum Verständnis des vorliegenden Materials beitragen, etwa die Verwendung von Begriffen zur jeweiligen Zeit, aus der der Text stammt und Ähnliches, oder aber beim Konstituieren einer Problemgeschichte zu systematischen Zwecken. Eine solche ist etwa dann vonnöten, wenn nachvollzogen werden soll, warum wir bestimmte philosophische Fragestellungen heute auf andere Weise vorfinden als zu früheren Zeiten.[94]

Zum Abschluss möchte ich noch einige potentielle Einwände diskutieren, denen man mein Vorgehen bezüglich des hegelschen Textkorpus aussetzen könnte. So könnte man mir vorwerfen, dass ich am ‚ganzen Hegel' vorbeiziele, insofern ich meine Analyse willkürlich auf die Manuskripte und hegelschen Originale einschränke. Wäre es nicht fruchtbarer, zumindest philologisch relativ sichere Nachschriften heranzuziehen, um die Informationsbasis zu erweitern? Darüber hinaus betont Jaeschke in einem Aufsatz, in dem er nochmals über die Edition des hegelschen geschichtsphilosophischen Manuskripts von 1830/31 reflektiert, dass die Nachschriften auch für die Edition des Manuskripts selbst von eminenter Bedeutung sind:

> Die Konsultation der Nachschriften ist bereits die Voraussetzung für die korrekte Anordnung des Hegelschen Manuskriptes. Denn dieses Manuskript liegt ja nicht als ein von Hegel gebundener oder gehefteter, geordneter und kompakter Band vor, sondern in Form einer Vielzahl einzelner, zu Doppelblättern (teils mit, teils ohne Innenlage) gefalteter Bogen – und zudem sind die einzelnen Blätter nicht von Hegel, sondern durch die seinen Nachlaß verwahrende Bibliothek foliiert.[95]

---

[94] Zur Konstitution von solchen systematisch orientierten Problemgeschichten vgl. Wille 2012: 328–352.
[95] Jaeschke 2009: 15.

Man könnte mir also vorwerfen, die Nachschriften zu ignorieren, obwohl sie bereits für die Edition vonnöten waren. Man muss hier aber *trennen* zwischen dem Heranziehen der Nachschriften als Textzeugen zur Gewinnung einer philologisch korrekten *Textanordnung* auf der einen Seite, und dem Heranziehen der Nachschriften zur Gewinnung einer fruchtbaren Interpretation auf der anderen. In beiden Fällen wird der jeweilige Inhalt der Nachschriften zu ganz unterschiedlichen Zwecken verwandt. Davon abgesehen wäre es ein weiterer Fehler, die Nachschriften auf intransparente Weise mit dem Manuskripttext zu vermengen, was Jaeschke in seiner Edition in den *Gesammelten Werken* auch explizit vermeidet. Aus der Verwendung der Nachschriften für die *Textkonstitution* folgt also nicht ohne weiteres eine Begründung für die Verwendung der Nachschriften bei einer *Interpretation*.

Der zweiten Frage, ob meine Textbasis nicht sinnvoller Weise zu erweitern wäre, indem ich sie auf die Nachschriften ausdehne, ist entgegenzuhalten, dass es mir nicht darum geht, was Hegel damals faktisch gesagt hat, da dies nicht im Rahmen meines systematischen Interesses liegt. Da die Nachschriften nicht von Hegel stammen, sondern ihre Autorschaft auf verschiedene Personen zurückgeht, deren Anliegen es nicht war, eine systematisch interessante Position im Rahmen kreativen Philosophierens zu entwickeln, wie es Hegels Anliegen in seinen Manuskripten und Vorlesungen war, kann man diese *Nach–* und *Mit*schriften auch nur mit großer Unsicherheit an die hegelschen Texte selbst rückbinden.[96] Dies geht aber problemlos mit Texten, die von ein und demselben Autor stammen. Strenggenommen dürfte man die Gans-Nachschrift dann nur für die Gans-Forschung heranziehen und nicht für die systematisch-interessierte Hegel-Forschung in meinem Sinne. Man erhielte dann so viele Interpretationen, wie es Nachschriften gibt. Der Grund, warum wir die Nachschriften überhaupt verwenden und für wichtig erachten, ist aber der, dass wir etwas über Hegels Geschichtsphilosophie erfahren wollen. Hier taugen die Nachschriften, zumindest solange man nicht bereits auf sehr genau analysiertem Boden steht, wie denjenigen, den diese Arbeit bereiten helfen soll, aber allenfalls für historische und biographische Interessen bezüglich der Person Hegel, da sie kohärentistisch nur jeweils gegeneinander abgewogen werden können und keine hegelschen Manuskripte *über die ganze Breite* seiner Vorlesung als Korrektiv zur Verfügung stehen.

---

96 Dies ist graduell zu verstehen, da es in Ausnahmefällen aufgrund günstiger Quellenlage möglich ist einen Kohärenztest unter Berücksichtigung hegelscher Originalquellen durchzuführen.

2 Das Verhältnis von Geschichtsschreibung und Geschichtsphilosophie

> Die Einzelwissenschaften wissen oft gar nicht, durch welche Fäden sie von den Gedanken der grossen Philosophen abhängen.
> *(Jacob Burckhardt)*

2.1 Einleitung

Im Rahmen dieses Kapitels soll Hegels Geschichtsphilosophie im Verhältnis zur Geschichtsschreibung untersucht werden. Mit dem Anspruch auf eine *Philosophie der Geschichte* muss sich ein angebbarer Sinn verbinden, der ein solches Projekt klar von der nicht-philosophischen Geschichtsschreibung unterscheidet. Gelingt eine solche Unterscheidung nicht, stellt die Geschichtsphilosophie eine eher vage und mit quelleninadäquaten Methoden durchgeführte Variante der Geschichtsschreibung dar. Um das Verhältnis zwischen Geschichtsphilosophie und Geschichtsschreibung im Rahmen der hegelschen Philosophie zu klären, soll in diesem Kapitel in 2.2 aufgewiesen werden, *dass* Hegel zwischen philosophischen und nicht-philosophischen Formen der Geschichtsschreibung unterscheidet. *Wie* Hegel zwischen diesen Formen unterscheidet und diese Unterschiede begründet, ist Gegenstand der folgenden Unterabschnitte. In 2.2 behandele ich die nicht-philosophischen Formen der Geschichtsschreibung und trage die Resultate in 2.3 kurz zusammen. In 2.4 analysiere ich die Spezifität der philosophischen Geschichtsschreibung. Um das genaue Verhältnis zwischen philosophischen und nicht-philosophischen Formen aufklären zu können, erläutere ich in 2.4.4.1–2.4.4.2.2 den hegelschen Begriff der Wissenschaften.

In 2.4.5. werde ich die Resultate in Bezug auf die Ausgangsfragestellung zusammentragen und die Stärken und Schwächen der hegelschen Position herausheben, sowie zwei im Rahmen dieser Studie unaufgelöst bleibende Spannungen benennen.

2.2 Die Genese der nicht-philosophischen Geschichtsschreibung

2.2.1 Weisen der Geschichtsbehandlung

Hegel beginnt seine Vorlesung zur Philosophie der Weltgeschichte, wie sie im Rahmen des ersten Manuskripts auf uns gekommen ist, mit einer fundamentalen Abgrenzung hinsichtlich des Gegenstandes der Geschichtsphilosophie:

> Der Gegenstand dieser Vorlesungen ist die philosophische Weltgeschichte – Es ist die allgemeine Weltgeschichte selbst, welche zu durchlauffen, unser Geschäft seyn soll; – es sind nicht allgemeine Reflexionen über dieselbe, welche wir aus ihr gezogen und aus ihrem Inhalte, als Beyspielen erläutern wollten, – sondern der Inhalt der WeltGeschichte selbst. [M1: 121.4–121.8]

Wie sich an der Hervorhebung durch den Sperrdruck ersehen lässt, ist der Gegenstand die „philosophische Weltgeschichte" in Abgrenzung zu anderen Formen, die Weltgeschichte[97] zu behandeln, d.h. diese zu thematisieren. Seine fundamentale Unterscheidung ist diejenige zwischen der „Weltgeschichte selbst" und der Möglichkeit, „allgemeine Reflexionen über dieselbe" (ebd.) anzustellen. Letzteres lehnt Hegel ab. Um zu verstehen, was diese Unterscheidung besagen soll, ist es hilfreich, zu sehen, dass es die Aufgabe des Philosophen ist, die Weltgeschichte zu „durchlauffen", d.h. ihren gesamten Verlauf zu verfolgen und abzuhandeln. Im Gegensatz dazu würden im Rahmen einer allgemeinen Reflexion über die Weltgeschichte lediglich Teile derselben thematisch werden, die als Beispiele für bestimmte Reflexionen herangezogen werden. Für dieses Verfahren nennt er allerdings kein Beispiel, daher bleibt undeutlich, wogegen er sich abzugrenzen sucht. Kontur gewinnt sein Vorschlag aber dann, wenn man ihn so auffasst, dass er sich gegen eine Geschichtsauffassung wendet, die in der europäischen Aufklärungshistorie sowie im Humanismus verbreitet war. Dort wurde das historische Material nicht in einer narrativen Abfolge organisiert, sondern spezifische Teilbereiche oder einzelne Beispiele aus der Geschichte wurden von den Historikern herangezogen, um an ihnen spezifische Tugenden oder Laster bzw. moralische Lehrsätze in einer Art Exempla-Lehre zu verdeutlichen. Zu den berühmten His-

---

[97] Wenn ich den Ausdruck ‚Geschichte' in dieser Arbeit verwende, dann bezieht er sich auf das geschichtliche Geschehen. Mit dem Ausdruck Geschichtsschreibung (und verwandten Ausdrücken z.B. ‚Historiographie', ‚historiographisch' usw.), stelle ich auf die Erzählungen *über* die Geschichte ab. Damit soll nicht ausgeschlossen werden, dass wir über die Geschichte nur etwas sagen können, sofern sie durch die Arbeit der Geschichtsschreiber als Gegenstand konstituiert wurde.

torikern dieser Epoche gehören dabei etwa Petrarca, Machiavelli oder Voltaire. Dass Hegel eine Abgrenzung gegen die Historiographie im Zeitalter des Humanismus und der Aufklärung vollziehen möchte, liegt nahe, da die Geschichtsschreibung zu Hegels Lebzeiten gerade erst den Paradigmenwechsel zum Historismus als der Grundlage der modernen, sich explizit als Wissenschaft konstituierenden Geschichtsschreibung, vollzieht.[98] Die historiographischen Vorstellungen, Normen und Ziele, die in Humanismus und Aufklärung leitend waren und dem Historismus vorausgingen, konnten bei seinem Publikum daher als bekannt vorausgesetzt werden. Hegel profiliert seine eigenen Vorstellungen also gerade durch die Ablehnung eines zu seiner Zeit noch verbreiteten und geläufigen Bildes der Historiographie.[99]

Warum lehnt Hegel diese Art des Umgangs mit dem geschichtlichen Stoff ab? Zum einen lässt sich anführen, dass bei einem solchen Umgang mit der Geschichte der Verlauf der Weltgeschichte als Ganzer keine Rolle spielt, und somit die spezifische Entwicklungsdimension historischen Geschehens gar nicht erst in den Blick gerät. Zum anderen spielt es für die Exempla-Lehre letztlich keine Rolle, dass es sich um historische Ereignisse handelt: gegenwärtige Ereignisse könnten die Funktion, eine allgemeine Weisheit des Common-Sense (z. B. Hochmut kommt vor dem Fall oder Ähnliches) lebendig darzustellen (etwa zu didaktischen Zwecken), wohl gleichfalls übernehmen. Aus dieser Unterscheidung Hegels, zwischen der Weltgeschichte selbst und den Reflexionen über diese, kann man bereits ersehen, dass er zum einen die gesamte Weltgeschichte für philosophisch relevant hält und zum anderen deren Verlauf dabei wichtig ist.[100] Der Weltgeschichte eignet eine spezifische *Entwicklungsdimension*, die für die Beispiellehre gleichgültig ist, da mithilfe der Masse an Beispielen, die die Geschichte präsentiert, zeitlose und d. h. gerade von der historischen Veränderung unabhängige Topoi exemplifiziert werden sollen. Das Verständnis der Weltgeschichte als Beispielsammlung, aus der Lehren für die Gegenwart gezogen werden können, fußt auf der Prämisse, dass sich das menschliche Verhalten unabhängig von historischen Veränderungen weitestgehend gleich bleibt und daher bestimmte Vorschläge

---

98 Als Paradigmenwechsel im Sinne Kuhns versteht etwa Ulrich Muhlack die Transformation der humanistischen und aufklärerischen Geschichtsschreibung in die historistische vgl. Muhlack 1994: 27 ff.
99 Zum Selbstbild der humanistischen und aufklärerischen Historiker mit entsprechenden Beispielen vgl. Muhlack 1994: 44–66, vor allem 44–47 und 56.
100 Wie sich später zeigen wird, stellt die ganze Weltgeschichte aber nicht einfach *alle* Geschehnisse dar, sondern ordnet Geschehnisse in Erzählungen nach Relevanzkriterien. Keine Erzählung kann dabei alle Geschehnisse umfassen.

2.2 Die Genese der nicht-philosophischen Geschichtsschreibung — 47

unabhängig vom spezifischen historischen Kontext angemessene Handlungsempfehlungen liefern können.

Reinhart Koselleck hat jene Perspektive auf die Geschichte anhand des Topos von der *historia magistra vitae* thematisiert, der zu Hegels Lebzeiten, aufgrund der sich durch Industrialisierung und Französische Revolution vollziehenden relativen Neugewichtung von Erfahrungsraum und Erwartungshorizont der Zeitgenossen, an Evidenz verlor.[101] Wie sich später zeigen wird, ist es auch deshalb plausibel, anzunehmen, dass Hegel diese Behandlung der Geschichte als philosophisch inadäquat ablehnt, weil er Vorbehalte gegen die These äußert, aus der Geschichte ließe sich (ohne Weiteres) für die Gegenwart lernen, wie es der Topos von der Geschichte als Lehrmeisterin des Lebens unterstellt.

Während Hegel in der publizierten Fassung seiner Weltgeschichte in den *Grundlinien der Philosophie des Rechts* lediglich die Epochen und Prinzipien der philosophischen Weltgeschichte knapp anführt[102], bemüht er sich in dem ersten erhaltenen Manuskript zu seinen Vorlesungen zur Philosophie der Weltgeschichte explizit darum, die philosophische Behandlung der Geschichte von anderen Behandlungsarten zu unterscheiden.[103]

> Die *Einleitung zu unserer philosophischen Weltgeschichte* will ich so nehmen, daß ich eine (allgemeine, bestimmte) *Vorstellung* von dem vorausschicke, was eine *philosophische Weltgeschichte* ist; die andern *Weisen die Geschichte* vorzutragen und *zu behandeln*, durchgehe, beschreibe – eine Übersicht, die nichts philosophisches enthalten kann – ich unterscheide *dreyerlei* Weisen des Geschichtschreibens
> α) die ursprüngliche Geschichte
> β) die reflectierte Geschichte
> γ) die philosophische [Geschichte/T.R.] (M1: 121.15 – 122.7)

In der Folge befasst sich Hegel mit den beiden nicht-philosophischen Weisen der Geschichtsschreibung.[104]

---

101 Zu „Erfahrungsraum" und „Erwartungshorizont" siehe: Koselleck 1989c [1979]; ders. 1989a [1979]. Die Benennung dieses Topos geht auf eine Stelle bei Cicero zurück, vgl. Cicero 1942: 224 f.; II, 36.
102 Vgl. *GPR* §§ 341–360, insbesondere § 354.
103 Die Unterscheidung zwischen der Geschichte als Beispielsammlung und den zwei nicht-philosophischen Weisen, die Geschichte zu behandeln, die Hegel anführt, ist darin zu sehen, dass diese beiden Weisen zur Entwicklung des philosophischen Geschichtsbegriffs beitragen, was für die Beispielsammlungsperspektive nicht gilt. Daher schließt er diese gleich zu Anfang, unabhängig von seiner in der Folge gemachten Unterscheidung zwischen den drei Weisen Geschichte zu schreiben bzw. zu behandeln, aus.
104 Die ursprüngliche Geschichtsschreibung wird auf den S. 122.8 – 129.9 behandelt. Das Manuskript bricht während der Besprechung der Arten der reflektierten Geschichtsschreibung ab, die

Irritieren mag, dass Hegel die Übersicht über die Weisen der Geschichtsbehandlung in der obigen Passage so charakterisiert, dass diese nichts Philosophisches enthalte. Dies ist nicht so zu verstehen, als ob die zu Beginn der Vorlesung gegebene Übersicht keine philosophische Relevanz besäße bzw. es keine Gründe für die Art der Einteilung gäbe. Die Einteilung und Übersicht sind vielmehr deshalb nicht philosophisch, da die Rechtfertigung dieser Einteilung nur *innerhalb* des hegelschen Systems erfolgen kann.[105] Die Einleitungen Hegels haben hingegen die Funktion, Vorurteile abzuhalten und das Verständnis in eine bestimmte Richtung zu lenken, ebenso wie die Einteilungen haben sie aber nicht die Aufgabe Begründungen anzuführen, die auf den Mitteln der *Logik* aufruhen. Da die Einleitungen somit nicht den starken hegelschen Begründungsansprüchen standzuhalten vermögen, gehören sie nicht zur Philosophie im Sinne des hegelschen Systems und sind diesem extern.[106] In diesem Sinne bezeichnet Hegel auch in der Einleitung seiner *Enzyklopädie* „[e]ine *vorläufige Explikation*" als eine „unphilosophische"[107]. Auf diesen einführenden Charakter der Vorlesung, in der

---

die Seiten 129.14–137.21 umfasst, so dass die Behandlung der nicht-philosophischen Geschichtsschreibung nicht mehr erhalten ist. Für deren Charakterisierung werde ich daher auf das zweite Manuskript aus dem Wintersemester 1830/31 zurückgreifen.

105 Eine solche Rückbindung an die kategorialen, letztbegründeten Zusammenhänge der *Wissenschaft der Logik* fordert Hegel für sein gesamtes System. Die *Philosophie der Geschichte* bildet im Rahmen des hegelschen System den letzten Teil des *objektiven Geistes*, der wiederum den mittleren der Geistphilosophie bildet. Für diesen Teil, den Hegel abgelöst von seiner *Enzyklopädie* in den *Grundlinien der Philosophie des Rechts* in Form eines Kompendiums ausgeführt hat, weist er im Rahmen des letztgenannten Werkes explizit darauf hin, dass die Ausweisung der Begründungsmittel letztlich im Rahmen der *Wissenschaft der Logik* zu erfolgen habe. Vgl. etwa *GPR* § 31.

106 Diese Sachlage schließt selbstverständlich nicht aus, dass Hegel das Material bereits hier in einer Weise anordnet, die ihm aus *philosophischen Gründen* heraus zwingend oder aber zumindest hilfreich erscheint. Wie weiter unten gezeigt wird, orientiert sich die Unterteilung in die drei Arten der Geschichtsschreibung zugleich an spezifischen epistemischen Modi, die Hegel in seiner Philosophie selbst teleologisch geordnet hat und deren Abfolge die Arten der Geschichtsschreibung angepasst sind.

107 *Enz.* (1830) § 10. Siehe auch die Vorrede der *Rechtsphilosophie* „Doch es ist Zeit, dieses Vorwort zu schließen; als Vorwort kam ihm ohnehin nur zu, äußerlich und subjectiv von dem Standpunkt der Schrift, der es vorangeschickt ist, zu sprechen. Soll philosophisch von einem Inhalte gesprochen werden, so verträgt er nur eine wissenschaftliche, objective Behandlung, wie denn auch dem Verfasser Widerrede a n d e r e r Art als eine wissenschaftliche Abhandlung der Sache selbst, nur für ein subjectives Nachwort und beliebige Versicherung g e l t e n und ihm gleichgültig seyn muß." (*GPR:* 17.1–7) Analoge Hinweise Hegels finden sich auch in den Einleitungen der *Logik:* „Was daher in dieser Einleitung vorausgeschikt wird, hat nicht den Zweck, den Begriff der Logik etwa zu begründen, oder den Inhalt und die Methode derselben zum voraus wissenschaftlich zu rechtfertigen, sondern durch einige Erläuterungen und Reflexionen in räsonnirendem und historischem Sinne, den Gesichtspunkt, aus welchem diese Wissenschaft zu

2.2 Die Genese der nicht-philosophischen Geschichtsschreibung — 49

nicht alle Begründungen auf die *Wissenschaft der* Logik zurückgeführt sind, weist Hegel auch im zweiten Manuskript von 1830/31 hin:

> Was ich vorläuffig gesagt und noch sagen werde, ist nicht bloß auch in Rücksicht unserer Wissenschaft nicht als Voraussetzung, sondern als Ü b e r s i c h t des Ganzen zu nehmen, als das R e s u l t a t der von uns anzustellenden Betrachtung, – ein Resultat, das mir bekannt ist, weil mir bereits das Ganze bekannt ist. (M2: 141.22 – 142.3)

Auch diese Stelle spricht dafür, dass Hegel seine Vorlesungen didaktisch für die Zuhörer aufbereitet hat.[108] Er kann also – in seinen Augen – deshalb auf adäquate Weise in das Thema einführen, weil ihm der Gesamtzusammenhang bereits bekannt ist, den er bei seinen Zuhörern nicht einfach voraussetzen möchte. Die Gründe, aus denen heraus Hegel seine Einleitung so gestaltet, können den Zuhörern erst dann vollständig einsichtig werden und somit auch als im strengen Sinne gerechtfertigt erscheinen, wenn der Einstieg in das hegelsche System gelungen ist. Dabei lässt sich noch einmal dazwischen unterscheiden, ob es einem gelingt, Hegels philosophische Thesen für einen Teilbereich der Philosophie, etwa für die Geschichtsphilosophie, nach dem Durchlauf derselben zu verstehen, oder ob man beansprucht, auch die entsprechenden Voraussetzungen, auf denen dieser Teilbereich des Systems beruht, einzusehen. In letzterem Fall ist man letztlich auf die *Wissenschaft der Logik* verwiesen, die für die kategoriale Organisation jedes Teilbereichs zentral ist.

Für den heutigen Interpreten, der mit seinen eigenen Erkenntnisinteressen an die hegelschen Texte herantritt, können die Einleitungen als systemexterne Texte mindestens *drei* wichtige Funktionen übernehmen: Zum *einen* finden sich hier Hegels Auseinandersetzungen mit seinen philosophischen Gegnern. Zum *anderen* sein Bemühen, seine philosophischen Ziele und Überzeugungen transparent zu machen. *Drittens* kann man mithilfe des Zugangs zu Hegels philosophischem Selbstverständnis und Vorgehen über die systemexternen Texte unabhängig von der Frage, ob Hegels Unterscheidungen und philosophische Vorschläge, den Begründungsstandards, die er selbst mit seiner *Logik* eingefordert hat, genügen, prüfen, ob diese Vorschläge und Unterscheidungen unter Heran-

---

betrachten ist, der V o r stellung näher zu bringen." (*Wdl*. (1832): 27.23 – 28), sowie ebendort, 39.21 – 25.

108 Auch in seiner *Berliner Antrittsrede* betont Hegel, dass er zunächst von Seiten seiner Rezipienten nichts in Anspruch nehmen dürfe als, „daß sie Vertrauen z u d e r W i s s e n s c h a f t , G l a u b e n a n d i e V e r n u n f t , V e r t r a u e n u n d G l a u b e n z u s i c h s e l b s t mitbringen". (*BR:* 18.12f.) Kurz darauf hebt Hegel dann hervor, dass es in der Philosophie nicht möglich wäre, unabhängig von der Durchführung die eigenen Prämissen und Präsuppositionen offenzulegen und zu rechtfertigen (vgl. *BR:* 18.20 – 19.7).

ziehung schwächerer bzw. alternativer Begründungsstandards philosophisch auch heute noch attraktiv sein können. Erlaubt erscheint dieses Vorgehen auch deshalb, weil Hegel – dies zeigen gerade seine Einleitungen – seine philosophischen Vorschläge nicht einfach ohne Rücksicht auf den Common-Sense konzipiert hat, sondern dem Verhältnis zwischen seiner Philosophie und den alltäglichen Überzeugungen viel Aufmerksamkeit gewidmet hat.[109] Die Auseinandersetzung mit dem Common-Sense und dessen Inhalten stellt für Hegel dabei *ein* – wenn auch weder notwendiges noch letztinstanzliches – Kriterium für eine gelingende philosophische Theorie dar.[110] Im Rahmen dieser Arbeit werde ich versuchen, solche Gründe anzuführen, die nicht auf die hegelsche *Logik* angewiesen sind, um die Fruchtbarkeit von Hegels Geschichtsphilosophie nicht nur auf die Gültigkeit von Hegels Gesamtsystem zu stützen. *Hermeneutisch* bleibt der Systemzusammenhang dabei aber keineswegs unberücksichtigt, da eine angemessene Interpretation des hegelschen Textes den hohen systematischen Zusammenhang der hegelschen Philosophie zu berücksichtigen hat.

2.2.2 Die Formen nicht-philosophischer Geschichtsschreibung

2.2.2.1 Die ursprüngliche Geschichtsschreibung
Hegel beginnt seine Erörterung der ursprünglichen Geschichte folgendermaßen:

> Was die e r s t e betrifft, so meyne ich dabey, um durch Nennung von Nahmen sogleich ein bestimmteres Bild zu geben, z. B. Herodot, Thucydides und andre – nemlich Geschichtschreiber, welche vornemlich nur die Thaten, Begebenheiten und Zustände die sie beschreiben selbst [vor] s i c h g e h a b t . (M1: 122.8–11)

Die explizite Nennung gerade dieser beiden Historiker an dieser frühen Stelle der Vorlesung ist aus mehreren Gründen instruktiv. Die auf uns gekommenen Werke der beiden gelten gemeinhin als die ersten elaborierten Formen von Geschichtsschreibung überhaupt.[111] Das zeitlich früher liegende Werk Herodots[112]

---

109 Sowohl in den *Rechtsphilosophie* als auch in der *Enzyklopädie* lässt Hegel zu, dass sich „zum Behuf des Vorstellens", d. h. unter Absehung der Begründungsstandards der *Wissenschaft der Logik* „auf das Selbstbewußtsein eines jeden" (R § 4 A.) berufen werden könne, vgl. auch *Enz.* (1830; § 20 A.)
110 Zur Rolle des Common-Sense bei Hegel siehe auch: Quante 2011: 37–88.
111 Dies gilt zumindest für die europäische Geschichtstradition, von der Hegels Kenntnisse maßgeblich geprägt sind. Der Frage, ob Hegel die erste Form der Geschichtsschreibung zu Recht in Griechenland ansiedelt, gehe ich im Rahmen dieser Untersuchung nicht weiter nach. Die Entscheidung dieser Frage hängt nicht allein davon ab, ob aufgrund bestimmter Quellenbefunde eine

2.2 Die Genese der nicht-philosophischen Geschichtsschreibung — 51

(ca. 490 – 424 v. Chr.) behandelt neben großen ethnographischen Exkursen – am bekanntesten ist der Exkurs zu Ägypten, der das komplette zweite der neun Bücher umfassenden *Historien* ausmacht – im Wesentlichen die Kriege der Griechen mit den Persern und die beiden berühmten Schlachten gegen die Truppen der jeweiligen Perserkönige bei Marathon (490 v. Chr.) und die Seeschlacht bei Salamis (480 v. Chr.). Das erste Vorkommnis des griechischen Ausdrucks ἡ ἱστορία findet sich ebenfalls in Herodots *Historien*[113] in dessen berühmtem Proömium. Dort heißt es:

> Herodot von Halikarnassos gibt hier eine Darlegung seiner Forschungen [d.i. im griechischen ἱστορίης/T.R.], damit bei der Nachwelt nicht in Vergessenheit gerate, was unter Menschen einst geschehen ist; auch soll das Andenken an große und wunderbare Taten nicht erlöschen, die die Hellenen und die Barbaren getan haben, besonders aber soll man die Ursachen wissen, weshalb sie gegeneinander Krieg führten.[114]

Herodot ist damit der erste Autor, der sowohl über einen Ausdruck als auch einen *Begriff* der Geschichte verfügt. Einflussreich wurde der Ausdruck ἱστορία wohl gerade deshalb, weil Herodot ihn gleich zu Beginn seines Buches an prominenter Stelle platzierte, um den Inhalt seines Werkes zusammenzufassen. Dabei deckt die ursprüngliche Verwendung des Ausdrucks sehr unterschiedliche Bedeutungen ab: „Wissen wie Erkundung, Forschung und Forschungsergebnis."[115]

Thukydides[116] (ca. 455 – 400 v. Chr.) hingegen gilt heute allgemein als derjenige Nachfolger Herodots, der insbesondere durch seine explizite Methodenreflexion zur Ausprägung eines wissenschaftlichen Geschichtsbegriffs beigetragen hat.[117] In Thukydides' Werk *Der Peloponnesische Krieg* stellt dieser in acht

---

zeitlich früher liegende Geschichtsschreibung, die Hegels Kriterien genügt, in anderen Kulturen aufgefunden wird, sondern auch davon, wie man die Wirkungsgeschichte dieser Geschichtstradition einzuschätzen gewillt ist, denn de facto hat nur die europäische Geschichtsschreibung schließlich zu einem die Disziplin der Geschichtsphilosophie ermöglichenden Geschichtsbegriff geführt. Falls diese Wirkungsgeschichte maßgeblich in Hegels Entscheidung, die griechische Tradition als Anfangspunkt zu nehmen, eingegangen ist, hängt die Entscheidung darüber, ob Hegel hier ein Fehler unterläuft oder nicht, von weitergehenden Annahmen über die Kriterien der geschichtlichen Entfaltung des Geistes ab, die den Gegenstandsbereich dieser Untersuchung überschreiten.

112 Zu Herodot siehe: Pötscher 1989a: Sp. 1099–1103.
113 Vgl. Art. „Geschichte" in den *Geschichtlichen Grundbegriffen* 2004 [1975]: 595.
114 I, Proömium in: Herodot 1971.
115 Art. „Geschichte" in den *Geschichtlichen Grundbegriffen* 2004 [1975]: 595.
116 Zu Thukydides siehe: Breitenbach 1979: Sp. 792–799.
117 Die Wirkung des Thukydides in der Antike ist hingegen umstritten vgl. Breitenbach 1979: Sp. 798.

Büchern den Krieg zwischen Athen und Sparta sowie deren Verbündeten dar.[118] Sein Werk konkurriert explizit mit der Darstellung der Perserkriege durch Herodot, in dessen Nachfolge (mit dem Wunsch ihn zu übertreffen) sich Thukydides stellt. Berühmtheit erlangte insbesondere das vielzitierte Methodenkapitel im ersten Buch.[119] Dort reflektiert Thukydides ganz grundsätzlich darauf, was eine inadäquate von einer adäquaten Thematisierung des Geschehenen unterscheidet. Dabei legt er besonderen Wert darauf, dass seine Arbeit keinen bloßen Unterhaltungszwecken diene. Bei Thukydides artikulieren sich zudem erste quellenkritische Reflexionen, so gibt er an, zwischen verschiedenen Zeugenaussagen abgewogen und die Interessen der jeweiligen Zeugen berücksichtigt zu haben, statt diese einfach zu reproduzieren. Unglaubwürdige und verzerrte Schilderungen bzw. Aufbauschungen der Ereignisse möchte Thukydides explizit vermeiden, zudem grenzt er sein Werk ausdrücklich von dichterischen Werken ab, wobei es ihm nicht sosehr auf die Form anzukommen scheint, sondern auf deren fiktionalen Charakter, der der von ihm angestrebten Sachlichkeit der Darstellung entgegensteht.

Instruktiv ist die Erwähnung der beiden Autoren deshalb, weil mit ihnen die Geschichtsschreibung und mit ihr die Geschichte des Begriffs ‚Geschichte' beginnt.[120] Für Hegel besteht das Kriterium für den Startpunkt der Entwicklung der Geschichtsschreibung also in dem ersten expliziten Vorkommen des entsprechenden Begriffs. Dabei ist selbstverständlich zwischen Begriffsgeschichte und dem ersten Vorkommen eines Wortes zu differenzieren. Im Rahmen der Herodoteischen *Historien* tritt aber nicht nur der Ausdruck ‚Geschichte' auf, sondern zudem erstmalig die entsprechende Praxis, die wir mit demjenigen Begriff prädizieren, der durch das Wort ‚Geschichte' abgedeckt wird.

Unabhängig von diesem begriffsgeschichtlichen Kriterium des ersten Vorkommnisses sowie den sich an Herodot anschließenden Reflexionen über die Merkmale des Geschichtsbegriffs, kann geltend gemacht werden, dass Herodot bereits der Antike als der erste Historiker galt. So wurde er etwa von Cicero als „pater historiae"[121], als Vater der Geschichtsschreibung, bezeichnet. Auf diese Zuschreibung bezieht sich wohl auch Hegel (allerdings ohne explizite Bezugnahme auf Cicero), wenn er über Herodot an späterer Stelle des Manuskripts anlässlich der Aufzählung exemplarischer Historiker, deren Werke der ursprünglichen Geschichte zuzurechnen sind, schreibt: „Solche Geschichtschreiber

---

[118] Das Werk bricht allerdings vor dem Ende des Peloponnesischen Krieges ab.
[119] Vgl. Thukydides 2004: I, 21–22.
[120] Zur Begriffsgeschichte des Ausdrucks vgl. grundlegend: Engels/Günther/Koselleck/Meier 2004 (1975): 593–717.
[121] Cicero 1970: 300 f.; 1,5.

2.2 Die Genese der nicht-philosophischen Geschichtsschreibung — 53

sind Herodot d e r Va t e r d.i. der Urheber der Geschichte und dazu der größte Geschichtschreiber [...]". (M1: 127.14–16) Zieht man zudem die gründlichen Kenntnisse der Antike in Betracht, über die Hegel zweifelsohne verfügte[122], ist es plausibel, die These zu vertreten, dass er seine Einteilung der Weisen der Geschichtsschreibung an die historisch-begriffliche Entwicklung anbindet. In einer Randbemerkung notiert Hegel darüberhinaus

> die eigentliche objective Geschichte eines Volkes, fängt erst da an, wo sie auch eine Historie haben – Indier noch keine Bildungsgang von 3 halb 1000 Jahren – noch nicht zur Bildung in der eine Geschichte möglich ist, gekommen (M1: 124.15–19)

Hier bindet Hegel das Vorliegen einer Geschichte einer Kultur im eigentlichen Sinne daran, dass eine entsprechende Tradierungspraxis in Form der Geschichtsschreibung und damit ein *Begriff* von Geschichte in dieser Kultur etabliert ist. Da sich in Indien nach Hegels Meinung bisher trotz eines langen „Bildungsgangs" noch keine kulturelle Entwicklung gezeigt habe, die zur Etablierung eines Geschichtsbegriffs geführt hätte, sei die indische Kultur in diesem Sinne *geschichtslos*. Sie verfügt nicht über eine explizite und methodisch-kritische Praxis der Tradierung der eigenen Vergangenheit (und damit auch der Tradierung der Vergangenheit überhaupt)[123]. Diese Bemerkung stützt die These, dass er die Etablierung eines Geschichtsbegriffs als Kriterium für die Etablierung von Geschichtsschreibung versteht. Aus dem hier Angeführten darf nun aber nicht die Folgerung gezogen werden, dass die Geschichte Indiens im Sinne der *res gestae* für Hegels *philosophische Weltgeschichte* in ihrem materialen Teil irrelevant sei. So findet sich an derselben Stelle am Rande, die oben angeführt wurde, die folgende Notiz: „Späterhin bemerken – historia, res gesta" (M1: 124.15). Auf die beiden Verwendungsweisen des Geschichtsbegriffs, der einmal für das Geschehen, die Taten in der Welt steht (*res gestae*), zugleich aber auch für die Geschichte bzw. Erzählung dieses Geschehens (*historia rerum gestarum*) stehen kann, ist Hegel

---

[122] Wie Hegels frühe Exzerpte belegen, hat er sich ausführlich mit klassischen Historikern auseinandergesetzt vgl. Hegel, G.W.F. (2014): „Text 74" in: *Frühe Schriften II. Gesammelte Werke Band 2*. Bearbeitet von Friedhelm Nicolin, Ingo Rill und Peter Kriegel. (Hrsg.) Walter Jaeschke. Hamburg, S. 589–608, sowie die von Rosenkranz überlieferten Berichte über seine Studien zur Geschichte, die sich vor allem auf Thukydides, Gibbon, Hume und Schiller bezogen. Vgl. „Studien zur Geschichte" in: *Frühe Schriften II. Gesammelte Werke Band 2*. Bearbeitet von Friedhelm Nicolin, Ingo Rill und Peter Kriegel. (Hrsg.) Walter Jaeschke. Hamburg, S. 621. Seine Kenntnisse des Altertums werden zudem durch zahlreiche Stellen in seinem Werk belegt.

[123] Dies deshalb, da für Hegel die geschichtliche Aufbereitung der Vergangenheit anderer Völker bzw. Kulturen methodisch der geschichtlichen Aufbereitung der je eigenen Vergangenheit nachgeordnet ist.

zwar im Rahmen des ersten Manuskripts nicht mehr zurückgekommen, er äußert sich aber zu dieser Eigentümlichkeit des Geschichtsbegriffs an einer aufschlussreichen Stelle im zweiten Manuskript.[124] Aufgrund dessen werde ich im Folgenden, bevor ich die Analyse der Merkmale der ursprünglichen Geschichte im Rahmen des ersten Manuskripts fortsetze, Hegels Bemerkungen im zweiten Manuskript als Exkurs näher untersuchen, da dieser aufschlussreich für die Unterscheidung zwischen geschichtlicher und geschichtsloser Zeit ist.

2.2.2.1.1 Exkurs: Von der geschichtslosen in die geschichtliche Zeit

Da die geschichtslose Zeit der geschichtlichen Zeit, die mit der ursprünglichen Form der Geschichtsschreibung anhebt, vorausgeht, lässt sich durch deren Analyse ein näherer Aufschluss bezüglich dieses Übergangs gewinnen. Hegel schreibt im Rahmen des Exkurses im zweiten Manuskript:

> Geschichte vereinigt in unserer Sprache die objective sowohl und subjective Seite und bedeutet ebensowohl die **Historiam rerum gestarum** als die **Res gestas** selbst, die eigentlicher unterschiedene Geschichtserzählung als das Geschehene, die Thaten und Begebenheiten selbst. Die Vereinigung der beyden Bedeutungen müssen wir für höhere Art als für eine äusserliche Zufälligkeit ansehen; es ist dafür zu halten, daß Geschichtserzählungen mit eigentlich geschichtlichen Thaten und Begebenheiten gleichzeitig erscheinen; es ist eine innerliche gemeinsame Grundlage, welche sie zusammen hervortreibt. (M2: 192.12–19)

Er behauptet hier die These der Gleichursprünglichkeit von Geschichtsschreibung und ‚relevanten' Geschehnissen („eigentlich geschichtlichen Thaten"), d. h. von Geschehnissen, die *qua* ihrer Eigenart den Anreiz dafür schaffen, sie zu bewahren und zu tradieren. Bei Herodot und Thukydides waren die für sie jeweils größten Kriege ihrer Zeit der Anlass, diese für die Nachwelt bewahren zu wollen. Wenn der entsprechende Geschichtsbegriff einmal etabliert ist, dann ist es auch möglich, eine Geschichte über diejenigen Kulturen bzw. Zeiten zu schreiben, die selbst über keinen Geschichtsbegriff verfügen bzw. verfügten. Diese Möglichkeit ist vor allem deshalb wichtig, weil Hegels philosophische Weltgeschichte in ihrem materialen Teil *nicht* mit den Griechen beginnt, sondern die erste Epoche derselben, die er als „Das orientalische Reich" bezeichnet, dem „griechischen Reich", wie die zweite

---

[124] Insgesamt umfasst Hegels Exkurs zur Unterscheidung zwischen der eigentlichen Weltgeschichte und ihrer Vorgeschichte die Seiten M2: 191.9–196.10. Dass diese Ausführungen Hegels als Exkurs aufzufassen sind, machen die letzten Zeilen vor der Beendigung des Themas deutlich: „Nach diesen Bemerkungen, welche die Form des Anfangs der Weltgeschichte und das aus ihr auszuschliessende Vorgeschichtliche betroffen haben, ist die Art des Ganges derselben näher anzugeben". (M2: 196.7–9)

Epoche betitelt ist, vorhergeht.[125] Hegels Aufbereitung der Arten der Geschichtsschreibung, die anhand der Geschichte des Begriffs der Geschichte vollzogen wird, darf also keineswegs gleichgesetzt oder aber als parallellaufend mit derjenigen materialen Philosophie der Weltgeschichte angesehen werden, die Hegel auf Basis der durch die Wandlungen des Geschichtsbegriffs und der Genese verschiedener Formen von Geschichtsschreibung möglich gewordenen Geschichtsphilosophie konzipiert hat. Den oben erwähnten Indern kommt so nach Hegel zwar keine eigentliche Geschichte zu und in diesem Sinne sind sie geschichtslos, aber im Rahmen der philosophischen Weltgeschichte kann die indische Kultur dennoch abgehandelt werden. Dies ist möglich, da das narrative Prinzip, dem die materiale Geschichtsphilosophie folgt, sich von demjenigen unterscheidet, an dem Hegel die Entwicklung und Systematik der Formen der Geschichtsschreibung aufweist.[126]

Wie die Manuskriptstelle zeigt, treten die beiden Bedeutungen des Geschichtsbegriffs gerade deshalb zeitgleich auf, da ihnen eine „innerliche gemeinsame Grundlage" zukomme, die sie „zusammen hervortreibt" (M2: 192.19). Für diese Grundlage genügen weder „Familien-Andenken" noch „patriarchalische Traditionen" (M2: 192.19 – 193.1), mit diesen sei zwar im Rahmen einer Familie oder eines Stammes ein Interesse verbunden, aber der „gleichförmige Verlauff ihres Zustandes ist kein Gegenstand für die Erinnerung" (M2: 193.1–2). Vermutlich will Hegel hier zum Ausdruck bringen, dass Traditionen und Familienentwicklungen keinen adäquaten Gegenstand für die Erinnerung darstellen.[127] Dies hat zwei Gründe: zum *einen* ist der Umfang der betroffenen Personen zu klein, wie Hegels Benennung der sozialen Größen ‚Familie' und ‚Stamm' nahelegt, zum *anderen* meint er, dass der Verlauf, den solche sozialen Entitäten diachron durchlaufen, zu „gleichförmig" sei, als dass die betroffenen sozialen Entitäten selbst eine Haltung zu diesen Änderungen einnehmen könnten. Man kann hier ggf. Webers Begriff des ‚traditionalen Handelns' heranziehen, unter den Handlungen fallen, die von den Handelnden nicht eigens reflektiert werden und aus Verhalten und Habitus gleichsam naturwüchsig hervorgegangen sind.[128] Auf diese Nähe unreflektierter

---

125 Zu den Epochen der philosophischen Weltgeschichte vgl. *GPR* §§ 354–358.
126 Zum narrativen Prinzip der Geschichtsphilosophie vgl. 3.2.2.
127 Damit hat Hegel allerdings die Möglichkeit einer historiographischen Familiengeschichte nicht ausgeschlossen, sondern nur die Möglichkeit, dass innerfamiliäre oder im Rahmen eines Stammes stattfindende Tradierung hinreichend sei, um das Interesse an einer Bewahrung von Geschehnissen in Form der Geschichtsschreibung hervorzubringen. Ist die Geschichtsschreibung einmal in hinreichend komplexer Form etabliert, ist auch Familiengeschichtsschreibung im historiographischen Sinne möglich.
128 Weber definiert das traditionale Handeln als bestimmt „durch eingelebte Gewohnheit" vgl. Weber 2005 [1922]: § 2.

Handlungsformen weist auch Hegels Rede vom „patriarchalischen Naturganzen" hin, die „in sich ungetrennte, substantielle Weltanschauung" (*GPR* § 355; 279.4), von der das orientalische Reich gekennzeichnet sei. Das Selbstverhältnis, in dem sich die Individuen in diesem vorgeschichtlichen Stadium befinden, könnte man als „S e l b s t g e f ü h l" (*GPR* § 147;138.22) bezeichnen. Dieser Ausdruck findet Verwendung in den einleitenden Paragraphen der „Sittlichkeit"[129] im Rahmen der *Rechtsphilosophie*, um einen Zustand zu beschreiben, in dem die sozialen Regeln und Normen so selbstverständlich sind, dass keine Reflexion auf dieselben stattfindet. Hegel bestimmt das Selbstgefühl näher so, dass dieses „unmittelbar noch identischer als selbst G l a u b e und Z u t r a u e n ist" (*GPR* § 147; 138.21 f.), wobei der ungewöhnliche Komparativ hier ausdrücken soll, dass im Rahmen der Bezugsweise der Subjekte auf die Sitten, diese nicht als etwas von ihnen Unterschiedenes gefasst werden. Den Subjekten fehlt die Fähigkeit, ihre Gewohnheiten und sozialen Regeln *als* solche begrifflich zu fassen und zu unterscheiden. In der Anmerkung zu dem Paragraphen führt Hegel bezüglich der beiden epistemischen Modi bzw. Denkformen, „Glaube und Zutrauen" aus:

> Glaube und Zutrauen gehören der beginnenden Reflexion an und setzen eine Vorstellung und Unterschied voraus; – wie es z. B. verschieden wäre, an die heydnische Religion glauben, und ein Heyde seyn. Jenes Verhältniß oder vielmehr [jene] Verhältniß-lose Identität, in der das Sittliche die wirkliche Lebendigkeit des Selbstbewußtseyns ist, kann allerdings in ein Verhältniß des Glaubens und der Ueberzeugung, und in ein durch w e i t e r e R e f l e x i o n vermitteltes übergehen, in eine Einsicht durch Gründe, die auch von irgend besonderen Zwecken, Interessen und Rücksichten, von Furcht oder Hoffnung oder von geschichtlichen Voraussetzungen anfangen können. (*GPR* § 147 A.; 138.23 – 139.1)

Für die vorliegende Frage, wie man sich den Übergang von geschichtslosen zu geschichtlichen Zeiten vorzustellen hat, ist die Differenz, die hier markiert wird, von Bedeutung: Jemandem zuschreiben zu können, dass er an eine heidnische Religion *glaubt*, impliziert, dass sowohl der Zuschreibende als auch derjenige, dem dies zugeschrieben wird, zwischen der eigenen Religion, an die er glaubt, und anderen möglichen Religionen unterscheiden kann. Mit der Prädikation „x ist Heide" geht hingegen lediglich einher, dass der Prädizierende über den entsprechenden klassifikatorischen Begriff ‚Heide sein' sowie über Kriterien für dessen Anwendung verfügt. Um sich im Zustand des an-etwas (im religiösen Sinne)-Glaubens befinden zu können, muss die religiöse Praxis ihre Unmittelbarkeit verloren haben und als Option erscheinen, auf die man relativ zu anderen

---

[129] Jeder der drei Teile der *Grundlinien* verfügt über eine Einleitung in die leitenden Prinzipien, anhand derer Hegel die Darstellung der dort jeweils verhandelten Phänomene organisiert und expliziert. Für die „Sittlichkeit" vgl. *GPR* §§ 142–157.

Optionen festgelegt sein kann oder nicht.[130] Wie Hegel im Folgenden ausführt, kann die Reflexion auf die jeweilige gelebte Praxis durch Störungsphänomene verschiedenster Art, bestimmte neu auftretende Interessen, Furcht vor etwas, Hoffnung oder sonstigen „geschichtlichen Voraussetzungen" (*GPR* § 147 A.; 138.31 f.) ausgehen, die dazu führen, dass Gründe für ein bestimmtes Verhalten, eine bestimmte Praxis eingefordert werden. Es scheint plausibel, dieses Modell auch auf den Übergang von der unreflektierten traditionalen Praxis zu derjenigen einer Überlieferung in Form von Geschichtsschreibung anzuwenden. Gerechtfertigt ist die Bezugnahme auf diesen Paragraphen auch deshalb, weil Hegel in der Randnotiz auf ein Beispiel aus Herodots *Historien* zu sprechen kommt, in dem es um die jeweilige Prägung durch die eigene Sozialisation geht.[131] Dass Hegel hier ausgerechnet ein Beispiel aus Herodots Werk anführt, spricht dafür, dass er diesen als paradigmatischen Fall eines Autors angesehen hat, der Differenzerfahrungen verschiedenster Art – wie den Zusammenprall der griechischen mit der persischen Kultur – explizit thematisiert hat. Diese Rolle übernimmt Herodot für Hegel auch und gerade im Bezug auf die Entstehung des Begriffs der Geschichte, der somit „der beginnenden Reflexion" (*GPR* § 147; 138.23) zuzurechnen wäre.

Die im Geschichtsverlauf Stehenden werden also aufgrund des statischen Charakters des Geschehens, den Hegel mit der Wendung vom „gleichförmigen Verlauf" (M2: 193.1–2) hervorhebt, nicht dazu ‚provoziert', eine reflektierte Haltung zu diesem Geschehen einzunehmen. Hegel vertritt daher die These, dass eine reflektierte Haltung nur dort möglich wird, wo „sich unterscheidende Thaten oder Wendungen des Schicksals" eintreten, die „die Mnemosyne zur Fassung solcher Bilder erregen." (M2: 193.2–4) Mit den „Bildern", für die es zuvor in unmittelbarer Nähe im Text keinen Anhaltspunkt gibt, weist Hegel auf diejenige Form des Denkens hin, unter der die geschichtlichen Geschehnisse von den Subjekten zuerst gefasst werden.[132] Diese Bilder, von denen Hegel spricht, mögen im Rahmen von sozialen Kleinverbänden, wie Stämmen oder Familien, zwar Formen von Er-

---

[130] Einen vergleichbaren Fall von Differenzerfahrung als ‚Motor' für begrifflichen Fortschritt findet man bei Charles Taylor, der deutlich unterscheidet zwischen dem Fall, in dem man *qua* Sozialisation selbstverständlich auf eine bestimmte Religion festgelegt war, ohne dass es großer Abgrenzungsleistung bedurft hätte, und demjenigen Fall, bei dem eine bestimmte Religion (oder überhaupt die Entscheidung für Religiosität) nur noch eine Option unter vielen darstellt, vgl. Taylor 2009 [2007]: 11–48.
[131] Vgl. *GPR* § 147 R; 711.5–19.
[132] In den Paragraphen 2 und 3 der *Enzyklopädie* unterscheidet Hegel verschiedene Denkformen, darunter z. B. Gefühl, Anschauung, Vorstellung (in § 2) und in § 3 „Gefühl, Anschauung, Bild" (*Enz.* (1830) § 3; 41.30 f.). Zu Hegels Theorie von den Denkformen vgl. Kap 1, 3.2 sowie Halbig 2002: Kap. 4 vor allem 141–161.

innerungskultur „erregen", diese dürften aber kaum den Ansprüchen genügen, die nach Hegel erfüllt sein müssen, um von Geschichtsschreibung sprechen zu dürfen. Es handelt sich wohl um die „trübe Geschichte" (M1: 124.4), von der im ersten Manuskript die Rede ist. Dieser fehlt der Geschichtsbegriff, und damit die Fähigkeit, die entsprechende Tradierungsform (Sage, Mythos u. ä.) *als* geschichtlich zu erfassen bzw. als Vorform der ursprünglichen Geschichtsschreibung, da für eine solche Zuordnung der Geschichtsbegriff bereits etabliert sein müsste. Für die These, dass die Denkform des Bildes selbst inadäquat für die Geschichtsschreibung ist, spricht auch die Charakterisierung dieser Denkform in seiner Philosophie des subjektiven Geistes im Rahmen der *Enzyklopädie*.[133] Hegel handelt dabei das Bild unter der kognitiven Leistung der „Erinnerung"[134] ab, was ein Indiz dafür ist, dass er nicht zufällig von „Bilder[n]" (M2: 193.4) spricht, zu denen die Angehörigen der einzelnen Stämme erregt werden. Nun stellt die Geschichtsschreibung aber eine komplexe Form der Erinnerung dar, während Hegel im subjektiven Geist lediglich die Erinnerung überhaupt abhandelt, die somit auch für die Vorformen Gültigkeit hat.[135] Hegel spricht den Familien und Stammesverbänden also nicht die Erinnerung ab, sondern weist zurück, dass diese über eine elaborierte Form derselben verfügen.

Die im Manuskript erwähnte Mnemosyne bezeichnet in der griechischen Mythen- und Götterwelt die Erinnerung, sofern sie in Gestalt einer Gottheit betrachtet wird.[136] Die Mnemosyne gehört der ältesten Göttergeneration an und wird bereits in Hesiods *Theogonie* erwähnt.[137] Im ersten Manuskript ist die Rede vom „Tempel der Mnemosyne" (M1: 123.9), in welchem der Geschichtsschreiber die Geschichte aufstelle, und zwar bei der Erläuterung der Eigenheiten der ursprünglichen Geschichte. Da Hegel an der vorliegenden Stelle des zweiten Manuskripts über die Entstehungsbedingungen der Geschichtsschreibung, die zuerst in derjenigen Form, die Hegel als ‚ursprüngliche Geschichte' bezeichnet, aufgetreten ist, Auskunft gibt, liegt es nahe, das Vorkommen der Mnemosyne so zu verstehen, dass er auf den spezifisch griechischen Ursprung der Geschichtsschreibung hinweisen möchte. Gegenüber der mythischen Gestalt der Erinnerung

---

[133] Hegel handelt die Denkformen und deren teleologische Entwicklung im subjektiven Geist Teil C. Die Psychologie ab. (*Enz.* (1830) §§ 440–482).
[134] Vgl. *Enz.* (1830) §§ 452–454.
[135] Für eine hilfreiche Analyse der Rolle der Erinnerung im Kontext des subjektiven Geistes vgl. DeVries 1988: 149–163. Zur Rolle der Erinnerung in Hegels Philosophie vgl. auch die Beiträge in: Ricci/Sanguinetti 2013.
[136] Zur Mnemosyne vgl. Pötscher 1979b.
[137] Bei Hesiod wird sie als eine der Töchter des Uranos und der Erdmutter Gaia benannt. Hesiod 2005: 135.

2.2 Die Genese der nicht-philosophischen Geschichtsschreibung — 59

stellt die Geschichtsschreibung die adäquate Form der Erinnerung an historische Begebenheiten dar. Dafür spricht, dass der Geschichtsschreibung z. B. „Sagen, Volkslieder [...] Gedichte" (M1: 123.15–16) als Überlieferungsformen von Vergangenem vorhergehen, epistemisch gesehen aber als defizient eingeschätzt werden. Sie stellen „noch TRÜBE Weisen" (M1: 124.1) der Vergangenheitsbewahrung dar. Das Adverb „noch" kann dabei aufgrund seiner temporalen Konnotation als Indiz dafür gewertet werden, dass die Geschichtsschreibung nicht nur eine Verbesserung in der Art der Vergangenheitsbewahrung darstellt, sondern den anderen Formen der Überlieferung auch zeitlich nachfolgt.

Hegel behauptet nicht, dass der Einbruch von als Differenz zum Althergebrachten erlebten Geschehnissen in die Gleichförmigkeit traditionalen Handelns im Familien- oder Stammeskontext notwendig und hinreichend für das Hervorbringen von Geschichtsschreibung ist. Aber dieser Einbruch *kann* dazu führen, dass die Mnemosyne, d. h. die Erinnerung überhaupt angeregt wird. Sie artikuliert sich jedoch zuerst in defizienten Formen der Erinnerungskultur wie Sagen, Märchen oder Volksliedern. Die Frage, ob solche Differenzerfahrung denn für die Entstehung von Geschichtsschreibung hinreichend ist, wie zumindest der faktische Anfang mit Herodot und Thukydides nahelegt, deren Geschichtswerke beide als außergewöhnlich erlebte Kriege zum Gegenstand haben, ist schwieriger zu entscheiden und soll später noch einmal aufgegriffen werden.

Hegels These zur Entstehung der Geschichtsschreibung lässt sich systematisch aber bereits hier folgendermaßen fassen: Die Differenzerfahrung bzw. das Eintreten eines Störfalls löst das Bedürfnis nach Erzählungen aus, die diese Erfahrung bzw. den Störfall in die bisherigen Erfahrungen zu integrieren vermag. Die Erzählungen der Historiker müssen eine spezifische emotionale Signifikanz aufweisen. Sie teilen den Rezipienten relativ zu deren Erwartungen durch die Evokation bestimmter Gefühle nicht nur kognitiv etwas über die eigene Gegenwart oder Vergangenheit mit, sondern auch emotiv. In diesem Sinne sind die Erzählungen, die durch die Differenzerfahrung provoziert werden, selbst auch emotional signifikant und teilen den Rezipienten im Durchleben der durch diese Narrationen hervorgerufenen Gefühle etwas mit, was für diese von besonderer Bedeutung ist, gerade deshalb, weil es hier um die je eigene Geschichte, die Geschichte der eigenen sozialen Verbände geht, in die man eingebunden ist.[138]

---

[138] Emotional signifikant können natürlich nicht nur faktuale sondern auch fiktive Erzählungen sein. Die Geschichtsschreibung entsteht, um emotional stark besetzte Differenzerfahrungen, die die je eigene Kultur betreffen, aufzubereiten und für die Erinnerung zu bewahren. Um den Rezipienten in diesem Sinne „bedeutungsvoll" zu sein, müssen die Erzählungen der Geschichtsschreibung vor allem die Bedingung erfüllen, eine dramatische Struktur aufzuweisen, sowie die Bedingung, emotional signifikant zu sein. Zu diesen Bedingungen an Erzählungen überhaupt vgl.

Wie gesehen, ist für Hegel die soziale Organisation in Kleinverbänden (Familie, Stamm) ungeeignet, um zur Entstehung der Geschichtsschreibung zu führen. Die nächste längere Passage legt offen, welche Art der sozialen Organisation für ihn die Praxis der Geschichtsschreibung ermöglicht:

> [A] [D]er Staat erst führt einen Inhalt herbey, der für die Prosa der Geschichte nicht nur geeignet ist, sondern sie selbst mit erzeugt. [B] Statt nur subjectiver, für das Bedürfniß des Augenblicks genügender Befehle des Regierens erfodert ein festwerdendes, zum Staate sich erhebendes Gemeinwesen Gebote, Gesetze, allgemeine und allgemeingültige Bestimmungen, und erzeugt damit sowohl einen Vortrag als ein Interesse von verständigen, in sich bestimmten, und für sich selbst in ihren Resultaten dauernden Thaten und Begebenheiten, welchen die Mnemosyne zum Behuff des selbst perennierenden Zwecks, dieser noch gegenwärtigen Gestaltung und Beschaffenheit des Staates die Dauer des Andenkens hinzuzufügen getrieben ist. [C] Die tiefere Empfindung überhaupt, wie die der Liebe und dann die religiöse Anschauung und deren Gebilde sind an ihnen selbst ganz gegenwärtig und befriedigend; [D] aber die bey ihren vernünftigen Gesetzen und Sitten zugleich äusserliche Existenz des Staats ist eine unvollständige Gegenwart, deren Verstand zu ihrer Integrirung des Bewußtseyns der Vergangenheit bedarf. (M2: 193.6–19; Siglen in Klammern T.R.)

Ich werde diese aufschlussreiche Textpassage im Folgenden anhand der eingefügten Siglen Schritt für Schritt analysieren. Wie in [A] deutlich wird, bietet erst der Staat den adäquaten Inhalt, der für die geschichtliche Prosa angemessen ist. Darüber hinaus vertritt Hegel aber auch noch, dass der Staat eine der Ursachen der Prosa der Geschichte ist, er diese also selbst mit herbeiführt, d.h. die entsprechenden Ereignisse auslöst, die man als geschichtlich im Sinne der *res gestae* bezeichnen kann. Der Ausdruck „Prosa der Geschichte" bezieht sich also auf beide Dimensionen des Geschichtsbegriffs: sowohl auf die *historia rerum gestarum* als auch auf die *res gestae*. In ersterem Fall kann Hegel mit dem Ausdruck Prosa als Gegenbegriff zu poetischen Ausdrucksformen zudem den Fortschritt in der Artikulationsweise historischer Ereignisse ausdrücken, da die „TRÜBE[n] Weisen" (M1:

Henning 2009: vor allem 166, 195–219. Zur Bedeutung emotionaler Signifikanz bzw. der emotiven Beurteilung von Erzählungen, die deren erzählerischen Wert und deren Relevanz stiftet, konnte Hegel in seiner Zeit – in der die Erzähltheorie als eigenständige Forschungsdisziplin noch nicht etabliert war – auf Aristoteles zurückgreifen, dessen *Poetik* ihm gut bekannt war. Bereits Aristoteles hebt die Bedeutung der Emotionen für Erzählungen hervor. Das Zusammenspiel von Erwartung und Emotion hat Einfluss auf die Rezipienten anhand von Phänomenen wie „Spannungsaufbau", „Spannungsabbau" und „Spannungsauflösung". So fordert Aristoteles von der Tragödie, dass diese „Furcht und Mitleid" (vgl. Aristoteles 2011: 15; 1452a1), erregen müsse, bzw. Gegenstände zu behandeln habe, die geeignet sind, bei den Rezipienten entsprechende Emotionen zu evozieren. Es liegt nahe, dass Hegel, mangels Alternativen und eingedenk seiner hohen Wertschätzung für Aristoteles, sich an dessen Narrativitätskriterien orientiert hat, als er begann, seine Geschichtsphilosophie zu konzipieren.

2.2 Die Genese der nicht-philosophischen Geschichtsschreibung — 61

124.1) keine prosaischen, sondern poetische Artikulationsformen darstellen, wie die erwähnten Gedichte, Sagen und Volkslieder (vgl. M1: 123.15 – 16). Figürlich bzw. bildlich steht der Ausdruck ‚Prosa' zudem für einen nüchternen, realistischen Wiedergabestil, der der Geschichtsschreibung auch in der Darstellung einen Fortschritt gegenüber den poetischen Formen sichert.[139]

In [B] führt Hegel aus, dass die Fähigkeit zur Erinnerung gerade deshalb der „Beschaffenheit des Staates die Dauer des Andenkens hinzuzufügen getrieben ist", da dieser, um seinen Bestand und seine Dauerhaftigkeit zu sichern, nicht auf subjektiven, d. h. gegenwärtigen und vergangenen Befehlen, Regeln und Anordnungen, basieren kann, sondern auf objektiven, d. h. sozial allgemein bekannten und verbindlichen Regeln und Anordnungen fußen muss. Es ist erst diese Form von Erinnerungspolitik, die maßgeblich zum Erhalt der den Staat stützenden Sitten, Normen und Regeln beiträgt.

In [C] kontrastiert Hegel die Gegenwärtigkeit des Staates, seiner Sitten, Regeln und Anordnungen mit derjenigen der „Liebe", sowie „religiöser Anschauung", wobei mit den „Gebilden" die sozialen, objektiven und einsichtigen Institutionen der Religion gemeint zu sein scheinen. Für diese Empfindungen und die ihnen zugeordneten Institutionen, d. h. die Familie[140] sowie die religiösen Organisationen ist die Geschichte ihrer Institutionen irrelevant. In ihrer sozialen Funktionalität hängen sie nicht davon ab, dass die in sie involvierten Personen Wissen über die Geschichte dieser Institutionen haben. Diese Institutionen sind „an ihnen selbst ganz gegenwärtig und befriedigend". Der präsentische Charakter der durch sie erfüllten sozialen Zwecke macht es unnötig, in ihnen auf die Entwicklung der entsprechenden Institutionen abzustellen. Im Falle der Religion mag dies besonders irritieren, da Hegel im *Absoluten Geist* und im erhaltenen voluminösen religionsphilosophischen Manuskript auf die historische Entwicklung der Reli-

---

139 Das schließt nicht aus, dass es auch im Rahmen der Geschichtsschreibung und ihrer verschiedenen Formen einen Streit über die angemessene Form der Wiedergabe gibt. Wie sich bei der reflektierten Geschichtsschreibung zeigt, hat Hegel den Streit um den angemessen Stil der Wiedergabe historischer Geschehnisse aufmerksam verfolgt. Im ersten Manuskript kommt Hegel, wie weiter unten diskutiert wird, in diesem Zusammenhang auf die Thukydideische Darstellungsform des Dialogs zu sprechen.
140 In den *Grundlinien* setzt Hegel die Liebe als den „substantiellen" Zweck der Ehe und der Familie an (vgl. *GPR* § 163; 146.11 f.). Dass die Institution der Familie, die ihren Begriff in der Liebe erfüllt, für Hegel keiner historischen Vermittlung durch die sie bildenden Subjekte bedarf, wird auch dadurch plausibel, dass Hegel zuvor in M2 darauf hingewiesen hat, dass Familien bzw. Stämme nicht die adäquate soziale Organisationsform bilden, um zur Entstehung von Geschichtsschreibung und überhaupt des Geschichtsbegriffs zu führen.

gion eingeht.¹⁴¹ An der vorliegenden Manuskriptstelle hebt Hegel aber die soziale Rolle der entsprechenden Institutionen hervor. Die Religiosität erfüllt sich (auf historisch wandelbare Weise) jeweils in ihrer Gegenwart.

Für die philosophische Analyse des Phänomens der Religion ist die historische Entwicklung derselben relevant, für die in sie involvierten Individuen ist es für die Partizipation am religiösen Kultus aber unwichtig, ob sie Wissen über die historische Genese der entsprechenden Institution haben. Man sollte also unterscheiden zwischen Hegels Perspektive auf die soziale Rolle einer Institution und die philosophische Analyse derselben hinsichtlich ihrer Leistungsfähigkeit für die Explikation des *Absoluten Geistes*, die Hegel im Aufbau seines Gesamtsystems anhand der Entwicklung des Universalprinzips, der absoluten Idee, verfolgt.¹⁴²

Wie [D] zeigt, ist der Staat wesentlich einer Entwicklung unterworfen und bedarf daher der „Integrirung des Bewußtseyns der Vergangenheit". Da der Staat, seine Gesetze und Regeln selbst historischen Reformen und Veränderungen unterworfen sind, bedarf er zur Wahrung seiner Identität einer historischen Begleitung im Wissen der Staatsbürger. Er erfüllt seinen Zweck in der Geschichte gerade nicht als vollständiges und für alle Zeit sich gleich bleibendes Gebilde, sondern als ein historisch wandelbarer, auf spezifische Problemlagen reagierender sozialer Organismus. Im Umkehrschluss bedeutet das, dass eine mangelnde historische Vermittlung des Staates zu dessen Desintegration führen würde.

Die These Hegels, dass der Staat zur Integration und diachronen Stabilität „des Bewußtseyns der Vergangenheit" bedürfe, wirft die Frage auf, in welchem Ausmaß das entsprechende Bewusstsein in den Staatsbürgern präsent sein muss. Man kann sich zum einen vorstellen, dass sobald erst einmal eine Geschichtsschreibung etabliert ist, erinnerungspolitische Maßnahmen wie z. B. Denkmäler, staatliche Gedenk- und Feiertage u. ä. genügen, um die entsprechende Integrationsleistung des Gros' der Staatsbürger zu erbringen. Geht man andererseits davon aus, dass Hegel von den Staatsbürgern verlangt, detaillierte Kenntnisse über die Vergangenheit des Staates zu besitzen, droht seine These aufgrund der Überforderungsgefahr unplausibel zu werden. Zudem gerät eine zu starke Anforderung an den Wissens- und Bildungsstand der Staatsbürger in Widerspruch mit Hegels Stützung der gelebten sittlichen Praxis auf das „Selbstgefühl" (*GPR* § 147; 138.20) der Individuen im Rahmen der *Grundlinien*. Unabhängig von der Frage, in welchem Ausmaß und welcher Qualität das Gewordensein des je eigenen Staatsgebildes verbreitet sein muss, ist Hegels These plausibel, dass es zur Inte-

---

141 Vgl. Hegel, G.W.F. (1987): „Religionsphilosophie" in: *Vorlesungsmanuskripte I (1816–1831)*. Hrsg. Walter Jaeschke. Hamburg, S. 5–300.
142 Zur Organisation des hegelschen Systems vgl. Quante 2011: 22–34, zur Rolle der *Idee* 23–24.

gration der Bürger einer bekannten, gemeinsamen Geschichte dieses Gebildes bedarf, auf das der je einzelne Staatsbürger sich berufen und in seiner gelebten Praxis stützen kann. Zugegebenermaßen hängen mit dieser These selbst noch zahlreiche weitere Fragen bezüglich der genauen Ausformulierung zusammen, auf die ich im Rahmen dieser Studie nicht weiter eingehen kann. Dies deshalb, da Hegel sich explizit nicht weiter zu seiner These äußert, die er zudem nicht in dem Rahmen der Ausgestaltung der entsprechenden Erinnerungskultur diskutiert, sondern in einem Kontext, in dem er versucht, den Übergang von der geschichtslosen in die geschichtliche Zeit plausibel zu machen.

Seine Thesen bezüglich des Übergangs von der geschichtslosen in die geschichtliche Zeit fasst Hegel wie folgt zusammen:

> Die Zeiträume, wir mögen sie uns von Jahrhunderten oder Jahrtausenden vorstellen, welche den Völkern vor der Geschichtsschreibung verflossen sind und mit Revolutionen, mit Wanderungen, den wildesten Veränderungen mögen angefüllt gewesen seyn, sind darum ohne objective Geschichte, weil sie keine subjective, keine Geschichtserzählung aufweisen; nicht wäre über solche Zeiträume diese nur zufällig untergegangen, sondern weil sie nicht hat vorhanden seyn können, haben wir keine darüber; erst im Staate mit dem Bewußtseyn von Gesetzen sind klare Thaten vorhanden und mit ihnen die Klarheit eines Bewußtseyns über sie, welche die Fähigkeit und das Bedürfniß gibt, sie so aufzubewahren. (M2: 193.20 – 194.4)

Aus heutiger Sicht (und archäologisch auch durchaus rekonstruierbar) mögen die geschichtlichen Zeiten, die vor der Historiographie lagen, als interessant und ereignisreich erscheinen. Da diese Völker jedoch mangels eines Staatswesens keine Geschichtsschreibung aufweisen, fällt dieser Teil der Geschichte *vor* die eigentlich historische Phase. Auffällig ist die modal stärkere These Hegels, dass man nicht davon ausgehen könne, dass in diesen vorgeschichtlichen Zeiträumen einmal eine Geschichtsschreibung etabliert gewesen sei, die dann aber durch Zufall untergegangen sei. Vielmehr habe es gar keine Geschichtsschreibung geben können, da diese notwendig auf staatliche Organisation angewiesen ist.[143]

Selbst wenn Hegel zugestanden wird, dass eine Geschichtsschreibung ohne Staat unmöglich ist, bleibt jedoch die naheliegende Rückfrage bestehen, ob es nicht in der vorgeschichtlichen Zeit bereits einmal Staaten gegeben haben könnte, die aber aus kontingenten Gründen (etwa Erdbeben, Klimaveränderungen) untergegangen sind. Falls solche Staaten existiert haben könnten, so könnten diese ja auch eine Geschichtsschreibung ausgeprägt haben, von der dann aber alles

---

143 Ob Hegel auch die weitergehende These vertreten möchte, dass staatliche Organisation nicht nur notwendig für die Entwicklung der historiographischen Praxis, sondern auch hinreichend für eine solche ist, ist nicht ganz eindeutig.

verloren gegangen ist. Wie könnte sich Hegel zu diesem Problem verhalten? Eine mögliche Antwort seinerseits könnte darin bestehen, dass er die Möglichkeit einer uns bisher verborgen gebliebenen historiographischen Praxis auf der Basis untergegangener Staaten nicht bestreitet und empirisch für durchaus möglich hält. Hegel würde in diesem Fall nicht behaupten, dass eine etablierte staatliche Ordnung und ihre Geschichtsschreibung nicht mehr untergehen kann, sondern dass für seine Aufbereitung der Geschichte der Geschichtsschreibung und des Geschichtsbegriffs nur diejenigen Quellen relevant sind, über die wir zur Zeit faktisch verfügen. Neue Entdeckungen über untergegangene Staaten würden uns nicht zwingen, diese Geschichte umzuschreiben, da unser Wissen über die entsprechenden untergegangenen Staaten erst *heute* bekannt würde und daher auf unsere Rezeption unserer bisherigen Kulturgeschichte keinen Einfluss ausübte. Wir erzählen die Kulturgeschichte methodisch zuerst als Abfolge einer Kontinuitätsgeschichte von Traditionen und Praxen. Damit gehört die Deutung der Geschichte durch die Geschichtsschreibung selbst zur Geschichte.

Jedenfalls hält es Hegel für möglich, dass Völker existieren, ohne dass sie ihr, gemessen am philosophischen Maßstab des Begriffs, inhärentes Ziel, nämlich die Ausbildung einer staatlichen Verfassung, erreichen. Diese Vorgeschichte sei aber für die philosophische Entwicklung irrelevant:

> Völker können ohne Staat ein langes Leben fortgeführt haben, ehe sie dazu kommen, diese ihre Bestimmung zu erreichen, und darin selbst eine bedeutende Ausbildung nach gewissen Richtungen hin erlangt zu haben. Diese Vorgeschichte liegt nach dem Angegebenen ohnehin ausser unserem Zweck; es mag darauf eine wirkliche Geschichte [d. h. eine solche, die historia rerum gestarum und res gestae umfasst/T.R.] gefolgt, oder die Völker gar nicht zu einer Staatsbildung gekommen seyn. (M2: 191.9–14)

Die Möglichkeit, dass wir Überraschendes und bisher Unbekanntes über die Vergangenheit lernen können, wird ausdrücklich berücksichtigt. Einen solchen Nachweis hat seines Erachtens die damals neue Wissenschaft der Indogermanistik erbracht, die die „grosse Entdeckung" (M2: 191.14) gemacht habe, dass es einen Zusammenhang zwischen der Sprache des Sanskrit und den europäischen Sprachen gebe. Hegel schätzt diese Entdeckung, die er als methodisch sicher lobt (vgl. M2: 192.3–10), keineswegs gering ein, es sei eine Entdeckung „wie einer neuen Welt" (M2: 191.14). Die Geschichte, die wir bei dieser Entdeckung im Rahmen der Indogermanistik rekonstruieren, trägt zur Entfaltung unseres historischen Verständnisses im philosophischen Sinne wohl ebenso wenig etwas bei, wie zu unserer Geschichte des Begriffs der ‚Geschichte', der mit der historiographischen Praxis verknüpft ist. Hegel bezeichnet dies darum auch nicht als Geschichte, sondern als Geschehen. Die Entdeckungen und Rekonstruktionen der

Indogermanistik, dies „in sich so weitläuffig zeigende Geschehene aber fällt ausserhalb der Geschichte; es ist derselben vorangegangen." (M2: 192.10 – 11)

Während die chinesische Kultur eine „auf die ältesten Zeiten zurükgehende, ausführliche Geschichtserzählung besitzt" (M2: 194.8 – 9), gehe diese den Indern ab. Zwar erfüllt die indische Kultur, wie Hegel zugesteht, einige der zuvor von ihm ausgezeichneten Bedingungen für die Ausbildung einer Historiographie,[144] aber das Kastensystem verhindere, dass die eigene Kultur als sich entwickelnd und veränderlich aufgefasst werde. Hegel beschreibt die indische Kultur als eine, in der „die beginnende Organisation" der Gesellschaft „sogleich zu Naturbestimmungen (in den Kasten) versteinert" (M2: 194.13 – 14) sei. Aufgrund dieser Unfähigkeit, die eigene Kultur als Kultur, d. h. als sich von der Natur abhebendes Gebilde spezifisch sozialer Praxen zu betrachten, fehle der indischen Kultur die Möglichkeit eines „Endzwecks des Fortschreitens und der Entwicklung" (M2: 194.21) und damit die Möglichkeit einer Geschichtsschreibung als zweckgebundene Praxis der Bewahrung vergangener Ereignisse, die zur Wahrung der Identität der eigenen Kultur von Relevanz sind.

2.2.2.1.2 Die Merkmale der ursprünglichen Geschichte

Ich kehre nun zum ersten Manuskript und den dort präsentierten Spezifika der ursprünglichen Geschichtsschreibung zurück. Neben den von Hegel erwähnten Beispielautoren, die den Hörern ein „bestimmteres Bild" (M1: 122.9) von derjenigen Art der Geschichtsschreibung vermitteln soll, die er als historisch erste auszeichnet,[145] gibt er einige nähere Hinweise für die Kriterien, nach denen Autoren der ursprünglichen Geschichtsschreibung zugeordnet werden können.

Es seien nämlich alles „Geschichtschreiber, welche vornehmlich nur die Thaten, Begebenheiten und Zustände, die sie beschreiben selbst [vor] s i c h g e h a b t, sie erlebt und in denselben g e l e b t, durchgelebt" (M1: 122.10 – 12) haben. Aus dieser Charakterisierung lässt sich ersehen, inwiefern die Interessen der ursprünglichen Geschichtsschreiber primär davon geprägt sind, dasjenige Geschehen zu erfassen und aufzubereiten, das sie selbst erlebt haben bzw. an dem sie selbst beteiligt waren. Tatsächlich ist zumindest von Thukydides bekannt, dass dieser selbst am Peloponnesischen Krieg beteiligt war, so bekleidete er im Jahr 424

---

144 „Indien hat nicht [nur] alte Religionsbücher und glänzende Werke der Dichtkunst, sondern auch alte Gesezbücher, was vorhin als eine Bedingung der Geschichtsbildung gefordert wurde, und doch keine Geschichte". (M2: 194.9 – 12).
145 Wie sich weiter unten zeigen wird, ist die ursprüngliche Geschichtsschreibung aber nicht auf diese Rolle, die erste Epoche bzw. das erste Paradigma der Geschichtsschreibung zu bilden, eingeschränkt.

v. Chr. das Amt des Strategen.[146] Diese Bestimmung passt zu Hegels Modell der Entstehung der Geschichtsschreibung und der Betonung der emotionalen Signifikanz eines Geschehens, die zu dessen narrativer Aufbereitung Anlass bietet. Die ersten Historiker sind selbst von dem Geschehen, welches sie beschreiben, betroffen. Der Beginn der Geschichtsschreibung fällt so mit einem externen Einbruch in die bisherige gelebte Tradition zusammen. Die ersten Historiker haben „diesen Begebenheiten [etwa den Perserkriegen/T.R.] und dem Geiste derselben selbst" (M1:122.12–13) angehört, was erklärt, warum dieses Geschehen von ihnen als Störfall erlebt wurde. Dass die Tradierung vergangener Geschehnisse durch die Arbeit der Historiker, insbesondere dadurch, dass diese die Ereignisse *schriftlich* festhalten, eine neue Stufe, die über die orale Tradition hinausgeht, erreicht, würdigt Hegel ausdrücklich. Die Historiker haben „den Bericht" zu den von ihnen erlebten Geschehnissen „verfaßt" (M1: 122.13–14). Er expliziert diesen Vorgang folgendermaßen:

> d.i. sie [die Begebenheiten/T.R.] die bisher bloß g e s c h e h e n und aüsserlich vorhandenes waren, in d a s R e i c h d e r g e i s t i g e n V o r s t e l l u n g versetzt, und sie f ü r d i e s e l b e ausgearbeitet haben, – – vorher ein S e y e n d e s – nun Geistiges, Vorgestelltes – So arbeitet der Dichter z. B. den Stoff, den er in s e i n e r Empfindung – innere und aüssere – Gemüthe – hat, für die s i n n l i c h e V o r s t e l l u n g aus. (M1: 122.14–123.1)

Die historische Narration ermöglicht eine stabile Bezugnahme auf bestimmte Ereignisse im Rahmen der Erzählung, die der Historiker ausgearbeitet hat. Dass die Geschichte dabei in einer Perspektive gefasst wird, die für die potentiellen Leser interessant bzw. relevant ist, zeigt sich an Hegels Betonung des Umstandes, dass die Historiker die Begebenheiten „f ü r d i e s e l b e", d. h. für die Vorstellung ausgearbeitet haben. Dies lässt sich auch so verstehen, dass die Historiker die Vergangenheit als eine solche, die gewusst wird oder zumindest gewusst werden kann, erzeugen und bewahren. Hegel bestimmt den Begriff der Vorstellung im Rahmen seiner Einleitung in die *Enzyklopädie* so, dass darunter die Denkinhalte in den verschiedenen Denkformen (etwa Gefühl, Anschauung, Bild, Vorstellung im engeren Sinne, Zwecke usw.) verstanden werden „insofern von ihnen g e w u ß t wird" (*Enz.* (1830) § 3 A.; 42.10). Die Aufbereitung der Historiker macht es daher möglich, im Rahmen einer Kultur auf deren Tradition anhand von in Schriftform niedergelegten Erzählungen Bezug zu nehmen.

Hegel ist dabei methodologisch keineswegs so naiv, dem Historiker zu unterstellen, er habe bloß aufzuschreiben, was er mit eigenen Augen gesehen, von

---

[146] Vgl. zu Thukydides Eingriff ins Geschehen etwa: Thukydides 2004: IV, 104–106.

2.2 Die Genese der nicht-philosophischen Geschichtsschreibung — 67

Augenzeugen gehört[147] oder in diversen relevanten Quellen gelesen habe. Er betont die Konstruktionsleistung des Historikers, die erst eine Erzählung von der Vergangenheit ermöglicht. Auch in dieser Hinsicht werden Dichter und Historiker verglichen:

> Bey diesen Geschichtschreibern sind zwar auch Erzählungen und Berichte anderer ein Ingrediens; aber sie sind – durch Andere – nur überhaupt das Zerstreutere, mindere, zufällige, subjective selbst vorübergehende Material (wie der Dichter der Bildung seiner Sprache, den gebildeten Kenntnißen, die er empfangen, vieles verdankt – aber es ist solcher Geschichtschreiber, er ist es der das, was ein in der Wirklichkeit bereits vorübergegangenes, in der subjectiven, zufälligen Erinnerung zerstreut und selbst flüchtiger Erinnerung aufbewahrtes ist, zu einem Ganzen componirt es in den Tempel der Mnemosyne aufstellt, und ihm so unsterbliche Dauer verschaft. (M1: 123.1–10)

So wie der Dichter auf verschiedene Quellen zurückgreift, um sein Kunstwerk zu schaffen, so greift auch der Historiker auf das Material anderer zurück. Jedoch lässt sich weder das Werk des Dichters noch das des Historikers auf die Quellen, die in es eingegangen sind, reduzieren. Der Historiker leistet also mehr, als das bloße Zusammensetzen verschiedener Quellen, vielmehr hat er diese zu beurteilen, in ihrem Quellenwert und ihrer Authentizität einzuschätzen und aus diesen Einzelstücken eine kohärente und plausible Erzählung zu komponieren. Hegel betont diesen Aspekt dadurch, dass er die Quellen, die der Historiker verwendet, als ungeordnet (und in diesem Sinne auch zufällig) charakterisiert. Sie sind nicht mit dem Zweck und der Absicht hinterlassen worden, *als* Quellen den Erkenntnisinteressen eines späteren Geschichtsschreibers zu dienen.[148]

Erst der Historiker „componirt" ein Ganzes aus den vorliegenden Materialien, die er als quellenrelevant eingestuft hat. Den oben benannten Fortschritt im Rahmen der kulturellen Tradierung, der damit erreicht ist, drückt Hegel durch den Unterschied zwischen „flüchtiger Erinnerung" (vorher) und „ewige[r] Dauer"

---

147 Damit ist selbstverständlich nicht ausgeschlossen, dass der ursprüngliche Geschichtsschreiber sich auf Augenzeugen berufen konnte und verlassen hat, statt *alles*, was er beschreibt, mit eigenen Augen gesehen und erlebt zu haben. Hier muss er dann abschätzen, welchem Augenzeugen er glauben schenken möchte. Ein Problem, dass von Thukydides im oben genannten Zitat aus dem Methodenkapitel explizit berücksichtigt wird. (vgl. Thukydides 2004: I,22) An späterer Stelle im Manuskript bezeichnet Hegel die Augenzeugenberichte, die der Historiker in und für die Vorstellung transformiert, so, dass der Historiker dann nicht das Geschehen vor sich hatte, sondern dieses „in a n s c h a u l i c h e r Erzählung" (M1. 125.6) gegeben war. Zur Kritik einer rein passiven Vorstellung der Forschungstätigkeit des Historikers vgl. auch M2: 143.1–9.

148 Selbstverständlich kann dies schon gar nicht für die Quellen des ursprünglichen Historikers gelten, da das wissentliche Hinterlassen eines Schriftstücks *als* historische Quelle bereits das Wissen um eine Geschichtsschreibung voraussetzt.

(nachher) aus. Hegels Rede vom „Tempel der Mnemosyne" verweist zum einen auf den griechischen Ursprung der spezifisch historischen Erinnerungskultur, zum anderen hebt die Redeweise vom Tempel, die auf die griechische Kult- und Religionspraxis anspielt, den hohen Stellenwert dieser neuen Praxis der Tradierung hervor.

Die Werke der Historiker ermöglichen eine geschichtliche Kultur, in deren Rahmen eine stabilere (und präzisere) Bezugnahme auf die eigene Vergangenheit möglich wird. Hegel verstärkt dabei den Gegensatz zwischen einer nicht-historischen und einer historischen Erinnerungskultur soweit, dass letztere dem Inhalt der von dem Historiker hervorgebrachten Erzählung „unsterbliche Dauer" verschafft habe, während die Materialien, auf die der Historiker zurückgegriffen hat, lediglich das „vorübergehende Material" seien. Hinsichtlich ihrer Vergänglichkeit unterscheiden sich die Quellen und die Bücher bzw. Schriftrollen der Historiker allerdings nur graduell:[149] letztlich ist jedes Speichermedium vergänglich. Die historischen Erzählungen mögen sowohl mnemotechnisch als auch von der Art ihrer Aufbereitung her, sowie in ihrer Kopierbarkeit leichter zu behandeln sein als eine Menge von potentiellen Quellen, aus denen sich jeder Interessierte selbst die Vergangenheit rekonstruieren muss. In diesem Sinne ist es sicher einfacher, ein Geschichtsbuch zu bewahren als die Quellen desselben. Aber wie die moderne Geschichtswissenschaft und die Einrichtung von Archiven zeigen, kann auch der Vergänglichkeit – zumindest mancher Quellen – entgegengewirkt werden, so dass Interessierte oder aber professionelle Historiker die Quellen je nach Erkenntnisinteresse immer wieder neu verwenden können. Von einer solchen Praxis ist die Antike selbstverständlich noch weit entfernt und es wäre wohl auch kaum plausibel, anzunehmen, dass ein solcher professioneller Umgang mit der Vergangenheit am Anfang der Genese einer historiographischen Praxis stünde.[150] Hegels Ausführungen an dieser Stelle, also im Kontext der ursprünglichen Geschichte, dürfen nicht ohne Weiteres auf spätere Formen der historiographischen Praxis ausgedehnt werden.[151]

---

[149] Als besonders vergänglich sind natürlich Personen, also Augenzeugen, einzuschätzen, die ihr Wissen entweder durch zufällige mündliche Weitergabe oder aber dadurch weitergeben, dass sie befragt werden.

[150] Europaweit kamen erste Archive als Orte, an denen potentielle Quellenbestände nach bestimmten Relevanzkriterien und offen für verschiedene Erkenntnisinteressen (historischer oder juristischer Art) gesammelt werden, im Laufe der frühen Neuzeit auf und wurden dann sukzessive professionalisiert. Vgl. Friedrich 2013.

[151] Dass Hegel mit den Debatten der Historiker seiner Zeit gut vertraut war und die Weiterentwicklung der Geschichtsschreibung zur Geschichtswissenschaft aufmerksam verfolgt hat, wird sich später zeigen.

Dass der Übergang von einer vorhistorischen zu einer historischen Überlieferungspraxis nicht zusammenfällt mit dem Übergang von einer oralen zu einer schriftlichen Überlieferungspraxis, zeigt sich daran, dass Schriftlichkeit bereits vor der Entstehung der Geschichtsschreibung etabliert war. Der entscheidende Punkt liegt also nicht in dem Übergang zur Schriftlichkeit allein, sondern vorrangig in der Art, *wie* überliefert wird. Gerade die Art und der Anspruch der Komposition, die der Historiker mit den Quellen vornimmt (inklusive des Anspruchs auf Wahrheit bzw. Wahrhaftigkeit), unterscheiden die von ihm hervorgebrachten Texte von den zuvor existierenden Textgattungen, etwa vom Epos oder dem Drama.

Die ursprünglichen Historiker „schaffen die ihnen gegenwärtige Begebenheit, That, und Zustand, in ein Werk der Vorstellung und für die Vorstellung um" (M1: 124.9 – 11/Unterstreichung T.R.). Gerade darin, dass die Historiker ihre Gegenwart für zukünftige Generationen bewahren, und zwar so bewahren, dass diese Vergangenheit verstehbar und wissbar bleibt, liegt der spezifische Zweck, der dem Handeln der Historiker zugrundeliegt und ihre Überlieferung von den trüben Weisen der Überlieferung unterscheidet. Die Historiker verfolgen das Ziel, die Vergangenheit als Geschichte zu bewahren und zu tradieren.[152]

Die weiteren Eigenheiten der ursprünglichen Geschichte ergeben sich für Hegel aus deren spezifischen Genesebedingungen, vor allem daraus, dass der Historiker *seine Gegenwart* „für die Vorstellung" zu einem Werk komponiert. Im Manuskript notiert sich Hegel: „Folgen daraus ziehen" (M1: 124.11). Im Text lassen sich zwei solche Folgerungen unterscheiden, auf die er dann mit αα) und ββ) eingeht.[153]

Die erste Folgerung betrifft den diachronen wie synchronen Umfang der Geschichtserzählungen der ursprünglichen Historiker. In beiden Hinsichten ist die ursprüngliche Geschichte stark eingeschränkt. Das Kriterium für die Auswahl des in der Erzählung zu verarbeitenden Stoffes, der sich in der flüchtigen Erinnerung des Historikers findet und für die Vorstellung in Form einer Erzählung konstituiert werden soll, besteht in demjenigen, „[w]as lebendig im eigenen Er-

---

[152] Daher geht für Hegel der Beginn der Geschichtsschreibungspraxis auch mit dem Begriff der Geschichte einher. Die Historiker haben sich explizit den Zweck gesetzt, ihre Gegenwart in Schriftform zu bewahren, und damit bereits in einem gewissen Maße reflektiert, welche Mittel sie dafür ergreifen müssen und dann diesen Zweck umzusetzen gesucht. Der Begriff geht hier also dem Handlungsvollzug voraus.

[153] Die erste Folgerung geht von M1: 124.11-125.7, die zweite Folgerung erläutert Hegel im Anschluss vgl. M1: 125.8 – 127.5. Das Ende von ββ) lässt sich aus dem Absatz im Manuskript sowie dem Themenwechsel erkennen. Hegel wechselt im nächsten Absatz zu der Frage über, welchen Wert und welche Bedeutung die ursprüngliche Geschichtsschreibung für die Leser der Gegenwart, d. h. Hegels Gegenwart hat.

leben und gegenwärtigen Interesse der Menschen ist – was gegenwärtig und lebendig in ihrer Umgebung ist – ist ihr [der ursprünglichen Geschichte/T.R.] wesentlicher Stoff." (M1: 124.12–14/Unterstreichungen T.R.) Interessant ist vor allem die Betonung der „gegenwärtigen" Interessen. Die ursprünglichen Historiker erzählen eine Geschichte, die die Gegenwart etwas angeht und insofern einen präsentischen Charakter aufweist. Sie erzählen keine Geschichte über Begebenheiten, die keinerlei oder kaum eine Verbindung zur Gegenwart und den Interessen ihrer Mitmenschen in dieser Gegenwart aufweisen. Nun ließe sich einwenden, dass die Geschichte dann mit der unmittelbaren Zeitgeschichte zusammenfiele, was aber schon im Falle Herodots nicht zutrifft; immerhin waren die Perserkriege ja schon vergangen, als er die *Historien* verfasste.[154] M. E. ist Hegel daher so zu verstehen, das mit dem „gegenwärtigen Interesse" hier ein solches gemeint ist, dass die Vergangenheit selbst mit zur Gegenwart rechnet, und zwar insofern sie für die Zeitgenossen selbst als relevant für das *Verständnis* der Konflikte und Begebenheiten der eigenen Zeit gilt. Wenn gerade ein externer Störfall die Unterscheidung zwischen demjenigen, was bisher auf die und die Weise gelöst und getan wurde, und der Art, wie seitdem gehandelt wird, einzieht, besteht ein Interesse daran, die aktuellen Geschehnisse und das aktuelle Handeln mit demjenigen der Vergangenheit zu verknüpfen. In diesem Sinne kann man auch Hegels Redeweise verstehen, dass der ursprüngliche Historiker dasjenige beschreibe, was „lebendig in seiner Umgebung" sei. Den Ausdruck „lebendig" kann man im Sinne eines Fortwirkens der Vergangenheit verstehen. Wenn Konflikte, die in der Vergangenheit (z. B. durch einen Bürgerkrieg) ausgelöst wurden, etwa zur Zertrümmerung eines Gebäudes geführt haben, dessen Ruine die Bewohner einer Stadt noch heute an diesen erinnert oder erinnern kann, so besteht noch in der Gegenwart ein Zeugnis dieses Krieges. Auch wenn im Zuge eines Krieges ein Herrschergeschlecht durch ein anderes ersetzt wurde, so hat diese Vergangenheit Auswirkungen und Interesse bis in diejenige Gegenwart, in der das Geschlecht noch immer regiert. Die Interessen des Historikers und derjenigen Kultur, für die er schreibt, stimmen, wie Hegel behauptet, überein.[155] Diese Interessen beschränken

---

[154] Es ist nicht ganz klar, wann Herodot seine *Historien* verfasste, aber sicherlich *nach* dem Ende der Perserkriege (ca. 479. v. Chr.).
[155] Hodgson hält in seiner Deutung der ursprünglichen Geschichte für möglich, dass der Raum der relevanten Gegenwart stark eingeschränkt sein kann, so behauptet dieser „Today newspapers and the internet provide a form of original history." (Hodgson 2012: 15) Für diese These gibt es im hegelschen Text jedoch keinen Beleg. Wie sich weiter unten noch zeigen wird, durchläuft die ursprüngliche Geschichte zwar auf dem Weg zur Neuzeit eine Transformation, diese führt aber wohl nicht dazu, dass man Zeitungen oder das Internet unter diese Form der Geschichtsschreibung subsumieren kann.

sich dabei nicht nur auf relevante diachrone Aspekte der eigenen Geschichte, die sich auf die unmittelbare Gegenwart und die mit ihr verbundenen praktischen Konflikte, die es zu bewältigen gilt, beziehen, sondern auch auf synchrone Aspekte der eigenen „Umgebung".

Beide Annahmen sind plausibel. Die eigene Geschichte, die eigenen Lebensprobleme und Konflikte der eigenen Kultur, die in der jeweiligen Gegenwart wirksam sind, interessieren die Akteure weitaus mehr, als ein Geschehen in einem fernen Land, das keinerlei Auswirkungen oder Verbindung zu den eigenen Interessen aufweist. Die Geschichtsschreibung beginnt daher mit diachron und synchron stark eingeschränkter Geschichtsschreibung, die sich auf diejenigen Geschehnisse konzentriert, die für eine Kultur zu einer bestimmten Zeit von dieser selbst als relevant angesehen werden. Die ursprünglichen Historiker verfolgen in erster Linie auch nicht den Zweck, für eine anonyme Nachwelt den Verlauf der Geschichte überhaupt zu bewahren, sondern sie bewahren für ihre Kultur und für Menschen mit geteilten kulturellen Normen und Werten dasjenige an der Vergangenheit, was sich im Lichte der Relevanz und des Erkenntnisinteresses dieser Gegenwart auszeichnen lässt. Ein rein antiquarisches Interesse, wie es später bei Nietzsche zu finden ist,[156] steht gerade nicht am Anfang der Entwicklung der historischen Tradierungspraxis.

Aus diesen Vorgaben erklärt sich die eingeschränkte Reichweite der ursprünglichen Geschichtsschreibung. „Es sind kurze Zeiträume, individuelle Gestaltungen von Menschen und von Begebenheiten" (M1: 125.2–3).

Ich komme damit zur zweiten Folgerung ββ). Hegel charakterisiert diese Beziehungen folgendermaßen:

> In solchen Geschichtschreibern ist die Bildung des Autors, und die (Bildung der) Begebenheiten, die er zum Werke erschafft – der Geist des Verfassers und der allgemeine Geist der Handlungen, von denen er erzählt, einer und derselbe. (M1: 125.8–11)

Es ist ersichtlich, dass im Rahmen der ursprünglichen Geschichte die Normen und Werte des Autors und diejenigen der erzählten Zeit, d. h. der kulturelle Hintergrund, vor dem die einzelnen Begebenheiten zu verstehen und vom Historiker zu interpretieren und dann narrativ aufzubereiten sind, nicht voneinander abweichen. Verweist der ursprüngliche Historiker etwa auf Motive, Absichten, Ziele oder Zwecke der handelnden Akteure in der Geschichte, so sind ihm diese sogleich einsichtig und verständlich, da sie vor demselben Werte- und Zweckhorizont getroffen werden wie seine eigenen Entscheidungen. Es besteht kein Hiatus, der

---

[156] Vgl. Nietzsche 1999 [1874]: 265–269.

mit hermeneutischen Mitteln überwunden werden müsste.[157] Da sich im Rahmen der ersten Folgerung zudem gezeigt hat, dass die Interessen des Historikers und seines Lesepublikums gleichfalls übereinstimmen, kann man sagen, dass sowohl die historischen Begebenheiten, die erzählt werden, als auch die Erkenntnisinteressen, Relevanzkriterien, Normen, Werte und Rationalitätsmaßstäbe des Historikers, sowie diejenigen seines Publikums alle denselben kulturellen Hintergrund teilen, d. h. die Handlungen von Akteuren, sei es in der Gegenwart oder in der Erzählung eines Historikers, sind für sie verstehbar ohne auf hermeneutische Techniken im engeren Sinn zurückgreifen zu müssen. Die Handlungen, die die Geschichte ausmachen, sind für den Historiker, wie für seine Leser, daher einsichtig, weil der „allgemeine Geist der Handlungen" von allen geteilt wird.[158]

Dass der Historiker dabei nicht auf spezifisch hermeneutische Techniken im engeren Sinne zurückgreifen muss, um sich die Vergangenheit verständlich zu machen und dann auch narrativ aufbereiten zu können, drückt Hegel so aus, dass diese „zunächst keine Reflexionen [wird/T.R.] anzubringen haben". Er begründet dies im Anschluss noch einmal mit dem Geist, d. h. den geteilten Normen, Werten usw. „denn er lebt im Geiste der Sache, ist nicht ÜBER SIE hinaus wie es die Reflexion ist." (M1: 125 – 12 – 13)

Daraus, dass die Leserinnen und Leser ohne weiteres verstehen können, was der Historiker schreibt, folgt jedoch noch nicht, dass jeder Teilnehmer einer Kultur, in der die ursprüngliche Geschichtsschreibung entsteht, ohne weiteres in der Lage wäre, ein solcher Geschichtsschreiber zu werden. Wie im Exkurs gezeigt wurde, setzt die Ausbildung von Geschichtsschreibung Staatlichkeit voraus und damit eine gewisse soziale Ausdifferenzierung und Stratifikation. Nur diejenigen Personen, die auch die handelnden Akteure, deren Zwecke, Ziele, Umfelder und soziale Spielregeln kennen, an die diese sich halten oder gehalten haben, sind auch in der Lage, die ursprüngliche Geschichte zu schreiben. In der „Einheit" (M1:

---

157 Dies schließt keineswegs aus, dass ein Historiker sich bezüglich der Motive eines Akteurs täuschen oder irren kann, wie er sich auch beim Verständnis der Absichten seines Nachbarn täuschen kann, aber der Irrtum kommt nicht dadurch zustande, dass die Werte und Zwecke, die spezifische Rationalität des historischen Akteurs derjenigen des Autors selbst fremd sind. Weiter unten wird gezeigt, dass dies für die reflektierte Geschichtsschreibung nicht mehr gilt, für die gerade das (mindestens partielle) Auseinanderfallen der Gegenwart und der zu erzählenden Vergangenheit konstitutiv ist.

158 Im Rahmen dieses Kapitels kann ich auf die sich hieraus ergebenden Konsequenzen für eine Kulturabhängigkeit verschiedener Handlungsdeutungen nicht weiter eingehen. Eine Untersuchung von Hegels Theorie der historischen Veränderung der Maßstäbe für die Deutung von Handlungen (und von bestimmten Vorgängen *als* Handlungen) verdiente aber eine eigenständige Untersuchung, die im Rahmen der vorliegenden Studie nicht geleistet werden kann. Zu Hegels Handlungstheorie im Allgemeinen vgl.: Quante 1993; Quante 2011: 196 – 227.

2.2 Die Genese der nicht-philosophischen Geschichtsschreibung — 73

125.14) zwischen Historiker und historisiertem Gegenstand sei daher „näher auch diß begriffen" (ebd.), dass

> in einem Zeitalter, in welchem ein grösserer Unterschied der Stände eingetreten, die Bildung und die Maximen mit dem S t a n d e dem ein Individuum angehört, zusammenhängen, solcher Geschichtschreiber, dem Stande der Staatsmänner, Heerführer u.s.f. angehört haben muß, deren Zwecke, Absicht und Thaten, – Thaten, dem politischen Weltkreise selbst, den er beschreibt [angehört/T.R.]. (M1: 125.14–19)

Der Historiograph kann also nur über den Stand schreiben, von dem er selbst Kenntnis besitzt und zwar vorrangig eine Kenntnis, die er durch handelndes Eingewobensein erworben hat. Tatsächlich trifft dies z. B. auf Thukydides zu, der selbst in gehobener Position am Peloponnesischen Krieg teilgenommen hat. Auch für Cäsar und sein Werk *De bello gallico* gilt dies.[159] Wenn ich recht sehe, vertritt Hegel aber hier die stärkere These, dass es nicht etwa nur günstig oder vorteilhaft sei, wenn der ursprüngliche Historiker selbst in gehobener Position am beschriebenen Geschehen partizipiert hat, sondern, es ist notwendig, dass er sich in solch privilegierter Lage befunden hat, um das Geschehen angemessen erzählen zu können. Wenn dem so ist, ist es kein Zufall, dass die Geschichte der Geschichtsschreibung mit Krieg und Politikgeschichte als zentralen Themen begonnen hat. Tatsächlich sind diese Themen auch bis heute zusammen mit entsprechenden Spezialisierungen[160] nach wie vor dominierend.

Kommt man noch einmal auf die Störfallüberlegungen Hegels zurück, die zur Entstehung der ursprünglichen Geschichtsschreibung geführt haben, kann man diese These zumindest plausibilisieren. Neben dem Krieg, der als externer Störfall natürlich gerade auch Auswirkungen auf die politische Organisation und die politisch organisierten Gegenmaßnahmen (bei einem Angriff) hat, kommen einige andere Ereignisse in Frage, die hinreichend starke Auswirkungen auf das Staatswesen haben können, um darüber in erzählender Form mit Anspruch auf Wahrhaftigkeit berichten zu wollen.[161] Diese Überlegung macht nicht nur plausibel, warum die ersten Historiker angesichts ihrer Informationslage[162] aus dem

---

159 Hegel erwähnt Cäsar als Beispiel in M1: 127.19–20. Vgl. auch Caesar 2004.
160 Etwa Militärgeschichte, Geschichte politischer Institutionen, historische Biographie politischer Akteure, Mentalitätsgeschichte des Krieges, Elitengeschichte, politische Strukturgeschichte, Geschichte des Panzers, Neue Militärgeschichte.
161 In Frage kämen etwa Revolutionen, Bürgerkriege oder Ähnliches. Ausgeschlossen sind alle Ereignisse, die sich nicht sinnvoll als Handlungen deuten lassen.
162 Es gibt noch kein ausgeprägtes historisches Bewusstsein, dieses wird vielmehr erst durch die Geschichtsschreibung selbst hervorgebracht, daher auch keine Archive, keine spezialisierte Form der Quellenaufbereitung, kein Studiengang der Geschichte oder Ähnliches, daher müssen die

privilegierten Stand der politischen Entscheidungsträger stammen mussten, bzw. in diese Entscheidungen involviert sein mussten, sondern auch, warum die ersten Themen der Geschichtsschreibung diejenigen sind, die auch bei Herodot und Thukydides und danach noch über viele Jahrhunderte im Zentrum der Geschichte standen. Noch heute assoziieren wir ‚die Geschichte' primär mit der politisch-militärischen Weltgeschichte.

Im Folgenden geht Hegel zudem auf die mit der privilegierten Position der ursprünglichen Historiker einhergehende Frage nach der Authentizität ihrer Darstellung ein. Er verweist damit auf eine der Dimensionen des Objektivitätsproblems der Geschichtsschreibung.[163] Wie kann der Historiker (und sein Leser) sicher sein, dass der Historiker mit Anspruch auf Wahrhaftigkeit (d.h. ohne Verfälschung durch eigene Interessen, Wertvorstellungen usw.) die Quellen narrativ aufbereitet? Kritisch diskutiert wurde diese Frage im Rahmen der Debatten in der Geschichtsschreibung insbesondere im Bezug auf die stilisierten Dialoge, die Thukydides im *Peloponnesischen Krieg* immer wieder anführt, um in Reden- und Gegenreden die unterschiedlichen Ansichten der handelnden Akteure deutlich zu machen.[164] Dieses Stilmittel fand in der gesamten antiken Geschichtsschreibung häufig Anwendung.[165]

Für Hegel ist dieser Vorwurf hinsichtlich der ursprünglichen Geschichte ungerechtfertigt, da es aufgrund der Übereinstimmung des kulturellen Hintergrundwissens zwischen Historiker, erzähltem Geschehen und Lesern

> nicht die eigenen Reflexionen des Schriftstellers [sind/T.R.], womit er die Erklärung u n d d i e Darstellung dieses Bewußtseyns gibt, sondern er hat die Personen und die Völker selbst sich aussprechen zu lassen, was sie wollen, und wie es wissen, was sie wollen – legt ihnen keine fremde, von ihm gemachte Reden in den Mund, – wenn er sie auch ausgearbeitet hätte, so wäre der Inhalt und diese Bildung und diß Bewußtseyn – ebensosehr der Inhalt und das Bewußtseyn d e r e r, d i e e r s o s p r e c h e n läßt. (M1: 126.3–9)

Gleich im Anschluss an diese Stelle verteidigt er dann Thukydides als den paradigmatischen Verwender dieses Stilmittels (vgl. M1: 126.9–127.5). Hegel greift

---

Personen, die die Geschichte schreiben, notgedrungen aus eigener biographischer Erfahrung das Handeln der Akteure erfassen und beschreiben.

163 Zum Objektivitätsproblem der Geschichtsschreibung, dessen Diskussion in der Antike tatsächlich mit der Frage anhob, ob der Historiker wahrhaftig zu schreiben habe (und in welcher Form dieser Anspruch einzulösen sei) vgl. Cobet/Panteos 2012 zu den Dimensionen des Objektivitätsproblems 108–118.

164 Besondere Berühmtheit erlangte dabei der sogenannte Melier-Dialog. Vgl. Thukydides 2004: V, 84–116.

165 Z.B. auch bei Livius oder Tacitus.

damit in den traditionellen Streit um die adäquate Erzählform der Geschichtsschreibung ein und verteidigt hier Thukydides (zumindest für die Form der ursprünglichen Geschichte) gegen seine Kritiker.[166] Mit dieser Verteidigung könnte Hegel zweierlei bezweckt haben: Zum einen kann er gegen diese Kritik einwenden, dass man an die ursprüngliche Geschichte nicht die methodologischen Ansprüche späterer Formen der Geschichtsschreibung stellen darf, zum anderen sollte man hier nicht eine hermeneutische Differenz zwischen Beschriebenem und Beschreiber herstellen, die zwar für die Neuzeit und ihr historisches ‚Abstandsbewußtsein' charakteristisch sein mag, aber nicht auf die Anfänge zurückprojiziert werden darf. Zum anderen dürfte Hegel mit dieser Verteidigung auf die seit der Aufklärungshistorie wieder üblich gewordenen methodologischen Streitigkeiten in der Historiographie zu reagieren gesucht haben, in denen gerade die rhetorische Ausgestaltung scharf kritisiert wurde.[167]

Die Relevanz der stilisierten Reden markiert Hegel auch durch folgenden knappen Hinweis:

> Reden sind Handlungen – unter Menschen, sehr wesentliche wirksame Handlungen – Aber Reden in einem Volke – von Völkern zu Völkern – an Völker oder Fürsten – als Handlungen, sind wesentlicher Gegenstand der Geschichte – besonders der ältern. (M1: 126.14–17).

Mit dieser Diskussion der damals gängigen Einwände gegen die stilisierten Reden in der älteren Geschichtsschreibung beendet Hegel die Darstellung seiner Folgerungen und geht zu einer generellen Beurteilung der ursprünglichen Geschichtsschreibung über.

Ihm ist vor allem die Ungebrochenheit durch hermeneutische Methoden und den kulturellen Abstand zum erzählten Geschehen wichtig. Ihm zufolge kann man anhand der ursprünglichen Geschichtsschreibung „die substantielle Geschichte, den Geist der Nationen studiren, in, mit ihnen, leben" (M1: 127.6–7). Die Wichtigkeit dieser Anfänge der Geschichtsschreibung markiert Hegel auch durch den Hinweis, man könne „nicht lang genug bey ihnen verweilen" (M1: 127.8–9), dort habe man „die Geschichte eines Volkes, oder Regierung, frisch, lebendig, aus erster Hand". (M1: 127.9–10) Hier könnte man einwenden, dass gerade die moderne Altphilologie und Geschichtswissenschaft aufgewiesen hat, wie sehr diese Quellen selbst durch die partikularen Interessen, politischen Umstände usw. ihrer Zeit geprägt sind, und wie eng der Rahmen der Erkenntnisinteressen war, denen sich die antike Geschichtsschreibung widmete. Zudem blendete sie die Perspek-

---

[166] Einer der ersten prominenten Kritiker an „allen oratorischen Täuschungskünsten" war Lukian (ca. 120–180 n.Chr.). vgl. Lukian 1911: 304.
[167] Vgl. Fulda 1996: vor allem 146–155.

tive bestimmter Akteursgruppen weitestgehend aus (Sklaven, Frauen, Kinder, einfaches Volk). Eine solche Kritik, wie man sie etwa eingedenk der *Annales*-Schule und der Mentalitätengeschichte vortragen könnte, übersieht jedoch, dass es Hegel hier wohl primär darum geht, den methodischen Status dieser ersten Form der Geschichtsschreibung auszuzeichnen. Dass auf Basis dieser Form der Geschichtsschreibung weitere Formen entstehen, die denselben Gegenstand, den die ursprüngliche Geschichte thematisiert, unter anderen Gesichtspunkten zum Gegenstand macht und ggf. die ursprüngliche Geschichte einer Methodenkritik unterzieht, ist damit kompatibel.[168]

Hegel führt dann weitere Beispiele für ursprüngliche Geschichtsschreiber an (vgl. M1: 127.14–128.3), wobei er beiläufig erwähnt, dass solche „übrigens nicht so häuffig sind, als man etwa meynen sollte" (M1: 127.14). Dies hängt zum einen sicherlich damit zusammen, dass der „Ursprung" im Sinne des Anfangs einer Tradition schon aus semantischen Gründen, irgendwann vorbei sein muss, etwa dann, wenn alternative Formen der Geschichtsschreibung etabliert sind, als deren Vorstufe sich die anfängliche Form auszeichnen lässt, zum anderen auch damit, dass Hegel hohe Anforderungen stellt: es muss eine Art Störfall eingetreten sein (i), die potentiellen Autoren müssen eine privilegierte Rolle bei dem Geschehen gespielt haben (ii), es muss ein Staatswesen mit hinreichender Komplexität vorliegen (iii), und die Zeit und Umstände müssen so gelagert sein, dass eine in Frage kommende Person sich auch daran begibt, eine solche Erzählung zu schreiben (iv).

Hebt man jedoch die Form der ursprünglichen Geschichtsschreibung von ihrem Ursprungscharakter ab, so erhält man als Thema einer solchen Geschichte einen politisch-militärischen Ereignisverlauf, der von einem der involvierten Akteure ohne hermeneutischen Abstand erzählt werden muss. Hegel ist der Ansicht, dass die Bedingung der adäquaten Involviertheit in das Geschehen gerade bei den mittelalterlichen Historikern eher selten der Fall gewesen sei:

> Naive Chronikenschreiber, wie Mönche, hat es z.B. wohl im Mittelalter genug gegeben, aber nicht zugleich Staatsmänner; doch auch gelehrte Bischöffe, die im Mittelpunkte der Geschäfte und Staatshandlungen gestanden, die auch Staatsmänner – aber sonst das politische Bewußtseyn nicht ausgebildet. (M1: 128.3–6)

---

[168] Damit soll jedoch nicht bestritten werden, dass Hegels Aussagen in dieser Passage wohl auch mit seiner evtl. von Winckelmann beeinflussten Antikenbegeisterung zusammenhängen. So schreibt er, dabei aber durchaus den Unterschied in den Erkenntnisinteressen wahrend: „Wer nicht gerade ein gelehrter Historicus werden, sondern die Geschichte Geniessen will, der kann beynahe größerntheils bey solchen Schriftstellern allein stehen bleiben." (M1: 127.10–12)

2.2 Die Genese der nicht-philosophischen Geschichtsschreibung — 77

Im Mittelalter sind also entweder die Involviertheit oder die Ausbildung eines gemeinsamen politischen Bewußtseyns nicht gegeben und daher die Bedingungen für die ursprüngliche Geschichtsschreibung nicht erfüllt. Bedauerlicherweise schreibt Hegel nichts Weiteres zum Mittelalter: schließlich ließe sich fragen, welchen Status die ‚naive Chronik' als Gattung der Geschichtsschreibung hat. Es bleibt unklar, ob er meint, dass dies eine Art Schwundform der aus der Antike tradierten Formen der Geschichtsschreibung darstellt, oder im strengen Sinne gar keine Geschichtsschreibung.

Dass Hegel aber der Überzeugung ist, dass es den Typ von Geschichtsschreibung, der am Ursprung der historischen Tradierungspraxis stand, reduziert um das Merkmal der Ursprünglichkeit auch in späterer Zeit noch gegeben hat und geben kann, zeigt dieser Hinweis: „Sind jedoch nicht der alten Zeit nur eigen." (M1: 128.7) Ich möchte vorschlagen, diese kryptische Stelle relativ zu ihrem Kontext zwischen der Erörterung von Mittelalter und Neuzeit so zu verstehen, dass der Gattungstyp mit dem die Geschichtsschreibung ihren Anfang nimmt, auch in der Neuzeit noch auftreten kann.

Hier stellt er aber nur eine Gattung historischer Geschichtsschreibung *neben* anderen – z.B. den Formen der reflektierten Geschichtsschreibung – dar, wodurch Rückwirkungen auf diese Gattungen nicht ausbleiben. Letzteres ist plausibel, da es einen Unterschied macht, ob eine Praxis ausgeübt wird, für die keine Alternativen bekannt sind, oder aber ob eine Praxis ausgeübt wird, bei der explizit die Wahl zwischen Alternativen besteht.[169] So kann nach Etablierung der Geschichtsschreibung z.B. der Fall eintreten, dass jemand, der in privilegierter Position an einem für relevant erachteten Geschehen teilgenommen hat, bereits im Verlauf dieses Geschehens seine Erzählbarkeit wahrnimmt und es aufbereitet.[170] So ist wohl Hegels nachfolgende Notiz zu verstehen: „In neuern Zeiten, haben sich alle Verhältnisse geändert". (M1: 128.7–8)

---

169 So ist es in der modernen Geschichtswissenschaft durchaus üblich, sich zu überlegen, welcher Typ oder erzählerischer Ansatz bzw. welche Typen oder Ansätze für den Stoff, welchen man behandeln möchte, relativ zum eigenen Erkenntnisinteresse angemessen ist bzw. sind.
170 Als Beispiel könnte man an Churchills Werk über den zweiten Weltkrieg denken. Dort schreibt dieser selbst: „Ich bin vielleicht der einzige, der in hohen Staatsämtern die beiden größten Umwälzungen der überlieferten Geschichte erlebte. [...] Ich bezeichne diese Memoiren nicht als Geschichtsschreibung, denn das ist die Aufgabe einer späteren Generation. Aber ich erhebe zuversichtlich den Anspruch, daß sie einen Beitrag zur Geschichte bedeuten, der für die Zukunft von Nutzen sein wird." Churchill 2003 [1948]: 11. Unabhängig von Churchills eigener Einordnung des Buches in die Gattung der ‚Memoiren', die angesichts der Vielzahl an geschildertem, das über unmittelbar Erlebtes hinausreicht, selbst fragwürdig erscheint, zeigt seine vorgenommene Abgrenzung, dass Churchill im Wissen um verschiedene Formen der Geschichtsschreibung schreibt und sich dazu verhält.

Wir leben nun in einer Zeit mit historischem Bewusstsein, was den Umgang mit der Ursprungsgattung verändert.

> [U]nsere Bildung faßt sogleich auf, und verwandelt unmittelbar alle Begebenheiten, für die Vorstellung in Berichte, und wir haben in neuern Zeiten, vortreffliche, einfache, geistreiche, bestimmte, Berichte über Kriegsbegebenheiten und andere erhalten, die den Commentarien Cäsars ganz an die Seite gesetzt werden, und wegen des Reichthums ihres Inhalts d.i. die bestimmte Angabe der Mittel und Bedingungen noch belehrender sind. (M1: 128.7–14)

Hegel zählt zu den Werken, denen dies gelingt, vor allem „viele französische Memoires" (M1: 128.15).[171] Dabei sind diese Werke Hegel zufolge wohl auch nicht mehr an ‚große' d. h. für eine ganze Kultur als relevant erlebte Geschehnisse gebunden. Sie gehen häufig über „kleine Zusammenhänge und Anekdoten" nicht hinaus, bieten „öfter kleinliche[n] Inhalt auf einem kleinlichen Boden." (M1: 128.16–17) Man könnte die nicht mehr ursprüngliche, aber gegenwartsbezogene Geschichtsschreibung als *Zeitgeschichte* bezeichnen.

Hegel präsentiert hier skizzenhaft die weitere Geschichte derjenigen Gattung, die am Anfang der Geschichtsschreibung gestanden hat.[172] Im Text findet sich allerdings kein Hinweis darauf, dass ihm auffiele, dass die Benennung dieser Gattung als ‚ursprüngliche Geschichte' spätestens mit Beginn der Neuzeit inadäquat wird. Mit ihrer neuen Rolle *neben* anderen Formen der Geschichtsschreibung wäre auch die Benennung mit einem neuen Namen sinnvoll.

Hegel beschließt die Darstellung der ursprünglichen Geschichte mit einigen Ausführungen zu der Frage, ob der privilegierte Standpunkt des potentiellen Geschichtsschreibers, der die Form der ursprünglichen Geschichte gattungsmäßig beibehält, auch für die Neuzeit und die Gegenwart zu gelten habe. Seine Antwort ist eindeutig:

---

[171] Als einziges positives Beispiel aus der deutschen Geschichtsschreibung verweist Hegel auf die Memoiren Friedrichs des Großen, ohne dabei die politisch-propagandistischen Zwecke, die Friedrich primär verfolgte, zu bedenken. Dies mag mit Hegels Einstellung bzgl. des privilegierten Standpunktes zusammenhängen, auf den ich weiter unten eingehe. Bemerkenswert ist diese Stelle aber deshalb, weil sie Hegels Aufmerksamkeit für die zu seiner Zeit noch methodologisch mangelhafte und erst nach und nach sich entwickelnde moderne Geschichtswissenschaft zeigt.

[172] Auf die naheliegende Frage, welche Gattungsmerkmale die Identität derselben über die Zeit hinweg sicherstellen, geht Hegel nicht weiter ein. Im Rahmen dieses Projekts werde ich einer möglicherweise bei Hegel an anderer Stelle zu bergenden Theorie einer diachronen Gattungsidentität nicht weiter nachgehen. Wenn man bereit ist, die editionsphilologischen Ansprüche an das hegelsche Textkorpus zu senken, ließe sich ggf. aus den Nachschriften zur hegelschen *Ästhetik* für diese Frage etwas gewinnen.

> Ein Schriftsteller [im charakterisierten Sinn/T.R.] muß vom Stande, dem Kreise, den Ansichten, Denkweise Bildung der Handelnden die er beschreibt – die in denen das Recht des Staats, und die Macht des Regierens selbst liegt, – selbst gewesen seyn – Wenn man oben steht, kann man nur die Sache recht übersehen und jegliches an seinem Orte erbliken, – nicht wenn man von unten hinaus – durch das Loch irgend einer moralischen Bouteille oder sonstigen Weisheit betrachtet. (M1: 128.24 – 129.5)

Für wie überzeugend man diese polemisch vorgetragene Kritik hält, hängt zum einen davon ab, ob man der Ansicht ist, dass sich Fachkenntnis nur durch Teilnahme erwerben lässt; zum anderen davon, ob die Beurteilung durch Unbeteiligte moralischen Charakter annimmt, der sich zudem auch noch mit mangelnden Fachkenntnissen verbindet. Ich halte diese Annahmen für wenig plausibel: erstens neigt nicht jede Geschichtsschreibung zur Moralisierung, zweitens kann man gerade dadurch, dass man „oben steht", einige Aspekte des Geschehens wohl besonders schlecht beurteilen. Warum eine multiperspektivische Geschichtsschreibung ausgeschlossen sein soll, ist nicht einsichtig.

Sicher gehört Fachkenntnis dazu, bestimmte Geschehnisse adäquat erzählen und beurteilen zu können; dafür ist aber keine privilegierte Position im von Hegel ausgezeichneten Sinne vonnöten.[173]

Hier artikuliert sich eher Hegels Sorge vor den Beurteilungen historischer Geschehnisse der Gegenwart durch Unbeteiligte; die Gefahren, die mit einer alleinigen Beurteilung durch die Privilegierten einhergehen (Manipulierbarkeit durch die Mächtigen, Autoritätsargumente), scheint Hegel entweder nicht zu sehen, oder für irrelevant zu halten. Zieht man diese Gefahren jedoch in Betracht, ist seine These als unplausibel zurückzuweisen.

Es ist eines, den privilegierten Standpunkt methodisch für den Beginn der Geschichtsschreibung auszuzeichnen, ein anderes, diesen auch dann zu fordern und zu verteidigen, wenn „sich alle Verhältnisse geändert" (M1: 128.8) haben.

Eine abschließende Beurteilung der Plausibilität der hegelschen Rekonstruktion des Ursprungs der Geschichtsschreibung und damit einhergehend des Geschichtsbegriffs, werde ich in 2.3.5 vornehmen, nachdem die Formen der reflektierten Geschichtsschreibung näher untersucht wurden.

---

[173] So hat etwa im ausgehenden zwanzigsten Jahrhundert die neue Militärgeschichte versucht gerade verschiedene Perspektiven zu berücksichtigen und ist von dem Fokus auf eine ‚Feldherrnperspektive' oder ‚Generalstäblerperspektive' abgerückt und hat versucht, diese um Perspektiven ‚von unten' also diejenige der einfachen Soldaten zu erweitern. Vgl. Wette 1992.

2.2.2.2 Die reflektierte Geschichte

Der Übergang zur Analyse der reflektierten Geschichte lässt sich im Manuskript an der Stelle M1:129.10 ff. festmachen. Wie sich zeigen lässt, ist die reflektierte Geschichte in insgesamt *vier* Arten differenziert. Gemeinsam ist allen diesen Formen, dass sie das Defizit der ursprünglichen Geschichtsschreibung, die „nur einen kurzen Zeitraum umfassen" (M1: 129.10) kann, beheben. Denn wie Hegel schreibt, tritt das „Bedürfniß der Übersicht eines Ganzen" (M1: 129.10 f.) ein. Verständlich wird diese Behauptung dann, wenn man sich vor Augen hält, dass ein Ganzes, d. h. eine auf eine gewisse Weise abgeschlossene Erzählung über bestimmte vergangene Begebenheiten, die sich als erzählenswert fassen lassen, nicht notwendig in die Gegenwart derjenigen fällt, die an diesen Begebenheiten interessiert sind.[174] Diese Begebenheiten können dabei teilweise hinter die eigene Gegenwart zurückreichen oder vollständig in der Vergangenheit liegen. Zwar beginnt die Geschichtsschreibung, wie oben gezeigt, nicht mit dem Bedürfnis, solche Begebenheiten historisch aufzubereiten, wohl aber tritt ein solches Bedürfnis durch die Etablierung einer Praxis der Geschichtsschreibung ein. Daher zeichnet sich die zweite Art der Geschichtsschreibung gerade dadurch aus, dass sie den persönlichen „Erfahrungsraum"[175] des Historikers transzendiert. Die Etablierung sowie das dauerhafte Betreiben einer historiographischen Praxis lassen sich daher als Motivation für das von Hegel postulierte Bedürfnis anführen.

Erst der reflektierende Historiker bzw. die reflektierende Geschichtsschreibung hat es mit „eigentlicher vollständiger Vergangenheit zu thun" (M1: 129.17 f.). Die Vollständigkeit, von der hier die Rede ist, bezieht sich jedoch nicht mehr auf das Bedürfnis nach „der Übersicht eines Ganzen" (M1: 129.10 f.), bei der die narrative Abgeschlossenheit relevant ist, sondern es geht Hegel – wie der Kontext nahelegt –, um eine nähere Qualifikation des Begriffs der Vergangenheit. Diese Deutung liegt nahe, denn er expliziert die „reflectierende Geschichte" (M1: 129.14) bzw. Geschichtsschreibung folgendermaßen: „Geschichte deren Darstellung überhaupt über das dem Schriftsteller selbst Gegenwärtige – nicht nur als in der Zeit gegenwärtig sondern als im Geiste in dieser Lebendigkeit gegenwärtig [...] hinausgeht." (M1: 129.15–18) Bei der Analyse der ursprünglichen Geschichtsschreibung wurde aufgezeigt, dass auch diese zumindest zum Teil hinter die Lebensspanne des Historikers zurückreichen kann, sofern Teile der Vergangenheit (in diesem Sinne) selbst noch zur Gegenwart zählen. Hegel be-

---

[174] Zur Frage, wann eine Erzählung ein ‚Ganzes' ausmacht, äußert sich Hegel nur an sehr wenigen Stellen, auf die weiter unten knapp eingegangen wird. Kriterien für die Abgeschlossenheit einer Erzählung, die allerdings nicht spezifisch auf Erzählungen im Rahmen der Geschichtsschreibung beschränkt sind, finden sich bei Henning 2009: 220–226.

[175] Zu diesem Begriff siehe Koselleck 1989c [1979].

zeichnet die zeitliche Vergangenheit in diesem kulturellen Sinne noch als präsent bzw. gegenwärtig.

Bei der reflektierten Geschichtsschreibung nun hat man es mit vollständiger Vergangenheit zu tun, d. h. die Historiker schreiben hier über Begebenheiten, die ihnen aus ihrer eigenen Lebenswirklichkeit heraus, ihren geteilten Normen, Werten und Überzeugungen nicht problemlos zugänglich sind. Die Qualifikation „vollständig" bezogen auf die Vergangenheit ist in diesem Sinne zu verstehen. Die reflektierte Geschichtsschreibung reicht nicht nur hinter die zeitliche, sondern auch die kulturelle Gegenwart zurück, aus der heraus die reflektierte Geschichtsschreibung betrieben wird. Reflektierte Geschichtsschreibung differenziert sich dabei je nach spezifischerem Erkenntnisinteresse und Vorannahmen in „sehr mannichfaltige verschiedene Arten" (M1:129.18 f.) aus, die unter den Begriff der reflektierten Geschichtsschreibung fallen.

Ich werde die Arten, die sich im Manuskript sowie unter Rückgriff auf die Edition im Rahmen der *Gesammelten Werke* unterscheiden lassen, weiter unten analysieren. Hegel notiert im knappen Stil des Manuskripts, dass die Geschichtsschreiber der reflektierten Geschichtsschreibung „überhaupt das, was wir im allgemeinen Geschichtsschreiber zu nennen pflegen" (M1:129.19 f.), ausmachen. Dies ist eine aufschlussreiche Bemerkung, da sie darauf hindeutet, dass der alltägliche Begriff des Historikers – gewissermaßen sein semantischer Prototyp – und dessen, was dieser tut, gerade von den reflektierten Geschichtsschreibern her bestimmt ist und nicht von der ursprünglichen Geschichtsschreibung. Zudem ist dieser Prototyp auch nicht von der philosophischen Art, die Geschichte zu behandeln, die Hegel gerade im Unterschied zu den bisherigen Arten der Geschichtsschreibung etablieren möchte, bestimmt. Unsere alltägliche Verwendungsweise des Begriffs „Geschichtsschreiber" oder „Historiker" entspricht somit derjenigen historiographischen Praxis, die, hinter die eigene kulturelle Gegenwart zurückreichend, die Vergangenheit aufbereitet. Es liegt nahe, dass somit auch unser alltäglicher Begriff der ‚Geschichte' im Sinne der Geschichtsschreibung und damit auch derjenige der ‚Geschichte' als *res gestae* von dieser historiographischen Praxis abhängig ist.

Im Anschluss führt Hegel weitere Merkmale, die die Formen reflektierter Geschichtsschreibung gemeinsam haben, an:

> Hiebey ist die Verarbeitung des geschichtlichen Stoffs die Hauptsache, an den der Arbeiter mit seinem Geiste, der verschieden ist von dem Geiste des Inhalts selbst kommt; hiebey kommt es daher hauptsächlich auf Maximen, die Vorstellungen Principien an, die sich der Verfasser theils von dem Inhalte, Zwecke der Handlungen und Begebenheiten selbst macht; theils von der Art die Geschichte zu schreiben. (M1: 129.20-M1:130.4)

Wie aus diesem Passus hervorgeht, unterscheiden sich bei der reflektierten Geschichtsschreibung der Geist des Historikers und derjenige des historischen Inhalts. Anders als bei der ursprünglichen Geschichte unterliegt der Inhalt einer expliziten Bearbeitung durch den Geschichtsschreiber. Während bei der ursprünglichen Geschichte die kulturellen Werte und Normen des Historikers und der Quellen (Zeugenbefragungen, Texte usw.), die er aufarbeitet, zusammenfallen, fallen diese bei der reflektierten Geschichte zumindest teilweise auseinander. Daher hat der reflektierte Historiker „Maximen, [...] Principien" anzuführen, mit deren Hilfe er in der Lage ist, das ihm fremde Quellenmaterial auszulegen. Laut Hegel betreffen die Regeln, die der Historiker bei diesem Vorgang einzuhalten sucht, zweierlei: (1) zum *einen* den Inhalt, d. h. die Zwecke und Absichten der Handlungen und Geschehnisse, von denen in den Quellen die Rede ist. Der Historiker muss aus diesen also rekonstruieren, was passiert ist und warum es passiert ist. Bereits auf dieser Ebene kann es, je nach Maximen und Prinzipien, zu unterschiedlichen Deutungen kommen. Dass Hegel die Zwecke von Handlungen und Begebenheiten in der Passage explizit zusammen aufführt, lässt sich so verstehen, dass die Frage, welche Handlungen geschehen sind, sich für ihn nicht ohne Weiteres von den Zwecken separieren lässt, um derentwillen die Handlungen ausgeführt wurden. Zumindest in diesem Sinne scheint der Historiker bei seiner Handlungsdeutung auf die These der logischen Verknüpfung festgelegt zu sein.[176] Das heißt, dass die aus den Quellen rekonstruierten Handlungen zumindest auch so erfasst werden sollten, wie die Akteure selbst sie gesehen haben. Dies gilt zumindest dann, wenn man unter den Zwecken diejenigen der Akteure versteht.

Im Falle einer Strukturgeschichtsschreibung oder einer funktionalen Erklärung würde die Notwendigkeit einer handlungsdeutenden Hermeneutik, die auf die intentionalen Zustände der Akteure selbst aus ist, keine Rolle spielen. Die Frage, ob Hegel auch eine solche Art der Erklärung historisch für zulässig hält, lässt sich unter Maßgabe des bisherigen Materials aber nicht eindeutig klären und wird später im Rahmen der philosophischen Geschichtsschreibung noch einmal kurz aufgegriffen.

Die Anführung von Maximen und Prinzipien lassen sich so auffassen, dass der reflektierte Historiker auf eine *Hermeneutik* zurückgreifen muss, um die Quellen zu

---

[176] Dabei handelt es sich um die These eines anti-kausalistischen Arguments in der Handlungstheorie. Der Historiker (bzw. Hegel und der Historiker gemäß seiner Rekonstruktion) ist damit nur auf diese eine *These* (Prämisse) und nicht auf das Logische-Verknüpfungsargument selbst festgelegt, da aus dieser Stelle nicht hervorgeht, dass mit dieser These auch eine Ablehnung der kausalen Verknüpfung zwischen Zweck und Handlungsereignis einhergeht. Für die Logische-Verknüpfungsthese spricht auch GPR § 118, wo Hegel ausführt, dass der Zweck der Handlung konstitutiv für das Handlungsereignis ist.

erschließen. Dies macht auch verständlich, warum Hegel die Weiterentwicklung der Geschichtsschreibung nicht nur als eine auffasst, die die Länge der erfassten Zeit (die vollständige Vergangenheit) betrifft, sondern auch als eine methodologische Weiterentwicklung begreift. So erklärt sich überdies die Bezeichnung der hier abgehandelten Formen der Geschichtsschreibung als „r e f l e c t i e r e n d e Geschichte" (M1: 129.14): der Historiker ist in Auseinandersetzung mit dem Material zu Entscheidungen gezwungen, wie er das Quellenmaterial verstehen und aufbereiten kann und möchte. Je reflektierter dieser Vorgang verläuft, desto eher muss der Historiker auf eine Hermeneutik im Sinne einer Kunstlehre des Verstehens zurückgreifen.[177]

Zum *anderen* (2) muss der Historiker sich entscheiden, auf welche Weise er die Begebenheiten narrativ aufbereitet, d. h. die „Art die Geschichte zu schreiben" (M1: 130.4) klären. Wie sich weiter unten bei der Analyse der Arten der reflektierten Geschichtsschreibung zeigt, gehen Annahmen sowohl bezüglich der Maximen und Prinzipien als auch bezüglich der narrativen Struktur in die jeweiligen Formen ein und markieren deren Unterschiede.

Anhand der Merkmale, die Hegel der reflektierten Geschichtsschreibung zuschreibt, lässt sich zudem feststellen, dass er erkennt, dass die Quellen vergangener historischer Epochen nicht unmittelbar im Geiste der jeweiligen Gegenwarten ausgelegt werden können, wenn man denselben nicht einfach ein späteres Verständnis überstülpen will. In diesem Sinne setzt die reflektierte Geschichtsschreibung ein historisches Bewusstsein bezüglich der Veränderung von Normen, Werten und sozialen Institutionen voraus.[178] Von der Feststellung, dass die reflektierten Geschichtsschreiber zum einen narrative Prinzipien zur Aufbereitung der Quellen, zum anderen hermeneutische Mittelbestände benötigen, um eine Geschichte „v o l l s t ä n d i g e r Vergangenheit" (M1:129.17 f.) zu schreiben, leitet

---

[177] Nicht im Sinne einer philosophischen Hermeneutik, wie sie etwa von Heidegger und Gadamer entwickelt wurde. (Vgl. Heidegger 1995; Gadamer 2010 [1960]) Ob sich bei Hegel auch Elemente einer solchen Hermeneutik finden lassen, ist nicht Gegenstand dieser Arbeit. Der Rolle der ‚Geschichtlichkeit' des Menschen als zentraler These der philosophischen Hermeneutik im Werk Hegels sucht nachzugehen: Winter 2015, 111–167. Zur Unterscheidung zwischen philosophischer und traditioneller Hermeneutik (als Kunstlehre des Verstehens) vgl. Scholz 2005. Einen Überblick über die Geschichte und Fragen der Hermeneutik, die zu Hegels Zeiten bereits auf eine reichhaltige Tradition zurückblickte, von der sich bei ihm jedoch keine direkten Spuren nachweisen lassen, vgl. Scholz 2015. Eine ausführliche Rekonstruktion der Geschichte der Hermeneutik von den Anfängen in der Antike bis zur Gegenwart bietet Scholz 2001²: 13–144. Zur Rolle von Hegels Berliner Gegner Schleiermacher für die Geschichte der Hermeneutik vgl. Scholz 2001.
[178] Im Rahmen der analytischen Geschichtsphilosophie wurde dieses Thema u. a. von Ronald Butler unter dem Titel „Other Dates" behandelt. Vgl. Butler 1959.

Hegel zu einer kritischen Betrachtung der methodologischen Debatte der Geschichtsschreibung seiner Zeit über:

> Bey uns Deutschen ist die Reflexion – und Gescheutheit – darüber [über die hermeneutischen Mittel und die narrativen Prinzipien/T.R.] sehr mannichfaltig – jeder Geschichtschreiber hat dabey seine eigne Art und Weise, – Besonders sich in den Kopf gesetzt – Die Engländer und Franzosen wissen im Allgemeinen wie man Geschichte schreiben müsse; sie stehen mehr in den Vorstellungen einer gemeinschaftlichen Bildung; bey uns klügelt sich jeder etwas Eigenthümliches aus. – Die Engländer und Franzosen haben daher vortreffliche Geschichtschreiber – bey uns – wenn man die Kritiken der Geschichtschreiber seit 10 und 20 Jahren ansieht, findet, daß beynahe jede Recension mit einer eignen Theorie über die Art, wie Geschichte geschrieben werden soll, anfängt, – einer Theorie die der Recensent der Theorie des Geschichtschreibers entgegen stellt – Wir sind auf dem Standpunkt immer uns zu bestreben und noch zu suchen, wie die Geschichte geschrieben werden SOLL. (M1: 130.4–16)

Meines Erachtens ist Hegel hier nicht nicht so zu verstehen, als sei der Idealzustand ein solcher, in dem alle Historiker dieselben narrativen Prinzipien und hermeneutischen Mittel verwenden. Das Ziel besteht nicht in einem methodologischen Monismus, in dem genau *eine* Methode, *eine* Art der historischen Aufbereitung von allen geteilt und anerkannt wird. Hegels Beschreibung des Zustands in England und Frankreich ist auch mit einem methodologischen Pluralismus kompatibel, demzufolge die adäquaten narrativen Prinzipien und hermeneutischen Mittelbestände, je nach Erkenntnisinteresse und Zweck einer historischen Aufbereitung, verschiedene sein können. Ein solcher Pluralismus ist aber von einem Zustand methodologischer Anarchie zu unterscheiden, bei dem *keinerlei* geteilte Überzeugungen die Historiker bei ihrer Arbeit anleiten, wodurch ein Fachgespräch über Sinnhaftigkeit, Zweck und Güte eines historischen Werkes jedesmal aufs Neue in eine Debatte darüber abgleitet, welche methodologischen Standards überhaupt Geltung beanspruchen dürfen. Wie das Zitat zeigt, hängt für Hegel die Möglichkeit guter Geschichtsschreibung zumindest auch von einem mehr oder weniger stabilen Konsens hinsichtlich der einzuhaltenden methodologischen Standards ab. Interessanterweise empfiehlt Hegel der deutschsprachigen Historikerzunft nicht, einfach die methodologischen Überzeugungen der englischen und französischen Zunft zu übernehmen, und sich an diesen zu orientieren. Dies lässt sich so verstehen, dass Hegel in gewissem Sinne eine ‚Nationalgeschichtsschreibung' fordert, d.h. die deutschen Historiker haben Geschichte relativ zu ihren eigenen spezifischen Erkenntnisinteressen zu schreiben und können daher nicht einfach die kulturellen Normen und Werte der französischen und englischen Historiker übernehmen.[179] Davon unabhängig gibt es aber sicher methodologische Normen, die unabhängig von der spezifischen Art, die Geschichte zu behandeln, einzuhalten wären. Hegel geht hier im Manuskript allerdings nicht ins Detail.

Er stellt keine konkreten Normen auf, wie historiographisch gearbeitet werden soll, sondern liefert eine kurze Bestandsaufnahme der Situation der deutschen Geschichtsschreibung seiner Zeit. Dabei zeigt sich, dass Hegel die Umbruchsphase von der Aufklärungshistorie hin zur modernen Geschichtsschreibung sehr wohl registriert hat.[180] Hegel hat aufmerksam beobachtet, dass die Geschichtsschreibung als Wissenschaft in seiner Zeit einen methodologischen Wandel durchläuft, bzw. sich in einem Übergangsstadium befindet.

Nach diesen Ausführungen zu den allgemeinen Merkmalen der reflektierten Geschichtsschreibung und der aufgrund der methodologischen Debatten vielseitigen Ausgestaltung derselben in der historiographischen Praxis seiner Zeit, werde ich nun die näheren Bestimmungen der vier Arten der reflektierten Geschichtsschreibung untersuchen. Um diese Untersuchung durchführen zu können, werde ich teilweise die Textbasis über das Manuskript hinaus erweitern. Zur Klärung dieses Vorgehens ist der folgenden Analyse eine methodische Bemerkung vorgeschaltet.

Methodische Bemerkung

Zur Analyse und Interpretation der vier Arten der reflektierten Geschichtsschreibung werde ich nicht nur auf die restlichen Notizen Hegels in seinem ersten erhaltenen Manuskript zurückgreifen (vgl. M1: 130.17–137.21), sondern auch auf einen Teil des Textes der ausgewählten Nachschriften und Manuskripte.[181] Wie in Kapitel 1 gezeigt, genügt diese Ausgabe philologisch-editorischen Maßstäben eher als die anderen bisher erstellten Nach- und Mitschriften involvierenden Editionen.

---

179 Diese Verwendungsweise des Ausdrucks ‚Nationalgeschichtsschreibung' impliziert selbstverständlich nicht, dass die deutschen Historiker die Geschichte als Konkurrenzkampf zwischen verschiedenen Nationen um kulturelle Höherwertigkeit oder dergleichen inszenieren müssten.
180 Hegels Hinweis darauf, dass die Rezensionen der letzten zehn bis zwanzig Jahre auf einen methodologischen Streit hindeuten, ist zwar zutreffend, dieser reicht aber weiter zurück. Letztlich begann dieser Streit mit den Debatten der Aufklärungshistorie, in deren Zentrum vor allem die Frage nach der Darstellung, d.h. der narrativen Aufbereitung der Geschichte, stand. D.h. diejenigen Regeln, die Hegel neben den hermeneutischen Prinzipien den reflektierten Historikern zuschreibt. Vgl. zu diesen Debatten: Fulda 1996: 49–58.
181 Hegel, G.W.F. (1996): Vorlesungen über die Philosophie der Weltgeschichte. Berlin 1822/23. (Vorlesungen. Ausgewählte Nachschriften und Manuskripte Band 12). (Hrsg.): Karl-Heinz Ilting, Karl Brehmer und Hoo Nam Seelmann. Hamburg, S. 7–14.

Nichtdestotrotz beruht sie eben auf Nachschriften, und der Rückgriff auf diese macht meine Ausführungen in den Teilen 2.2.2.3 – 2.2.2.6, insofern sie durch die Nachschriften gestützt sind, philologisch angreifbarer als die anderen Analysen im Rahmen der vorliegenden Studie. Der Blick auf diese Ausgabe scheint mir an der gegebenen Stelle dennoch gerechtfertigt, da – insbesondere aus den letzten Teilen des hegelschen Manuskripts – ohne die Orientierungsmöglichkeit an anderen Textordnungen kaum mehr ein explizierbarer Inhalt gewonnen werden kann. Der Rückgriff auf die Nachschriftenausgabe ist aber nicht nur über ein Kriterium der hermeneutischen Fruchtbarkeit gerechtfertigt, sondern zudem darüber, dass die Nachschriftenausgabe sich explizit das Ziel setzt, die Vorlesung von 1822/23 zu rekonstruieren. Die Nachschriften, aus denen der Text komponiert wurde, beziehen sich also auf dieselbe Vorlesung, wie das hier als primäre Bezugsbasis zugrunde gelegte hegelsche Manuskript.[182] Zudem existiert für die von mir herangezogene Nachschriftenstelle auch noch ein Teil des hegelschen Manuskripts, sodass im Zweifelsfall das dort stehende als bindend akzeptiert werden kann. Ich ziehe die Nachschriftenausgabe also zur Stützung einer Textbasis heran, die selbst eindeutig auf Hegel zurückgeht. Die knappen Ausführungen, die sich in der Nachschriftenausgabe in der zweiten Abteilung der *Gesammelten Werke* finden, bieten aufgrund ihrer Kürze keinen über die zugrunde gelegten Ausgaben hinausgehenden Datenbestand.[183]

2.2.2.3 Allgemeine Geschichte

Als erste Art der reflektierten Geschichtsschreibung behandelt Hegel die Allgemeine Geschichte, die er folgendermaßen einführt:

> Man verlangt überhaupt die Übersicht der ganzen Geschichte eines Volkes, oder Landes, oder der ganzen Welt überhaupt zu haben; – es ist nothwendig zu diesem Behuff Geschichten zu verfertigen. (M1: 130.18 – 20)

Wie bei der ursprünglichen Geschichtsschreibung gezeigt, versucht Hegel, die Entwicklung des Geschichtsbegriffs in Abhängigkeit von der Entwicklung der Praxis der Geschichtsschreibung zu entfalten. Dabei zeigte sich, dass die reflektierte Geschichtsschreibung für Hegel methodisch erst auf Basis einer bereits

---

[182] Strenggenommen handelt es sich bei dem hegelschen Manuskript um eine Abschrift desjenigen von 1822/23. Später eingefügte Stellen Hegels mache ich im Verlauf der Diskussion explizit.
[183] Vgl. Hegel, G.W.F. (2015): *Vorlesungen über die Philosophie der Weltgeschichte. Gesammelte Werke Band 27.1 Nachschriften zu dem Kolleg des Wintersemesters 1822/23.* Hrsg. Bernadette Collenberg-Plotnikov. Hamburg, S. 8.12 – 13.18.

etablierten historiographischen Praxis auftreten kann und in diesem Sinne die ursprüngliche Geschichte, mit ihrem beschränkten Interesse und Gegenstandsbereich, voraussetzt.

Ich werde hier die These vertreten, dass sich auch die vier Arten der reflektierten Geschichtsschreibung noch in eine solche methodische Abfolge integrieren lassen, weil ‚reflektierte Geschichte' ein generischer Begriff ist, der Hegel als Oberbegriff für die vier Formen reflektierter Geschichtsschreibung dient. Gerade *weil* diese neue Form der Geschichtsschreibung ausgeprägt wurde, konnte sie von Hegel später zusammen mit anderen Formen unter den generischen Begriff ‚reflektierte Geschichte' subsumiert werden.[184] Wie das Zitat zeigt, ist das Erkenntnisinteresse, einen Skopus historiographisch aufzubereiten, der hinter die je eigene kulturelle Vergangenheit zurückreicht, direkt motivational verantwortlich für die Entstehung der allgemeinen Geschichtsschreibung. Der Skopus kann dabei variieren, setzt aber in jedem Fall voraus, dass das historiographisch zu Erfassende mindestens teilweise hinter den je eigenen kulturellen Horizont zurückreicht. Dabei kann die zu schreibende Geschichte a) die eines Volkes b) die eines Landes oder c) die der ganzen Welt, also Weltgeschichte sein. Es liegt nahe, dass diese Aufzählung Hegels beispielhaft ausfällt und je nach spezifischem Ziel der jeweiligen Geschichte auch die beschriebenen Gegenstände wechseln. So könnte man sich etwa auch die Geschichte einer bestimmten geographisch oder kulturell (und dabei Ländergrenzen überschreitenden) bestimmten Region vorstellen, z. B. eine Geschichte des europäischen Kontinents, oder eine Geschichte des Mittelmeerraums.

Im Sinne der These einer methodischen Abfolge kann man nun die Frage an den Text richten, warum sich das Interesse an der vollständigen Vergangenheit zuerst an Gegenständen wie der Geschichte eines Volkes oder Landes ausprägt? Nahe liegt hierbei, dass das Interesse, welches durch die emotionale Signifikanz eines Ereignisses für die je eigene Kultur/Gemeinschaft evoziert wurde und zur Entstehung der Geschichtswissenschaft geführt hat, nun auf die gesamte Geschichte dieser Kultur bzw. Gemeinschaft ausgedehnt wird.[185] In der Folge mag sich dieses Interesse weiter ausdehnen und schließlich zum Anspruch führen,

---

[184] Wie gesehen, teilen alle Formen der reflektierten Geschichtsschreibung das Erkenntnisinteresse nach „vollständiger Vergangenheit". (M1: 129.4f.)
[185] In 2.2.2.1.1 wurde bereits darauf hingewiesen, dass für Hegel eine historische Vermittlung der eigenen Vergangenheit für die Stabilität einer Gesellschaft auch über institutionellen Wandel hinweg von Bedeutung ist. Daher liegt eine Ausdehnung der Geschichtsschreibung über die eigene kulturelle Gegenwart hinweg zu den Vorläufern der je gegenwärtigen Institutionen nahe, um eine solche Stabilität zu gewährleisten.

eine Weltgeschichtsschreibung zu etablieren.[186] Nun beansprucht auch Hegel – wie der Titel seiner Vorlesung deutlich macht – eine Weltgeschichte vorzulegen, allerdings eine philosophische Weltgeschichte, keine historiographische.

Da Hegel weder an dieser Stelle noch an späteren auf die genaueren Identitätsbedingungen für ‚Völker' oder ‚Länder' eingeht, deren Geschichte im Rahmen der allgemeinen Geschichtsschreibung aufbereitet werden soll, muss das Problem, wie er sich diese vorgestellt haben mag, offen bleiben. Nun ist dies eine Problemstellung, die keineswegs nur die hegelsche Analyse der Historiographie betrifft, sondern eine, die überhaupt zu den zu lösenden Aufgaben einer Wissenschaftstheorie der Geschichtsschreibung zählt. Sie artikuliert ein Problem, das die geschichtswissenschaftliche Praxis insgesamt betrifft. Da die Geschichtsschreibung immer die Geschichte von etwas ist, dessen Geschichte erfasst werden soll, impliziert dies, dass der beschriebene Gegenstand spezifische diachrone Identitätsbedingungen aufweisen muss. Der Aufgabe, solche Bedingungen explizit zu machen, kann ich im Rahmen der vorliegenden Arbeit nicht nachkommen. Klarerweise betrifft das vorliegende Problem, da es die Geschichtsschreibung insgesamt betrifft, auch schon die ursprüngliche Geschichte, da aber bei der reflektierten Geschichtsschreibung der zu erfassende Gegenstand, von dem die jeweilige Geschichte handelt, hinter den eigenen kulturellen Horizont zurückreicht, stellt sich das Problem in diesem Zusammenhang in verschärfter Form. Man kann hier nicht mehr ohne weiteres auf die gelebten Standards und das Selbstverständnis der je eigenen kulturellen Gegenwart zurückgreifen.

Man wird bei der allgemeinen Geschichtsschreibung also Bedingungen dafür angeben müssen, wann ein Land noch als ‚Land' bestimmt werden kann und somit nicht einfach die Geschichte eines – etwa geographisch bestimmten – Landstrichs verfasst wird. In letzterem Fall wäre die Identität bestimmbar, und anhand erhaltener Quellen könnte man z.B. die wechselnde Besiedelung dieses Landstriches historiographisch aufbereiten.

---

186 Dabei war die ‚Weltgeschichte' zu Hegels Zeiten im wesentlichen durch Relevanzkriterien gestaltet, die eine eurozentristische Welterzählung favorisierte. Der Anspruch, eine Weltgeschichte zu schreiben, in der alle Kulturen und Kontinente gleichermaßen Berücksichtigung finden, ist hinsichtlich seiner Durchführbarkeit auch unter modernen Historikern nach wie vor umstritten. Die klassische moderne Geschichtsschreibung des Historismus prägte sich insbesondere als ‚Nationalgeschichtsschreibung' aus. Vgl. Conrad 2013: vor allem 29–52 zur Geschichte der Weltgeschichtsschreibung.

Für einen neuen Versuch einer Weltgeschichte, die historisch allerdings auf das 19. Jahrhundert beschränkt bleibt vgl. Osterhammel 2009: zu Osterhammels globalgeschichtlichen Ansprüchen und den dabei auftretenden methodologischen Gefahren vgl. 13–21. Zum Anspruch einer Weltgeschichtsschreibung vgl. auch Bayly 2006.

Dasselbe Problem tritt bei dem Begriff des ‚Volkes' auf. Hier wäre ein naheliegendes Kriterium dasjenige eines sich durchhaltenden kulturellen Selbstverständnisses, so wie sich etwa die Römer über viele Jahrhunderte *als* Römer, d.h. als eine kulturelle Gemeinschaft mit spezifischen Wertvorstellungen, religiösen Praxen usw. verstanden haben. In diesem Fall würde der Geschichtsschreiber das Selbstverständnis der historischen Subjekte, deren Geschichte er aus den Quellen aufbereitet, als Kriterium betrachten. Dieses Kriterium bringt allerdings die Gefahr mit sich, dass zum einen der *Wandel* dieses Selbstverständnisses nicht mehr adäquat in den Blick gerät und zum anderen *Rückprojektionen* heutiger Selbstverständnisse auf historische Akteure anderer Epochen ausgedehnt werden. Insbesondere das zweitgenannte Problem ist der Nationalgeschichtsschreibung des 19. Jahrhunderts oft zum Vorwurf gemacht worden. Sie habe in unkritischer Weise gegenwärtige Selbstverständnisse (etwa das Ziel der Schaffung einer einheitlichen ‚Nation') auf vergangene Epochen und deren Akteure rückprojiziert.[187]

Wie sich in diesem Abschnitt später bei der Diskussion des Historikers Livius zeigen wird, ist Hegel selbst kritisch genug, die hier lauernden Gefahren zu sehen und der Geschichtsschreibung seiner Zeit vorzuhalten.

Ich möchte mich nun dem letzten Teil des obigen Zitats zuwenden; dort hebt Hegel bezüglich des Ziels, eine allgemeine Geschichte eines Gegenstandes zu schreiben, hervor: „es ist nothwendig zu diesem Behuff Geschichten zu verfertigen." (M1: 130.19 f.) Es handelt sich hier um einen Zusammenhang, der die Zweck-Mittel-Rationalität betrifft. Wenn man das Ziel hat, eine allgemeine Geschichte eines Volkes zu haben, dann ist es notwendig Geschichten zu verfertigen. Die Verfertigung von Geschichten ist damit notwendiges Mittel zum Erreichen des Zwecks, d.h. einer allgemeinen Geschichte eines Gegenstandes. Ob die Verfertigung von Geschichten auch hinreichend ist, bleibt damit offen. Jedenfalls legt sich Hegel darauf fest, dass wir *ohne* die Verfertigungsleistung des Historikers gar keine Übersicht und mithin auch keine allgemeine Geschichte haben würden, auf die wir Bezug nehmen könnten, wenn wir etwas über die entsprechende Vergangenheit sagen wollen. Zumindest in diesem Sinne ist er ein Verfechter des Antirealismus in der Philosophie der Historiographie. Für ihn ist die Verfertigungsleistung der Historiker notwendiger Bestandteil der Konstruktion der allgemeinen Geschichte und damit unseres spezifischen Bildes der Vergangenheit.[188] Wir wissen etwas[189]

---

[187] Aufschlussreich ist in diesem Zusammenhang vor allem die Debatte um „Erfundene Traditionen", d.h. die Ausstattung gegenwärtiger Praxen mit dem Nimbus des ursprünglichen und althergebrachten, oder aber die gänzliche Neuerfindung spezifischer Praxen, die dann in die Vergangenheit zurückprojiziert wurden. Vgl. etwa Anderson 1988, sowie Hobsbawm/Ranger 1987.

[188] Daraus folgt freilich nicht, dass man Hegel auf einen *radikalen* Antirealismus in der Philosophie der Geschichtsschreibung festlegen könnte, ein solcher reduzierte die Vergangenheit

über die *ganze* Geschichte eines Gegenstandes nur dann, wenn die Historiker entsprechende Geschichten verfertigt haben. Insofern ist unser Wissen über die Vergangenheit von der methodisch geleiteten Quellenarbeit der Historiker abhängig, ohne dass dabei die Geschichte selbst zu einer Projektion oder Fiktion würde.[190]

Ungeklärt bleiben damit aber noch zwei Fragen: Warum verwendet Hegel in diesem Satzteil den Plural „Geschichten" und welche Tätigkeiten seitens der Historiker umfasst die Verfertigung historischer Erzählungen?

Als erste Vermutung für den Plural läge die These nahe, dass Hegel hier eine altertümliche Redeweise von ‚Geschichte' verwendet. Diese Deutung lässt sich durch die Tatsache plausibilisieren, dass sich der Kollektivsingular ‚die Geschichte' begriffsgeschichtlich erst in Hegels Zeiten vollends durchzusetzen begann. Gegen eine solche Lesart, die den Plural einfach auf ein begriffsgeschichtliches Artefakt zurückführt, lässt sich aber einiges einwenden. Zum einen verwendet Hegel insgesamt ziemlich konsequent den Kollektivsingular ‚die Ge-

---

vollständig auf die Verfertigungsleistung des Historikers, womit ‚ein Vetorecht der Quellen' unverträglich wäre. Es gäbe dann keine von der Verfertigungsleistung des Historikers oder der Historiker unabhängigen und in diesem Sinne externen Mittel um die Wahrheit oder Falschheit einer verfassten Geschichte zu prüfen. Die unter dem Schlagwort „Vetorecht der Quellen" populär gewordene These von den Quellen als externe Prüfinstanz verfertigter Geschichten geht auf Reinhart Koselleck zurück. Vgl. „Streng genommen kann uns eine Quelle nie sagen, was wir sagen sollen. Wohl aber hindert sie uns, Aussagen zu machen, die wir nicht machen dürfen. Die Quellen haben ein Vetorecht. Sie verbieten uns, Deutungen zu wagen oder zuzulassen, die aufgrund eines Quellenbefundes schlichtweg als falsch oder als nicht zulässig durchschaut werden können." (Koselleck 1989b [1977]: 206).

189 Dies ist graduell zu verstehen. Es soll nicht ausgeschlossen werden, dass wir auch auf anderen Wegen als über die von Historikern verfertigten Geschichten etwas über die Vergangenheit – auch über die den eigenen kulturellen Horizont übersteigende Vergangenheit – wissen können. Wir erhalten auf diesen anderen Wegen (z. B. lange mündliche Überlieferung, Bauruinen usw.) jedoch keine allgemeine Übersicht, sondern allenfalls sehr fragmentarisches Wissen über vergangene Kulturen. Wer z. B. die Pyramiden in Ägypten sehen würde, könnte feststellen, dass sie sehr alt sind und hier eine Kultur angesiedelt war, die in der Lage war, große Bauwerke zu erstellen. Wir kennen dann vielleicht Teile der Vergangenheit, diese bleiben aber größtenteils zusammenhanglos und unverbunden, erst durch die Verfertigungsleistung der Historiker erhalten wir eine Übersicht über das Ganze.

190 Aus der These, dass unser Wissen über die Geschichte von der Verfertigungsleistung der Geschichtsschreibung abhängig ist, diese Leistung wiederum konstitutiv dafür ist, *dass* wir in vielen Fällen überhaupt erfolgreich (und begründet) auf Ereignisse in der Vergangenheit referieren können, folgt allerdings nicht, dass eine solche Abhängigkeit die Ereignisse selbst zu bloßen Fiktionen machte. Wohl aber, dass deren Deutung Teil ihrer Geschichte ist. Zu den Gefahren, die Erkenntnisleistung der Geschichtsschreibung durch die Bindung an die Subjektivitätsleistung der Historiker zu einer bloßen Fiktion zu nivellieren vgl. Gabriel 2013.

schichte', wenn er auf den Gegenstand der Geschichtsschreibung oder aber auf die Geschichtsschreibung Bezug nimmt. Zum anderen wäre es bemerkenswert, dass im Manuskript in ein und demselben Satz zuerst von „der ganzen Geschichte" (M1: 130.18) die Rede ist, also der Kollektivsingular Verwendung findet, während dann im Nebensatz der veraltete Plural gebraucht wird. Wer an dieser These festhalten möchte, kann sich immerhin darauf berufen, dass wir es lediglich mit einem Manuskript zu tun haben. Aussichtsreicher scheint mir aber – insbesondere, da Hegel in seiner Terminologie meist sehr genau ist, wie die minimalen Abweichungen in den drei Fassungen der *Enzyklopädie* zeigen – eine Lesart, die den Plural nicht einfach als antiquiertes Substitut für den Kollektivsingular versteht.[191]

Nimmt man den Plural ernst, stehen *zwei* Lesarten zur Verfügung:

(1) Einmal könnte Hegel darauf abheben, dass sich die Geschichte eines Gegenstandes nur adäquat erfassen lässt, wenn man sie aus einer Vielzahl einzelner Geschichten zusammensetzt. Die allgemeine Geschichte fasst viele Ausschnitte einfach zusammen und fügt diese zu einer einen großen Zeitraum umfassenden Darstellung zusammen. Die ‚Geschichten', aus denen diese allgemeine Geschichte bestünde, sind selbst z. B. historiographische Werke oder Informationen aus diesen Werken, die ursprüngliche Geschichtsschreiber aufbereitet haben. In diesem Fall würden dann (mindestens auch) die Werke der ursprünglichen Geschichtsschreiber für die Historiker mit dem konstitutiven Erkenntnisinteresse der reflektierten Geschichte zu ‚Quellen' werden, auf die sie sich bei dem Verfertigen der allgemeinen Geschichte berufen. Dies schließt nicht aus, dass die allgemeinen Historiker zusätzlich weitere erhaltene Quellen aus den entsprechenden Zeiträumen heranziehen (z. B. erhaltene politische Reden, archäologische Funde, usw.).

(2) Zum anderen kann man den Plural aber auch so auffassen, dass es nicht möglich ist, *die* eine allgemeine Geschichte eines Gegenstandes zu schreiben, da kein Historiker alle spezifischen Zwecke und Erkenntnisinteressen in einem Werk aufbereiten kann. Die allgemeine Geschichte erwiese sich dann als *multiperspektivisch*, man muss mehrere ‚Geschichten', erzählen, um die Geschichte eines

---

191 Für die These der Bildung des Kollektivsingulars ‚die Geschichte' im dt. Sprachraum vgl. Koselleck 2004a [1975]. Kosellecks These, dass der Kollektivsingular der Geschichte eine genuine Schöpfung des deutschen Sprachraums darstelle, ist inzwischen ebenso, wie die zeitliche Verortung dieser Schöpfung, in die Kritik geraten. Unstrittig ist aber, dass ein solcher Kollektivsingular in der Verwendung des Ausdrucks ‚Geschichte' zu Hegels Zeiten vorlag. Zur Kritik an Kosellecks Quellen und seinem methodischen Zugriff: Sawilla 2011 vor allem S. 404 f.; sowie Sawilla 2004.

Gegenstandes aufzubereiten.¹⁹² Auf die Geschichte dieses Gegenstandes ließe sich dann nur vermittelst der Vielzahl perspektivisch gebrochener allgemeiner Geschichtsschreibungen Bezug nehmen. Es gibt nicht das eine Buch, das uns diesen durchgängigen Bezug garantierte.

Die beiden Deutungen (1) und (2) sind miteinander kompatibel, so dass hier nicht mehr entschieden werden muss, ob Hegel nur eine davon oder beide vertreten hat. Es ist möglich, den Text so zu interpretieren, dass er sowohl auf die Perspektivität als auch auf die methodische Abhängigkeit von den Aufbereitungsleistungen vorhergehender Historiker aufmerksam machen möchte. Hegels Äußerungen im Folgenden legen aber eher die erste Deutung nahe. Dies deshalb, da er primär daran interessiert ist, die methodische Abfolge der einzelnen Formen der Geschichtsschreibung zu entwickeln.

> Solche Historienbücher sind dann nothwendig COMPILATIONEN aus schon verfertigten Berichten ursprünglicher förmlicher Geschichtschreiber aus fernern einzelnen Nachrichten und Berichten. Quelle nicht die Anschauung und die Sprache der Anschauung, des Selbstmitdabeygewesenen. (M1: 130.20–23)

Hier ist an den wörtlichen Sinn von „compilare" zu erinnern, das ursprünglich „zusammenraffen, plündern, ausbeuten" bedeutete.¹⁹³ Die allgemeinen Historiker sind also keineswegs darauf angewiesen, die ursprünglichen Geschichtsschreibungen einfach jeweils zu einer historischen Episode zu sammeln und die Abfolge solcher Episoden dann in eine lange chronologische Ereignisabfolge zu bringen und dabei ggf. den Stil anzupassen oder Ähnliches. Wie der ursprüngliche Wortsinn andeutet, können sich die allgemeinen Historiker den Werken der ursprünglichen Geschichtsschreiber mit ihren eigenen Erkenntnisinteressen sowie Zielen und Zwecken nähern, statt diese unkritisch „zusammenzukleben". Wie der letzte Satzteil des ersten Satzes belegt, hängt die Arbeit der Historiker auch nicht

---

192 Die These, dass Geschichtsschreibung den Gegenstand, den sie jeweils behandelt, nicht einfach epistemisch absolut erfasst, sondern vielmehr mehrfach perspektivisch gebrochen, zum einen durch die spezifischen Perspektiven der Quellen (z. B. ein militärischer Bericht aus Feldherrenperspektive) zum anderen aber auch durch den spezifischen Zugang und das Erkenntnisinteresse des jeweiligen Historikers, war seit dem Werk *Einleitung zur richtigen Auslegung vernünftiger Reden und Schriften* (ED Leipzig 1742) von Johann Martin Chladenius in der methodologischen Debatte der Geschichtsschreibung präsent. Chladenius bezeichnete die Perspektive, die die Standortgebundenheit historischen Forschens zum Ausdruck bringt, dabei als ‚Sehe-Punkte'.Vgl. Chladenius 1969 [1742]: insbesondere 181–205. Dabei ist aber darauf hinzuweisen, dass Chladenius selbst als Leibnizianer sich selbst nicht als Perspektivenrelativist sah, sondern meinte, die Geschichtsschreibung solle durch die Vielzahl der ‚Sehe-Punkte' zu der wahren Sicht auf die Geschichte dringen (vgl. Scholz 2008).
193 Vgl. Wahrig-Burfeind: 864.

vollständig von den Werken dieser Historiker ab, sondern diese können durch „einzelne Nachrichten und Berichte[.]" (M1: 130.22f.) ergänzt oder ggf. korrigiert werden. Hegel unterstellt den allgemeinen Historikern also nicht als solchen einen naiven Umgang mit dem zu verarbeitenden Material. Bei solchen weiteren Quellen scheint er vorrangig an weitere Textquellen aus der jeweiligen Zeit zu denken, also solche Texte, die nicht mit dem Zweck geschrieben wurden, für die Nachwelt eine historische Episode quellenkritisch oder historiographisch aufzubereiten, z. B. die Briefe Ciceros.

Ob Hegel die Bedeutung nicht-schriftlicher Quellen geringschätzt, übersieht oder einfach unerwähnt lässt, ist nicht abschließend zu entscheiden. Jedenfalls weist er im Zusammenhang der allgemeinen Geschichte weder im Manuskript noch in der Nachschriftenedition auf solche Quellen hin. Aus heutiger Perspektive wird die Bedeutung solcher Quellen, z. B. Bauwerke bzw. Ruinen, Waffenüberreste, Massengräber, erhaltene Kunstwerke usw. weitaus höher eingeschätzt. Auch waren die historischen Hilfswissenschaften wie z. B. Epigraphik, Numismatik oder Diplomatik zu Hegels Zeiten bereits seit einigen Jahrzehnten etabliert.[194] Er hätte also auf diese verweisen können. Eine zentrale Erweiterung ihres Quellenbestandes und eine systematische Auswertung desselben durch die Archäologie stand der Geschichtswissenschaft zu Hegels Zeit allerdings noch bevor. Zwar gab es bereits seit der Renaissance ein verstärktes Interesse an den materiellen Hinterlassenschaften des Altertums und Winckelmann, der mit seiner Kunstgeschichte des Altertums als ‚Gründervater' der modernen Archäologie angesehen wird, hatte der Archäologie einen ersten methodischen Durchbruch verschafft, aber zur Gründung eines Archäologischen Instituts kam es erstmals 1829 in Rom und zu einem eigenständigen universitären Fach wurde die Archäologie erst Mitte des 19. Jhds.[195]

Dass die allgemeine Geschichte insbesondere auf Schriftquellen bezogene hermeneutische Fähigkeiten voraussetzt, macht der zweite Satz der Passage deutlich, in dem auf zwei Unterschiede bzgl. der potentiellen Quellen der ursprünglichen im Gegensatz zur allgemeinen Geschichte abgehoben wird. Während in ersterer Augenzeugenberichte und entsprechende Befragungen, sowie eigen-

---

194 Vgl. Muhlack 1991: 62. Eine ausführlichere hermeneutische Einordnung der Relevanz von nicht-schriftlichen Quellen findet sich historisch etwa im *Lehrbuch der historischen Methode* von Ernst Bernheim. Er unterscheidet zwischen Überresten und Traditionen, wobei unter letztere alle sprachlichen Quellen fallen (worunter er auch Bilder, Skulpturen u. ä. subsumiert). Bernheims Unterscheidung berücksichtigt dabei die verschiedenen Hinsichten unter denen ein Gegenstand für uns als Quelle interessant sein kann. So kann eine Inschrift einmal als materielle Quelle und einmal bezüglich ihres Inhalts, d. h. als Tradition von Interesse sein. Vgl. Bernheim 1903: 230–234.
195 Zur Geschichte, den Methoden sowie dem Selbstverständnis der Archäologie vgl. Meyer 2011.

ständige Augenzeugenschaft zentrale Quellen darstellen, fehlen diese bei der allgemeinen Geschichte gänzlich.[196] Nach Hegel zeigt sich diese Differenz insbesondere in der Sprache. Während die ursprüngliche Geschichtsschreibung die „Sprache der Anschauung" (M1:130.23f.) verwendet, fehlt diese bei der allgemeinen.

In der Folge wird die allgemeine Geschichtsschreibung auf aufschlussreiche Weise mit der ursprünglichen verknüpft:

> Diese erste Art der Reflectierenden Geschichte schließt sich zunächst an die vorhergehende an, wenn sie weiter keinen Zweck hat, als das Ganze der Geschichte eines Landes den Menschen darzustellen. Die Art dieser Compilation hängt zunächst vom Zwecke ab, ob die Geschichte ausführlicher oder nicht ausführlicher seyn soll. (M1: 130.24– 131.3)

Da es sich bei der reflektierten Geschichtsschreibung um einen retrospektiv eingeführten, generischen Begriff handelt, unter den dann wiederum die vier Arten der reflektierten Geschichtsschreibung fallen, unter die wiederum konkrete historische Werke fallen, die ‚reflektierte Geschichtsschreibung' also ein generischer Begriff zweiter Stufe ist, präzisiert Hegel hier, welche Form der reflektierten Geschichtsschreibung genau an die ursprüngliche Geschichtsschreibung anknüpft.

Hegels These ist dabei, dass sich in Folge der ursprünglichen Geschichtsschreibung methodisch zuerst die allgemeine Geschichtsschreibung entwickelt. Dabei schränkt er – wie der Konditionalsatz in der oben zitierten Passage zeigt – genauer ein, in welcher Hinsicht diese These von der allgemeinen Geschichtsschreibung gilt, nämlich nur dann, wenn ihr Zweck lediglich darin besteht, die ganze Geschichte eines Landes den Rezipienten vorzustellen.

Am Anfang stehen also nicht einfach irgendwelche Werke der allgemeinen Geschichtsschreibung, sondern solche, die die ganze Geschichte eines Landes präsentieren wollen. In Anbetracht der Ergebnisse, die sich auf Basis der allgemeinen Merkmale der reflektierten Geschichtsschreibung erzielen ließen, liegt es nahe, auch hier das Ganze der Geschichte so zu verstehen, dass es über die je eigene kulturelle Gegenwart hinausgeht und somit der Skopus der Geschichte gegenüber der ursprünglichen Geschichte ausgeweitet wird. Hegel behauptet zudem, dass die ganze Geschichte eines Landes von den Historikern mit dem Zweck verfasst worden sein soll, diese Geschichte „den Menschen darzustellen." (M1: 131.1–2) Dieser Zweck scheint allerdings ziemlich unspezifisch zu

---

[196] Vorausgesetzt, die allgemeine Geschichte, die erzählt wird, reicht nicht bis in die Gegenwart, wodurch dann auch die Mittel der ursprünglichen Geschichtsschreibung wieder zur Geltung kämen.

sein, sofern man davon ausgeht, dass Autoren, die publizieren, immer zumindest auch den Zweck verfolgen, dass ihre Texte von Menschen gelesen werden; so würde wohl für nahezu jede Publikation gelten, dass sie ihren Inhalt den Menschen darstellen bzw. näherbringen möchte. Im Kontext dieser Passage schlage ich daher vor, Hegels Äußerung in seinem Sinne zu präzisieren. Die ersten allgemeinen Geschichtsschreiber möchten nicht die Geschichte *irgendeines* Landes *irgendwelchen* Menschen präsentieren, sondern der Satz sollte so verstanden werden, dass die ersten allgemeinen Geschichtsschreiber gerade die Geschichte *ihres* Landes den Menschen präsentieren möchten, die in *diesem* Lande leben. Diese Deutung ist unter anderem deshalb plausibel, weil davon ausgegangen werden kann, dass gerade das Gewordensein der je eigenen kulturellen Gegenwart für die Bürger eines Staates anfangs von vorrangigem Interesse ist. Dass für Hegel gerade das Interesse an den je eigenen Lebensumständen und die Veränderungen, denen diese Umstände unterworfen sind und waren, relevant für die Weiterentwicklung der Geschichtsschreibung ist, kann man unter Berufung auf seine These der spezifischen ‚emotionalen Signifikanz',[197] mit der die je eigene Geschichte ausgestattet ist, stützen.

So wie eine solche emotionale Signifikanz gerade bei der Entstehung der ursprünglichen Geschichtsschreibung relevant war, liegt es nahe, dass bei Etablierung einer historiographischen Praxis nun auch die gesamte Geschichte eines von den Bürgern als zusammenhängend erlebten und tradierten kulturellen Gewordenseins von besonderer emotionaler Signifikanz ist. Damit kann auch die anfängliche Einschränkung der allgemeinen Geschichtsschreibung auf die des je eigenen Landes verständlich gemacht werden; erst von der Geschichtsschreibung dieses Landes aus kann dann eine Skopuserweiterung bis hin zur Weltgeschichte stattfinden. Da für die Etablierung der allgemeinen Geschichtsschreibung aber die ganze Geschichte des eigenen Landes von besonderer Relevanz ist, sowohl für die Bürger dieses Landes als auch methodisch für die Etablierung dieser neuen Form der Geschichtsschreibung, erklärt sich, warum Hegel zwar eingangs der Besprechung der allgemeinen Geschichtsschreibung darauf hinweist, dass man verlange, die „Übersicht der ganzen Geschichte eines Volkes, oder Landes, oder der ganzen Welt überhaupt zu haben" (M1: 130.18 f.), sich in der Folge aber vor allem auf die Landesgeschichte konzentriert.

Die spezifische Weise, in der die ersten allgemeinen Historiker die ganze Geschichte eines Landes präsentieren, hängt wiederum von ihren Zwecken im

---

[197] Diese Behauptung ist an der These der spezifischen emotionalen Signifikanz historischer Erzählungen aus der Diskussion des Übergangs von der geschichtslosen zur geschichtlichen bzw. geschichtsschreibenden Zeit orientiert. Zum Begriff der emotionalen Signifikanz vgl. Henning 2009: 214–219.

Umgang mit den überlieferten Quellen (vor allem den Texten der ursprünglichen Historiker, bzw. Zeithistoriker) ab. Zu Anfang scheint dabei vor allem das Kriterium der Ausführlichkeit relevant zu sein. Die Frage der Ausführlichkeit einer Darstellung der Vergangenheit führt Hegel nun im weiteren Verlauf des Manuskripts dazu, einige methodologische Probleme aufzuführen, die mit der allgemeinen Geschichtsschreibung zusammenhängen. Die Frage der Ausführlichkeit scheint sich als erste Frage an den Historiker zu stellen, der bezweckt, anhand eines Kompendiums eine Geschichte zu verfertigen, da er entscheiden muss, wie viel er aus den Quellen übernimmt und in welcher Detailfülle er das Geschehene wiedergibt.

Nun hängt für Hegel das vom Historiker zu lösende Problem der Detailfülle, die er darstellen möchte, nicht nur an der Masse der Quellen, sondern auch an der Art und Weise, in der diese Quellen narrativ aufbereitet werden. Zur Verfertigungsleistung des Historikers gehört es auch, eine Entscheidung darüber zu treffen, *wie* er die Quellen narrativ aufbereiten möchte. Dabei hält Hegel die Entscheidungen, zu denen die Historiker dabei kommen, nicht für beliebig, sie können adäquater oder inadäquater sein. Er führt aus, welche Probleme sich relativ zu den Narrationsentscheidungen der Historiker ergeben können:

> Es geschieht dabey, daß sich solche Geschichtschreiber vornehmen, die Geschichte anschaulich so [zu/T.R.] schreiben, daß der Leser die Vorstellung habe, er höre Zeitgenossen und Augenzeugen die Begebenheiten erzählen. Solches Beginnen verunglükt nun immer mehr oder weniger. (M1:131.3–7)

Unter der von Hegel erwähnten ‚Anschaulichkeit' ist wohl ein Mittel zu verstehen, den Anspruch auf Ausführlichkeit einzulösen. Die Geschichte wird nach Art eines Romans so erzählt, als ob die Leserinnen und Leser direkt an dem Geschehenen teilhätten. Eine solche Entscheidung, den Anspruch auf Ausführlichkeit einzulösen, hält er für inadäquat. Der Historiker mag mit solchen narrativen Mitteln zwar mal mehr, mal weniger scheitern, aber jedenfalls scheitert er.

Ein möglicher Grund dafür könnte der Umstand sein, dass den Lesern auf diese Weise verschlossen bleibt, was an den ihnen gebotenen Informationen eigentlich auf die Quellen zurückgeht und was auf die spezifischen Interessen des Historikers. Wie weiter oben gesehen, betont Hegel, dass die reflektierte Geschichtsschreibung insgesamt und a fortiori auch die allgemeine Geschichtsschreibung nicht in der „Sprache der Anschauung, des Selbstmitdabeygewesenen" (M1: 130.23) verfasst seien, da die Historiker die Geschehnisse, die sie aufbereiten, weder selbst miterlebt, noch von Augenzeugen erfahren haben und darüber hinaus diese Geschehnisse auch nicht ohne Weiteres mit den ihnen geläufigen Werten und Normen verstehen können. Bedenkt man diese Differenz zwischen ursprünglicher und reflektierter Geschichtsschreibung, dann wird deutlich, dass diejenigen allgemeinen Historiker, die ihre Erzählung anschaulich gestalten, ein Wissen suggerieren, das ihnen gar nicht zur Verfügung steht. Sie suggerieren einen anschaulichen Zugang zu Geschehnissen, die ihnen selbst nur anhand von Quellen überhaupt epistemisch zugänglich sind. Historiker, die ihre Erzählungen auf diese Weise ausgestalten, verstoßen damit gegen die epistemisch zulässigen narrativen Mittel, die sie verwenden dürfen, um die Ausführlichkeit ihrer Geschichte zu gewährleisten. Der Historiker soll nicht suggerieren, Teil einer kulturellen Gegenwart zu sein, die zu seiner Zeit bereits der Vergangenheit angehört. Hegel fordert stattdessen:

> Das ganze Werk soll und muß auch Einen Ton haben, denn es ist Ein Individuum und einer bestimmten Bildung, welcher der Verfasser desselben ist [A]; – aber die Zeiten, welche eine solche Geschichte durchläufft, sind sehr verschiedener Bildung, eben so die Geschichtschreiber die er benutzen kann, und der Geist, der in ihnen aus dem Schriftsteller spricht, ist anderer als der Geist dieser Zeiten [B]. (M1: 131.7–12/Siglen T.R.)

In [A] wird eine methodologische Norm für eine adäquate Form der allgemeinen Geschichtsschreibung aufgestellt. Das Werk soll in einem einheitlichen Stil und einer einheitlichen Darstellungsweise geschrieben sein, da es jeweils genau ein Verfasser sei, der es mit einem spezifischen Bildungshintergrund schreibt.[198] Hegels Begründung für die Einheitlichkeit lässt sich so verstehen, dass das Werk bzw. die Geschichte, die der Historiker verfertigt, so erzählt sein sollte, dass dessen spezifische Bildung und Erzählstil darin erkennbar ist. Eine Möglichkeit, diese Norm zu erfüllen, läge z. B. darin, dass der Historiker seine Erkenntnisinteressen, die verwendeten Quellenbestände und seine Einschätzung der Forschungslage transparent macht.

Wer eine allgemeine Geschichte im Stil der ursprünglichen Geschichte, d. h. in der Sprache der Anschauung verfasst, verstößt gegen diese Norm, da seine eigene Bildung und diejenige seiner Zeit (die in einem Abhängigkeitsverhältnis stehen) auseinanderfallen und er dem Leser Kenntnisse einer Zeit anders vermittelt, als sie ihm überhaupt zugänglich sein können.

Man kann diese Norm als *Kohärenznorm* bezeichnen. Mit dieser fordert Hegel, dass die verfertigte Erzählung mit der Bildung sowohl des Historikers als auch seiner Zeit sowie der sich daraus ergebende Umgang mit den Quellen zueinanderpassen müssen.

In [B] führt Hegel im Anschluss an die Norm noch einmal näher aus, wieso der Historiker sich nicht völlig beliebig für eine Darstellungsweise entscheiden kann.

---

[198] Auf die Möglichkeit mehrerer Autoren geht Hegel nicht ein.

Die verschiedenen „Zeiten" (M1: 131.9), die der allgemeine Historiker darstellt, entsprechen wechselnden kulturellen Normen und Werten, und nicht nur die Zeiten, sondern auch die ursprünglichen Historiker, aus deren Texten der allgemeine Historiker seine Erzählung im Wesentlichen zu kompilieren hat, sind von jeweils ganz unterschiedlichen Erkenntnisinteressen, Hinsichten, sowie Normen und Werten geprägt. Hegel verwendet für die Gesamtheit aus jeweiligen kulturellen Normen und Werten, Institutionen und Praxen den Ausdruck „Geist dieser Zeiten" (M1: 131.12). Der allgemeine Historiker sollte gegenüber diesem Wandel, so fordert die hegelsche Kohärenznorm, eine reflektierte Haltung einnehmen.

Der Historiker muss zwischen *seiner* Perspektive, seinen Interessen und Vorstellungen und denjenigen der Historiker, die er als Quellen heranzieht, und denjenigen der Personen, die wiederum durch diese Geschichtsschreiber ihm zugänglich werden, unterscheiden. Er sollte sich dieser Differenz bewusst werden, um explizit machen zu können, was an seiner Erzählung relativ zu seinen Interessen ist, und wie sich dies durch die Quellen stützen lässt. Andernfalls verfehlt der Historiker gerade die Möglichkeit, eine Zeit aus dieser selbst heraus zu verstehen.[199]

Hegels Kohärenznorm gibt ein Kriterium an die Hand, um einzuschätzen, ob eine allgemeine Geschichtserzählung angemessen oder unangemessen umgesetzt wurde – insofern handelt es sich um eine methodologische Norm. Wer eine allgemeine Geschichte im Stile der ursprünglichen verfasst, produziert nach Hegel ein inkohärentes Werk, weil die Passagen aus ganz unterschiedlichen Normen und Werten verschiedenster Zeiten zusammengeklaubt wären, aber er verfasst immer noch eine allgemeine Geschichte. Die Kohärenznorm bietet also kein Kriterium,

---

199 Mit der Kohärenzforderung rückt Hegel in die Nähe von Rankes berühmter Forderung, „jede Epoche sei unmittelbar zu Gott", d. h. sie sollte nicht bloß als Entwicklungsstadium einer späteren Epoche, sondern aus sich selbst heraus verstanden werden. Ranke schreibt: „Jede Epoche ist unmittelbar zu Gott, und ihr Wert beruht gar nicht auf dem, was aus ihr hervorgeht, sondern in ihrer Existenz selbst, in ihrem eigenen selbst." (1971 [1854]: 60) Mit dieser These richtete sich Ranke unter anderem gegen naive Fortschrittserzählungen des Geschichtsverlaufes; ob sich eine solche Kritik auch gegen das Fortschrittsnarrativ in Hegels *Philosophie* der Geschichte richten ließe, bleibt an späterer Stelle zu prüfen. Im Rahmen seiner Untersuchung der nicht-philosophischen Geschichtsschreibung jedenfalls fordert Hegels Kohärenzkriterium etwas ganz ähnliches wie Rankes Diktum. Bemerkenswert ist aber, dass Ranke wünschte, dieses Ziel dadurch zu erreichen, dass der Historiker sein Selbst mehr oder weniger auszulöschen habe „Ich wünschte mein Selbst gleichsam auszulöschen und nur die Dinge reden, die mächtigsten Kräfte erscheinen zu lassen." (vgl. Ranke 1957 [1859]: 303), während Hegel gerade das Gegenteil betont: Nur wer sich der Differenz zwischen der eigenen Zeit, den eigenen Interessen sowie denjenigen der Vergangenheit bewusst macht und kontrolliert damit umgeht, vermeidet die naive Applikation eigener Vorstellungen auf die Quellen. Je nach Lesart Rankes sind beide Auffassungen zudem kompatibel.

um zu bestimmen, ob ein Werk unter diesen Typ der Geschichtsschreibung fällt oder nicht. Zudem ist Hegels Kohärenznorm allenfalls *notwendig*, nicht aber hinreichend für eine gelungene allgemeine Geschichtsschreibung. Denn der Historiker könnte zwar seine Interessen und das in den Quellen artikulierte klar unterscheiden und dies in der Art der Erzählung auch zum Ausdruck bringen, aber z. B. entscheidende Quellenbestände unbeachtet lassen, oder aber inhaltlich fehlinterpretieren oder inadäquat gewichten, völlig unabhängig von der Rolle, die der Zeitgeist für die Interpretation der Quellen spielt. Neben die Kohärenznorm müssen also noch weitere, insbesondere hermeneutische Mittel und Normen treten.

Dass eine angemessene allgemeine Geschichtsschreibung methodisch am Anfang der Entstehung dieser Gattung steht, ist durchaus unwahrscheinlich. Wahrscheinlicher ist es wohl, dass zuerst das Interesse aufkommt, die vollständige Vergangenheit zu erzählen und erst danach, z. B. wenn mehrere Historiker sich demselben Gegenstand zuwenden, ein Dissens und damit ein methodologischer Streit über den angemessenen Umgang mit den Quellen aufkommt. Dafür, dass auch Hegel dieser Annahme folgt, spricht, dass er den römischen Historiker Titus Livius[200] (ca. 59 v. Chr. – 17 n. Chr.) als Beispiel für einen allgemeinen Historiker anführt, der gegen die Kohärenznorm verstößt. Das Beispiel Livius' zeigt zudem, dass der Fortschritt von der ursprünglichen und anfänglichen historiographischen Praxis zu derjenigen der reflektierten Geschichtsschreibung bereits in römischer Zeit zu verorten ist.

> So läßt Livius die alten Könige Roms die Consuln und Heerführer alter Zeiten REDEN halten, wie sie nur einem gewandten Advocaten (rabulistischen Redner) der Livius'schen Zeit zukommen konnten; und die wieder aufs stärkste mit ächten aus dem Alterthum erhaltenen Sagen – z. B. der Fabel des Menenius Agrippa von dem Magen und den Eingeweiden aufs stärkste contrastirten. (M1: 131.13–18)

Hegel bezieht sich hier auf Titus Livius berühmtes Werk *Ab urbe condita*, das sich den Anspruch stellte, die Geschichte Roms vom mythischen Ursprungsdatum 753 v. Chr. durch Romulus bis in seine eigene Gegenwart zu erzählen. Das Werk endet im Jahr 9 n. Chr., womit das Kriterium, eine vollständige Vergangenheit zu erzählen (die Geschichte Roms und des römischen Weltreichs), erfüllt ist.[201]

Als Beispiel führt Hegel an, dass Livius die Reden zur stilisierten Darstellung spezifischer politischer Konfliktsituationen unkritisch im Duktus seiner eigenen

---

200 Zu Livius vgl. Fuhrmann 1979.
201 Das Werk des Livius umfasste insgesamt 142 Bücher, von denen zu Hegels Zeit nur noch 35 überliefert waren. Dank erhaltener Inhaltsangaben lässt sich aber nach wie vor angeben, was Livius in den verlorenen Büchern thematisch behandelte.

Zeit gestaltet. Diese Inkohärenz wird etwa gerade daran deutlich, dass andere Erzählungen, etwa die Fabel des Agrippa, die im Stile ihrer Zeit gehalten sei, mit den von Livius gestalteten Reden zusammen einen uneinheitlichen Erzählstil entstehen lassen. Hegels Ausdrucksweise, dass etwa diese Fabel und die Liviusschen Reden „aufs stärkste contrastierten" (M1: 131.18), zeigt diese Inkohärenz an.[202]

Des Weiteren moniert Hegel an Livius' Werk dessen schwankende Haltung hinsichtlich seiner Relevanzkriterien, so erscheinen häufig für das Erzählziel irrelevante oder nebensächliche Passagen in üppiger Detailfülle, während zentrale Stellen flüchtig abgehandelt werden. Zudem kehrt hier auch Hegels Vorwurf wieder, dass man als allgemeiner Historiker etwas nicht so beschreiben dürfe, als habe man es selbst gesehen:

> [S]o gibt er uns ganz AUSFÜHRLICHE, DETAILLIRTE BESCHREIBUNGEN von Schlachten und ANDERN BEGEBENHEITEN in einem Tone einer Bestimmtheit der Auffassung [des] Details, wie sie in Zeiten, worin sie vorgefallen, noch nicht Statt haben können, als ob er sie mit angesehen hätte, Beschreibungen, deren Züge man wieder z. B. für die Schlachten aller Zeiten brauchen kann, und deren Bestimmtheit wieder mit dem Mangel an Zusammenhang und mit der Inconsequenz contrastirt, die in andern Stücken oft über den Gang von Hauptverhältnissen herrscht. (M1: 131.18–132.6)

In der Terminologie der modernen Erzähltheorie könnte man Hegels Vorwürfe etwa folgendermaßen fassen: Die Raffung des Stoffes durch Livius ist inkohärent mit derjenigen Handlung, die er erzählen möchte. Livius erzählt Nebensächliches in Ausführlichkeit und Hauptsächliches in knapper Form. Erzählzeit und erzählte Zeit befinden sich hinsichtlich der relevanten Merkmale des erzählten Stoffes in keinem ausgewogenen Verhältnis.[203]

Die Differenz zwischen einem ursprünglichen Historiker und einem auf qualitativ schlechte Weise eine allgemeine Geschichte verfassenden Kompilator

---

[202] Der Frage, ob Hegels Vorwürfe gegen Livius berechtigt sind oder nicht, gehe ich in dieser Arbeit nicht weiter nach. Für meine Zwecke ist lediglich relevant, dass sich bei Hegel ein methodologisches Bewusstsein bezüglich der Aufgabe, ein Geschehen aus Quellen als Erzählung zu verfertigen, aufzeigen lässt. Dies stützt meine These, dass Hegels Versuch eine *Philosophie* der Geschichte zu etablieren, von ihm methodologisch keineswegs naiv angegangen wurde. Ein Eindruck, der gerade dann aufkommen mag, wenn man Hegels Auseinandersetzung mit der Geschichtsschreibung und deren Geschichte nicht als den Versuch, philosophisch und wissenschaftstheoretisch das Verhältnis von Geschichtsschreibung und Geschichtsphilosophie zu klären, betrachtet, oder aber sich losgelöst von den Manuskripten lediglich an die spärlichen Ausführungen in der *Rechtsphilosophie* und den *Fassungen der Enzyklopädie* hält.

[203] Zu den erzähltheoretischen Termini ‚Erzählzeit' und ‚erzählte Zeit' siehe etwa Martinez/Scheffel 2012 [1999]: 32 f.

2.2 Die Genese der nicht-philosophischen Geschichtsschreibung — 101

werde vor allem deutlich, wenn man das Werk des Livius mit einer von dessen Hauptquellen vergleiche, nämlich mit dem Werk des Polybios. Die Art, wie Livius dessen Werk für seine allgemeine Geschichte auswerte, mache wohl deutlich, wie er bereits in der Genese seines Werkes und aufgrund seines Umgangs mit seinen Quellen (d. h. im Wesentlichen seines Umgangs mit denjenigen ursprünglichen Historikern, die ihm als Quellen dienen) gegen die *Kohärenznorm* verstößt:

> Was der Unterschied eines solchen Compilators und eines ursprünglichen Historikers, erkennt man am besten, wenn man den Polybius mit der Art vergleicht, wie Livius dessen Geschichte über die Periode, von der uns des Polybius Werk aufbehalten ist, benutzt, auszieht und abkürzt. (M1: 132.6–9)

Hegel beendet diesen kritischen Absatz seines Manuskripts mit einem Verweis auf zwei modernere Historiker, deren Geschichtswerke denselben Gegenstand behandeln. Während der erstere eine stilistisch schlechte Erzählung präsentiere, die nicht aus dem Geist ihrer Zeit geschrieben sei, sondern in dem Versuch, aus dem Geist der Vergangenheit zu schreiben, sei dies bei dem zweiten Werke, wenngleich dieses das früher publizierte sei, nicht der Fall, da dieses aus dem Geist ihrer Zeit heraus geschrieben sei:

> Johannes von Müller hat seiner Geschichte in dem Bestreben, den Zeiten, die er beschreibt, treu in seiner Schilderung zu seyn, ein hölzernes, hohlfeyerliches, pedantisches Aussehen gegeben – Man liest in dem alten Tschudy dergleichen viel lieber, naiver und natürlicher, als eine solche bloß gemachte, affectirte Alterthümlichkeit. (M1: 132.9–14) [204]

Von Müller und Tschudy[205] sollen sich so zueinander verhalten, wie Livius zu Polybios. Dass Hegel den Ausdruck ‚naiv', verwendet, ist keineswegs – wie heute meist – pejorativ im Gebrauch. Wie das Grimmsche Wörterbuch belegt, wurde der Ausdruck im Deutschen insbesondere durch Schillers Abhandlung „Über naive und sentimentalische Dichtung"[206] verbreitet, und mit ihm wurde damals primär „das natürliche, einfache (auch einfältige), ungezwungene, ungesuchte, ungekünstelte, unverstellt offene, aufrichtige, treuherzige, unschuldige u. ä. bezeichnet."[207] Diese Bedeutung passt in das Bedeutungsumfeld derjenigen Ausdrücke, die Hegel heranzieht, um Tschudys Erzählstil zu charakterisieren. Die Gegen-

---

204 Der Vorlesungsnachschrift (vgl. VL: 8.158 f.) lässt sich entnehmen, dass Hegel sich wohl auf Johannes von Müllers „Schweizer Geschichte" bezieht. Vgl. von Müller 1786 ff.
205 Bei dem Werk Tschudys bezieht sich Hegel wohl auf dessen zweibändiges Werk: Tschudi 1734–36. (vgl. VL: 537).
206 vgl. Schiller 2004 [1795].
207 Grimmsches Wörterbuch Bd. 13: Art. „naiv", Sp. 321–337, hier Sp. 321.

überstellung legt nahe, dass sein Vorbehalt auch ästhetischen Charakters ist. Wie er schreibt, lese man „dergleichen viel lieber" (M1: 132.12 f.) beim ursprünglichen Historiker Tschudy, als bei von Müller. Wie kommt er zu diesem Urteil?

Meines Erachtens ist dies so zu lesen, dass Tschudy und von Müller dieselbe Erzählweise pflegen, wir diese aber in den beiden Fällen fundamental unterschiedlich bewerten sollten. Während sie bei Tschudy Ausdruck des Geistes seiner Zeit, der Erkenntnisinteressen dieser Zeit, ihrer Normen und Werte ist, ist er bei von Müller im pejorativen Sinne künstlich und „bloß gemacht[.]" (M1: 132.13). Da sich beide Autoren nicht hinsichtlich der Erzählweise selbst unterscheiden, kommt Hegels negatives Urteil dadurch zustande, dass Müller gegen die Kohärenznorm verstößt. Dieser zufolge hat er im Stil seiner Zeit zu schreiben, nicht in dem Stil einer anderen Zeit.

Man könnte etwa einwenden, dass die Erzählung (sofern die Quellen kohärent gewichtet und gedeutet sind usw.) durch die Imitation eines in früheren Zeiten gepflegten Stils doch nicht verfälscht werde. Einen Hinweis darauf, dass die von Hegel geforderte Norm für eine gute allgemeine Geschichte nicht lediglich ästhetische Maßstäbe an die Qualität der Geschichtsschreibung anlegt, bietet seine Kritik an Livius, dem analoge Vergehen vorgehalten werden wie Müller. Dort schrieb Hegel, dass Livius so schreiben würde „als ob er sie [die beschriebenen Ereignisse/T.R.] mit angesehen hätte." (M1: 132.2) Für eine angemessene Interpretation der Kohärenznorm ist diese Stelle interessant, weil der Vorwurf über eine bloß ästhetische Kritik hinausreicht, denn Livius hat die Ereignisse nicht selbst mit angesehen, seine gesamte Kenntnis von den Ereignissen ist, – ebenso wie im Falle von Müllers – durch Quellen vermittelt und nicht durch unmittelbare Anschauung oder Augenzeugenbefragungen. Quellen zudem, deren Interpretation, da sie den eingelebten Verständnishorizont der je eigenen Gegenwart überschreiten, hermeneutische Mittel verlangen.

An dieser Stelle lassen sich, so meine These, *zwei* gute Gründe anführen, die Hegels Forderung nach Kohärenz und adäquater Standortgebundenheit einer allgemeinen Geschichtsschreibung zu stützen vermögen:

(1) Zwar mag es möglich sein, auch in der Gegenwart anhand der Quellen eine Geschichte der deutschen Einigungskriege zu schreiben, als ob man selbst dabei gewesen wäre. Man verwendet z. B. Tagebücher, Briefe usw. und hält jegliche Fragestellung der eigenen Gegenwart vom zu erzählenden Geschehen fern. Dann aber wird *erstens* nicht einsichtig, warum man diese Ereignisse überhaupt erzählen möchte: ihnen fehlt die spezifische Relevanz für die eigene Gegenwart, ihre emotionale Signifikanz bleibt intransparent. *Zweitens* würde ein solches Werk bei der Erforschung der Vergangenheit keinen Fortschritt ermöglichen. Wir leben nicht nur in einer anderen Zeit, mit anderen Normen und Werten als denen, die zur Zeit der Einigungskriege üblich waren, und haben daher (mindestens zum Teil) auch

andere Fragen an die Vergangenheit, als die ursprünglichen Historiker der Einigungskriege, sondern wir *wissen auch mehr* über diese Zeit als die ursprünglichen Historiker der Einigungskriege. Neue, relevante Quellen mögen freigegeben oder entdeckt worden sein, spätere Historiker haben mit ihrer Interpretation der Quellen verschiedene Deutungsoptionen entwickelt usw. Schriebe man die Geschichte der Einigungskriege nun strikt aus der Perspektive der damaligen Akteure, blieben solche Perspektiven ausgeblendet, und wir würden unser Wissen über dieses Geschehen absichtlich beschneiden. Nicht zuletzt wissen wir z. B. auch, wie es mit dem durch die Einigungskriege entstandenen deutschen Kaiserreich weiterging, als welche außenpolitische Last sich das Zustandekommen desselben erwiesen hat und dass es durch die Niederlage im I. Weltkrieg und die Ausrufung der Republik endete. Der allgemeine Historiker hat also die Möglichkeit, die Vergangenheit gerade im Lichte dieser späteren Ereignisse zu befragen und zu erzählen, nach Kontinuitäten und Brüchen zu suchen. Verblieben seine Erzählungen auf der Ebene derjenigen, die direkt beteiligt waren, würde eine spätere Geschichte über dieselbe Episode der Vergangenheit keinen Erkenntnisgewinn bringen, sondern lediglich eine, vielleicht nur minimal stilistisch oder in der Ausführlichkeit abweichende, aber sonst mit der ursprünglichen Geschichtsschreibung gleichkommende Erzählung darstellen.

Dies macht einsichtig, warum Hegel fordert, dass der allgemeine Historiker die Erkenntnisinteressen und das Wissen seiner eigenen Zeit berücksichtigen solle, wenn er eine Episode der Vergangenheit erzählen möchte. Der Historiker sollte sich seiner Standortgebundenheit bewusst sein, ansonsten droht die Gefahr, dass dieselbe unkontrolliert in die Interpretation der Quellen einfließt. Aber selbst, wenn sich diese Gefahr vermeiden ließe, bliebe das Problem, dass auf diese Weise uneinsichtig bliebe, welche Art von Erkenntnisgewinn mit einer weiteren Erzählung einer Episode verbunden wäre.

(2) Der zweite Grund hängt damit zusammen, dass die allgemeine Geschichte sich gerade dadurch auszeichnet – wie Hegel bemerkt hat –, dass sie von einem späteren Zeitpunkt, mit anderen Normen und Werten, auf die Quellen der Vergangenheit blickt. Ihre Erzählungen können selbst bereits durch ihr Wissen um spätere Ereignisse geprägt sein und, wenn ein Erkenntnisgewinn erzielt werden soll, *sollten* sie auch von diesem Wissen geprägt sein.

Dass die Geschichtsschreibung sich von der ursprünglichen zur reflektierten Geschichtsschreibung wandelt und die Ereignisse, die verschiedene ursprüngliche Historiker zu verschiedenen Zeiten beschrieben haben, von den reflektierten Historikern erneut erzählt werden, liegt gerade an der Einsicht, dass sie diese Ereignisse im Lichte ihres Wissens um die Folgeereignisse beschreiben. Diese Ereignisse liefern z. B. Relevanzkriterien dafür, welche Episoden der Vergangenheit uns heute wichtig erscheinen. Es scheint plausibel, dass gerade die Einsicht in den erzählenden Charakter der Geschichtsschreibung Hegel dazu geführt hat, die Kohärenznorm zu fordern. Nimmt man diese mit seinem Hinweis darauf zusammen, dass die Verfertigung von Geschichten wesentlich für die allgemeine Geschichte sei, so lässt sich erklären, warum er soviel Wert darauf legt, dass die Geschichtsschreiber sich ihrer Standortgebundenheit und ihrer Interessen bewusst werden müssen, um die Geschichtsschreibung als eine, neue Erkenntnisse über die Vergangenheit hervorbringende, Wissenschaft betreiben zu können.

Ein weiteres Indiz dafür, dass Hegels Ansicht dieses Motiv zugrunde liegt, ist seine weiter oben dargestellte These, dass die allgemeine Geschichte, und die reflektierte Geschichtsschreibung insgesamt nicht in der „Sprache der Anschauung" (M1: 130.23) verfasst sei. Daher sind die reflektierten Historiker insgesamt in der Lage, die Vergangenheit im Lichte derjenigen Geschehnisse zu erzählen, die sich in späterer Zeit als *relevant* erwiesen haben. Niemand, der während der Einigungskriege dabei war und diese als ursprünglicher Historiker erzählt hat, hätte lange genug gelebt, um diese etwa vor dem Hintergrund der Wiedervereinigung im Jahre 1990 zu erzählen.[208]

Auf Basis dieser Indizien lässt sich Hegel eine Einsicht zusprechen, die Arthur Danto in seiner *Analytical Philosophy of History* mit modernen sprachkritischen und erzähltheoretischen Mitteln, die Hegel noch nicht zu Gebote standen, präzise formuliert hat. Die Besonderheit des Erzählens bestehe nach Danto darin, dass wir vergangene Ereignisse so beschreiben, dass in diese Beschreibung bereits etwas eingeht, das wir nur wissen, weil wir den weiteren Verlauf der Ereignisse kennen. Für den direkten Augenzeugen, etwa des Prager Fenstersturzes, macht es keinen Sinn, das Ereignis aufzuschreiben und zu erzählen als: Mit dem Prager Fenstersturz begann der dreißigjährige Krieg. Danto fasst die Struktur solcher narrativer Sätze folgendermaßen:

> Their most general characteristic is that they refer to at least two time-separated events though they only *describe* (are only *about*) the earliest event to which they refer. Commonly they take the past tense, and indeed it would be odd – for reasons I shall want to consider here – for them to take any other tense. [...] My thesis is that narrative sentences are so peculiarly related to our concept of history that analysis of them must indicate what some of the main feature of that concept are.[209]

---

208 Diese Besonderheit der Geschichtsschreibung, dass mit der Standortgebundenheit, den „Sehe-Punkten" einhergeht, dass die Sprache der Anschauung direkter Augenzeugen erzählerisch nicht allein relevant ist, ist z. B. Chladenius noch entgangen.
209 Vgl. Danto 2007 [1985]: 143.

2.2 Die Genese der nicht-philosophischen Geschichtsschreibung — 105

Zwar ist Dantos Einsicht in die Struktur narrativer Sätze für alle Arten der Geschichtsschreibung[210] gültig; für Hegel erhält dieses Merkmal aber hinsichtlich der reflektierten Geschichtsschreibung besondere Relevanz, da sich das spezifisch Fortschrittliche dieser Form der Geschichtsschreibung gerade unter Maßgabe der Beachtung dieser Eigentümlichkeit zeigt.[211]

Man muss nun nicht so weit gehen, Hegel zu unterstellen, er habe diese Einsicht in ähnlicher Klarheit vor Augen gehabt wie Danto – *systematisch* gesehen bleibt aber relevant, dass Hegel zum einen aufgrund der Kohärenznorm zu ähnlichen Folgerungen hinsichtlich adäquater Geschichtsschreibung gelangt, wie dieser, und zum anderen, dass seine Theorie der Formen der Geschichtsschreibung durch diese wichtige Einsicht der analytischen Geschichtsphilosophie systematisch explizierbar ist.

In einem neuen Absatz erläutert Hegel die mögliche Motivation derjenigen allgemeinen Historiker, die versuchen, die Geschichte so zu schreiben, dass der Eindruck vermittelt wird, er sei selbst bei den Vorgängen der Vergangenheit mit dabei gewesen:

> Diß ein Versuch, uns ganz in die Zeiten hineinversetzen – ganz anschaulich und lebendig – wir ebensowenig als ein Schriftsteller – ein Schriftsteller ist auch wir; gehört seiner Welt an – ihren Bedürfnissen Interessen dem was sie hoch hält, ehrt. (M1: 132.15–18)

Relevant ist hier, dass diese allgemeinen Geschichtsschreiber versuchen, ihre Leser „ganz in die Zeiten" (M1:132.15/Unterstreichung T.R.) hineinzuversetzen. Die Differenz zwischen der Gegenwart des Geschichtsschreibers und der Vergangenheit soll nicht nur überbrückt werden (etwa mit hermeneutischen Mitteln), sondern überhaupt wegfallen.

Mit der Rede vom ‚ganzen Hineinversetzen' meint Hegel also etwas Stärkeres als den Nachvollzug des vergangenen Geschehens unter Maßgabe einer zweckmittelrationalen Angabe der – durch die Quellen und die Hermeneutik – zu stützenden Motive, Pläne und Absichten der handelnden Akteure der vergangenen Ereignisse.

---

210 Danto vermutet sogar, ein allgemeines Merkmal erzählender Sätze überhaupt entdeckt zu haben: „I mean to isolate here a class of sentences which seem to me to occur most typically in historical writings, although they appear in narratives of all sorts and may even enter into common speech in a natural kind of way." Vgl. Danto 2007 [1985]: ebd. Die Frage, ob die von Danto aufgedeckte Struktur auch auf fiktionale Erzählungen zutrifft, kann hier offen bleiben, da historische Werke generell mit dem Anspruch auf Wahrheit verfasst werden.
211 Zudem ist Hegel anders als Danto, auch an einer methodischen Rekonstruktion der Typen der Geschichtsschreibung interessiert, während Danto die methodisch-historischen Entstehungsbedingungen der Geschichtsschreibung in seiner Untersuchung ausblendet.

Er vertritt die These, dass weder wir, d. h. die zeitnahen Angehörigen der Gegenwart, noch der Schriftsteller[212], der über die Vergangenheit schreibt, in der Lage ist, sich vollständig in diese hineinzuversetzen. Der Schriftsteller und seine Leserinnen und Leser *teilen* dieselbe kulturelle Gegenwart mit ihren Normen, Werten, Institutionen und Praxen. Das Kontextkriterium, das an dieser Stelle relevant ist, macht die Explikation deutlich: Der Schriftsteller gehört derselben „Welt" an wie seine Leser. Er und wir (seine Zeitgenossen) teilen denselben Hintergrund aus Normen, Werten, Institutionen und Praxen. Ein Schriftsteller, der so schreibt, als sei es ihm gelungen, sich vollständig in die Vergangenheit zu versetzen, fiele aus dieser Gemeinschaft heraus, sein Text erschiene den Zeitgenossen so fremd wie die Quellen, deren er sich bediente.[213] Im letzten Satzteil des zitierten Passus wird expliziert, dass unter die Gemeinsamkeiten zwischen Schriftsteller und Leserinnen und Lesern vor allem eine geteilte Auffassung darüber fällt, welche Bedürfnisse und Interessen sowie welche Werte Autor und Leserschaft teilen. Dieser Werthorizont ist gerade der gemeinsame zwischen Autor und Leserinnen und Lesern, steht aber in Differenz zu dem Werthorizont derjenigen Vergangenheit, von der der Autor erzählt. Hegels Einwand besteht – soweit bisher ersichtlich – darin, dass der Autor sich nicht ohne Weiteres in eine Erzählhaltung begeben könne, bei der es ihm tatsächlich gelinge, sich in die Vergangenheit ganz hineinzuversetzen. Offen bleibt aber, warum Hegel einen solchen Versuch ablehnt.

Es ließe sich darauf verweisen, dass ein solcher Versuch, selbst wenn er gelänge, gegen die Kohärenznorm verstieße und somit keinerlei wissenschaftlichen

---

[212] Es ist auffällig, dass Hegel an dieser Stelle im Manuskript zweimal den weiteren Ausdruck „Schriftsteller", statt der sonst häufig anzutreffenden Ausdrücke „Historiker" oder „Geschichtschreiber" gebraucht. Nun ist zwar jeder Historiker ein Schriftsteller, aber nicht jeder Schriftsteller ein Historiker. Vermutlich möchte Hegel hervorheben, dass seine These, dass es nicht möglich sei, sich vollständig in vergangene Zeiten hineinzuversetzen, nicht nur dem Historiker verwehrt ist, sondern überhaupt jedem Schriftsteller, also z. B. auch Dichtern oder den Autoren historischer Romane – die zu Hegels Zeiten in Mode kamen (an späterer Stelle im Manuskript verweist Hegel auf Walter Scott (vgl. M1: 134.22), der einer der Begründer der Gattung des historischen Romans ist, solche Versuche waren Hegel also durchaus bekannt) – unmöglich ist. Hegel vertritt dann die stärkere These, dass es überhaupt ein zum Scheitern verurteiltes Anliegen sei, sich vollständig in eine vergangene Epoche zu versetzen.

[213] Dass Hegel von Müller gerade vorwirft, in seinem Werk zu suggerieren, er sei Zeitgenosse gewesen, zeigt auch eine Stelle in *VL*, dort wird die Müllersche „Schweizer Geschichte" als „verunglückter Versuch, in der Zeit gelebt zu haben scheinen, in welcher die Begebenheit geschah" (VL: 8.155 f.) bezeichnet. Diese Stelle ist m. E. aber nicht so zu verstehen, als könne es neben der ursprünglichen Form der Geschichtsschreibung, die in der Neuzeit als Zeitgeschichte zu fassen wäre, auch noch ‚geglückte' Formen einer reflektierenden Geschichtsschreibung geben, die sich den Anschein geben, in einer Zeit gelebt zu haben, die nicht diejenige des Autors war.

2.2 Die Genese der nicht-philosophischen Geschichtsschreibung — 107

Fortschritt erbrächte, da er die Logik narrativer Sätze missversteht, wie sie in guter Umsetzung einer allgemeinen Geschichtsschreibung Beachtung finden sollte. Da Hegel an dieser Stelle aber nicht nur von Historikern und den Qualitätsmaßstäben für gute Geschichtsschreibung spricht, sondern von Schriftstellern und dem Versuch, sich ganz in die Vergangenheit hineinzuversetzen im Allgemeinen, scheint er die stärkere These zu vertreten, dass ein solcher Versuch unmöglich gelingen könne. Die Historiker (und Schriftsteller überhaupt) sollten ihr Anliegen also nicht nur unterlassen, weil die dabei verfertigte Erzählung keine gute Geschichtsschreibung hervorbringt, sondern weil es sinnlos wäre einen Zweck zu verfolgen, der durch keine Mittel umgesetzt werden kann.

Um zu verstehen, welche Gründe Hegel für diese stärkere These haben könnte, möchte ich nun den restlichen, längeren Passus des Absatzes zitieren und dann sukzessive auf diese Frage hin untersuchen:

> [A] z. B. wenn wir es sey welches es wolle – noch so in das griechische Leben, das uns von so vielen und den wichtigsten Seiten zusagt, ebenso im wichtigsten nicht sympathisiren nicht mit Ihnen – Griechen – empfinden – Wenn wir uns für die Stadt A t h e n z. B. aufs höchste interessiren – und den Handlungen Gebräuchen, allen Antheil nehmen – Vaterland und höchst edles Vaterland eines gebildeten Volks– [B] nicht mitempfinden wenn sie vor Zeus, Minerva u.s.f. niederfallen – am Tage der Schlacht von Plätää bis Mittag sich mit O p f e r n quält, – Sclaverey – [C] Wie nicht die Mitempfindung eines Hundes haben – einen besondern Hund wohl vorstellen können, seine Manier Anhänglichkeit, besondere Weisen errathen. (M1: 132.18.–133.4/Siglen T.R.)

In [A] wird in knappen Ausführungen besprochen, inwiefern es möglich sein soll, sich in die Vergangenheit hineinzuversetzen. Hegel differenziert dabei terminologisch zwischen ‚Interesse' auf der einen und ‚Sympathie' bzw. ‚Empfinden' auf der anderen Seite. Mit dieser Differenzierung sucht Hegel eine für die Hermeneutik als Kunstlehre des Verstehens im weiten Sinne[214] zentrale Unterscheidung einzuziehen. Man muss hermeneutisch unterscheiden können zwischen sinnvollen und sinnlosen Verstehensbedingungen. Hält man diese Bedingungen nicht auseinander, kommt schnell der Verdacht auf, Hermeneutik überhaupt sei ein sinnloses Unterfangen, woraus dann entweder die skeptische Folgerung gezogen werden müsste, dass wir nichts und niemanden verstehen können, oder aber, dass andere Verfahren entwickelt werden müssten, um verständlich zu machen, wie wir verstehen können.

---

[214] Unter Hermeneutik als Kunstlehre des Verstehens im weiten Sinne fasse ich diejenige Hermeneutik, die sich nicht auf das Interpretieren und Verstehen von Texten beschränkt, sondern auch kulturelle Manifestationen anderer Art umfasst, z. B. Kunstwerke, Bauwerke, Praxen, das Handeln von Personen und Rede.

Nun hat Hegel weder an dieser noch an anderen Stellen seines Werkes eine Hermeneutik als Kunstlehre des Verstehens im weiten Sinne entwickelt. Hegel spricht nun nicht bloß davon, dass wir mit den Griechen nicht „empfinden" können, sondern stärker „im wichtigsten nicht mit ihnen sympatisieren" (M1: 132.19 f.). Damit formuliert er kein empirisches Urteil darüber, dass zu seiner Zeit die meisten oder alle faktisch die griechische Kultur unsympathisch finden, sondern er vertritt die These, dass es uns unmöglich sei, mit den Griechen zu empfinden. Dass Hegel kein empirisches Urteil fällt, lässt sich etwa daran ablesen, dass wir die Griechen schätzen und uns für sie und ihre Kultur interessieren können, ohne sie doch sympathisch finden zu müssen.

In dieser Deutung des Ausdrucks „sympathisch" hieße dies, dass unser Interesse sich auf historische Epochen richten kann, deren Werte und Normen wir nicht nur nicht mehr teilen, sondern die wir ablehnen. Die hegelsche Verwendung des Ausdrucks ‚sympathisch', wie auch des Ausdrucks ‚Empfindung', hat aber eine andere Pointe. Es geht ihm nicht nur darum, dass wir uns auch für Kulturen interessieren können, deren Praxen wir normativ ablehnen mögen, sondern darum, dass es uns *unmöglich* sei, mit den Griechen mitzuempfinden. Ursprünglich bedeutete der Ausdruck ‚sympathisch' mit jemandem mitzufühlen. Dies passt auch zu Hegels Rede von ‚Empfinden' an der vorliegenden Stelle. Hegel wählt gerade die griechische Kultur als Beispiel, weil diese von Intellektuellen seiner Zeit (und auch von Hegel selbst) hochgeschätzt und in vielerlei Hinsicht als vorbildlich und maßgebend betrachtet wurde. So kann er deutlich machen, dass die Differenz zwischen dem Interesse und der Empfindung sich nicht auf unsere normative Bewertung bzw. unsere evaluative Haltung bezieht. Dieser gegenüber verhält sich Hegels Unterscheidung vielmehr neutral. Denn selbst wenn uns die griechische Kultur wie Hegel formuliert, „von den wichtigsten Seiten zusagt" (M1: 132.19), so folgt daraus nicht, dass wir diese nur verstehen könnten, wenn wir mit den Griechen mitfühlen und so empfinden wie diese. Wir müssen uns lediglich für die Vergangenheit interessieren. Nach Hegel können wir sogar an den Praxen der Griechen „Antheil nehmen" (M1: 132.22), das heißt diese wertschätzen und uns deutlich machen, welche Zwecke und Interessen die Griechen mit ihren Praxen verfolgten, aber ein solches Verstehen setzt gerade nicht voraus, mit den Griechen empfinden zu können. Hegel macht hier also auf den Unterschied zwischen dem propositionalen Gehalt und unseren emotionalen Einstellungen gegenüber diesem, aufmerksam. Das ‚Mitempfinden' ist einer derjenigen Wege, den Historiker ergreifen zu können meinen, wenn sie das Ziel verfolgen, die Vergangenheit zu verstehen und sich zu diesem Zweck in diese Zeit hineinzuversetzen. Aber wer die Vergangenheit verstehen möchte, sollte gar nicht erst versuchen, dies dadurch zu tun, dass er versucht, mit den damaligen Akteuren mitzuempfinden. Expliziert man die Leistung(en), die man vollziehen muss, um die Vergangenheit zu verstehen, unter Berufung auf die Empfindung, so verfehlt man nach Hegel das Ziel des Verstehens. Sowohl der Ausdruck ‚Sympathie' als auch der Ausdruck ‚Empfindung' weisen eine sensual-emotive Komponente auf, die der Begriff des Interesses, den Hegel als Gegenbegriff verwendet, nicht aufweist. Dies liefert einen entscheidenden Hinweis darauf, was Hegel unter dem inadäquaten Empfindungsmodell des Verstehens fasst. Nach diesem Modell bedeutete eine andere Zeit bzw. deren Akteure zu verstehen, sich in diese einzufühlen, wobei einfühlen so zu verstehen ist, dass wir die Akteure nur dann verstehen, wenn wir *so* fühlen, wie sie fühlten, als sie in der zu verstehenden Situation waren.

Zwar reden wir im Alltag häufig so, dass man sich in andere Personen einfühlen müsse, dass man nachvollziehen müsse, in welcher Situation sie seien usw., um sie adäquat zu verstehen. Wie dieser Befund philosophisch zu deuten ist, ist aber umstritten. Dass ein, die alltägliche Redeweise ernst nehmender, Explikationsvorschlag unplausibel ist, zeigt sich bereits in alltäglichen Fällen daran, dass ich z. B. nicht selbst wütend werden muss, um zu verstehen, dass jemand wütend ist. Genauso wenig muss ich die emotionalen Zustände von Personen in der Vergangenheit durchleben, um ihr Handeln zu verstehen. Um diese Personen zu verstehen, muss ich verstehen, was diesen wichtig war, aber das, was ihnen wichtig war, muss mir nicht selbst wichtig sein.

Mit seiner Unterscheidung kann Hegel also an dem Anspruch festhalten, dass es möglich ist, die Vergangenheit zu verstehen. Dies stellt eine allgemeine Voraussetzung für die Sinnhaftigkeit historischer Forschung dar, ohne dass wir mit den damaligen Akteuren in dem Sinne mitfühlen müssten.

Unter Rückgriff auf Teil [B] soll nun näher geklärt werden, *was* genau wir an der damaligen Zeit nicht mitempfinden können. Hegel nennt drei Phänomene der griechischen Antike, die wir heutzutage nicht mehr *so* empfinden könnten wie die antiken Menschen. Als erstes bezieht er sich exemplarisch auf die griechische religiöse Praxis, zweitens verweist er spezifischer auf die griechische Praxis des Opferkultes und drittens auf die in der Antike übliche Institution der Sklaverei. In [A] hat Hegel darauf aufmerksam gemacht, dass wir gerade das Wichtigste der griechischen Kultur nicht empfinden könnten. Zu dieser Behauptung passen seine Beispiele, die allesamt zentrale Aspekte der griechischen Kultur benennen. So ruhte die griechische Kultur auf der Institution der Sklaverei. Die Ablehnung dieser Institution hält Hegel für ein zentrales Merkmal der Neuzeit und des neuzeitlichen Freiheitsverständnisses.[215] Zwar mag es auch zu Hegels Zeiten (und auch heute noch) die Institution der Sklaverei geben, aber dieselbe ist nicht mehr selbstver-

---

[215] Auch in seiner Kurzdarstellung der Epochen der Weltgeschichte in den *Grundlinien* führt Hegel das Merkmal der Sklaverei als zentrales Merkmal der griechischen Kultur an (vgl. GPR § 356).

ständliche Grundlage der Kultur. Die griechische Religion und Opferkultpraxis hingegen sind in Hegels Zeiten vollständig verschwunden und treten dem Historiker, der die Quellen aufbereitet und seine Erzählung verfertigt, daher in seiner eigenen Gegenwart gar nicht mehr gegenüber. Dennoch können wir verstehen, was die Griechen mit diesen Praxen bezweckten. Die Opferkultpraxis etwa lässt sich relativ zu dem Zweck, die Schlacht bei Plataä zu gewinnen, so verstehen, dass die Griechen glaubten, man müsse die Götter geneigt stimmen, um die Schlacht siegreich führen zu können. Da die Götter durch das Mittel der Opferung günstig gestimmt werden können und man die Schlacht gewinnen möchte, greifen die Griechen nach dem entsprechenden Mittel. Mithilfe der Unterstellung der Zweck-Mittelrationalität kann sich der Historiker das Handeln der Griechen also aus den Quellen relativ zu den Zwecken und relativ zu den gegebenen Mitteln als rational verständlich machen.

Was den Historikern und überhaupt der heutigen Zeit aber fehle, sei die Mitempfindung mit den Griechen im Rahmen dieser Praxen. Warum ist dies so? Wie gesehen, bestimmt Hegel die reflektierte Geschichtsschreibung insgesamt so, dass diese mit vollständiger Vergangenheit befasst ist. Diese zeichnet sich dadurch aus, dass in ihr Praxen, Normen, Werte und Institutionen etabliert waren, die in unserer Zeit nicht mehr gegenwärtig sind. Daher muss der Historiker zu hermeneutischen Mitteln greifen, um diese zu verstehen. Im Gegensatz zur hermeneutischen Rekonstruktion stellt die Empfindung einen sich unmittelbar einstellenden Zugang zu einem Geschehen dar, der zudem eine emotive Färbung aufweist. Eine erste Vermutung könnte dahingehen, dass den Historikern ein solches emotiv gefärbtes Empfinden mit den Interessen und Praxen der Griechen abgeht, weil die Ereignisse vergangen sind. Für die Griechen z. B. war es von existentieller Relevanz, die Schlacht bei Plataä zu gewinnen: würde man die Götter nicht günstig stimmen können, so drohte eine Niederlage, also war auch der Opferkult von existentieller Wichtigkeit.

Diese These ist allerdings aus mindestens zwei Gründen unplausibel: Zum einen hat Hegel die Relevanz und Entstehung der Geschichtsschreibung, sowie dasjenige, *wovon* vorrangig erzählt wird, gerade über die emotionale Signifikanz für die Leserschaft bestimmt. Im Falle der ursprünglichen Geschichte sind die Leserinnen und Leser aber gerade von einem Geschehen betroffen, das sie selbst angeht, auch für die Leserinnen und Leser Herodots lagen die Perserkriege schon in der Vergangenheit. Zudem setzt die emotionale Signifikanz einer Erzählung nicht voraus, dass man genauso empfindet wie die Akteure in der Erzählung, sondern lediglich, dass man deren Perspektive, Wünsche und Interessen versteht und nachvollziehen kann. Dies mag bei den Leserinnen und Lesern bestimmte Gefühle evozieren, diese sind aber nicht einmal davon abhängig, ob man es mit einer fiktiven oder faktualen Erzählung zu tun hat. Dasjenige, was eine Erzählung

2.2 Die Genese der nicht-philosophischen Geschichtsschreibung — 111

emotional signifikant für die Rezipienten macht, muss zudem nicht identisch sein mit demjenigen, was das Geschehen für die Akteure in der Erzählung relevant macht.

Da der Interpretationsvorschlag, das Geschehen sei nicht empfindbar, weil es eben vergangen sei, so zurückgewiesen werden kann, möchte ich nun vorschlagen, dass die Fähigkeit zur Empfindung, von der Hegel spricht, an die Existenz derjenigen Institutionen und Praxen gekoppelt ist, in denen die Werte, Interessen und Zwecke der entsprechenden Personen überhaupt als sinnvoll verstanden werden können. Mit den Akteuren mitzuempfinden heißt dann nicht, zu verstehen, was die Personen empfunden haben, sondern *dasselbe* zu empfinden wie diese. Ein solches unmittelbares Empfinden setzt dann aber die Partizipation an denjenigen Praxen voraus, vor deren Hintergrund diese Praxen ihren Sinn gewinnen. Insofern Hegels Rede vom „Geist einer Zeit" und der Änderung desselben mindestens auch die Änderung solcher Praxen und Institutionen abdeckt, ist es plausibel, seine These so aufzufassen, dass wir in unserer alltäglichen Praxis, und *a fortiori* auch die allgemeinen Historiker, uns nicht so in die Vergangenheit hineinversetzen können, dass wir oder die Historiker unmittelbar dasselbe empfänden, wie die Personen, von denen die Quellen handeln. Die Unmittelbarkeit der Empfindung liegt zwar beim ursprünglichen Historiker vor, da in diesem derselbe Geist gegenwärtig ist, in den auch die Akteure in den Quellen involviert sind, nicht aber beim reflektierten Historiker, der nicht nur das Geschehen rekonstruieren muss, sondern auch die Institutionen, Normen, Werte und Überzeugungen, vor deren Hintergrund das Handeln der Akteure einzuordnen ist. Die Differenz besteht gerade darin, dass wir in anderen Praxen mit je eigenen Interessen, Normen und Werten involviert und sozialisiert sind als die Personen, von denen in den Quellen die Rede ist. Dies macht auch verständlich, warum Hegel behaupten kann, dass es unmöglich sei „im wichtigsten" (M1: 132.19f.) mit den Griechen zu empfinden.

Denn diejenigen Institutionen und Praxen, die nach Hegel zu den konstitutiven Identitätsbedingungen der griechischen Kultur gehören – insbesondere deren Religion und Kultus – sind untergegangen.[216] Diesem Wandel hat der re-

---

[216] Diese These lässt sich durch eine Passage aus dem *subjektiven Geist* in der *Enzyklopädie* (1830) stützen. Zwar äußert sich Hegel dort nicht zum Problem des Mitempfindens oder des Mitempfindens mit Personen anderer Epochen oder Kulturen, er äußert sich aber zum Status der Empfindung im Rahmen der Anthropologie, als dem ersten Teil des subjektiven Geistes. Dort bestimmt er die Empfindung als „die Form des dumpfen Webens des Geistes in seiner bewußt- und verstandlosen Individualität, in der a l l e Bestimmtheit noch u n m i t t e l b a r ist, nach ihrem Inhalte wie nach dem Gegensatze eines Objectiven gegen das Subject unentwickelt gesetzt, als seiner b e s o n d e r s t e n, natürlichen E i g e n h e i t angehörig." (*Enz.* (1830) § 400; 396.24–397.1) Während Hegel hier die gelebte, selbstverständliche Unmittelbarkeit der Empfindung hervorhebt,

flektierte Historiker dadurch Rechnung zu tragen, dass er gar nicht erst versucht, sich in die gelebte unmittelbare Empfindung der damaligen Zeit zu versetzen und seine eigenen Empfindungen denjenigen der Quellen gleichzusetzen.

Hegels Hinweis, dass der Historiker eben seiner eigenen Zeit angehöre, lässt sich dann so verstehen, dass er deutlich machen möchte, dass sich bereits die Interessen, aus denen heraus der Historiker sich der Vergangenheit zuwendet, aus den Interessen, Normen und Werten seiner Zeit ergeben, die wiederum den ‚Geist' dieser Zeit ausmachen. Um mit den Quellen unmittelbar mitzuempfinden, müsste der Historiker selbst an den entsprechenden Institutionen und Praxen partizipieren und in sie involviert sein.[217] Dies ginge aber bestenfalls dann, wenn diese Institutionen und Praxen auch heute noch gegeben wären. Für Hegel macht es einen Unterschied, ob wir eine Institution verstehen oder aber an ihr teilhaben. Der vollständigen Vergangenheit können wir uns nur in theoretischer Einstellung nähern.[218]

Dem möglichen Einwand, dass es doch prinzipiell möglich wäre, die griechische Kultpraxis wiederzubeleben und die ursprüngliche Empfindung dadurch wiederzugewinnen, da das soziale Spiel und die Regeln, die diese Praxis ausmachen, dann wieder etabliert wären, kann Hegel mehreres entgegenhalten. Der ‚Geist einer Zeit' ist für ihn holistisch konzipiert, weshalb die reetablierte Praxis nicht dieselbe wäre, da ihre Identität auch davon abhängt, in welchen Kontext anderer Praxen sie eingebettet ist.[219] Sie verlöre ihren Status, wenn man sie als einzelne aus dem antiken Kontext ablöste und in der Gegenwart zu reetablieren

---

so belegt die Anmerkung zu § 400, dass zur Empfindung auch „Grundsätze, Religion u.s.f." (*Enz.* (1830) § 400 A.; 397.8) zu zählen seien. Da diese aber sozial vermittelt sind, eignet der unreflektierten Empfindung der Individuen auch eine soziale Dimension, die freilich nicht *als* sozial vermittelt erlebt wird, sondern als unmittelbar mit den eigenen Empfindungen verknüpft. Da die sozialen Rahmenbedingungen sich aber gegenüber der Antike geändert haben, empfinden wir auch nicht mehr unmittelbar, was die alten Griechen empfanden.

217 Wie bei der Darstellung der ursprünglichen Geschichte gesehen, empfiehlt Hegel dort sogar, dass der Historiker selbst im Idealfall zur Führungsspitze seines Landes gehört, da von dort aus die beste Übersicht über das Geschehen zu erlangen sei. Vor dem Hintergrund der hier vertretenen These kann man ergänzen, dass einer der Gründe Hegels für diese Ansicht darin zu sehen sein mag, dass der Historiker auf diese Weise besonders stark in die Praxen und Institutionen involviert ist. Er kennt die politischen Vorgänge aus eigener Anschauung und unmittelbarer gelebter Empfindung.

218 Was nicht bedeuten muss, dass unsere dabei verfertigen Erzählungen nur theoretische Bedeutung hätten. Bei der Diskussion der pragmatischen Geschichtsschreibung wird sich zeigen, dass Hegel in der Praxis der Geschichtsschreibung auch einen wichtigen Stabilitätsanker für die Sittlichkeit sieht.

219 Zu den Eigentümlichkeiten des hegelschen Geistbegriffs und seinen historischen Wurzeln, vgl. Forster 2013.

2.2 Die Genese der nicht-philosophischen Geschichtsschreibung — 113

suchte. Zudem wäre eine solche Wiedereinführung artifiziell, da die Praxis nun geplant und unter ausdrücklicher Bezugnahme auf ihre ursprüngliche Gestalt wiedereingeführt würde. Insofern ihre Genesebedingungen aber mit zu ihr zu rechnen sind, spräche auch dies dafür, dass es sich nicht um dieselbe Praxis handeln könnte, die sich im antiken Griechenland teils ungesteuert, teils geplant, entfaltet hat. Damit ginge der reetablierten Praxis aber gerade das Moment der Unmittelbarkeit ab, das der ursprünglichen Praxis zukam.

In Teil [A] und [B] finden sich also weitere Gründe Hegels dafür, warum die reflektierte Geschichtsschreibung die Interessen ihrer Zeit zu berücksichtigen hat und warum bestimmte Erkenntnisinteressen als solche ausgeschlossen sind. Zudem hat sich gezeigt, dass Hegel – auch wenn er keine ausgearbeitete Hermeneutik entwickelt hat –, das Problem einer Einfühlungshermeneutik gesehen und diese durch eine entsprechende Differenzierung ausgeschlossen hat, ohne damit die Möglichkeit des Verstehens als Zugang zur Vergangenheit auszuschließen.[220]

In Teil [C] skizziert Hegel nun in knappen Worten eine Analogie, die deutlich machen soll, inwiefern uns das Mitempfinden verschlossen bleibt. Dass es sich hierbei um eine Analogie handelt, macht das „Wie" (M1: 133.2) deutlich, mit dem die Passage eingeleitet wird. Um zu verstehen, inwiefern eine Analogie vorliegt, scheint es geboten, zuerst einmal zu klären, in welcher Hinsicht der von Hegel in [C] skizzierte Fall von dem zuvor diskutierten Problem, des empfindenden Zugangs zur vollständigen Vergangenheit, abweicht.

(a) Das Hundebeispiel weist keine spezifische zeitliche Struktur auf. Es richtet sich nicht – zumindest nicht erkennbar – auf einen *vergangenen* Hund, sondern auf einen gegenwärtigen. Die Beispiele, die die griechische Kultur betreffen, richten sich hingegen auf die Vergangenheit und sind insofern spezifisch für das Problem des Hineinversetzens in die Kultur einer anderen Epoche.

(b) Es geht um das Problem, inwiefern es Menschen möglich ist, sich in das Verhalten einer anderen Gattung hineinzuversetzen. Bei den zuvor angeführten Fällen geht es hingegen darum, inwiefern es uns möglich ist, das Verhalten von Menschen in einer anderen Epoche zu verstehen bzw. zu deuten.

Analog ist das Hundebeispiel den anderen Fällen aber, insofern es in allen Fällen darum geht, inwiefern der Rede des Hineinversetzens oder Mitempfindens ein Sinn abgewonnen werden kann und inwiefern nicht. Hegel verweist in seiner

---

[220] Für Kulturgegenstände verlangt Hegel zudem ein alternatives Erklärungsmodell, das sich von dem naturwissenschaftlichen unterscheidet. Hegel kann am ‚Verstehen' als eigenständigem Wirklichkeitszugang festhalten, ohne dadurch auf eine unplausible Einfühlungshermeneutik verwiesen zu sein. Vgl. *GPR* § 146 A., sowie weiter unten die Diskussion der Eigentümlichkeit der geistigen Gegenstände anhand der Besprechung von § 380 der *Enzyklopädie*.

Analogie darauf, dass wir mit den alten Griechen genausowenig mitempfinden könnten, wie wir in der Lage seien, mit einem Hund mitzuempfinden. Er schränkt jedoch ein, dass wir uns „einen besondern Hund wohl vorstellen können" (M1: 133.2f.), d. h. wir seien in manchen Fällen dazu in der Lage, das Verhalten eines individuellen Hundes, mit dem wir Umgang pflegen, zu „errathen" (M1:133.4). Nun folgt aus dieser These Hegels nicht, dass wir dem Verhalten von Hunden im Allgemeinen völlig ratlos gegenüberstünden und dieses in keiner Weise zu deuten wüssten. Wenn wir das allgemeine Verhalten von Hunden kennen, sind wir in der Lage ihr Verhalten einzuschätzen. Einen Hund, der knurrt und die Zähne fletscht, wenn wir uns ihm nähern, verstehen wir so, dass von diesem Gefahr ausgeht; Hunde hingegen, die mit dem Schwanz wedeln, schätzen wir als ‚zufrieden' ein. Die Fähigkeit, das Verhalten von Hunden im Allgemeinen deuten zu können, unterscheidet sich aber von der Fähigkeit, das Verhalten *individueller* Hunde einschätzen zu können. Gerade um solche individuellen Verhaltensweisen geht es Hegel aber im letzteren Fall des Hundebeispiels. Wer z. B. einen Hund besitzt, der die Angewohnheit hat, mittags an der Tür der Speisekammer emporzuspringen und mit den Pfoten an ihr zu kratzen, von dem könnte die Besitzerin annehmen, dass er Hunger hat. Dass sie richtig gelegen hat, ließe sich z. B. daran feststellen, dass er mit dem Verhalten aufhört, wenn sie die Tür öffnet und ihm etwas zu Fressen herausholt. Beim Vorgang des Deutens handelt es sich nicht um eine epistemische Leistung, für die sich keinerlei Erfolgsbedingungen angeben ließen. Dass wir das Verhalten des *individuellen* Hundes aber nur erraten können, statt *so* zu empfinden wie der Hund, macht deutlich, wo die Analogie zur Geschichtsschreibung zu suchen ist. Da wir nicht die Lebensform des Hundes teilen, fehlt uns ein unmittelbarer verstehender Zugang zu dessen Verhalten. Da auch die Lebensform der alten Griechen nicht die unsere ist, fehlt uns auch hier die Möglichkeit eines unmittelbar verstehenden Zugangs. Wir empfinden nicht dasselbe wie sie bei ihren Handlungen. Hegel möchte hier auf die verschiedenen Grade des Verstehens hinweisen, je nachdem wie weit eine Lebensform sich von der unsrigen entfernt. Zugänglich sind uns die Handlungen qua hermeneutischer Mittel, der Unterstellung von Zweckrationalität usw.[221] Wie gesehen schließt die Differenz zwischen den Lebensformen nicht aus, dass wir das Verhalten von Personen oder Tieren im Allgemeinen verstehen können. Da in der Geschichtsschreibung aber häufig nicht nur das Verhalten einer Gemeinschaft im Allgemeinen gedeutet wird, sondern auch das Verhalten spezifischer Akteure (etwa das Verhalten von Demosthenes oder Alkibiades), könnte man nun vermuten, dass Hegel meint, auch

---

[221] Die notwendigen und hinreichenden Bedingungen für das Verstehen verschiedener Lebensformen zu explizieren, stellte eine eigenständige systematische Herausforderung dar.

2.2 Die Genese der nicht-philosophischen Geschichtsschreibung — 115

hier könnten wir das Verhalten der Akteure lediglich erdeuten. Wobei die Erfolgsbedingungen sich in einem solchen Fall natürlich fundamental von demjenigen in der Gegenwart unterscheiden würden, wo wir durch unsere Handlungen kontrollieren können, ob wir richtig gedeutet bzw. vermutet haben.

Nun stehen uns im Falle von Personen aber weitaus mehr Mittel des Verstehens zur Verfügung als im Fall des Hundes. Zwar mag es auch bei Personen Fälle geben, wo wir das Verhalten lediglich erraten können, zumeist stehen uns aber eine ganze Reihe von Indizien zur Verfügung, die es ermöglichen, viele mögliche Gründe für ein Verhalten als unplausibel auszuschließen. Hegel wählt die Analogie zum Hund wohl deshalb, um deutlich zu machen, dass es genauso absurd wäre, zu versuchen sich in die Lebensform eines alten Griechen hineinzufühlen und *genauso* zu empfinden wie dieser, wie es absurd wäre, sich in einen Hund hineinzufühlen, um *genauso* zu empfinden wie dieser. Das die Gattungsgrenze überspringende Beispiel macht deutlich, dass wir schlicht unfähig sind, uns unmittelbar in den Zustand eines Hundes zu versetzen.[222]

Der gesamte Absatz (M1: 132.15 – 133.4) dient ihm dazu, aufzuzeigen, inwiefern es methodologisch verfehlt ist, das Geschehen der Vergangenheit so aufzubereiten, als empfände man selbst unmittelbar wie die Akteure der Zeit, und als sei es Ziel der Geschichtsschreibung, eben die unmittelbaren Empfindungen, Wünsche und Absichten der Akteure der Vergangenheit in den Leserinnen und Lesern zu evozieren. Soweit rekonstruierbar liegt für Hegel der entscheidende Punkt darin, dass ein solches unmittelbares Empfinden voraussetzt, an der Lebensform oder den Praxen einer Zeit zu partizipieren. Da diese Möglichkeit uns verschlossen bleibt, suggeriert eine solche Geschichtsschreibung mehr, als sie faktisch zu leisten in der Lage ist. Folglich kann es sich dabei auch nicht um eine sinnvolle Zielsetzung bei der Verfertigung von Erzählungen über das vergangene Geschehen handeln.

Dass die allgemeinen Historiker sich zu diesem Zweck wesentlich auf die ursprünglichen Historiker und deren Deutungen stützen müssen, ist dabei kein Nachteil; die früheren Deutungen der Vergangenheit und das Abarbeiten an diesen relativ zum Standort der je eigenen Gegenwart zeigt, dass für den Erkenntnisfortschritt in der Geschichtsschreibung gerade die Deutungsgeschichte der Vergangenheit selbst relevant ist. Dass ein Fortschritt in der Erkenntnis der

---

[222] Der Sache nach weist Hegels Analogie dabei eine Ähnlichkeit zu Wittgensteins Löwe auf. Auch dort geht es um Grade des Verstehens zwischen Lebensformen, das bei abnehmender Ähnlichkeit zunehmend schwierig wird, jedenfalls ist dies eine mögliche Deutung des Passus. Dort steht: „Wenn ein Löwe sprechen könnte, wir könnten ihn nicht verstehen." (Wittgenstein 1984 [1953]: 568). Was Wittgenstein mit seiner Notiz zum Ausdruck bringen wollte, ist freilich selbst umstritten. Vgl. Luckhardt 1996².

Vergangenheit nicht so sehr vom Auffinden neuer Quellen, sondern auch von der Ausbildung neuer Erkenntnisinteressen abhängt, hat zu Hegels Zeiten bereits Goethe bemerkt.[223] Hegel geht insofern darüber hinaus, als für ihn die bisherigen Deutungen der Vergangenheit selbst Teil der Geschichte dieser Vergangenheit sind.

Seine Kritik an derjenigen Form der allgemeinen Geschichtsschreibung, die versucht, die Verfertigung von Erzählungen über die Vergangenheit über die Suggestion einer unmittelbaren Gegenwärtigkeit im Erzählstil einzulösen, lässt sich auf die Formel bringen, dass die reflektierte Geschichtsschreibung methodologisch ein ‚Abstandsbewusstsein' auszuprägen hat. Die Vergangenheit besteht nicht nur aus vergangenen Handlungen, sondern auch aus vergangenen und sich in der Zeit wandelnden Normen, Werten und Institutionen; wer diesen Wandel ausblendet, versteht die Vergangenheit nicht angemessen.

Im folgenden Absatz (M1: 133.5 – 9) hebt Hegel dazu an, eine weitere Möglichkeit zu diskutieren, eine möglichst ausführliche Darstellung der vergangenen Geschehnisse zu liefern. Da es sich als sinnlos erweist, das Geschehene „zur Mitempfindung durch den Ton zu bringen" (M1: 133.6), so haben auch die Geschichtsschreiber versucht, die Vergangenheit ausführlich zu rekonstruieren, indem sie versuchten „Anschaulichkeit" (M1: 133.7) in der Erzählung umzusetzen. Hegel expliziert die Einlösung dieses Ziels folgendermaßen: „d. h. ganz bis ins Detail der Begebenheiten, Sitten, EmpfindungsWeise bestimmte Darstellung" (M1: 133.8f.) bei der Verfertigung der Erzählung zu gehen. Dabei ist unter der hier genannten Empfindung ersichtlich nicht der Versuch gemeint, die gleiche Empfindung in den Leserinnen und Lesern zu evozieren, die die Akteure damals hatten, sondern stattdessen, deren Normen, Werte und Vorstellungen möglichst detailliert zu erfassen.[224]

---

[223] „Daß die Weltgeschichte von Zeit zu Zeit umgeschrieben werden müsse, darüber ist in unsern Tagen wohl kein Zweifel übriggeblieben. Eine solche Notwendigkeit entsteht aber nicht etwa daher, weil Geschehenes nachentdeckt worden, sondern weil neue Ansichten gegeben werden, weil der Genosse einer fortschreitenden Zeit auf Standpunkte geführt wird, von welchen sich das Vergangene auf eine neue Weise überschauen und beurteilen läßt. Ebenso ist es in den Wissenschaften. Nicht allein die Entdeckung von bisher unbekannten Naturverhältnissen und Gegenständen, sondern auch die abwechselnden vorschreitenden Gesinnungen und Meinungen verändern sehr vieles und sind wert, von Zeit zu Zeit beachtet zu werden." (Goethe 1999 [1810]: 93f.)

[224] Der Sache nach würde man einen solchen Einlösungsversuch der Ausführlichkeit heute wohl der „neuen Kulturgeschichte" oder aber Alltagsgeschichte zurechnen. Diesem Typ moderner Geschichtsschreibung geht es um eine möglichst detailgetreue Aufbereitung vergangener Praxen und Lebensweisen, die sich zumeist jenseits der politisch-militärischen Sphäre bewegen. Zur neuen Kulturgeschichte siehe: Daniel 2001, zur Alltagsgeschichte vgl. Lüdtke 1989.

Erzähltheoretisch ließe sich der Versuch, die Erzählung durch unzählige Details anschaulich zu machen, mit dem auf Roland Barthes zurückgehenden Begriff des „Realitätseffekts" fassen. Darunter versteht man die Füllung der erzählten Welt einer Geschichte durch Details, die sich dem jeweiligen Plot funktional allenfalls indirekt zurechnen lassen.[225] Im Falle der Geschichtsschreibung müssten solche Details anders als bei fiktionalen Erzählungen zwar durch Belege gestützt werden; davon abgesehen lässt sich dieser Begriff allerdings verwenden, um verständlich zu machen, welche Art Einlösungsversuch Hegel im Sinne hatte.

Hegel lehnt letzteren Einlösungsversuch – anders als den ersten – nicht ohne Weiteres ab. Er weist aber im folgenden Absatz des Manuskripts darauf hin, dass eine solche Detailtreue in einer Erzählung mit dem Erkenntnisinteresse und Zweck der allgemeinen Geschichtsschreibung, nämlich die vollständige Vergangenheit eines Gegenstandes aufzubereiten, in Konflikt geraten kann. Dies deshalb, da eine Erzählung über diese Vergangenheit sich ihrem Gegenstand – der Abfolge bestimmter Ereignisse, die geschildert werden sollen – nur soweit nähern kann bzw. sollte, dass diese Abfolge nicht aus dem Blick gerät:

> Nemliche Geschichte, welche eine lange Periode, oder den Zeitraum der Weltgeschichte überschauen will, kann nicht anders, als sie muß die individuelle Darstellung des Wirklichen mehr oder weniger aufgeben, und sich mit Abstraction epitomiren abkürzen, diß nicht nur überhaupt viele Begebenheiten und Handlungen weglassen, sondern der Gedanken der Verstand ist der mächtigste Epitomator – behelfen; (M1: 133.10 – 15).

In dieser Passage wird zu Beginn darauf hingewiesen, inwiefern das Erkenntnisinteresse der allgemeinen Geschichtsschreibung gerade mit dem Ideal einer möglichst detailgetreuen und anschaulichen Darstellung in Konflikt gerät. Denn je mehr Details vorliegen, desto schwieriger wird es, eine Erzählung zu etablieren, in der die Darstellung überhaupt noch einen weltgeschichtlichen Ausschnitt überschaubar macht. Der relevante Plot, d. h. der Hauptstrang der Erzählung, ginge zwischen den zahlreichen Ausführungen verloren. Die daher notwendige Beschränkung, die der Historiker in einer Erzählung der Vergangenheit zu üben hat, stellt aber selbst kein Defizit dar, sondern ist im Gegenteil eine Gelingensbedingung für das Erzählen einer Geschichte überhaupt. Die Tätigkeit des Erzählens setzt Relevanzkriterien und einen Erzählstil voraus, relativ zu dem sich überhaupt bestimmen lässt, was relevant und was irrelevant ist. Die Geschehnisse der Ver-

---

225 Zum Realitätseffekt vgl. Martinez/Scheffel 2012 [1999]: 120 u. 213. Siehe auch Barthes 1994 [1968].

gangenheit sind nicht per se das eine oder das andere, sondern relativ zu den Erzählzielen des Historikers.

Hegel unterscheidet in der angegebenen Passage zwei Wege, auf denen sich Relevantes von Irrelevantem abscheiden lässt. Zum einen steht dem Historiker das Mittel zu Gebote, diejenigen Quellenbestände und durch diese rekonstruierbare Sachverhalte, die er für seine Erzählung als irrelevant einstuft, überhaupt nicht zu erwähnen. Zum anderen erweise sich Hegel zufolge „der Verstand" (M1: 133.14) als „der mächtigste Epitomator" (M1: 133.15). Diese letztere Formulierung findet auch an anderer Stelle zur Charakterisierung der Verstandesleistung Verwendung. In seiner Vorrede zur *Lehre vom Sein* erläutert Hegel die Rolle, die die Kategorien im Rahmen außerlogischer Denkvollzüge – insbesondere im Alltag – spielen. Er verwendet für solche Vollzüge, in denen die Kategorien nur eine implizite Rolle spielen, den Ausdruck ‚natürliche Logik'.

Die Rolle der Kategorien im Alltag charakterisiert er so:

> Im Leben geht es zum G e b r a u c h der Kategorien, sie werden von der Ehre, für sich betrachtet zu werden [dies ist die Aufgabe der *Wissenschaft der Logik*/T.R.], dazu herabgesetzt, in dem geistigen Betrieb lebendigen Inhalts, in dem Erschaffen und Auswechseln der darauf bezüglichen Vorstellungen zu d i e n e n, – theils als A b b r e v i a t u r e n durch ihre Allgemeinheit; – denn welche unendliche Menge von Einzelnheiten des äusserlichen Daseyns und der Thätigkeit faßt die Vorstellung: Schlacht, Krieg, Volk oder Meer, Thier u.s.f. in sich zusammen; – wie ist in der Vorstellung: Gott, oder Liebe u.s.f. in die E i n f a c h h e i t solchen Vorstellens eine unendliche Menge von Vorstellungen, Thätigkeit, Zuständen u.s.f. epitomirt!; – theils zur nähern Bestimmung und Findung der g e g e n s t ä n d l i c h e n V e r h ä l t n i s s e , wobey aber Gehalt und Zweck, die Richtigkeit und Wahrheit des sich einmischenden Denkens ganz von dem Vorhandenen abhängig gemacht ist und den Denkbestimmungen für sich keine Inhaltbestimmende Wirksamkeit zugeschrieben wird. (*WdL* (1832): 13.16 – 28/Unterstreichung T.R.)

Es soll im Folgenden nicht darum gehen, diese Passage ausführlich zu interpretieren. Sie ist nur soweit heranzuziehen, wie sie dabei helfen kann, zu verstehen, was die epitomisierende Fähigkeit der Verstandestätigkeit bedeuten soll. Dass Hegel diese Charakterisierung nicht nur in seinem Manuskript, sondern auch in dieser publizierten Vorrede verwendet, indiziert, dass er die damit gegebene Bestimmung sowohl für treffend als auch für relevant hält. Zudem fällt auf, dass Hegel die Notwendigkeit, beim Erzählen einer allgemeinen Geschichte abzukürzen, anhand einer Eigenschaft erklärt, die er der Verstandestätigkeit auch sonst zuschreibt. Um näher zu fassen, worauf er sich beziehen mag, werde ich im Folgenden zum einen klären, was mit „epitomieren" bzw. dem Epitomator, als der hier der Verstand personifizierend angesprochen wird, im Wortsinne gemeint ist, und zum anderen klären, was Hegel unter ‚Verstand' fasst.

Der Ausdruck ‚Epitome' kommt aus dem Altgriechischen und bedeutet wörtlich ‚das Abschneiden' bzw. ‚das Beschneiden von etwas'. In der antiken Philologie wurden Auszüge und knappe inhaltliche Zusammenfassungen von größeren Werken als Epitome bezeichnet. Auf diese Weise entstanden eine Art kommentierte Inhaltsverzeichnisse, die z. B. dem Benutzer einer antiken Bibliothek einen ersten Einblick ermöglichten. So sind wir heute über den Inhalt der verlorenen Bücher des bereits erwähnten Werkes *ab urbe condita* von Livius anhand solcher Epitome informiert.[226] Die professionellen bzw. hauptsächlichen Verfasser solcher Epitome wurden Epitomatoren genannt und waren häufig Angestellte großer Bibliotheken, etwa der Alexandrinischen. Von den Epitomen zu Livius ausgehend, nahm der Ausdruck seine allgemeine philologische Bedeutung an.

Die Verwendung gerade dieses Ausdrucks ist im vorliegenden Kontext im doppelten Sinne aufschlussreich. Hegel charakterisiert damit nicht nur eine Verstandesleistung, sondern die Geschichte des Ausdrucks selbst verweist auf den Umgang mit Quellen, aus denen zu spezifischen Zwecken Auszüge genommen werden. Wie weiter oben gesehen, betont Hegel gerade die Relevanz ursprünglicher Historiker für die spätere Aufbereitung durch die reflektierte Geschichtsschreibung. Die Praxis des Auszügebildens aus größeren Werken scheint hier eine sinnvolle Methode zu sein, mit der die späteren Historiker den für ihre Erzählung relevanten narrativen Hauptstrang einer Episode der Vergangenheit ausarbeiten und gewissermaßen aus dem reichhaltigeren Material herausfiltern können. Hegel behauptet damit nicht, dass die allgemeine Geschichtsschreibung nicht mehr sei bzw. biete als die Epitome, sondern dass der Aspekt des Auszügebildens ein wesentlicher Bestandteil der allgemeinen Geschichtsschreibung ist. Denn, dass derjenige Historiker, der eine allgemeine Geschichtsschreibung verfasst, nicht anders kann, als zu epitomisieren, heißt nicht, dass er *nur* ein Epitome verfasste. Unter der Rede des Epitomisierens fasst Hegel nun nicht nur den Aspekt des Bildens von Auszügen, sondern er meint damit zudem – wie das Zitat aus der Vorrede der *Lehre vom Sein (1832)* belegt – eine über den Kontext der Geschichtsphilosophie und seiner Explikation der Arbeit der Geschichtsschreiber hinausgehende Eigenschaft der Verstandestätigkeit fassen zu können.[227]

---

[226] Neben den Epitomen sind insbesondere die so genannten *Perochiae* eine wichtige Quelle für den Inhalt des Liviusschen Werkes.

[227] Auch Droysen bedient sich der hegelschen Redeweise vom ‚Epitomator' anlässlich seiner Rezension eines Werkes des englischen Historikers Henry Thomas Buckle. Da Droysen meist darum bemüht ist, die Geschichtsschreibung kritisch von Hegels Geschichtsphilosophie abzusetzen, ist es bemerkenswert, dass er die damit verbundenen Überlegungen Hegels akzeptiert. Vgl. Droysen 1977 [1863]: 393.

Hegel verwendet den Ausdruck ‚Verstand' häufig pejorativ, um eine Denkleistung zu charakterisieren, die den Ansprüchen der spekulativen[228] Philosophie nicht entspricht. So schreibt er etwa der klassischen Metaphysik sowie der alltäglichen Weltauffassung zu, dass sie, sofern sie sich mit den Gegenständen der Metaphysik befassen, „die bloße Verstandes-Ansicht der Vernunft-Gegenstände" (Enz. (1830) § 27; 70.14 f.) zum Ausdruck bringen. Die Verwendung des Adjektivs „bloß" macht dabei den defizitären Standpunkt einer solchen Befassung mit den Gegenständen der Metaphysik aus der Perspektive des Verstandes deutlich. An vielen Stellen in seinem Werk verwendet Hegel zudem das Adjektiv „verständig" um eine einseitige, der spekulativen Philosophie unangemessene Perspektive zum Ausdruck zu bringen, und unterscheidet diese von der „vernünftigen" Perspektive der spekulativen Philosophie, die solche Einseitigkeiten überwindet.[229] Das vernünftige Denken, das Hegel zufolge zur adäquaten philosophischen Arbeit notwendig sei, steht dabei dem Verstandesdenken allerdings nicht einfach gegenüber, sondern integriert dieses, was sich etwa daran zeigt, dass auch das Verstandesdenken für ihn eine der drei Seiten ausmacht, die für die Behandlung und Entwicklung der Denkbestimmungen in der *Wissenschaft der Logik* notwendig sind.[230] Das alltägliche und nicht-philosophische wissenschaftliche Denken hingegen bleiben beim Verstandesdenken stehen, aus dessen Perspektive heraus das spezifisch spekulative Denken als unverständlich und uneinsichtig erscheint.[231]

Nun behandelt Hegel im vorliegenden Abschnitt des Manuskripts gerade die nicht-philosophischen Weisen der Geschichtsschreibung. Er formuliert an dieser Stelle also keinen Vorwurf der Art, dass die Geschichtsschreibung selbst mit philosophischen Mitteln zu arbeiten habe, sondern verweist auf ein Merkmal des verständigen Denkens, das darin bestehe, dass der Verstand mithilfe seiner Begriffe konkrete Ereignisse und Sachverhalte auf abstrakte Weise fasse. Die vom

---

228 Hegel unterscheidet zwischen verschiedenen Konzeptionen der Philosophie und seiner eigenen Konzeption, die – als Endpunkt der Entwicklung der Philosophiegeschichte – den positiven Gehalt sämtlicher vorangegangen Konzeptionen der Philosophie integrieren können soll. (vgl. *Enz.* (1830) §§ 13–14). Ich verwende in dieser Arbeit das Prädikat ‚spekulativ', um damit die spezifisch Hegelsche Konzeption der Philosophie zu kennzeichnen. Wenn ich also Ausdrücke wie ‚spekulative Geschichtsphilosophie' verwende, dann beziehe ich mich damit jeweils auf die hegelsche Konzeption und die mit ihr einhergehenden Annahmen und Ansprüche.
229 Vgl. etwa „Jene Formen, die wenigstens zum eigentlichen Gebiet der Logik gehören, werden übrigens nur als Bestimmungen des bewußten, und zwar desselben als nur verständigen, nicht vernünftigen Denkens genommen." (*Enz.* (1830) § 162 A.; 178.3–6)
230 Vgl. *Enz.* (1830) § 79 und § 79 A. Die Relevanz des Verstandesdenkens für die Logik wird näher ausgeführt bei Martin 2012: 602f.
231 Vgl. etwa *GPR* § 7 A.

Verstand dabei gebildeten Begriffe sind generelle Termini, die sich aufgrund dessen zur Charakterisierung von mehr als einem Ereignis anführen lassen, sie greifen ein Ereignis jeweils unter einer Beschreibung heraus, unter der es als relevant erscheint, lassen dabei aber die konkrete Fülle der Ereignisse unberücksichtigt. Diese Eigenschaft gilt für die Verstandestätigkeit überhaupt, auch der ursprüngliche Geschichtsschreiber verwendet selbstverständlich bereits generelle Termini zur Charakterisierung von Ereignissen. Hegel ist insofern also nicht der Ansicht, dass gerade der allgemeine Geschichtsschreiber unfähig sei, die konkrete Fülle von Ereignissen in ihrer ganzen Detailliertheit zu schildern, in gewissem Sinne gilt dies für jede Art von Beschreibungen von Ereignissen, insofern diese notwendig auf den Gebrauch von generellen Termini angewiesen sind. Hegel erinnert an dieser Stelle vielmehr an diese Eigenschaft der Verstandestätigkeit, um deutlich zu machen, dass jede sprachliche Fassung von Ereignissen mit generellen Termini operiert, und das Ziel, die Geschichte durch üppige Detailfülle den Leserinnen und Lesern erlebbar zu machen, daher nicht so aufgefasst werden darf, als wäre es möglich, die Ereignisse selbst in ihrem phänomenal-konkreten Widerfahrnischarakter noch einmal im Leseakt zu wiederholen. Da wir in unseren Erzählungen notwendigerweise auf generelle Termini angewiesen sind und diese Konkreta nie vollständig erfassen, kann Hegel davon sprechen, dass der Verstand selbst schon „der mächtigste Epitomator" (M1: 133.14 f.) sei. Die epitomisierende Arbeit des Historikers, der auf diese Verstandestätigkeit angewiesen ist, ist der notwendigen Verwendung von generellen Termini überhaupt nachgeordnet. Daher wäre es sinnlos, wollte der Historiker seine Arbeit so verstehen, als müsse er durch detaillierte Beschreibungen die Vergangenheit dem Leser gewissermaßen in ihrer sinnlichen Fülle noch einmal präsentieren, so wie Proust die verlorene Zeit einzufangen suchte.

Hegel verweist auf diese Eigenschaft der Begriffe bildenden Verstandestätigkeit also, um ein Argument gegen eine solche Charakterisierung der Arbeit des allgemeinen Geschichtsschreibers ins Feld zu führen.

Wie der weitere Verlauf des Manuskripts belegt, führt Hegel eine Reihe von solchen generellen Termini an, die üblicherweise in der Geschichtsschreibung verwendet werden, um eine Menge an Geschehnissen zusammenzufassen.

> z.B. es ist eine Schlacht gelieffert, ein grosser Sieg erfochten, eine Stadt vergebens belagert worden u.s.f. Schlacht, grosser Sieg, Belagerung, – alles diß sind allgemeine Vorstellungen die ein weitläuffiges individuelles Ganzes in eine einfache Bestimmung für die Vorstellung zusammenziehen. (M1: 133.15–19)

Er führt in der Folge ein Beispiel für eine solche Zusammenziehung an, in dem er in knapper Form ein Geschehen zusammenfasst, das bei Thukydides über viele Seiten ausgeführt wird:

> Wenn erzählt wird, daß im Anfang des peloponnesischen Krieges Platäa von den Spartanern lange belagert, und nachdem sich ein Theil der Bewohner geflüchtet, die Stadt eingenommen und die zurükgebliebenen Bürger hingerichtet worden sind – so ist diß kurz – nicht bloß quantitativ d. h. nur allgemeine Vorstellung reducirt durch die Reflexion – beysammen was Thucydides mit so vielem Interesse ausführlich in seinem ganzen Detail beschreibt – oder das eine Expedition der Athener nach Sicilien einen unglüklichen Ausgang genommen [A] – Aber es ist wie gesagt für die Übersicht nothwendig sich mit solchen reflectirten Vorstellungen zu helfen, und solche Übersicht ist gleichfalls nothwendig. [B] (M1: 133.19 – 134.6/Siglen T.R.)

Hegel formuliert ein Exempel für die epitomisierende Leistung des Verstandes. Die von Thukydides in zahlreichen Details geschilderten Ereignisse werden hier auf ein zentrales zusammengezogen. Dabei werden aber nicht nur konkrete Ereignisse in generelle Termini gefasst, sondern diese stehen zudem in einem narrativen Zusammenhang.[232] Sie folgen in einer bestimmten Sequenz aufeinander. *Weil* die Spartaner Platäa belagerten, floh ein Teil der Bevölkerung, *danach* gelang den Spartanern die Besetzung der Stadt, und mit dieser Besetzung ging dann die Hinrichtung der zurückgebliebenen Zivilisten einher.

Hegel führt nun aus, dass eine solche epitomisierte Erzählung, die sich aus der Thukydeischen Quelle gewinnen und mit dieser stützen lässt, „kurz" sei. Die Kürze einer solchen Erzählung liege dabei aber nicht nur in deren Quantität, d.h. nicht nur die Erzählzeit in Hegels Beispiel ist im quantitativen Sinne kürzer als die Erzählzeit bei Thukydides, sondern ein weiteres Merkmal soll die epitomisierte Erzählung hinsichtlich der Kürze vor der des Thukydides auszeichnen.[233] Be-

---

[232] Ein bekanntes Beispiel für die Anforderung, dass die beschriebenen Geschehnisse einer Erzählung in einem relevanten Zusammenhang stehen müssen, d.h. einen Plot aufzuweisen haben, der auch in der Erzählung erkennbar sein sollte, liefert E.M. Forster in seinem Buch *Aspects of the Novel*. Dort unterscheidet Forster zwischen ‚Story' und ‚Plot', wobei letzterer gegenüber ersterer stärkere Anforderungen bezüglich des Zusammenhangs zwischen den erzählten Geschehnissen zu erfüllen hat: „A plot is [...] a narrative of events, the emphasis falling on causality. ‚The king died and then the queen died', is a story. ‚The king died, and then the queen died of grief', is a plot." (Forster 1974: 93) Henning fasst die Anforderung des Zusammenhangs, die wir an Erzählungen (oder zumindest an ‚gute' Erzählungen) stellen, als „Bedingung des Sinnzusammenhangs" auf, vgl. Henning 2009: 183 – 190.

[233] Hegel verfügt noch nicht über die moderne erzähltheoretische Unterscheidung zwischen Erzählzeit und erzählter Zeit. Dass er auf etwas Analoges hinauswill, sieht man aber daran, dass er zwischen der Quantität, d. h. der Dauer der Thukydeischen und der verkürzten epitomisierten Darstellung, wie sie z. B. bei einem allgemeinen Historiker zu finden wäre, differenziert. Dabei ist

dauerlicherweise nennt Hegel das weitere Unterscheidungsmerkmal im Manuskript nicht.[234] Implizit lässt es sich aber daraus ablesen, dass Hegel in [A] hervorhebt, dass Thukydides dasselbe Ereignis mit „so vielem Interesse ausführlich" (M1: 134.2) schildere. Der epitomisierende Erzähler in dem Beispiel Hegels hingegen hat offensichtlich andere Interessen als Thukydides, daher schildert er die Belagerung in weitaus knapperer Form und reduziert diese auf die für seine Erzählung entscheidenden Wendungen (Belagerung; Flucht; Besetzung; Hinrichtungsvorgänge). Welche Art von Erzählung und Detailfülle sinnvoll ist, hängt also von den Erkenntnisinteressen und Erzählzielen der jeweiligen Historiker ab. Da der allgemeine Historiker eine Vielzahl von Geschehnissen zu erzählen hat, müssen die jeweiligen Geschehnisse größtenteils auf ihren zentralen Kern, d. h. den Plot, reduziert werden. Eine allgemeine Geschichtsschreibung im Stile der detaillierten ursprünglichen Geschichtsschreibung hält Hegel für unverträglich miteinander. Nicht alle Erzählziele sind miteinander kompatibel. Wer eine allgemeine Geschichte schreiben will, muss sich in den Details beschränken, wenn er sein Erzählziel und seinen Zweck nicht aus den Augen verlieren möchte, er setzte sich damit der Gefahr aus, dass seine Erzählung in eine bloße zusammenhanglose Reihe von Kenntnissen kollabierte.

Diese Inkompatibilität der Erzählziele begründet auch die erste Notwendigkeitsbehauptung Hegels in [B]. Um das Erzählziel einer allgemeinen Geschichtsschreibung realisieren zu können, muss der Historiker sich darüber klarwerden, *was* er erzählen möchte, und welcher *Plot* dafür relevant und aus dem Quellenmaterial zu stützen ist.[235] Darüber hinaus behauptet Hegel in [B] in seiner zweiten

---

natürlich vorausgesetzt, dass sowohl die Thukydeische als auch die Erzählzeit in Hegels Beispiel beide kürzer sind als die erzählte Zeit, d. h. das konkrete Belagerungsereignis. Die Erzählzeit wird heute üblicherweise anhand von Seitenzahlen angegeben. Vgl. Martinez/Scheffel 2012 [1999]: 32f. u. 210.

234 Auch in der Vorlesungsausgabe ist zu dieser Stelle nichts enthalten.

235 Da Hegel über keine ausgearbeitete Erzähltheorie verfügt, lassen sich bei ihm keine näheren Angaben darüber finden, welche Bedingungen erfüllt sein müssen, damit von einem *Plot* gesprochen werden kann. Das von ihm vorgetragene Beispiel der Belagerung und schlussendlichen Besetzung Plataas durch die Spartaner im Verlauf des Peloponnesischen Krieges legt aber nahe, dass seine Kriterien sich – zumindest implizit – auf die einzige Erzähltheorie stützt, die zu seiner Zeit überhaupt zugänglich war und von der wir zudem wissen, dass Hegel sie kannte: die aristotelische *Poetik*. Der von Hegel vorgestellte *Plot* bildet nämlich einen Zusammenhang, der den Kriterien entspricht, die Aristoteles für die Literaturgattungen ‚Drama' und ‚Epos' einfordert. Bekanntlich beurteilt Aristoteles die Geschichtsschreibung anders als Hegel nicht als besonders relevant. Da Hegel zudem die These vertritt, dass für die Geschichtsschreibung (zumindest für gelungene) eine erzählende Aufbereitung konstitutiv sei, liegt es nahe, dies als Anhaltspunkt zunehmen, dass Hegel dabei an die aristotelischen Kriterien denkt und diese auch für Erzählungen

Notwendigkeitsbehauptung aber nicht nur, dass es für denjenigen Historiker, der ein allgemeines historisches Erzählziel verfolgt, notwendig sei, auf epitomisierende Mittel zurückzugreifen, sondern er behauptet darüber hinaus, dass es auch notwendig sei, dass es eine allgemeine Geschichtsschreibung gebe. Hegels These kann durch seine plausible Annahme gestützt werden, dass auch diejenige Vergangenheit in die Erzählung der eigenen Geschichte integriert werden muss, die den Zeitgenossen inzwischen selbst nicht mehr ohne Weiteres verständlich ist. Da die Geschichtsschreibung selbst wesentlich für die Persistenz der Identität einer Kultur über die Zeit ist, ist es notwendig die *gesamte* Geschichte erzählerisch aufzubereiten, um so die Identitätsbedingungen einer Kultur zu wahren. Hegels Notwendigkeitsbehauptung ist daher so zu präzisieren, dass in Gesellschaften, in denen es zur Ausprägung einer Geschichtsschreibung gekommen ist, nach einem entscheidenden kulturellen Wandel die gemeinsame Erzählung über lange Zeitphasen hinweg durch Übersichtserzählungen gesichert werden muss.

Wie man an Hegels Einwänden gegen eine Konzeption der Geschichtsschreibung, die es sich zur Aufgabe macht, eine möglichst konkrete Detailfülle zu präsentieren, sehen kann, gehen für ihn mit dem erzählenden Charakter der Geschichtsschreibung Kriterien einher, die erfüllt sein müssen, damit wir überhaupt von einer Erzählung sprechen können. Zwar hat Hegel keine vollständige Liste notwendiger und hinreichender Bedingungen erarbeitet, die es uns erlauben würde zu klären, wann man in seinem Sinne überhaupt von Erzählungen bzw. Geschichten sprechen kann, bzw. spezifischer, wann man von einer historischen Erzählung sprechen kann, dies heißt aber nicht, dass er diesen Begriff völlig kriterienlos ließe. Hegels Überlegungen sind daher systematisch an Überlegungen zu der Frage anschlussfähig, welche Kriterien eine Darstellung vergangener Ereignisse überhaupt zu einer ‚Geschichte' im geschichtswissenschaftlich relevanten Sinne machen.[236] Zudem ist Hegel *a fortiori* darauf festgelegt, dass eine adäquate Geschichtswissenschaft erzählenden Charakter haben muss.

Während die vorherigen Abschnitte der Zurückweisung der These gewidmet waren, dass die Historiker die Geschichte in ihrer ganzen Detailfülle zu rekonstruieren hätten, widmet er sich in den letzten Absätzen (M1: 134.7–135.13) des Manuskripts zwei weiteren Themen.

---

im Rahmen der Geschichtsschreibung einfordert. Zu Aristoteles' Bestimmungen vgl. Aristoteles 2001: 11–12; 1450b21 ff.

236 Notwendige und hinreichende Bedingungen dafür, wann wir von einer Geschichte sprechen können, erarbeitet Tim Henning, der dabei jedoch nicht auf die Frage eingeht, ob es möglich ist, anhand weiterer Kriterien notwendige und hinreichende Bedingungen für einen Begriff der ‚Erzählung' im geschichtswissenschaftlichen Sinne zu entwickeln. Vgl. Henning 2009: 153–232, insbesondere 169 f.

2.2 Die Genese der nicht-philosophischen Geschichtsschreibung — 125

Zum *einen* äußert sich Hegel zu den stilistischen Eigentümlichkeiten, die mit der allgemeinen Art der Geschichtsschreibung einhergehen, zum *anderen* behandelt er ein weiteres Abgrenzungsproblem.

Mit der These des erzählenden Charakters handelt sich Hegel ein weiteres Abgrenzungsproblem ein. Gerade zu seiner Zeit war die Gattung des historischen Romans in Mode gekommen. Man hätte also annehmen können, diese Gattung verkörpere die adäquate Form, an der sich die Geschichtsschreibung zu orientieren habe, um ihre Ziele erzählerisch einzulösen. Dass Hegel sich in den letzten Absätzen gegen solche Überlegungen wendet, und den historischen Roman von der Geschichtsschreibung, insofern sie wissenschaftlichen Standards genügen können soll, unterscheidet, liefert ein weiteres Indiz dafür, dass ihm bewusst war, dass die Geschichtsschreibung eine erzählerische Dimension aufweist. Mit dieser tritt das alte Problem auf, ob die Geschichtsschreibung nicht vielmehr als Kunst und nicht als Wissenschaft angesehen werden müsse.[237] Da Erzählungen häufig so verstanden werden, dass ihnen eine spezifische ästhetische Dimension eignet, ist Hegel bewusst, dass er sich gegenüber diesem Problem positionieren muss. Da diese Probleme sich nur dann stellen, wenn man meint, dass die Geschichtsschreibung erzählend zu realisieren sei, liefert Hegels Auseinandersetzung zudem einen Beleg für die These, *dass* er eine solche erzählerische Dimension verteidigt.

Ich werde mich nun diesen Passagen widmen und danach zur zweiten Form der reflektierenden Geschichtsschreibung übergehen.

Hegel gesteht zu, dass die allgemeine Geschichtsschreibung, je mehr sie sich auf den bloßen Plot konzentriert, desto langweiliger, d. h. uninteressanter für das Publikum wird. Die emotionale Signifikanz wird, insbesondere bei Geschehnissen, die aufgrund ihrer Reduktion auf den Plot als repetitiv erscheinen müssen, nicht mehr einsichtig. Hegel führt dieses Problem, das mit der Orientierung an einer allgemeinen Übersicht einhergeht, am Beispiel des Livius aus:

> –Freylich wird solche Erzählung [d. h. eine allgemeine Geschichtsschreibung, die sich eine Übersicht eines größeren historischen Abschnittes zum Ziel gesetzt hat/T.R.] dann um so t r o c k e n e r: was will es uns interessiren, wenn Livius nachdem er 100 mal von 100 Kriegen mit den Volscern erzählt, – unter andern mit dem Ausdruck: dieses Jahr ist auch glüklich mit den Volskern oder Fidenaten u.s.f. Krieg geführt worden. (M1: 134.7–10)

Es ist nicht ganz klar, ob an dieser Stelle zum Ausdruck gebracht werden soll, dass die allgemeine Geschichtsschreibung notwendigerweise mit einem Abfall der emotionalen Signifikanz einer Erzählung konfrontiert ist, oder aber lediglich

---

237 Die Diskussion, ob es sich bei der Geschichtsschreibung um eine Kunstform oder um eine Wissenschaft handle, lässt sich bis in die Antike zurückverfolgen.

darauf hingewiesen wird, dass die allgemeine Geschichtsschreibung, sofern sie keinen eigenständigen relevanten und damit auch emotional hinreichend signifikanten Zugang zu ihrem jeweiligen Gegenstand findet, sich in einer belanglos wirkenden Aufzählung verliert. Für letzteres spricht, dass Hegel in seinem Beispiel erneut auf Livius zurückgreift, den er bereits zuvor als schlechten allgemeinen Historiker eingeschätzt hatte. Man sollte also nicht darauf schließen, dass Hegel meint, die allgemeine Geschichtsschreibung sei insgesamt unwissenschaftlich, da sie uns qua des Abfalls der emotionalen Signifikanz nichts mitteile, das wir als bedeutsam oder relevant einschätzen würden. Hegel zeigt lediglich, dass wenn das Erzählziel schlecht umgesetzt ist, uns die Relevanz der erzählten Ereignisse nicht deutlich wird.

Gegen den drohenden Abfall der emotionalen Signifikanz könne man, wie Hegel in den letzten Abschnitten ausführt, vorzugehen suchen, indem man mehr Details in die Erzählung einführt. Dieses Vorgehen führt aber dann nicht zum Ziel, wenn der narrative Gesamtzusammenhang in den Details nicht mehr deutlich wird. Dass diese Arten der Einfügung von Details ohne klare Relevanzkriterien für das übergeordnete Erzählziel, dem die rekonstruierte Geschichte dienen soll, als Reaktion auf die ungenügende Form einer allgemeinen Geschichtsschreibung aufzufassen ist, zeigt die Einfügung in Klammern, mit der Hegel die folgenden Absätze, die diesen Problemen gewidmet sind, beginnen lässt: „(Gegen die allgemeine Weise, –)" (M1: 134.11). Wie diese Reaktion auf die allgemeine Weise der Geschichtsschreibung verläuft und zu welchen Mitteln sie greift, stellt Hegel in der Folge in knappen Stichworten dar:

> alle einzelnen Züge, unendlich recht – (lebendig darzustellen) sammeln – lesen diese allenthalben zusammen (Ranke) – die bunte Menge von Detail, von kleinlichen Interessen, Handlungen, der Soldaten, Privatsachen, – die auf das politische Interesse keinen Einfluß haben – unfähig ein Ganzes – allgemeinen Zweck.
> Solche Weise die Geschichte zu schreiben, heißt unlebendig – jene Formen, abstracten Vorstellungen machen den Inhalt trocken – (M1: 134.11–17)

Wer versucht, die emotionale Signifkanz zu bewahren, indem er in seiner Geschichtsschreibung viele Details einfließen lässt, auf Individuen eingeht (Hegel nennt als Beispiel Soldaten) und deren besondere Erlebnisse hervorhebt, um seiner Erzählung ein ‚persönlicheres' Antlitz zu geben, verfehlt damit sein Erzählziel ebenso wie derjenige allgemeine Historiker, der auf Details verzichtet, dies aber auf Kosten der emotionalen Signifikanz der Erzählung. Hegel deutet dabei stichwortartig an, wie die allgemeine Geschichtsschreibung angemessen umgesetzt werden könnte: sie muss auf einen „allgemeinen Zweck" (M1: 134.15) hin ausgerichtet sein, d. h. die dargestellten Details müssen in Beziehung zu unserem politischen Interesse stehen, also von Bedeutung für das gesamte Gemeinwesen sein. Ansonsten sei die gelieferte Erzählung „unfähig ein Ganzes" (M1: 134.15) zu bilden.

Im folgenden zweizeiligen Absatz (M1: 134.16–17) führt er an, dass auch „[s]olche Weise die Geschichte zu schreiben", d. h. eine starke Fokussierung auf individuelle Schicksale, keine adäquate emotionale Signifikanz hervorrufe. Dem könnte man entgegenhalten, dass wir im Allgemeinen Erzählungen, in denen das Schicksal einzelner geschildert wird, durchaus eine gewisse Bedeutsamkeit zumessen. Wissenschaftliche Relevanz erhalten solche Erzählungen aber erst, wenn in ihnen ein allgemeines Erzählziel deutlich wird, das eine Bedeutung für die Gegenwart besitzt und insofern von politischem Interesse ist, dass es das Gemeinwesen als Ganzes betrifft.[238] Das Schicksal einzelner Individuen ist allenfalls relevant, sofern sich in ihm diese Geschehnisse niederschlagen.[239]

In dem zitierten Abschnitt erwähnt Hegel in einer Einfügung in Klammern Leopold von Ranke. Während Ranke heute zumeist als einer der Begründer der modernen methodisch gesicherten Geschichtsschreibung angeführt wird, die sich im 19. Jahrhundert als Geschichts*wissenschaft* konstituiert, verweist Hegel auf ihn in einem kritischen Kontext. Er scheint u. a. an Rankes Geschichtsschreibung zu denken, wenn man dessen Erwähnung im Kontext des gesamten Abschnitts einordnet. Hegel wendet sich dort kritisch gegen den Versuch, die allgemeine Geschichte durch allerhand Details ohne näheren Zusammenhang vor dem Relevanzverlust zu retten. Ranke wäre dann – nach Hegels Meinung – einer der Autoren, die sich eines solchen Versuchs schuldig machen.[240] Bezieht man die Erwähnung Rankes allerdings nur auf den durch Gedankenstriche abgegrenzten Satzteil, wo Hegel die Klammer eingefügt hat und nicht auf den Kontext des gesamten Abschnitts, dann stünde Ranke hier als Beispiel eines Historikers, der seine Details und Kenntnisse des vergangenen Geschehens aus allerhand Quellen zieht und sammelt, statt sich lediglich auf ein oder zwei ursprüngliche Historiker zu stützen. In diesem Fall bezöge sich der Verweis Hegels ggf. sogar auf eine für sich lobenswerte methodologische Einstellung, die aber im diskutierten Kontext für eine inadäquate historische Erzählung verwendet wird. Im Rahmen der vorliegenden Arbeit muss hier nicht entschieden werden.

---

[238] Zu dieser Forderung vgl. auch M1: 134.10–13.
[239] Dies wäre z. B. bei der historischen Gattung der ‚Einbettungsbiographie' der Fall, vgl. etwa Reimann 2009.
[240] Hegel rückt Ranke – betrachtet man den gesamten Kontext – in die Nähe des historischen Romans, etwa von Walter Scott, auf den Hegel im Manuskript kurz darauf zu sprechen kommt. Dabei ist eine solche Interpretation der Rankeschen Erzähltechnik durchaus nicht ohne Anhalt sowohl in Rankes Texten als auch in einigen seiner Selbstdeutungen (etwa seine positive Einschätzung Walter Scotts). Vgl. Fulda 1996: 390 f.

Es handelt sich im überlieferten Material um die einzige Stelle, an der Hegel Ranke erwähnt, der allerdings zu Hegels Lebzeiten auch noch nicht den Ruf genoss, den wir ihm heute zusprechen.[241] Als Hegel das Manuskript für seine Vorlesung 1822/23 verfasste, war von Ranke noch gar kein Werk publiziert, so dass es sich wohl um eine Ergänzung Hegels handelt, die dieser bei der erneuten Abschrift des Vorlesungsmanuskripts im Winter 1828/29 angefügt hat. Bis 1829 waren vier Bücher Rankes erschienen, von denen sich zwei auch in Hegels Bibliothek befanden, was zeigt, dass Hegel die historischen Neuerscheinungen auf dem Buchmarkt verfolgt hat.[242]

Unabhängig von der Diskussion um die Rolle Rankes für die hegelsche Beurteilung der Geschichtsschreibung seiner Zeit lässt sich festhalten, dass Hegel den Versuchen einer ‚Literarisierung' der Geschichtsschreibung kritisch gegenübersteht. Er gesteht diesen Versuchen, die er aufgrund ihres mangelhaften Bezugs auf das Gemeinwesen bzw. das „politische Interesse" (M1: 134.14) kritisiert, allerdings im Folgeabschnitt zu, dass diese doch zumindest ein gewisses Bild der Vergangenheit zu geben vermögen.

> Wenigstens, Wenn nicht diese Lebendigkeit der Empfindung doch der Anschauung der Vorstellung dadurch, daß nicht durch eigene Verarbeitung die alte Zeit reproduciren wollen sondern durch sorgfältige TREUE ein Bild derselben geben (M1: 134.18–21)

Der Verweis auf die Treue macht deutlich, dass Hegel die entsprechende Reaktion nicht deshalb kritisiert, weil diese sich nicht auf die methodologischen Normen quellenadäquater Aufbereitung zu verpflichten wüsste. Sie wählt bei diesem Vorgehen aber Erzählziele ohne übergreifende Relevanz. Dies bestätigt erneut, dass für Hegel quellenadäquate Arbeit eine *notwendige* wenngleich nicht hinreichende Bedingung für die historische Arbeit darstellt.

Der letzte Abschnitt des hegelschen Manuskripts bringt gegenüber der vorherigen Diskussion über die Sinnhaftigkeit detaillierter Erzählung den zusätzlichen Erkenntnisgewinn, dass Hegel die Geschichtsschreibung als Wissenschaft und nicht als Kunstform aufgefasst wissen möchte, weshalb er klar zwischen einer

---

[241] Zu Rankes Entwicklung und Rezeption vgl. Fulda 1996: 344–410. Zu Rankes möglichen Bezugnahmen und Beeinflussungen von Hegel in den späteren Jahren seiner Entwicklung siehe ebd. 370–372. Zur kritischen Aufnahme der ersten Werke Rankes, auf denen Hegels Urteils im Manuskript bestenfalls beruhen kann, sowie zu deren internen Inkohärenzen, siehe besonders 344–364. Sowie Simon 1928.

[242] Die These, dass die Erwähnung Rankes erst beim erneuten Abschreiben des Vorlesungsmanuskripts in den Text eingefügt wurde, verteidigt auch der Anhang der kritischen Edition. Vgl. Jaeschke, Walter (1995): *Georg Wilhelm Friedrich Hegel. Vorlesungsmanuskripte II (1816–1831)*. (Hrsg.) Walter Jaeschke. Hamburg, Düsseldorf 1995, S. 424.

2.2 Die Genese der nicht-philosophischen Geschichtsschreibung — 129

literarischen Aufbereitung historischen Stoffes und derjenigen, der eine historische Arbeit zu genügen hat, unterscheidet:

> Reihe von Zügen wie in einem Walter Scottschen Roman – überall her aufzulesen; fleissig und mühselig zusammen zu lesen – dergleichen Züge kommen in den Geschichtsschreibern Correspondenz- und Chronikschreibern [vor–] Solche Manier verwikelt uns in die vielen zufälligen Einzelnheiten – historisch richtig wohl – Aber das Hauptinteresse um nichts klarer, im Gegentheil verworren – und so gleichgültiger daß dieser Soldat, Namens – ganz dieselbe Wirkung – diß den Walter Scottschen Romanen überlassen diese Ausmahlery in Detail mit den kleinen Zügen der Zeit – wo die Thaten, Schiksal eines einzelnen Individuums das müssige Interesse ausmachen, auch das ganz Particuläre von den gleichen Interessen aber nicht in Gemählden von den grossen Interessen der Staaten, in diesen verschwunden jene Particularität der Individuen. Die Züge sollen charakteristisch, bedeutend für den Geist der Zeit seyn – diß ist zu leisten auf eine höhere würdigere – Weise – die politischen Thaten, Handlungen Sitten selbst – das Allgemeine der Interessen in ihrer Bestimmtheit. (M1: 134.22–135.13)

Hegel grenzt die Geschichtsschreibung in diesem Abschnitt zum einen gegen wissenschaftlich inadäquate Formen derselben ab, zum anderen gegen literarische Formen des Umgangs mit Geschichte. Die historischen Gattungen der Korrespondenz- und Chronikgeschichte lehnt er gerade ab, weil diese sich seines Erachtens kaum von den literarischen Aufbereitungen unterscheiden. In beiden Gestalten treten individuelle Züge so stark in den Vordergrund, dass die Relevanz der historischen Geschehnisse für die Gegenwart bzw. eine gegenwärtige Leserschaft nicht hervortreten. Diese Art des Schreibens von Geschichte „verwikelt uns in die vielen zufälligen Einzelnheiten" (M1: 135.2); als zufällig erscheinen diese gerade, weil narrativ keine explizit ausgewiesenen oder durch die Erzählung deutlich gemachten Relevanzkriterien vorhanden wären, die einen *narrativen* Zusammenhang zwischen den erzählten Ereignissen sicherstellen würde, bei dem erkennbar wäre, was er *uns* heute noch angeht. Dass sowohl die Chronikenschreiber als auch die Autoren historischer Romane dabei quellenadäquat vorgehen können und dennoch ihr Ziel verfehlen, zeigt Hegels Zugeständnis „historisch richtig wohl" (M1: 135.2f.).

Als Kontrastfigur gegenüber der Geschichtsschreibung verweist Hegel hier auf die in seiner Zeit äußerst populären historischen Romane Walter Scotts[243] und

---

[243] Zur Rezeption der Werke Scotts – dessen erster Roman 1814 erschien – in Deutschland vgl. Schüren 1969: zur frühen Rezeptionslage, die mit dem raschen Erfolg der Werke Scotts gerade in Deutschland zusammenfiel, vgl. vor allem 10 – 142; zu Hegel und Scott näher 83 – 85. Irritieren mag, dass Hegel bereits den Namen Scotts kennt, da dessen Werke bis zum Februar 1827 in England unter verschiedenen Pseudonymen veröffentlicht wurden. Dies galt allerdings nicht für

schaltet sich mit seinem Vorschlag zugleich in die Debatte ein, ob es sich bei der Geschichtsschreibung um eine Kunstform oder aber um eine Wissenschaft handle. Hegel votiert dabei für letztere Position, die sich in seiner Zeit erst langsam durchzusetzen begann.[244]

Aber das Erzählziel und dessen Relevanz, die Hegel hier mit dem Ausdruck „Hauptinteresse" benennt, bleiben sowohl bei den historischen Romanen als auch den Chroniken letztlich im Unklaren. Hegel scheint zum Beispiel an die Erzählung des Lebens eines beliebig ausgewählten Soldaten oder sonst einer Gestalt der Vergangenheit, die mithilfe der Quellen fassbar wird, zu denken. Diese Art der Rekonstruktion sollten die Historiker, so Hegels Empfehlung, den Autoren historischer Romane überlassen, die nicht daran gebunden sind, ein übergeordnetes Erzählziel durchzuhalten oder zu etablieren. Hegel verwendet dabei die Metapher eines Bildes. Während die historischen Romane die Details beliebig ausmalen dürften, habe der Historiker das gesamte Gemälde im Blick zu halten, unter der Fülle der Details müsse ein das gesamte Bild leitendes Motiv erkennbar bleiben. Relevanz erhielten die Individuen und Details nur in ihrem Bezug auf die „grossen Interessen der Staaten" (M1: 135.9f.). Im Rahmen der allgemeinen Geschichtsschreibung hat der Historiker die Vergangenheit nicht nur quellenadäquat aufzubereiten, sondern auch unter Bezugnahme auf Interessen, die das gesamte Staatswesen betreffen; gerade diese Interessen stiften eben auch die emotionale Signifikanz und Relevanz für die Leser der eigenen Zeit, für die der Historiker schreibt.

Die vom Historiker rekonstruierten typischen Normen, Werte, Überzeugungen und Institutionen einer Zeit, die Hegel als Zeitgeist fasst, sind dabei gerade die-

---

Deutschland. Bereits die erste deutsche Übertragung aus dem Jahre 1817 trug den Namen Walter Scotts auf dem Titelblatt. (vgl. Schüren 1969: 22).
244 Zur Rolle Walter Scotts in den damaligen Diskussionen vgl. Fulda 1996: 390–393. Der Herausgeber der kritischen Edition weist daraufhin, dass unklar sei, wie vertraut Hegel tatsächlich mit den Büchern Walter Scotts war. Für die vorliegende Problemstellung ist dies jedoch irrelevant, da Hegel auf Scott als ein Beispiel eines spezifischen Typs von Literatur, nämlich des historischen Romans, verweist, seine Detailkenntnis des Scottschen Werks ist demgegenüber nachrangig. (Vgl. Jaeschke, Walter (1995): *Georg Wilhelm Friedrich Hegel. Vorlesungsmanuskripte II (1816–1831)*. (Hrsg.) Walter Jaeschke. Hamburg, Düsseldorf 1995, S. 424.) Dass Hegel aber im Zuge seiner kritischen Absetzbewegung der Geschichtsschreibung vom historischen Roman gerade auf Walter Scott als Beispiel zurückgreift, dürfte nicht nur dessen großer Popularität, sondern auch der Tatsache zuzurechnen sein, dass damals einige Historiker Scotts Werke ihren Studenten zur Lektüre empfahlen. Hegel sucht sich in seiner Vorlesung also direkt in eine Debatte über die Ausrichtung der Geschichtsschreibung einzuschalten. Zur Lektüreempfehlung Scotts durch Historiker vgl. Schüren 1969: 19f.

jenigen Züge der Vergangenheit, deren relevanter Bezug zu unserer Zeit vom Historiker expliziert werden sollte.[245]

Dieses zusätzliche Kriterium für eine adäquate Geschichtsschreibung besteht darin, dass diejenigen Eigenheiten einer Zeit geschildert werden, die die gesamte Kultur einer Zeit geprägt haben und in dieser für die Gegenwart wirksam wurden.

Die Geschichtsschreibung hat nach Hegel also zwei *notwendige* Bedingungen zu erfüllen, sie muss (i) quellenadäquat realisiert werden und (ii) die *relevanten* und überindividuellen Normen, Werte und Ereignisse der Vergangenheit so schildern, dass deutlich wird, inwiefern die Gegenwart des Historikers durch diese Geschehnisse geprägt wurde, da so eine relevante Verbindung zwischen der je eigenen Gegenwart und der Vergangenheit hergestellt werden kann.

2.2.2.4 Pragmatische Geschichte

Hegel behandelt (vgl. M1: 135.14–22) in einem kurzen Abschnitt moralisierende Formen der Geschichtsschreibung. Da diese Art und Weise, die Geschichte zu schreiben, vor allem vor dem Hintergrund der pragmatischen Geschichtsschreibung ihr Profil gewinnt, werde ich diesen Abschnitt in der Analyse vorerst ausblenden und erst gegen Ende der Behandlung der pragmatischen Geschichtsschreibung auf ihn zurückkommen.

Ich setze meine Analyse daher vorerst mit Hegels Diskussion der zweiten Form der reflektierten Geschichtsschreibung fort, die er gleich im Anschluss an den Abschnitt zur moralisierenden Geschichtsschreibung anführt:

> Auf eine 2te Art der reflectierenden Geschichte im Allgemeinen treibt sogleich sich die erste im Allgemeinen [hin], – diß ist die pragmatische oder keinen Nahmen – es ist das, was Geschichtschreiber im Allgemeinen sich vorsetzt –, eine gebildete reinere Vergangenheit. (M1: 135.23.–136.3/Unterstreichung T.R.)

Aus dieser Einführung lassen sich mehrere Einsichten gewinnen. Wie die unterstrichene Passage zeigt, vertritt Hegel auch hier die These, dass sich die verschiedenen Formen der Geschichtsschreibung methodisch auseinander entwickeln. Die jeweils folgende Form setzt die Etablierung der vorherigen voraus. Dass sich die jeweils folgende Form aber nicht zwingend aus der vorhergehenden ergibt, sondern diese lediglich eine Ermöglichungsbedingung und nicht schon die Realisierung mit sich führt, zeigt seine vorsichtige Formulierung, dass die allge-

---

[245] Über die Zusammenhänge zwischen der Zeitlichkeit im Rahmen menschlicher Gesellschaften überhaupt und der Möglichkeit, Zeitlichkeitsstrukturen und Merkmale spezifischer Gesellschaften zu identifizieren instruktiv: Luckmann 2007a und Luckmann 2007b.

meine Geschichte – als erste Form der reflektierenden Geschichtsschreibung – auf die zweite Form ‚hintreibe', eine hinsichtlich des Zusammenhangs schwache These.

Bevor ich mich der Frage widme, wie sich diese zweite Form methodisch auf Basis der ersten Form entwickeln konnte, möchte ich den vorliegenden Abschnitt weiter besprechen. Hegel bezeichnet diese Form als „pragmatisch", scheint bei dieser Benennung aber eher unsicher und schlägt alternativ vor, sie gar nicht erst mit einem Eigennamen zu versehen. Dies deshalb, da er, wie der vorletzte Satzteil zeigt, der Meinung ist, diese Form der Geschichtsschreibung werde von den meisten Historikern verfolgt. Dies passt zu seiner Äußerung, dass unsere gegenwärtige Vorstellung der Arbeit des Historikers im Wesentlichen von der reflektierenden Form der Geschichtsschreibung geprägt ist (vgl. M1: 129.19 f.). Da die reflektierende Geschichtsschreibung selbst aber nur in ihren einzelnen Formen realisiert ist, liegt es nahe, dass eine oder einige dieser Formen besonders prägend für unsere alltägliche Vorstellung der historischen Arbeit sind. Diese Bedingung erfüllt die pragmatische Geschichtsschreibung, da sie demjenigen entspricht, was – zu Hegels Zeiten – die Majorität der Historiker betrieben hat, könnte man auch darauf verzichten, sie durch einen Eigennamen zu benennen.

Das Ziel, das der pragmatische Historiker sich setzt, besteht darin, eine „gebildete reinere Vergangenheit" (M1: 136.3) mit historischen Methoden hervorzubringen. Diese Zielbestimmung hilft dabei, zu verstehen, inwiefern sich diese Form der reflektierenden Geschichtsschreibung zum einen von der ersten unterscheidet und zum anderen mit dieser in methodischem Zusammenhang steht.

Im Gegensatz zur allgemeinen Geschichtsschreibung blendet die pragmatische Geschichtsschreibung das Individuelle einer Zeit zugunsten der Erzeugung eines allgemeinen Bildes der Vergangenheit aus. Dies deutet sich bereits im Ausdruck „reinere Vergangenheit" (M1: 136.3) an. ‚Rein' ist diese vor allem deshalb, weil lediglich die an ihr relevanten Aspekte berücksichtigt werden. Die pragmatische Geschichte konzentriert sich darauf, die großen, für diejenigen Umwandlungen des Zeitgeistes relevanten Züge der Vergangenheit zu rekonstruieren, die einsichtig machen, wie diese sich von der Gegenwart unterscheidet und wie es von dort aus zur Gegenwart gekommen sein mag.

Methodisch ist diese Form der Geschichtsschreibung durch die Etablierung der allgemeinen Geschichtsschreibung motiviert, gerade deren unklare Relevanzkriterien provoziert die weitergehende Reflexion auf dasjenige an der Vergangenheit, was einer historischen Rekonstruktion wert ist.

Dies hat Auswirkungen auf die Gegenstandsbestimmung, die für die pragmatische Geschichtsschreibung vorgenommen wird. Hegel hebt dabei auf die Eigentümlichkeit ab, in der die Vergangenheit Gegenstand der pragmatisch erzählten Geschichtsschreibung wird. Er behandelt diesen Aspekt unter der Einteilung αα (vgl. M1: 136.5–10). Die spezifische Art des Erzählmodus macht den anderen eigentümlichen Aspekt der pragmatischen Geschichtsschreibung aus, der unter ββ besprochen wird (vgl. M1: 136.11–137.13). Ich werde mich zuerst der Passage zuwenden, in der er den ersten Aspekt behandelt, dabei beginnt das Zitat etwas früher als der von Hegel hervorgehobene Aspekt, da er im fragmentarischen Satzgefüge des Manuskripts diesen Aspekt kontrastiv hervorzuheben sucht:

> [Wenn wir die Individuen] und deren Leben, – solche Totalitäten nicht vor uns haben, und lebendig darin <u>versiren</u>, – αα) sondern vielmehr, mit einer reflectirten Welt – d.i. mit einer Vergangenheit zu thun haben, – ihres Geistes, ihrer Interessen, ihrer Bildung
>
> Überhaupt VERSTÄNDIGE Geschichte – aa) Ein Ganzes des Interesse – als Ganzen eines Staats, Epochemachende Begebenheit des Kriegs – auch Individuums – ist Gegenstand. (M1: 136.3–10/Unterstreichung T.R.)

Hegel hebt die pragmatische Geschichtsschreibung gegen die Bedingung ab, dass wir selbst die Individuen und das Leben, welches diese führen, direkt vor uns haben, d. h. an deren Praxis und Institutionen partizipieren. Er präsentiert damit die pragmatische Geschichtsschreibung als einen weiteren Lösungsversuch des Problems, wie sich die Geschichtsschreibung, die sich mit dem vergangenen Geist befasst – ein Grundproblem, das, wie oben gesehen, leitend für die gesamte reflektierende Geschichtsschreibung ist –, der Adäquatheit ihres Zugangs versichern kann. Um die unmittelbare Teilnahme an der gelebten Praxis hervorzuheben, die dann auch für den Historiker gelten würde, verwendet Hegel hier den altertümlichen Ausdruck „versieren", der bedeutet: „sich aufhalten, verkehren, mit etw. beschäftigen".[246] Die pragmatische Geschichtsschreibung hat es „vielmehr, mit einer reflectirten Welt" (M1: 136.5) der Vergangenheit, zu tun, statt mit der gelebten kulturellen Gegenwart. Den Ausdruck „reflektiert" hat Hegel bereits verwendet, um die zweite Form der Geschichtsschreibung insgesamt zu bezeichnen. Dass er ihn hier wieder aufnimmt, spricht für die These, dass wir es hier nun mit der etablierten und dominanten Form zu tun haben, in der Geschichte (zu Hegels Zeiten) geschrieben wird. Der pragmatische Historiker weiß um die Differenz zwischen Gegenwart und Vergangenheit und versucht explizit nicht, diesen Hiatus durch eine Annäherung der Vergangenheit an die Gegenwart bzw. eine Art erzähltechnischer Gleichbehandlung der Vergangenheit mit der Gegenwart zu realisieren. Der Unterschied zur allgemeinen Geschichtsschreibung besteht also gerade im gewachsenen methodologischen Bewusstsein der pragmatischen ge-

---

[246] Vgl. Wahrig-Burfeind 2011: 1586.

genüber der allgemeinen Form der Geschichtsschreibung. Für die Zunahme des methodologischen Bewusstseins sprechen die letzten Zeilen des ersten Abschnittes des obigen Zitats. Hegel hebt dort hervor, dass der Gegenstand der pragmatischen Geschichtsschreibung auch als *vergangen* betrachtet wird.

Für die These, dass man es hier nun mit der etablierten Standardform der Geschichtsschreibung zu tun hat, spricht auch der Beginn des zweiten Absatzes des obigen Zitats.[247]

Dort charakterisiert Hegel die pragmatische Geschichtsschreibung als „überhaupt VERSTÄNDIGE Geschichte" (M1: 136.8), betrachtet diese also als Standardfall der Geschichtsschreibung. Die Charakterisierung ‚verständig' drückt dabei den wissenschaftlichen Anspruch aus, der Hegel zufolge die nicht-philosophischen Wissenschaften im Allgemeinen kennzeichnet.[248] Der Gegenstand der pragmatischen Geschichte bildet hier ein Ganzes, d. h. eine erzählerisch komponierte Einheit, die auf emotional signifikante Ereignisse gerichtet ist, statt mehr oder weniger ohne Kriterien vergangene Ereignisse zu erzählen. Als Beispiele solcher Gegenstände nennt Hegel etwa einen Staat oder aber einen Krieg, wobei dieser dabei von weitergehender Bedeutung zu sein hat, wie der Ausdruck „Epochemachend[.]" (M1: 136.9) belegt. Gerade letzteres traf etwa auf die Schilderung der Kriege gegen die Volsker durch Titus Livius nicht zu. Interessanterweise erwähnt Hegel, dass auch ein Individuum Gegenstand der pragmatischen Geschichtsschreibung sein kann, sofern dieses von übergeordneter Relevanz für die erzählerische Einheit ist. Die Behandlung von Individuen wird durch seine Auffassung der Geschichtsschreibung also keineswegs ausgeschlossen. Hegel fordert aber den Nachweis, dass ein Individuum für den Geist einer Zeit von zentraler Bedeutung war.[249] Als näheres Kriterium könnte etwa gelten, dass eine Epoche ohne die dauerhaften Zwecke und Absichten eines Individuums eine andere Gestalt angenommen hätte, als sie es faktisch tat. Caesar, Napoleon oder auch Hitler wären plausible Beispiele, die diesem Kriterium genügten.

Ich wende mich nun dem zweiten Aspekt zu, den Hegel herausgreift.

ββ) Auch hier [bei der pragmatischen Geschichtsschreibung/T.R.] ein gegenwärtiges Interesse – aber Verzicht geleistet auf die Gegenwart des Tons der Empfindung der äusserlichen Anschaulichkeit in den Detailumständen Schiksalen der einzelnen PrivatIndividuen als solcher – das Bedürfniß EINER GEGENWART vorhanden; – diese nicht in der Geschichte –

---

[247] Zum Konnex zwischen Erfahrungsraum und dem Fortschreiben der Geschichte als Ausdehnung der zugänglichen Vergangenheit vgl. den Vorschlag von Koselleck 2003 [2000]: vor allem 47–52.
[248] Zu Hegels Wissenschaftsverständnis vgl. Mooren/Rojek 2014.
[249] Ob Hegel soweit gehen würde, auch die Gattung der historischen Biographie als zulässige Ausgestaltung zu akzeptieren, lässt sich dem Text nicht entnehmen.

2.2 Die Genese der nicht-philosophischen Geschichtsschreibung — 135

solche Gegenwart in der Einsicht des Verstandes der Thätigkeit und Bemühung des Geistes dabey. (M1: 136.11–16)

Hegel hebt zu Beginn der Passage hervor, dass auch die pragmatische Geschichtsschreibung, ebenso wie die allgemeine Geschichtsschreibung, von der je eigenen Gegenwart des Historikers ihren Ausgang nimmt. Auch hier wird der Zugriff auf die Vergangenheit durch den Geist der je eigenen Zeit und die spezifischen Erkenntnisinteressen der Gegenwart, für die der Historiker schreibt, konstituiert.

Anders als bei der allgemeinen Geschichtsschreibung reflektiert der pragmatische Geschichtsschreiber aber explizit auf seine Erkenntnisinteressen und erliegt nicht mehr der Versuchung, die Vergangenheit als *gegenwärtig* aufzufassen und zu erzählen. Die Detailumstände der Vergangenheit spielen für diesen Historiker nur dann eine Rolle, wenn sich zeigen lässt, dass sie für das eigene Interesse relevant sind. Hegels Bemerkung, es sei „das Bedürfniß EINER GEGENWART vorhanden" (M1: 136.14), weist auf diesen methodologischen Wechsel hin. Seine Ausführung zeigen, dass er der Ansicht ist, dass der pragmatische Historiker seine Interessen explizit der eigenen Gegenwart entnimmt.

Die, auf den ersten Blick irritierende Redeweise von *einer* Gegenwart wird verständlich, wenn man sich vor Augen hält, dass die pragmatische Geschichtsschreibung gerade nicht versucht, die Gegenwart der in den Quellen fassbaren Zeit als gegenwärtig zu behandeln, sondern diese Vergangenheit explizit aus ihrer eigenen Gegenwart heraus verstehen möchte. Dieses Bedürfnis oder Erkenntnisinteresse ist aber, wie Hegel bemerkt, keine Eigenschaft der Quellen oder der Vergangenheit selbst, sondern dieses Bedürfnis ist in unserer Gegenwart zu stiften und explizit zu machen. Hegels Hinweis auf die Verstandestätigkeit belegt, dass es ihm auf die konstruktive Arbeit des Historikers bei der Erzeugung seiner Erzählung ankommt. Die Erzählung kann aus den Quellen nicht einfach abgelesen werden, sondern relativ zu unseren Erkenntnisinteressen und Relevanzkriterien lässt sich etwas über die Vergangenheit erzählen.

Im weiteren Verlauf des Abschnitts sucht Hegel zu begründen, warum es gerade der Staat ist, der das entscheidende Relevanzkriterium liefert, anhand dessen sich unterscheiden lässt, ob ein Geschehen der Vergangenheit es wert ist im Rahmen der pragmatischen Geschichtsschreibung rekonstruiert und erzählt zu werden oder nicht:

[A] Aüsserliche fahl grau, der Zweck, Verstand derselben, Staat, Vaterland, ihr innerer Zusammenhang, das Allgemeine des Verhältnisses in ihnen ist das Dauernde, ebenso ITZT GÜLTIG und vorhanden als vormals und immer. [B] Zuerst roh, eingehülltes Volk, [nicht] als solches, sondern insofern es dazu kommt, ein Staat zu seyn – Unterwerfung

> als Staat, Vernunft Ganzes in sich, ist ein allgemeiner Vernunftzweck. Irgend ein S t a a t ist Zwek für sich; seine E r h a l t u n g nach A u s s e n E n t w i c k l u n g und AUSBILDUNG nach Innen – geschieht in einer nothwendigen S t u f f e n f o l g e wodurch das Vernünftige G e - rechtigkeit und Befestigung der Freyheit hervorgeht; – ein System von I n s t i - t u t i o n e n. (M1: 136.16–137.4/Siglen T.R.)

In [A] wird zwischen der äusserlichen Geschichte eines Staates und dessen innerer Geschichte unterschieden, wobei der Ausdruck ‚äußerlich' als Metapher für ‚unwesentlich' bzw. ‚irrelevant' dient. Diese Geschichte, bzw. das äussere an ihr beschreibt Hegel als „fahl grau" (M1: 136.16). Dies ist wohl so zu verstehen, dass die konkreten Details eines geschichtlichen Ablaufs irrelevant sind, sofern sich keine narrative Einheit stiften lässt, die diese Details als relevant bzw. irrelevant beurteilbar macht. Da in das Bedeutungsumfeld des ‚äußerlichen' auch Redeweisen wie diejenigen vom Vergänglichen fallen, wird verständlich, warum Hegel von dieser her das „Allgemeine [...]" als „Dauerndes" bestimmt. Er vertritt die These, dass sich staatlichen Gebilden Zwecke zuschreiben lassen, bzw. sich in diesen sozialen Gebilden Zwecke realisieren, die vom Historiker aufgedeckt werden können. Deren Gültigkeit stiftet unabhängig von der konkreten historischen Realisierung eine Form des narrativen Zusammenhangs, die es möglich macht, die Geschichte eines Staates anhand der Realisierung dieser Zwecke zu erzählen. Hegels These, dass diese Rekonstruktion anhand der Zwecke „ebenso ITZT GÜLTIG und vorhanden" sei, „als vormals und immer" (M1: 136.18 f.), ist so aufzufassen, dass die spezifischen Gesichtspunkte, aus denen heraus eine Staatengeschichte der Vergangenheit überhaupt mit stabilen Relevanzkriterien erzählbar wird, über die Zeit hinweg gültig bleiben. Erst diese Zwecksetzung legt fest, auf welche Weise die vorhandenen Quellen aufbereitet werden müssen, um eine relevante Geschichte ergeben zu können. Die Historiker gewinnen also die mit sozialen Gebilden wie dem Staat verbundenen Zwecke nicht erst aus den Quellen, sondern sie verwenden diese, um sie für eine Erzählung nutzbar machen zu können.

Die Zwecke, die der Historiker dabei anlegt, sollen nun aber nicht willkürlich gewählte sein, sondern wie [B] belegt, solche, die sich auch in der faktischen Entwicklung eines Staates vorfinden lassen. Mit dieser These ist Hegel nicht darauf festgelegt, dass den Akteuren der Vergangenheit bei der Staatenbildung dieser Zweck präsent gewesen sein muss, wohl aber darauf, dass es eine ‚Passung' zwischen den Zwecken, die der Historiker zur Rekonstruktion anlegt, und demjenigen, was sich aus den Quellen der Vergangenheit gewinnen lässt, gibt.

Er behauptet, dass der Staat, der sich sukzessive, ob in bewusster Planung der Akteure oder ohne diese, in einem Volke entwickle, einen Selbstzweck darstellt, der teleologisch gefasst werden kann und sich im Lauf der Geschichte sowohl nach außen – etwa gegen andere Staaten – zu erhalten habe, als auch nach innen

2.2 Die Genese der nicht-philosophischen Geschichtsschreibung — 137

in einer zunehmenden Anreicherung komplexere soziale Gebilde ausprägt. Diese sozialen Gebilde lassen sich als „ein S y s t e m   v o n   I n s t i t u t i o n e n " (M1: 137.4) verstehen, in dessen Rahmen sich vernünftige und gerechte Verhältnisse überhaupt erst einstellen und als solche angesprochen werden können. Der Entwicklung der Staaten zu dieser komplexen Form folge dabei „einer nothwendigen S t u f f e n f o l g e " (M1: 137.2f.). Wie sich bei der Diskussion der ursprünglichen Geschichte gezeigt hat, gewinnt ein Volk seine Identitätsbedingungen, d. h. die Fähigkeit, sich selbst als bestimmtes Volk mit spezifischen kulturellen Normen und Werten aufzufassen, sowie sein eigenes Staatsgebilde in seinen Wandlungen als diachron identisch aufzufassen, wesentlich in Auseinandersetzung mit anderen Staaten. Daher hebt Hegel im oben zitierten Abschnitt auch auf die Außenbeziehungen des Staates, d. h. die Relationen zu anderen Staaten ab. Hegel deutet diese Relationen im Zuge seines Anerkennungsmodells so, dass Staaten ontologisch wie Individuen behandelt werden können.[250] Nun führt ein erster bzw. hinreichend signifikanter externer Einbruch zur Ausbildung nicht nur eines solchen staatsbezogenen Selbstbewusstseins, sondern auch zur Entwicklung der Geschichtsschreibung. Diese ermöglicht in der Folge qua ihres erzählenden Charakters eine narrative Identität eines Staates, mithilfe dessen die Angehörigen des Staates in der Lage sind, diesen trotz seines internen und externen Wandels, als diachron identisch zu erleben. Der Geschichtsschreibung kommt also in diesem Sinne eine entscheidende Vermittlungsleistung zu, insofern sie einen Beitrag zum Selbstverständnis der Staatsangehörigen über sich selbst und das soziale Gebilde, innerhalb dessen sie ihr Leben führen und das sie selbst sozialisiert und prägt, leistet.

Es scheint plausibel, dass Hegel im Kontext der pragmatischen Geschichtsschreibung nun gerade auf die Relevanz staatlicher Geschichte abhebt, weil gerade diese die geforderte Vermittlungsleistung erbringen kann, die es den Bürgerinnen und Bürgern ermöglicht, sich über die Zeit hinweg mit den Normen und Werten ihres Staates – auch über mögliche Brüche hinweg – identifizieren zu können. Unter dieser Annahme ließe sich also erklären, warum Hegel im Manuskript relativ unvermittelt auf die diachrone Entwicklung von staatlichen Gebilden abhebt, um die Relevanz gerade des Staates als Gegenstand für eine pragmatische Geschichtsschreibung hervorzuheben.

---

250 Zur Rolle der Anerkennungsbeziehungen für die Möglichkeit, sich trotz Wandels auf den eigenen Staat als identisch beziehen zu können, vgl. Hegels Ausführungen zum Anerkennungsmodell hinsichtlich der Staatenbildung in den *Grundlinien*. Vgl. GPR § 322, sowie pointiert GPR § 331 A.; 269.19 – 21 „So wenig der Einzelne eine wirklich Person ohne Relation zu andern Personen [...], so wenig ist der Staat ein wirkliches Individuum ohne Verhältnis zu andern Staaten [...]." Zur Sozialontologie Hegels vgl. Quante/Schweikard 2009.

Nun könnte man einwenden, dass Hegel hier als normativ-sprechender Philosoph von den pragmatischen Historikern *fordert*, dass sie gerade die Geschichte von Staaten und vor allem auch die Genese des eigenen Staatsgebildes zum Gegenstand ihrer Forschung zu machen hätten. Dies ist aber deshalb nicht der Fall, weil er davon ausgehen kann, dass die Erkenntnisinteressen der Historiker in ihrer jeweiligen Gegenwart selbst vom Interesse an der je eigenen Kultur und Staatlichkeit geprägt sein werden. Hegel erhebt hier also keine Forderung, denen die pragmatische Geschichtsschreibung bisher nicht nachgekommen wäre, sondern macht vielmehr explizit, *warum* die von den pragmatischen Historikern mehr oder weniger explizit verfolgten Erkenntnisinteressen tatsächlich als *relevant* eingeschätzt werden sollten. Durch das Verfolgen dieser Interessen bringen die Historiker Erzählungen hervor, die einen entscheidenden Beitrag zur Integration der Bürgerinnen und Bürger in den Staat leisten.

Die bisherige Analyse des obigen Zitats hat deutlich werden lassen, warum Hegel hier auf die Struktur der Staatlichkeit zurückgreift.[251] Unklar geblieben ist bisher aber, welche der im Zitat formulierten Ansprüche den pragmatischen Historikern eigentlich deutlich sein müssen. Anders gesagt: Spricht Hegel hier aus der Perspektive der pragmatischen Historiker oder spricht er als Philosoph über die faktische Tätigkeit der pragmatischen Historiker und weist explikativ deren Tun einen Status hinsichtlich ihres Beitrags sowohl zur staatlichen Integration als auch zu den Formen der Geschichtsschreibung zu? Es wird meine These sein, dass Hegel hier aus der philosophischen Perspektive über die Praxis der pragmatischen Geschichtsschreibung spricht; dabei verfolgt er das Ziel, deren Praxis als – gemessen an philosophischen Ansprüchen – sinnhaft auszuweisen. Er zeigt, dass die pragmatische Geschichtsschreibung genau dann als sinnhaft aufgefasst werden kann, wenn ihre Erzählungen der philosophischen Theorie der Entwicklung und Ausbildung staatlicher Strukturen entsprechen, wie sie Hegel in seiner *Rechtsphilosophie* entfaltet hat.[252]

Die pragmatischen Geschichtserzählungen sind solche, die sich durch den Philosophen so verständlich machen lassen, dass der Staat sich an ihnen als „ein

---

[251] Mit dieser These allein ist natürlich noch nicht gesichert, ob sich der Beitrag der Geschichtsschreibung moralisch gesehen positiv oder negativ auswirkt. Schließlich kann eine Integrationsleistung durch Verweis auf die gemeinsame Geschichte z. B. auch durch nationalistische Überhöhung erreicht werden, wie im 19. Jahrhundert in der klassischen Nationalgeschichtsschreibung häufig üblich.

[252] Hegel begeht an dieser Stelle keinen vitiösen Zirkel, da er für seine Darstellung der Genese der Formen der Geschichtsschreibung bereits auf das philosophische System zurückgreift. Die Darstellung ist also lediglich eine äußerliche Hinführung zum philosophischen System, nicht selbst deren Begründung.

2.2 Die Genese der nicht-philosophischen Geschichtsschreibung — 139

System von Institutionen" (M1: 137.4) zeigt, der sich „in einer nothwendigen Stuffenfolge" (M1: 137.2f.) entwickelt.

Der pragmatische Historiker muss für seine Arbeit das philosophische Modell Hegels weder kennen, noch voraussetzen, umgekehrt wird seine Arbeit philosophisch dadurch als relevant ausgewiesen, dass seine Darstellung dem philosophisch unabhängig entwickelten Modell gerecht wird. Die von den pragmatischen Geschichtsschreibern erzählten Begebenheiten, lassen sich dann philosophisch als die konkreten empirischen Ausgestaltungen relevanter kategorialer Merkmalsänderungen in der historischen Ausfaltung der staatlichen Institutionen begreifen. Um dies deutlicher werden zu lassen, ist es hilfreich den Rest des bisher diskutierten Abschnittes aus dem Manuskript zu zitieren, ehe ich näher auf den Zusammenhang zum von Hegel in den *Grundlinien* entwickelten Begriff des Staates und dessen historische Dimension eingehe.

> αα) als System die Consequenz β) der Inhalt derselben ebenso, wodurch die wahrhaften Interessen zum Bewußtseyn und zur Wirklichkeit gebracht, errungen werden. [C] In jedem Fortschreiten eines Gegenstandes nicht bloß äusserliche Consequenz und Nothwendigkeit des Zusammenhangs, sondern Nothwendigkeit in der Sache – im Begriff. [D] – Diß die wahrhafte Sache z. B. wo der Staat – deutsche – römische – oder einzelne Grosse Begebenheit – französische Revolution – an sich irgend ein grosses Bedürfniß [E] – Diß der Gegenstand und Zweck der Geschichtsschreiber aber auch Zweck des Volks, Zweck der Zeit selbst – Darauf alles bezogen. [F] (M1: 137.4–13/Siglen T.R.)

Hegel knüpft in [C] an seine These an, dass sich der Staat als „System von Institutionen" (M1: 137.4) begreifen lasse. In den beiden Unterteilungen stellt Hegel nun auf ein gemeinsames Merkmal dieser Institutionen ab, das sich zum einen (vgl. αα) aus deren Systematizität ergebe, zum anderen aber „ebenso" (M1: 137.5) aus dem Inhalt der Institutionen, die sich in dem von ihm behaupteten, systematischen Zusammenhang befinden.[253] Aus beidem, sowohl dem Gehalt der Institutionen als auch aus deren systematischem Zusammenhang, würden die „wahrhaften Interessen" bewusst und „errungen werden" (M1: 137.6). Letzterer Ausdruck stellt bereits auf die historische Entwicklungsdimension der Staatlichkeit ab, die sich geschichtlich nicht problemlos zu realisieren vermag.

Inwiefern kann nun der systematische Zusammenhang der Institutionen des Staates zusammen mit deren konkreter Ausgestaltung zur Ausbildung der „wahrhaften Interessen" führen? Hegel greift hier in knapper Gestalt auf Ergebnisse seiner *Grundlinien der Philosophie des Rechts* zurück. Die staatlichen Gewalten bilden und prägen dort Institutionen aus, die es ermöglichen, die Interessen der Staatsbürger so zu formen, dass diese ihre individuellen und antagonistischen Interessen im

---

[253] Zur Systematizität der den Staat bildenden Institutionen vgl. etwa *GPR* §§ 260–265

Rahmen der bürgerlichen Gesellschaft verfolgen können, ohne dass das Gemeinwesen selbst durch die desorganisierenden Tendenzen der bürgerlichen Gesellschaft destabilisiert würde. In einem funktionierenden staatlichen Gebilde, so lautet Hegels These, sind die Interessen der Individuen mit den allgemeinen Interessen einer gemeinschaftlichen staatlichen Ordnung so miteinander verbunden, dass diese Ordnung insgesamt stabil ist. Die systematische Struktur, die es ermöglicht, diese stabile Ordnung hervorzubringen und zu bewahren, ist nach Hegel diejenige des Organismus, wobei Hegel diesen Ausdruck in den *Grundlinien der Philosophie des Rechts* nicht biologistisch-organizistisch verwendet, sondern im Sinne der ‚logischen' Bedeutung, die er im Rahmen seiner *Wissenschaft der Logik* entwickelt und ausgewiesen zu haben meint. Da die *Logik* und die in ihr entwickelten Kategorien sowohl begründungstheoretisch als auch explikativ eine entscheidende Rolle für die in den späteren Systemteilen behandelten Phänomene übernehmen, kann sich Hegel im Rahmen seiner Rechtsphilosophie auf diese Ergebnisse berufen. Dass die *Rechtsphilosophie* begründungstheoretisch letztlich von der *Wissenschaft der Logik* abhängig bleibt, betont Hegel dort selbst bereits in der Vorrede:

> Die Natur des speculativen Wissens habe ich in meiner Wissenschaft der Logik, ausführlich entwickelt; in diesem Grundriß ist darum nur hie und da eine Erläuterung über Fortgang und Methode hinzugefügt worden. (*GPR:* 6.11–14)

In der Anmerkung zu dem zweiten Paragraphen schreibt Hegel zudem: „Worin das wissenschaftliche Verfahren der Philosophie bestehe, ist hier aus der philosophischen Logik vorauszusetzen." (*GPR* §2 A.; 25.9 f.)

Mit der Entwicklung der staatlichen Struktur als „organische Totalität" (GPR § 256 A.; 200.4) geht also einher, dass diese qua ihrer Organizität einsichtig macht, inwiefern der Staat sich, trotz der destabilisierenden Tendenzen im Rahmen der bürgerlichen Gesellschaft, als stabiles Gebilde explizieren lässt.[254] Die staatlichen Gewalten bringen in den Individuen eine Gesinnung für die Förderung und Stabilisierung des Allgemeinen hervor, die Hegel zufolge das Gemeinwesen insgesamt als eines ausweist, das die Rechte der Individuen wahrt und diesen zugleich ein Zusammenleben ermöglicht, welches nicht durch ihre individuelle Interessenwahrnehmung zersetzt wird. So lässt sich nun auch verstehen, was mit den „wahrhaften Interessen" (M1: 137.5) gemeint ist. Diese bezeichnen gerade die Gesinnung für das Allgemeine, die durch die staatliche Ordnung in den Individuen hervorgebracht wird und dazu führt, dass diese die staatliche Ordnung als wichtig und akzeptabel betrachten können bzw. dieser gegenüber eine patriotische

---

[254] Zur Deutung des Staates als ‚Organismus' bei Hegel vgl. den Aufsatz von Wolff 1985. Zur bürgerlichen Gesellschaft vgl. Horstmann 2005².

2.2 Die Genese der nicht-philosophischen Geschichtsschreibung — 141

Identität ausbilden.[255] Setzt man die Ergebnisse, die Hegel in seinen *Grundlinien* erzielt zu haben meint, voraus, wird nun verständlich, warum er die These vertreten kann, dass gerade der Staat sich sowohl für die Leserinnen und Leser historischer Literatur als auch für die pragmatischen Historiker als vorrangiger Zweck erweist. Mittels der Bildung der Willen der Staatsbürger durch den staatlichen Organismus erkennen sowohl die Historiker als auch die sonstigen Staatsbürger die Relevanz der staatlichen Ordnung als ein vernünftiges und letztlich bejahenswertes Gebilde, das für ihr Zusammenleben von vorrangiger Bedeutung ist. Dies erklärt, warum er behaupten kann, dass in solchen Staatsgebilden sowohl die Rezipienten als auch die Autoren historischer Werke ihr Erkenntnisinteresse primär auf den Staat richten. Man kann Hegel also nicht ohne Weiteres lediglich als einen frühen Vertreter einer simplen Nationalgeschichtsschreibung verstehen.[256] Seine These, dass der Staat das vorrangige Thema der pragmatischen Geschichtsschreibung bildet, ist – wie skizziert – aufs Engste mit seiner Theorie des staatlichen Organismus, wie er sie in den *Grundlinien der Philosophie des Rechts* entwickelt hat, verknüpft. Nun handelt Hegel aber in seiner *Rechtsphilosophie* den objektiven Geist gerade unter Ausblendung seiner historischen Genese ab. Man kann sich also fragen, inwiefern die von ihm im Manuskript skizzierte organizistische Struktur des Staates, die die Bildung der wahren Interessen verständlich machen soll, für die methodische Genese der Geschichtsschreibung von Relevanz ist?

---

255 Wolff fasst dies instruktiv wie folgt zusammen: „Als Organismus gedacht ist das Gewaltensystem ein Ganzes, das einen Zweck in sich selbst hat und dessen Teile oder Glieder ihrerseits nicht bloße Mittel, sondern zugleich auch Zweck sind: Jede einzelne der drei Gewalten setzt die Funktionstüchtigkeit der beiden anderen als schon gegeben voraus und jede ist in ihrer Funktion durch die Ideen des Ganzen bestimmt." (S. 171); sowie „[W]as sich nach Hegels Ansicht im Staatsorganismus organisiert, ist vielmehr das, was Hegel „politische Gesinnung" oder „den Geist eines Volkes" nennt, es ist ein auf einen Zweck gerichteter Wille". (S. 173) Beide Zitate: Wolff 1985. Vgl. zu den mannigfaltigen Bildungsweisen durch die Institutionen bei der Sozialisation der Staatsbürger auch Siep 2010: vor allem S. 142–146.

256 Ein methodologisches Zentralproblem der klassischen Nationalgeschichtsschreibung besteht in deren willkürlicher Rückprojektion späterer Selbstverständnisse auf frühere Zeiten, die dann teleologisch so gedeutet werden, als laufe die Geschichte *ontologisch* auf bestimmte Nationalstaaten (z.B. den deutschen Staat von 1871) zu. Dabei wird aber nicht zwischen einer Teleologie *relativ zu unseren Erzählungen* und einer Teleologie *relativ zu den ontologischen Strukturen der Welt* unterschieden. Eine Teleologie letzteren Typs lässt sich aber im Selbstverständnis früherer Akteure und den erhaltenen Quellen nicht belegen. Dass Hegel diese Probleme gesehen hat und so z.B. die – quellenpositivistisch unhaltbare – These eines Urvolks ablehnt, liefert ein weiteres Indiz dafür, dass Hegel *keiner* simplen Nationalgeschichtsschreibung das Wort zu reden bereit ist. Zur Ablehnung der Urvolkhypothese siehe etwa *Enz.* (1830) § 549 A. Zur Entwicklung der Geschichtsschreibung vgl. Iggers 1997.

Da für die Beantwortung dieser Frage die nächsten Sätze des obigen Zitats weitere Informationen bereitstellen, möchte ich mich zuvor dem mit der Sigle [D] versehenen Passus zuwenden.

Meines Erachtens ist die dort getroffene Aussage als genereller Kommentar zu den vorherigen Ausführungen über die Rolle der Institutionen zu lesen. So wie sich, durch die Entwicklung der staatlichen Institutionen in der Sittlichkeit, die Willensstruktur der Staatsbürger diesen zunehmend als Selbstzweck vergegenwärtige, sei auch die generelle philosophische Explikation eines Gegenstandes aufzufassen. Man müsse jeweils die „Nothwendigkeit" (M1: 137.8) im Rahmen der Explikation eines Gegenstandes ausmachen können. Hegel gibt diesen Hinweis – der sich mehrfach in seinem System findet – vermutlich an dieser Stelle, da wir es bei Staaten und ihren Institutionen mit historischen, sich in der Zeit verändernden Gegenständen zu tun haben. Während nach Hegel alle Gegenstände philosophischer Analyse und Theoriebildung überhaupt, eine ‚Entwicklungsdimension' aufweisen, anhand derer sie adäquat zu explizieren seien,[257] – eine These, deren Verständnis alles andere als einfach ist –, so ist jedenfalls klar, dass Hegel aufgrund dieser Metaphorik gerade im Kontext von Gegenständen, denen wir üblicherweise auch im empirischen Sinne eine Veränderungsdimension zuschreiben, darauf achtzugeben hat, dass beide Verwendungsweisen von Bewegungsausdrücken nicht verwechselt werden. Dass für ihn die Explikation begrifflicher Entwicklungen und die Genese empirischer Phänomene (z. B. von Naturgegenständen oder Staaten) nicht einfach zusammenfällt, zeigt sich schon daran, dass Hegel auch in der *Wissenschaft der Logik* nicht auf Bewegungsmetaphorik verzichtet. Seine Metaphorik ist Ausdruck der Überzeugung, wie Phänomene philosophisch adäquat zu analysieren seien. Im vorliegenden Kontext kann ich keine Analyse der von Hegel dabei gewählten ‚Methode', so man überhaupt von einer solchen sprechen sollte – geschweige denn von einer ‚dialektischen Methode'[258] – vornehmen. Stattdessen werde ich im folgenden kurz nachweisen, inwiefern sich die empirische Genese von Gegenständen und die begriffliche Explikation unterscheiden und wie sie ggf. zusammenhängen. Ich beschränke mich dabei im Wesentlichen auf den Kontext des objektiven Geistes anhand der *Grundlinien*. Dies deshalb, da Hegel seine Geschichtsphilosophie im Kontext des objektiven Geistes entfaltet und verortet und es sich mithin auch bei den Gegenständen der Geschichtsschreibung um Gegenstände des objektiven

---

[257] Bewegungsmetaphern durchziehen Hegels komplette Theoriesprache, sowohl in der Logik als auch in der Realphilosophie. Zu den möglichen metaphysischen Implikationen der Bewegung von Begriffen im Rahmen seiner *Wissenschaft der Logik* vgl. Rohs 1978.
[258] Kritisch zur Rede von einer dialektischen Methode bei Hegel, der den Ausdruck selbst an keiner Stelle verwendet: Wolff 2014.

2.2 Die Genese der nicht-philosophischen Geschichtsschreibung — 143

Geistes handelt.²⁵⁹ Hegel ist der Auffassung, dass sich rechtliche Ansprüche im weiten Sinne, so wie die sie realisierenden und ermöglichenden Institutionen, Praxen und Traditionen anhand des Teilprinzips des an und für sich freien Willens explizieren lassen. Dieses Teilprinzip wiederum lässt sich als spezifische Fassung des das hegelsche System organisierenden Universalprinzips: der *Idee*, fassen.²⁶⁰ Die Idee des Rechts, als ein Teilbereich der Philosophie, wird nun in den *Grundlinien* anhand des teleologischen Prinzips des an und für sich freien Willens expliziert, der dabei wiederum durch eine Iteration der Operatoren ‚an sich', ‚für sich', sowie ‚an und für sich', strukturiert wird, aus dem sich die drei Teilbereiche ergeben, anhand derer die Phänomene des Rechts philosophisch auf den Begriff gebracht werden sollen. Hegel erinnert dabei in dem bereits zitierten zweiten Paragraphen der *Grundlinien* mithilfe seiner Bewegungsmetaphorik daran, dass die philosophische Rechtfertigung der von ihm vorgenommenen Explikation des Phänomenbereichs darin bestehe, diesen aus seinem ‚Begriff' zu entwickeln. Er schreibt:

> Sie [die philosophische Rechtswissenschaft/T.R.] hat [...] die I d e e , als welche die Vernunft eines Gegenstandes ist, <u>aus dem Begriffe zu entwickeln</u>, oder, was dasselbe ist, der eigenen <u>immanenten Entwickelung</u> der Sache selbst zuzusehen. Als Theil hat sie einen bestimmten A n f a n g s p u n c t , welcher das R e s u l t a t und die Wahrheit von dem ist, was <u>vorher-</u>

---

259 Der Frage, inwiefern es plausibel sein mag, bzw. welche theoretischen Gründe Hegel dazu bewogen haben mögen, die Weltgeschichte als Phänomen des objektiven Geistes und damit letztlich im Rahmen seiner Theorie von Rechten überhaupt, zu behandeln, werde ich im Rahmen dieser Arbeit nicht nachgehen. Bei einer Beantwortung dieser Frage steht m. E. letztlich die vorgängig zu klärende Frage im Raum, inwiefern bei Hegel die Strukturanforderungen der holistischen Explikation und Darstellung der Idee als leitendes Universalprinzip des gesamten Systems und die Kontextsensitivität für die Phänomene eines jewels lokalen Gegenstandsbereichs (also z. B. der Natur, der Organik oder des Rechts) sich insgesamt im Rahmen seines systematischen Philosophierens zueinander verhalten. Diskutiert wurden die mit der Verortung der hegelschen Geschichtsphilosophie am Ende des objektiven Geistes einhergehenden systematischen Probleme bereits im Kontext des Linkshegelianismus; vgl. hierzu Quante 2010; Rojek 2015.

260 Dass die ‚Idee' als Universalprinzip für das gesamte hegelsche System leitend ist, belegt etwa *Enz.* (1830) § 18. Hegel unterteilt dort vorläufig, d. h. ohne Rechtfertigung – eine solche stellt vielmehr der holistische Zusammenhang des gesamten Systems dar – ‚anhand des Prinzips der Idee und mithilfe der Operatoren ‚an sich', ‚für sich' und ‚an und für sich', die Makrostruktur des Systems mit seinen drei Teilen Logik, Natur sowie Geistphilosophie dar. „So zerfällt die Wissenschaft in die drei Theile: I. Die L o g i k , die Wissenschaft der Idee an und für sich, II. Die N a t u r p h i l o s o p h i e als die Wissenschaft der Idee in ihrem Andersseyn, III. Die P h i l o s o p h i e d e s G e i s t e s , als der Idee, die aus ihrem Andersseyn in sich zurückkehrt." (*Enz.* (1830): § 18; 60.1–7) Die drei Teile des Systems dürfen dabei, wie Hegel dort anmerkt, nicht bloß als separate Teile aufgefasst werden, so erscheinen sie lediglich in der hegelschen Darstellung, sondern als prozessual verbundene Elemente eines holistischen Begründungszusammenhangs.

> geht, und was den sogenannten Beweis desselben ausmacht. Der Begriff des Rechts fällt daher seinem Werden nach außerhalb der Wissenschaft des Rechts, seine Deduction ist hier vorausgesetzt und er ist als gegeben aufzunehmen. (*GPR* § 2; 23.17–25/Unterstreichungen T.R.)

Ich habe im Zitat die entscheidenden Stellen, in denen Hegel auf Bewegungsmetaphern zurückgreift, hervorgehoben. An einer der spärlichen Stellen, an denen er von ‚Dialektik' spricht, und zwar in der Anmerkung zu § 31 der *Rechtsphilosophie*, behauptet er, diese sei das „bewegende Princip des Begriffs" (GPR § 31 A.; 47.3). Von dieser spezifischen philosophischen und geltungstheoretischen Analyse des Begriffs, die Hegel mithilfe der Bewegungsmetaphern sprachlich zu fassen sucht, ist die empirische Entwicklung bzw. zeitliche Genese, der Gegenstände unterworfen sind, zu unterscheiden.[261] In der Anmerkung zu § 32 der *Grundlinien* macht er selbst darauf aufmerksam, dass die philosophische Organisation des Phänomenbereichs des objektiven Geistes *nicht* mit der empirisch-historischen Genese zusammenfalle. Er schreibt dort:

> Es ist aber zu bemerken, daß die Momente, deren Resultat eine weiter bestimmte Form ist, ihm als Begriffsbestimmungen in der wissenschaftlichen Entwicklung der Idee vorangehen, aber nicht in der zeitlichen Entwicklung als Gestaltungen ihm vorausgehen. So hat die Idee, wie sie als Familie bestimmt ist, die Begriffsbestimmungen zur Voraussetzung, als deren Resultat sie im Folgenden dargestellt werden wird. Aber daß diese inneren Voraussetzungen auch für sich schon als Gestaltungen, als Eigentumsrecht, Vertrag, Moralität u.s.f. vorhanden seyen, dieß ist die andere Seite der Entwicklung, die nur in höher vollendeter Bildung es zu diesem eigenthümlich gestalteten Daseyn ihrer Momente gebracht hat. (*GPR* § 32 A.; 47.35–48.8)

Hier unterscheidet Hegel also diejenige Entwicklungsform, die der Philosoph vollzieht, von der zeitlichen Entwicklung der empirischen Phänomene, auf die die philosophischen Begriffe, deren Gehalt in Hegels Theorie des objektiven Geistes entfaltet wird, bezogen sind.

Ich werde im folgenden nicht ausführlich auf die Eigenheiten der hegelschen Theoriebildung hinsichtlich der Phänomene des objektiven Geistes eingehen, sondern diese nur soweit entwickeln, wie es zum Verständnis der hegelschen Manuskripte zur Geschichtsphilosophie und insbesondere des vorliegenden Satzteiles (M1: 137.6–9), nötig sein wird.[262] Hegel stellt seiner *Rechtsphilosophie* im ersten Paragraphen folgende Aufgabe: „Die philosophische Rechtswis-

---

[261] Für eine ähnliche Beobachtung hinsichtlich der Doppeldeutigkeit des Ausdrucks ‚Entwicklung' in Hegels Terminologie siehe Pippin 1989: 147.
[262] Instruktiv für die Besonderheiten des philosophischen Vorgehens Hegels im Rahmen der Organisation der Rechtsphänomene vgl. Fulda 1982.

senschaft hat die Idee des Rechts, den Begriff des Rechts und dessen Verwirklichung zum Gegenstande." (*GPR* § 1; 23.3 f.) Die Idee des Rechts ergibt sich dabei aus dem spezifischen Zusammenspiel der beiden Momente, dem Begriff des Rechts sowie dessen empirischem Realisat. Hegel muss zeigen können, inwiefern sich die aus dem Begriff ergebenden Folgerungen auch in der empirischen Wirklichkeit aufzeigen lassen und manifestieren. Diese gegenständliche Seite der Idee fasst er unter dem Ausdruck „Gestaltung", der gegenüber der Begriff lediglich als die „Form" erscheint, beide zusammen sind die „wesentliche[n] Moment[e] der Idee" (*GPR* § 1 A.; 23.13 – 15). Solche Gestaltungen wären z. B. konkrete historische Staaten oder etwa das Eigentumsrecht.

Für die Plausibilität der hegelschen Philosophie des objektiven Geistes, aber auch für die anderen realphilosophischen Systemteile ist es zentral, dass es gelingt, die adäquaten Manifestationen der jeweiligen Begriffe zu erfassen. Diese Aufgabe selbst lässt sich dabei aber nicht mehr deduktiv lösen, sondern hier verbleibt im Rahmen seines Projekts ein Spielraum der Identifikation, bei der der Philosoph durchaus falsch liegen kann, ohne dass dadurch Hegels gesamtes Begründungsprojekt in Frage gestellt wäre. Die Gestaltungen fallen *als* Gestaltungen erst einmal unter die Kategorie der Vorstellungen. Unter ‚Vorstellungen' versteht Hegel dabei diejenigen Daten, die dem Common-Sense – unbehelligt von philosophischen Erwägungen – gegeben sind. Ob eine Vorstellung respektive, im Falle sozialer Phänomene, eine Gestaltung einem bestimmten Begriff entspricht und sich somit als Manifestation der Idee ausweisen lässt, ist im Einzelfall keinesfalls leicht zu entscheiden. Dass die Kenntnis von Vorstellungen und Gestaltungen sowie die Kenntnis philosophisch-begrifflicher Zusammenhänge auseinanderfallen und ihre konkrete Deckung sich nur im Rahmen hermeneutischer Vorgänge ergeben, für die es einiger Übung bedarf, wird in der *Enzyklopädie* gleich zu Beginn hervorgehoben:

> Damit aber, daß man Vorstellungen hat, kennt man noch nicht deren Bedeutung für das Denken, d. h. noch nicht deren Gedanken und Begriffe. Umgekehrt ist es auch zweierlei, Gedanken und Begriffe zu haben, und zu wissen, welches die ihnen entsprechenden Vorstellungen, Anschauungen, Gefühle sind. [...] Eine Seite dessen, was man die Unverständlichkeit der Philosophie nennt, bezieht sich hierauf. Die Schwierigkeit liegt einestheils in einer Unfähigkeit, die an sich nur Ungewohnheit ist, abstract zu denken, d. h. reine Gedanken festzuhalten und in ihnen sich zu bewegen. [...] Der andere Theil der Unverständlichkeit ist die Ungeduld, das in der Weise der Vorstellung vor sich haben zu wollen, was als Gedanke und Begriff im Bewußtseyn ist. (*Enz.* (1830) § 3 A.; 42.14 – 31)

Es ist also keineswegs ohne Weiteres klar, welche Begebenheiten sich tatsächlich mithilfe des Begriffs philosophisch fassen und explizieren lassen. Zugleich ist es für Hegel der Fall, das nur dasjenige sich auch als philosophisch relevant erweisen kann, was sich mithilfe seiner Philosophie fassen lässt. Dies deshalb, da die *Wissenschaft der Logik* als holistisch sich selbst tragendes Netzwerk von Kategorien abgeschlossen ist und die hegelsche Philosophie sich somit selbst (zumindest in diesem Systemteil) tragen kann, ohne für die Rechtfertigung auf Vorstellungen zurückgreifen zu müssen.

Da man es nun im Fall von Staaten und ihrer historischen Entwicklung mit *auch empirischen* Gebilden zu tun hat, weist Hegel im Manuskript darauf hin, dass man beide Entwicklungen, die philosophische und die empirische, unterscheiden muss. Es gibt Fälle, in denen sich ein empirisches Gebilde als Gestaltung fassen lässt, von der sich zeigen lässt, dass sie einem philosophisch entwickelten Begriff entspricht, sowie Fälle, in denen dies nicht der Fall ist. Daher müsse, wie Hegel in dem zitierten Satz zum Ausdruck bringen möchte, die „bloß aüsserliche Consequenz" (M1: 137.7), d. h. die empirische Entwicklung eines Gegenstandes von der philosophisch notwendigen semantischen Explikation begrifflicher Zusammenhänge unterschieden werden. Erst dann ist es auch möglich, einige empirische Entwicklungen retrospektiv (d. h. mindestens nach Ausfaltung der begrifflichen Zusammenhänge) als nach philosophischen Standards ‚vernünftig' auszuweisen. Nun behauptet er in dem Zitat aber scheinbar mehr, nämlich, dass „[i]n jedem Fortschreiten eines Gegenstandes" (M1: 137.6 f.) eine äußerliche, empirische von einer begrifflich-notwendigen Seite zu unterscheiden sei.

Dies ist m. E. deshalb der Fall, weil Hegel der Ansicht ist, dass es keine strikt begriffslosen Entitäten in der geistigen Wirklichkeit gibt. Weil er davon ausgeht, dass die zeitliche Seite der Gegenstände der Naturphilosophie philosophisch irrelevant ist, ist an der vorliegenden Stelle ohnehin nur von geistigen Entitäten die Rede, da nur diesen eine Fortschrittsdimension zuzusprechen ist. Eine davon zu unterscheidende Frage ist, welche der empirischen Entwicklungen sich auch als fortschrittlich und relevant im Sinne ihrer philosophisch-kategorialen Entwicklung ausweisen lassen.

Die Standards dieser letztgenannten Entwicklung hin zur Manifestation der adäquaten philosophisch-begrifflichen Struktur werden dabei durch die philosophisch-begriffliche Entfaltung des Philosophen vorgegeben. In den letzten Teilen des Abschnittes (E und F in den Siglen), in dem Hegel unter Rückgriff auf seine Ergebnisse im Rahmen der *Grundlinien* auszuweisen sucht, warum der Staat und bestimmte Begebenheiten in der Staatengeschichte Gegenstand und Erzählziel der pragmatischen Historiker ausmachen sollten, führt er die philosophische Ebene mit den Interessen der Historiker und ihrer zeitgenössischen Rezipienten zusammen:

> Diß die wahrhafte Sache z. B. wo der Staat – deutsche – römische – oder einzelne GROSSE Begebenheit – französische Revolution – an SICH irgend ein grosses Be-

2.2 Die Genese der nicht-philosophischen Geschichtsschreibung — 147

dürfniß [E] – Diß Gegenstand und Zweck der Geschichtsschreiber aber auch Zweck des Volks, Zweck der Zeit selbst – Darauf alles bezogen. [F] (M1: 137.9 – 13/Siglen T.R.)

Mit dem Demonstrativpronomen „Diß" in [E] wird auf die im vorherigen Satz angeführte philosophisch-begriffliche Entwicklungsdimension verwiesen. Da diese Ebene die Ausweisung eines Phänomens als vernünftig und gerechtfertigt erlaubt, kann sie hier als die „wahrhafte Sache" angeführt werden. Hegel verweist nun in stichwortartiger Form auf solche empirischen Phänomene, an denen sich eine solche philosophisch-begriffliche Entwicklung seiner Ansicht nach ausweisen lässt. Darunter fällt u. a. die Geschichte der deutschen bzw. römischen Staatswerdung.[263] Hegel rekurriert hier auf eine Staatengeschichte, anhand derer sich seiner Meinung nach geschichtsphilosophische Epochen narrativ aufbereiten lassen. Das Römische Reich stellt die dritte der vier Epochen dar, die Hegel in seiner philosophischen Weltgeschichte unterscheidet, das germanische Reich die vierte (vgl. *GPR* §§ 357–358). Die pragmatische Geschichtsschreibung behandelt aber nicht nur solche langfristigen Entwicklungen gleichsam als Form der *Longue durée*, sondern kann auch entscheidende Wendepunkte innerhalb einer solchen Entwicklung aufbereiten; als Beispiel eines solchen Ereignisses wählt Hegel die Französische Revolution, deren philosophisch in seinen vor- wie nachteiligen Entwicklungen zu erfassender Gehalt Hegel an vielen Stellen seines Werkes und nahezu über die gesamte Dauer seines philosophischen Schaffens beschäftigt hat.

Im letzten stichwortartigen Satzteil von [E] führt Hegel ein allgemeines Merkmal an, das ein Ereignis in der Geschichte erfüllen muss, um zum philosophisch relevanten Gegenstand der pragmatischen Geschichtsschreibung zu werden. Es müsse „an sich" ein „grosses Bedürfniß" vorhanden sein. Mit dem Begriff des Bedürfnisses hebt Hegel hier auf die Interessenlage derjenigen Personen ab, die die Geschichte eines Ereignisses verfassen bzw. derjenigen, *für* die die Historiker diese Geschichte schreiben. Damit vertritt er die These, dass sich bereits in der nicht-philosophischen Geschichtsschreibung und bei der nicht philosophisch vorgebildeten Bevölkerung ein Bedürfnis ausprägt, über bestimmte Ereignisse der Vergangenheit geschichtsschreibend Aufklärung zu erhalten. Das Prädikat „groß" erfüllt dabei zwei Zwecke, zum einen kann Hegel damit abdecken, dass hinreichend viele Historiker, als auch potentielle Leserinnen und Leser ihrer Werke, das Ereignis für relevant halten, zum anderen kann er damit, aus der Warte des Philosophen gesehen, abdecken, dass es sich auch tatsächlich um ein „großes",

---

[263] Unter die deutsche Geschichte fällt dabei nicht etwa die Geschichte der Entstehung eines deutschen Nationalstaats, sondern, wie der geschichtsphilosophischen Epocheneinteilung Hegels in den *Grundlinien* zu entnehmen ist, das germanische Reich, worunter insbesondere die Geschichte des protestantischen Westeuropa, etwa seit Luther fällt (vgl. *GPR* § 358).

im Sinne von philosophisch-relevantes Ereignis in der historischen Entwicklung der Menschheit handelt. Die Verwendung des Operators „an sich" ist hier aufschlussreich. Mit ihm kennzeichnet Hegel häufig Phänomene, die den Akteuren *als solche* nicht bewusst sind. Erst der Philosoph kann über die ihm zur Verfügung stehenden kategorialen Mittel und Standards erkennen, dass es sich hierbei um ein Phänomen handelt, das auch philosophisch von Relevanz ist. Mit anderen Worten: Weder den Historikern, noch ihren Rezipienten muss bewusst sein, dass ihr Bedürfnis sich auch philosophisch explizieren lässt und sie sich somit für eine Begebenheit interessieren, die sich auch nach philosophischen Standards als relevant erweist. Denn Hegel ist nicht auf die These festgelegt, dass *jedes* historische Bedürfnis vieler Menschen sich auch als philosophisch relevant zu erweisen habe,[264] wohl aber darauf, dass die philosophisch relevanten Ereignisse auch zur Zeit ihrer historischen Aufarbeitung als relevant wahrgenommen werden. Wobei die nicht-philosophische Aufarbeitung dabei ggf. Ausdrücke verwenden würde wie z. B. ‚spannend', ‚spektakulär' oder ähnliches.

In [F] bezieht sich Hegel, wiederum mit Demonstrativpronomen, auf diejenigen Begebenheiten, die zu erfassen ein großes Bedürfnis bestehe. Diese Begebenheiten bilden den „Gegenstand und Zweck" sowohl der pragmatischen Geschichtsschreiber bzw. der zu Hegels Zeiten gängigen Form der Geschichtsschreibung, als auch des „Volkes", d. h. der Rezipienten dieser Geschichtsschreibung (M1: 137.11 f.). Hegel behauptet also eine Kongruenz der Interessen der Historiker und ihrer Rezipienten.[265] Erklären lässt sich diese Kongruenz darüber,

---

264 So interessieren sich in der Gegenwart etwa viele Menschen für die Frage, ob das dritte Reich fast oder gar tatsächlich Atomwaffentests durchgeführt habe. Ein Interesse, das sich wohl eher aus der Kuriosität und dem Grusel der dabei evozierten kontrafaktischen Geschichtsschreibung ergibt. Dass Hegel eine solche Frage für philosophisch irrelevant gehalten haben würde, belegt bereits seine Polemik gegen die kontrafaktische Geschichtsschreibung. So schreibt Hegel über die Kategorie der Möglichkeit in der ‚kleinen Logik': „Der Geschichtschreiber ist ebenso unmittelbar daran gewiesen, diese für sich auch schon als unwahr erklärte Kategorie [der Möglichkeit/T.R.] nicht zu gebrauchen; aber der Scharfsinn des leeren Verstandes gefällt sich am meisten in dem hohlen Ersinnen von Möglichkeiten und recht vielen Möglichkeiten." (*Enz.* (1830): § 143 A.; 165.27–166.2) Eine andere Frage ist, ob kontrafaktischen Überlegungen in der Geschichtsschreibung nicht zumindest insofern eine wichtigere Rolle zukommt, als Hegels polemische Abgrenzung nahelegt, als sie dabei hilft, die Relevanz bestimmter Ereignisse für deren Folgen einzuschätzen. Ob eine solche Funktion mit Hegels Kritik kompatibel wäre, ließe sich aber allenfalls bei einer näheren Auseinandersetzung mit Hegels Theorie der Möglichkeit zeigen. Zum Nutzen und Nachtteil der kontrafaktischen Geschichtsschreibung für die moderne Geschichtsforschung vgl. Demandt 2005 [2001].

265 Eine systematische Ausarbeitung dieser hegelschen These hätte zu berücksichtigen, dass man sehr weite Kriterien für diese Interessenkongruenz anzulegen hätte, gerade in der heutigen mannigfaltig ausdifferenzierten Geschichtswissenschaft und ihrer Produktion sehr spezieller

2.2 Die Genese der nicht-philosophischen Geschichtsschreibung — 149

dass beide Gruppen durch die organismische Struktur des Staatswesens dazu gebildet wurden, die allgemeinen Interessen und Zwecke des Staatswesen, über ihre im Rahmen der bürgerlichen Gesellschaft zu befriedigenden partikularen Interessen hinaus, als Selbstzweck anzuerkennen gelernt haben. Zu Bewahrung und Selbstverständigung dieses Zwecks gehört dabei für Hegel auch die Absicherung des Selbstverständnisses durch ein mehr oder weniger geteiltes gemeinsames Narrativ über die Vergangenheit, das von den Geschichtsschreibern offeriert wird. Hegels Hinweis, dass diese wahrhaften Interessen dabei „errungen" (M1: 137.6) werden müssen, zeigt, dass man sich die dabei auftretenden Aushandlungen über dieses Narrativ, trotz gleicher Interessen und Zwecke, nicht als konfliktfrei vorzustellen hat. Hegel fasst die sich in Volk und Geschichtsschreibern gleichermaßen artikulierenden Interessen so auf, dass sich in ihnen der „Zweck der Zeit selbst" (M1: 137.12) artikuliere. Wobei unter ‚Zeit' an dieser Stelle die jeweilige Gegenwart zu verstehen ist, in der die pragmatischen Geschichtsschreiber tätig sind. Da die Arbeit dieser Geschichtsschreiber nur in einem organisch verfassten Staatswesen überhaupt greifen kann, beschreibt Hegel die Zusammenhänge zwischen Staatswesen und Geschichtsschreibung in seiner eigenen Gegenwart, in der er diese organische und vernünftige Staatsstruktur als manifestiert betrachtet.[266] Auf die letzten Zwecke seien Historiker, Staatswesen und Volk letztlich bezogen. Die Aufgabe der pragmatischen Geschichtsschreibung besteht dann in der Artikulation und narrativen Fassung derjenigen Gegenstände, auf die sie qua Zweck bezogen sind.

Unter Rückgriff auf seine *Rechtsphilosophie* hat Hegel hier also aus philosophischer Perspektive aufgezeigt, inwiefern der pragmatischen Geschichtsschreibung selbst eine zentrale Rolle im Rahmen der organischen Totalität des Staates und für ein gelingendes Staatswesen zukommt. Dies erklärt auch, warum er überhaupt zu der These gelangt, dass der Staat und auf diesen bezogene Ereignisse die zentralen Gegenstände historischer Forschung auszumachen haben. Hegel hat für diese These – wie gesehen –eine philosophische Hintergrundtheorie

---

Fachliteratur für Experten, kann die hegelsche These wohl kaum für das Gros der produzierten historischen Literatur gelten. Dass die Aufarbeitung und Erzeugung eines akzeptablen Narrativs der Vergangenheit aber auch heute noch auf großes Interesse stößt und in der Öffentlichkeit immer wieder Debatten auszulösen vermag, zeigen etwa die Debatte um die Fischer-These, der Historiker-Streit der achtziger Jahre oder jüngst die breite Debatte um die Entstehung des ersten Weltkriegs im Kontext der Veröffentlichung des Buchs von Christopher Clark. Vgl. Clark 2013 [engl. 2012].

266 An dieser Stelle kann es offenbleiben, ob Hegel meint, dass alle von ihm in den *Grundlinien* als vernünftig ausgewiesenen Institutionen und Phänomene auch in seiner Zeit bereits realisiert seien oder nicht. Wichtig ist hier nur, dass sie zumindest teilweise realisiert sind.

und kann nicht ohne Weiteres als früher Vertreter der in seiner Zeit aufkommenden Nationalgeschichtsschreibung verortet werden.[267]

Offen bleibt die Frage, ob die pragmatischen Historiker *wissen* müssen, dass sie durch ihre Geschichtsschreibung zugleich philosophisch explizierbare und relevante Gegenstände aufbereiten. Wäre dies so, so würde Hegel hier als normativer Wissenschaftstheoretiker von den Historikern verlangen, gewisse Gegenstände zu thematisieren. Dies ist aber nicht der Fall.[268] Vielmehr macht Hegel lediglich transparent, wieso die Historiker schon von selbst sich gerade den Gegenständen zuwenden bzw. primär zuwenden, von denen der Philosoph zeigen kann, *dass* sie auch philosophisch relevant sind. *Warum* sie philosophisch relevant sind, und zwar nicht nur für den Erhalt der sittlichen Strukturen, auf denen Hegel zufolge die Stabilität der Gesellschaft letztlich ruht, ist dann aber Gegenstand der eigenständigen philosophischen Behandlung der Weltgeschichte. Wie ich dort näher ausführen werde, ist Hegel der Ansicht, dass die Einzelwissenschaften zum Teil dem Philosophen ‚entgegenarbeiten', dieser sich also auf deren Befunde stützen kann, um den geschichtsphilosophisch relevanten Teil der Vergangenheit offenzulegen.

Hegel schließt seine Ausführungen zur pragmatischen Geschichtsschreibung mit einigen Anmerkungen zum Status solcher Geschichtsschreibung einerseits und zur Rolle der Historiker andererseits ab.

> Solche pragmatischen R e f l e x i o n e n so sehr sie abstract sind, sind s o in der That das G e g e n w ä r t i g e, und die Erzählung der Vergangenheit beleben, zum gegenwärtigen Leben bringen sollende – [...]
>
> Ob nun solche Reflexionen in der That i n t e r e s s a n t und b e l e b e n d seyen, das kommt a u f d e n e i g e n e n G e i s t d e s S c h r i f t s t e l l e r s an –. (M1: 137.14–16; 20f.)

Als ‚abstrakt' erscheinen die Erzählungen der pragmatischen Geschichtsschreibung – die Hegel hier mit dem Terminus ‚Reflexion' fasst, da es sich hierbei um die Hauptgestalt der reflektierenden Geschichtsschreibung handelt –, da sie deren Strukturen unter Rücksicht auf die Interessen und für die je eigene Gegenwart relevanten Aspekten untersuchen. Abstrakt sind sie qua ihres Verzichtes auf eine

---

[267] Zudem fällt Hegels Staatsbegriff nicht einfach mit einem irgendwie metaphysisch gearteten Nationalcharakter zusammen. Die von Hegel besprochenen Volksgeister sind vielmehr über die Zeit hinweg durch natürliche Bedingungen und die Tradierung von Sitten geronnene Individualitätsmerkmale. Vgl. zum Volksgeist Siep 2010: 135 f.

[268] Diese Stelle soll keineswegs suggerieren, Hegel träte an keiner Stelle seines Systems als normativer Wissenschaftstheoretiker auf, noch, dass ich selbst der Ansicht wäre, der Philosoph habe *normativ* gegenüber den Einzelwissenschaften keine Ansprüche anzumelden.

üppige Detailfülle oder diejenigen Gestaltungsmittel, die einen ‚Realitätseffekt' hervorrufen.

Vielmehr beleben sie die Vergangenheit durch ihren strikten Gegenwartsbezug, der durch die gemeinsamen Zwecke und Interessen der Geschichtsschreiber und ihres Publikums gelingen kann. Die pragmatische Geschichtsschreibung führt damit die Vergangenheit gerade an die Gegenwart heran, statt sich eines Verfremdungseffekts durch Alteritätsdarstellungen zunutze zu machen. Vor diesem Hintergrund wird auch noch einmal deutlich, warum sich Hegel weiter oben im Manuskript notiert hat „das Bedürfniß EINER GEGENWART vorhanden" (M1: 136.14), in die dann die Vergangenheit narrativ im Rahmen der in der Gegenwart gegebenen allgemeinen Interessen zu integrieren ist.

Dabei formuliert Hegel die damit einhergehende Belebung der Gegenwart durch die Vergangenheit partizipial und drückt so einen normativen Anspruch aus. Die pragmatische Geschichtsschreibung soll diesen Zweck realisieren, freilich kann sie daran scheitern. Auch hier, ähnlich wie bei der allgemeinen Geschichtsschreibung, greift die Anwendung des Prädikats ‚pragmatisch' auf eine konkrete Studie, z. B. eine Monographie über die französische Revolution, sowohl gelungene als auch misslungene Fälle dieses Anspruchs heraus. Leider geht Hegel auf die damit einhergehenden Implikationen nicht weiter ein. Systematisch könnte man sich z. B. fragen, ob ein Staat, dessen Geschichtsschreibung in vielen oder gar allen Fällen so gestört wird (z. B. durch Zensur oder Ausdünnung der Finanzmittel für die Universitäten), dass nur noch misslungene Formen dieser Gattung zustande kommen, damit die Grundlagen seiner Sittlichkeit einer Erosion auszusetzen droht.

Stattdessen hebt Hegel im Manuskript lediglich darauf ab, dass die Frage des Ge- oder Misslingens einer pragmatischen Geschichtsschreibung von dem jeweiligen „Geist des Schriftstellers" (M1: 137.21) abhängig sei, der diese verfasst. Einerseits kann man an dieser Stelle positiv einen Beleg dafür sehen, dass er offensichtlich nicht der Ansicht ist, die Individuen würden durch den allgemeinen Geist ihrer Zeit, konkreter ihren jeweiligen Volksgeist, so sehr sozialisiert und geprägt, dass individuelle Charakteristika vollständig in diesem Allgemeinen aufgingen. Das vollständige Absehen von den sozialen Randbedingungen, die eine gelungene pragmatische Geschichtsschreibung überhaupt ermöglichen, fällt aber auch im Rahmen der hegelschen Philosophie hinter dessen Einsichten aus den *Grundlinien* zurück.

Zum Abschluss der Diskussion und Analyse der pragmatischen Geschichtsschreibung möchte ich nun, vor dem etablierten Hintergrund, der gezeigt hat, wie eng Hegel die pragmatische Geschichtsschreibung mit der Struktur der Sittlichkeit verzahnt hat, auf die weiter oben bisher unanalysiert gelassene Stelle eingehen, an der er auf das Moralisieren im Rahmen der Geschichtsschreibung zu sprechen kommt.

Hegel schreibt dort:

> Schlechteste Manier des pragmatischen – dann die m o r a l i s c h e n Fragen – kleine p s y ‑ c h o l o g i s c h e Geist – den Triebfedern der Subjecte aus keinem Begriff von besondren Neigungen und Leidenschaften nachgeht –, die S a c h e selbst nicht für treibend, wirkend, ansieht forterzählt – ebenso fort c o m p i l i r e n d erzählt, und den Begebenheiten und Individuen von Zeit zu Zeit mit e i n e m m o r a l i s c h e n E i n h a u e n i n d i e F l a n k e f ä l l t, mit erbaulichen christlichen und andern Reflexionen aufwacht aus dieser tröselnden Erzählerey – eine erbauliche Reflexion – paränetischen Ausruff und Lehre einschaltet und dergleichen. (M1: 135.15 – 22)

Im ersten Satzfragment lässt sich ersehen, dass Hegel die moralische Form der pragmatischen Geschichtsschreibung, die er in den dann folgenden Zeilen behandelt, für die inadäquateste Form derselben hält. Er führt dafür – soweit ersichtlich – genau einen Grund an. Dieser Form der pragmatischen Geschichtsschreibung gelingt es nicht, ein Narrativ zu entwickeln, das sowohl den Akteuren der Vergangenheit und dem vergangenen Geschehen, als auch der „Sache selbst" (M1: 135.17), d. h. der philosophisch-kategorialen Entwicklungsdimension, gerecht werde. Warum ist dies so? Dass Hegel meint, eine solche Erzählung sei nicht von den wahrhaften Interessen und Zwecken der Gegenwart aus gestiftet, wird ersichtlich an seiner pejorativen Erwähnung der kompilationshaften Verknüpfung der einzelnen Ereignisse. Die moralische Geschichtsschreibung bildet kein eigenständiges Erzählziel aus, sondern orientiert sich, ähnlich wie die allgemeine Geschichtsschreibung, einfach an den vorhandenen Kompilationen der Vergangenheit. Dies erklärt auch, warum Hegel diese schlechte Form der pragmatischen Geschichtsschreibung gleich zu Beginn seiner Diskussion der pragmatischen Geschichtsschreibung anführt. Sie erklärt das Geschehen sämtlich über die sehr spezifischen Interessen der beteiligten Akteure, was nach Hegels Meinung zu einem Bedeutungsverlust des Geschehens führt. Die Rezipienten einer solchen moralisierenden pragmatischen Geschichtsschreibung können aus ihr nicht ersehen, was *ihnen* dieses Geschehen sagen soll, ist es doch in einer solchen Erzählung gänzlich reduziert auf kontingente Leidenschaften und Wünsche Einzelner.[269]

---

[269] Hegels Kritik an einer solchen Geschichtsschreibung findet sich auch im Kontext seiner Kritik einer ‚Kammerdienerperspektive' auf die Vergangenheit in der *Phänomenologie des Geistes*: „Es gibt keinen Helden für den Kammerdiener; nicht aber weil jener nicht ein Held, sondern weil dieser – der Kammerdiener ist, mit welchem jener nicht als Held, sondern als essender, trinkender, sich kleidender, überhaupt in der Einzelnheit des Bedürfnisses und der Vorstellung zu thun hat. So

Hegels Ausdrucksweise, dass der Historiker dabei den Begebenheiten moralisch „von Zeit zu Zeit" in die Flanke falle, legt zudem nahe, dass er sagen möchte, die moralische Kritik sei unmotiviert. Die Ablehnung einer moralisierenden Geschichtsschreibung durch Hegel impliziert nicht, dass er gezwungen wäre, von der Geschichtsschreibung eine strenge Beschränkung auf einen Quellenpositivismus zu verlangen, wohl aber reflektierten Umgang mit moralischem Vokabular.

Vor dem Hintergrund der hegelschen Rechtsphilosophie ist zudem zu beachten, dass Hegel zwischen der ‚Moral' und der ‚Sitte' differenziert. Wie gesehen verortet er die pragmatische Geschichtsschreibung dabei im Kontext der Sittlichkeit. Fasst man den Übergang von der Moralität zur Sittlichkeit im Rahmen der *Grundlinien der Philosophie des Rechts* nun begründungstheoretisch statt geltungstheoretisch auf, so zehrt die Moral gerade von den sittlichen Strukturen, auf die sie als Begründungsressource angewiesen ist.[270] Aus dieser Perspektive gewinnt Hegels Polemik gegen eine moralisch imprägnierte Geschichtsschreibung einen guten Sinn. Hierbei werden partikulare Ansprüche an die Vergangenheit gestellt, die an der Etablierung und Selbstverständigung über die sittlichen Strukturen vorbeigehen, vielmehr selbst von dieser abhängig bleiben. Man könnte sagen, dass durch den permanenten Verweis auf das angebliche moralische Fehlverhalten der Akteure der Vergangenheit – die zudem am moralischen Maßstab der Gegenwart gemessen werden – auf der Ebene der Sittlichkeit eine Überforderung der sittlichen Institutionen droht. Eine Gefahr, der Hegel mit seinem Konzept der Sittlichkeit ebenso zu entgehen trachtete, wie einem mangelnden Vertrauen in die begründende Kraft unserer historisch geronnenen Werte und Praxen.

2.2.2.5 Kritische Geschichte

Dass Hegel bemüht ist, die neuesten Entwicklungen der Einzelwissenschaften in seiner philosophischen Arbeit, sofern sie sich für diese als relevant erweisen, zu berücksichtigen, zeigt nicht nur seine Integration neuerer mathematischer Entwicklungen in den beiden großen Fassungen der *Seinslogik*,[271] sondern auch seine Diskussion der kritischen Geschichtsschreibung. Von dieser wird in der Vorle-

---

gibt es für das Beurtheilen keine Handlung, in welcher es nicht die Seite der Einzelnheit der Individualität der allgemeinen Seite der Handlung entgegensetzen, und gegen den Handelnden den Kammerdiener der Moralität machen könnte." (*PhG:* 358.32–359.2) Die Kritik dieser Perspektive greift Hegel auch in den *Grundlinien Philosophie des Rechts* wieder auf vgl. *GPR* § 124 A.
270 Für einen solchen Verständnisvorschlag des Übergangs der Moralität zur Sittlichkeit vgl. Quante 2011: 279–297, vor allem 287.
271 Vgl. zu dieser Beobachtung Wolff 1986.

sungsausgabe mitgeteilt, dass sie „sich besonders in unserer Zeit ausgebildet hat." (*VL* 12.285) Hegel verhält sich hier also zu einer besonders aktuellen Gattung der Geschichtsschreibung. Wie auch bei den anderen Formen der Geschichtsschreibung soll gezeigt werden, wie sie sich methodisch aus der Vorgängerform rekonstruieren lässt. Einen Hinweis zur Beantwortung dieser Frage liefert die folgende Textstelle:

> Auch dies [d. h. die kritische Geschichtsschreibung/T.R.] ist eine Art, die Gegenwart in die Vergangenheit zu bringen. Die Gegenwart, die dadurch hervorgebracht wird, beruht auf subjektiven Einfällen, die leicht für um so vortrefflicher gelten, auf je weniger Gründen sie beruhen. (*VL* 13.273–275)

Wie der erste Satz belegt, lässt sich auch diese Form der reflektierenden Geschichtsschreibung durch die spezifische Art, wie sie Vergangenheit und Gegenwart zueinander in Beziehung setzt, charakterisieren. Hierbei wird jedoch nicht die Vergangenheit gegenwärtig, sondern vielmehr die Vergangenheit durch die Überzeugungen der Gegenwart zersetzt. Man könnte sagen, dass hier die hermeneutische Gefahr droht, sich von den Quellen nicht mehr belehren und irritieren zu lassen, sondern diesen ein bereits feststehendes Narrativ überzustülpen. Daher kann diese Form der Geschichtsschreibung methodisch erst auftreten, nachdem bereits eine andere, die pragmatische, etabliert ist, auf die sie dann Bezug nimmt. Wie oben gesehen, steht nicht zu erwarten, dass ein solches der Selbstverständigung einer Gemeinschaft dienendes Narrativ völlig unumstritten sein wird. Die kritische Geschichtsschreibung lässt sich methodisch als Reaktion darauf verstehen. Sie greift die von der pragmatischen Geschichtsschreibung erzeugten Narrative (oder später auch andere), an deren Konstitutionsbasis – den Quellen – an und sucht deren Plausibilität und Glaubwürdigkeit zu attackieren, wodurch auch das durch diese etablierte Narrativ deplausibilisiert werden kann. Die Gegenwärtigkeit, die hier auf die Quellen ausgreift, wird so charakterisiert: „Die Gegenwart, die hierin liegt, besteht in dem Scharfsinn des Schriftstellers, der aus allen Umständen Folgerungen für die Glaubwürdigkeit zieht." (*VL* 12.263–265) Die Gegenwärtigkeit, die die Vergangenheit dadurch erhalte, beruhe aber, wie der zweite Satz des obigen Zitats zum Ausdruck bringt, auf „subjektiven Einfällen" (*VL* 13.274), womit ein Gegensatz zu den ‚objektiven' im Sinne der wahrhaften Interessen, die von den pragmatischen Geschichtsschreibern aufgegriffen werden, angezeigt wird. Da diese Stelle sich am Ende der knappen Diskussion der kritischen Geschichtsschreibung befindet, zeigt der pejorative Charakter des hegelschen Fazits dessen tendenziell negativ-kritisches Urteil. Die „Einfälle" (*VL* 13.274), aus denen heraus der kritische Historiker die Quellen untersucht, sind

2.2 Die Genese der nicht-philosophischen Geschichtsschreibung — 155

gerade nicht durch die „o r g a n i s c h e Totalität" (*GPR* § 256; 200.4) der Sittlichkeit vermittelt.

Trotz dieses insgesamt kritischen Urteils erfüllt diese Form der Geschichtsschreibung eine wichtige Funktion. Sie kann die pragmatische Geschichtsschreibung nicht ersetzen, bildet insofern also keinen Fortschritt gegenüber der Vorgängerform. Da aber die pragmatischen Historiker nicht eo ipso auch die wahrhaften Interessen treffen und artikulieren, leistet die kritische Geschichtsschreibung, so man sie nicht ins Extrem treibt, einen wichtigen Beitrag zur Selbstverständigung über das adäquate Narrativ einer Gemeinschaft, da sie dieses Nachfragen aussetzt, die eine partielle Korrektur dieses Narrativs im Lichte der Quellenkritik erlauben, oder aber neue Perspektiven auf das zur Verfügung stehende Quellenkorpus erlaubt. Hegel hält die in Frankreich übliche Form dieser Quellenkritik für wichtig und beurteilt diese Form der Geschichtsschreibung, anders als sein pejoratives Abschlussurteil vermuten lassen könnte, als akzeptabel: „Die Franzosen haben darin [in der Quellenkritik/T.R.] viel Gründliches und Gutes geleistet." (VL 12.265f.)

In Deutschland hingegen meint er eine extreme Variante der kritischen Geschichtsschreibung am Werke zu sehen, die die Versuche, ein stabiles und akzeptables Narrativ zu entwickeln, überhaupt zu unterminieren sucht. Man hätte es in diesem Falle also mit einer Form des historischen Skeptizismus zu tun, der letztlich alle unsere Interpretationen der Quellen für bloße Projektionen hält.

> Bei uns hat sich die sogenannte höhere Kritik der Geschichte bemächtigt, welche die besonnenere Geschichtsschreibung zu verdrängen suchte, wo [man] den Boden der Geschichte verlassend, den willkürlichsten Vorstellungen, Abschweifungen, Phantasien und Kombinationen Raum gegeben hat. Man hat dieses Willkürlichste in die Geschichte zu bringen versucht. (VL 12.266 – 13.272)

Unabhängig von der Frage, ob Hegel damit den Trend der deutschen Geschichtsschreibung seiner Zeit richtig eingeschätzt hat, wird deutlich, dass er diese extreme Form der Quellenkritik ablehnt. Dies deshalb, da sie zu einer Erosion des historisch vermittelten Selbstverständnisses im Rahmen der Sittlichkeit führen könnte, die so die Stabilität einer gemeinschaftlichen Ordnung gefährdet. Zudem zeigen die im Zitat auftretenden Ausdrücke, dass er meint, die entsprechend quellenkritisch tätigen Historiker seien methodologischen Einwänden gegenüber nicht hinreichend abgesichert. Ihre Quellenkritik ergibt sich nicht selbst wieder aus Kohärenzüberlegungen und anderen *an* und *mit* den Quellen durchführbaren Mitteln der Quellenkritik, sondern arbeitet vielmehr mit Präsuppositionen, die ein Ernstnehmen der Quellen überhaupt verunmöglicht. Schließlich kann ein radikaler quellenkritischer Ansatz auch nicht mehr zwischen den Quellen gewichten, sie wären ihm alle gleich falsch. Die hegelsche Polemik enthält, so gesehen, also eine antiskeptische Argumentation gegen radikale Quellenkritik.

Dass die Quellenkritik der kritischen Geschichte selbst gar kein Gegennarrativ oder ähnliches etablieren kann und so nur als – wenn auch wichtiger – Beitrag zur bisherigen Geschichtsschreibung aufgefasst werden sollte, macht Hegel zu Beginn seiner Diskussion dieser Form deutlich:

> Sie ist nicht so sehr die Geschichte selbst, sondern eine Geschichte der Erzählungen der Geschichte und der Beurteilung der Erzählungen. Niebuhrs <Römische Geschichte> ist so geschrieben. Er behandelt die Erzählungen mit Rücksicht auf die Umstände und zieht daraus Folgerungen. (VL 12.258–263)

Auch hier zeigt sich der destruktive Zug der kritischen Geschichtsschreibung, sie setzt andere Geschichtsschreibungen voraus, an denen und deren Quellen sie dann ihr kritisches Geschäft betreiben kann. Eine Charakterisierung, die deutlich macht, dass man es hier mit einer Form des Skeptizismus zu tun hat, der als Korrekturinstanz eine wichtige Funktion zukommt. Im Rahmen der Vorlesung rückt er aber gerade die, seines Erachtens nach aktuellen Gefahren, die mit einer Dominanz dieses Vorgehens einhergehen können, in den Vordergrund. Dies passt dazu, dass Hegel in seinen exoterischen Schriften häufig versucht hat, auch gegenwärtige und aktuelle Probleme und Gefahren aufzugreifen, die einer ‚Versöhnung' im Rahmen der fragilen Sittlichkeit im Wege stehen.[272]

2.2.2.6 Spezialgeschichte

Als letzte Form der reflektierten Geschichtsschreibung behandelt Hegel diejenige, die den „Übergang zur philosophischen Weltgeschichte" (Vl 13.278) bildet. Auch diese Form der Geschichtsschreibung sei erst in jüngerer Zeit aufgetreten; dass sie methodisch von den anderen Formen abhängig bleibt, zeigt ihre Angewiesenheit auf einen vorhergegangenen Bildungsprozess, unter den auch das durch die bisherigen Geschichtsschreibungspraxen etablierte Bild der Vergangenheit fällt:

> Durch die Bildung der Zeit ist diese Weise, die Geschichte zu behandeln, mehr beachtet und hervorgehoben worden. Unsere gebildete Vorstellung, wie sie sich ein Bild eines Volkes entwirft, bringt mehr Gesichtspunkte mit als die Geschichte der alten Völker. (VL 13.282–286)

---

272 Zur Rolle der Versöhnung für Hegels exoterische Schriften und Äußerungen vgl. die Untersuchung von Rózsa 2005, sowie Siep 2008: 49f.

Plausibel scheint die Annahme, dass gerade die kritische Geschichtsschreibung mit ihrer Betonung des Quellenwertes derjenigen Bestände, auf die sich die pragmatische Geschichtsschreibung stützt, dazu beigetragen hat, den Blick auf die Vielfalt derjenigen Gegenstände zu lenken, die als Quelle in Frage kommen. Darum ist diese Form der Geschichtsschreibung vor allem durch die spezifischen Gegenstände bestimmt, deren Entwicklung sie verfolgt und erzählt. Durch die etablierte Geschichtsschreibung seien die möglichen Gesichtspunkte, unter denen wir die Vergangenheit betrachten, erheblich erweitert worden. Dies führt zur Bildung einer Spezialgeschichtsschreibung, die sich gerade diesen einzelnen, die komplexe moderne Lebenswirklichkeit prägenden Phänomenen widmet, deren erste Ausdifferenzierung, etwa mit der beginnenden Industrialisierung und dem Entstehen moderner Marktgesellschaften, Hegel bereits diagnostiziert hatte. Diese in der Gegenwart erkennbaren Phänomene fordern nun dazu auf, ein Verständnis von ihnen gerade auch durch ihre historische Genese zu erhalten. Diese Historizität sozialer Praxen und Phänomene öffnet den Blick für die Änderbarkeit und Dynamik solcher Phänomene, wie sie dann auch leitend für Hegels materiale Geschichtsphilosophie sein wird. Dies ist einer der Gründe, die dafür sprechen, gerade von dieser Form aus den Übergang zur philosophischen Behandlung der Geschichte zu motivieren.

Als Beispiele spezieller Gegenstände nennt Hegel: „Geschichte der Kunst, Wissenschaft, Verfassung, des Rechts, Eigentums und der Schiffahrt." (*VL* 13.286– 288) Diese Beispiele zeigen auch, dass für ihn die Geschichtsschreibung keineswegs nur auf die Staatengeschichte beschränkt bleibt oder bleiben muss. Hegel legt die moderne Geschichtsschreibung also gerade nicht verengend auf die Gegenstände: Staaten und Kriege fest. Wenngleich die Staatengeschichte eine entscheidende Rolle spielt und der Krieg als Gegenstand aufgrund seines Erschütterungscharakters und die damit einhergehende emotionale Signifikanz für die Genese der Geschichtsschreibung eine große Rolle spielt, lässt sich Geschichtsschreibung keineswegs auf diese Gegenstände einschränken.

Zu ihren Gegenständen gelangt die Spezialgeschichte, indem sie sich „als etwas teilweise Abstrahierendes" (*VI* 13.276 f.) ausgebe. Gleich im Anschluss lässt sich im Manuskript jedoch lesen: „Sie ist zwar abstrahierend, bildet aber zugleich den Übergang zur philosophischen Weltgeschichte." (*VL* 13.277 f.) Wie die konzessive Konjunktion „zwar ... aber" anzeigt, hält es Hegel für nicht unproblematisch, dass die Spezialgeschichte zu ihren Gegenständen durch eine Abstraktionsleistung gelangt, nichtsdestotrotz aber den Übergang zur philosophischen Weltgeschichte zu bilden in der Lage ist. Warum ist dies so?

Als Gegenbegriff zu ‚abstrakt' fungiert in Hegels Terminologie der Ausdruck ‚konkret'. Ein Ausdruck, der bei ihm meist in der lateinischen Bedeutung vom Verb ‚concrescere' her zu verstehen ist. Dies bedeutet „zusammenwachsen". Der Ausdruck ‚konkret' geht auf das Partizip Perfekt Passiv des lateinischen Verbs zurück, bezeichnet mithin dasjenige, was zusammengewachsen ist.[273] In diesem Sinne zeichnet Hegel die Konkretheit auch als zentrales Merkmal aller ‚geistigen' Phänomene aus. Darunter fallen dann diejenigen Phänomene, die in seiner Philosophie des Geistes expliziert und die philosophischen Organisationsprinzipien und letztlich dem Universalprinzip der Idee nach angeordnet sind. In seiner Einleitung in die Philosophie des Geistes in der *Enzyklopädie* (1830)[274] schreibt Hegel hinsichtlich der eigentümlichen methodologischen Einstellung gegenüber geistigen Phänomenen:

> Die c o n c r e t e Natur des Geistes bringt für die Betrachtung die eigenthümliche Schwierigkeit mit sich, daß die besondern Stufen und Bestimmungen der Entwicklung seines Begriffs nicht zugleich als besondere Existenzen zurück und seinen tiefern Gestaltungen gegenüber bleiben, wie diß in der äußern Natur der Fall ist, wo die Materie und Bewegung ihre freie Existenz als Sonnensystem hat, die Bestimmungen der S i n n e auch rückwärts als Eigenschaften der K ö r p e r und noch freier als Elemente existiren u.s.f. Die Bestimmungen und Stufen des Geistes dagegen sind wesentlich nur als Momente, Zustände, Bestimmungen an den höhern Entwicklungsstufen. Es geschieht dadurch, daß an einer niedrigern, abstractern Bestimmung das Höhere sich schon empirisch vorhanden zeigt, wie z. B. in der Empfindung alles höhere Geistige als Inhalt oder Bestimmtheit. (*Enz.* (1830) § 380; 381.2–13)

Er grenzt in der Einleitung in die Geistphilosophie die geistigen Phänomene und die bei ihrer philosophischen Betrachtung zu beachtende Spezifizität gegen die Phänomene der Naturphilosophie, des anderen Teiles seiner auf die *Logik* folgenden ‚Realphilosophie' ab. Natur- und Geistphilosophie stehen dabei wiederum in einem reflexionslogischen Abhängigkeitsverhältnis, das Hegel mit den Mitteln seiner Wesenslogik zu fassen sucht.[275] Aufschlussreich für sein Vorgehen im Umgang mit geistigen Phänomenen ist zum einen (a) seine Rede von den „Stufen des Geistes" (*Enz.* (1830) § 380; 381.8f.), zum anderen (b) seine Rede von der ‚Konkretheit' geistiger Phänomene.

(Ad a): Hegels These scheint zu sein, dass sich an weniger komplexen Stufen der komplexere Zustand empirisch bereits zeigt. Diese These ist dabei unabhängig von einer zeitlichen Struktur zu verstehen. Es muss also nicht der Fall sein, dass die weniger komplexe Stufe zeitlich früher aufgetreten ist als die komplexere. Unklar bleibt, ob die komplexere Stufe immer zeitlich *nach* der weniger kom-

---

273 Vgl. Lateinisch-deutsches Handwörterbuch: concresco. Georges: Lateinisch-Deutsch /Deutsch-Lateinisch, S. 12855 Georges-LDHW Bd. 1, S. 1410. [*http://www.digitale-bibliothek.de/band69.htm*]
274 vgl. *Enz.* (1830) §§ 377–386.
275 Vgl. Quante 2011: 116–139.

plexen aufgetreten sein muss, wo es sich um Phänomene mit zeitlicher Struktur handelt (etwa bei der Staatsentwicklung). Oder ob die Organisation der Phänomene des Geistes, die jeweils mit weniger komplexen Gegenständen beginnt, um von dort aus die komplexeren zu explizieren, vollständig unzeitlich ausfällt. Methodisch ist es allerdings der Fall, dass das Höhere (d. h. das komplexere Phänomen) am Niedrigeren (d. h. dem weniger komplexen Phänomen) erst identifiziert werden kann, *wenn* das höhere Phänomen bereits vorliegt. Weniger komplex ist ein Phänomen *A* relativ zu einem Phänomen *B* genau dann, wenn es möglich ist, Phänomen *A* zu explizieren, ohne *B* zu explizieren, aber nicht umgekehrt.

Im Falle der historischen Phänomene, etwa der Staatsentwicklung, liegt die These nahe, dass sich die Teleologie der Genese historischer Gegenstände als Thema der Philosophie nur retrospektiv durchführen lässt. Um das Höhere am Niedrigeren erkennen zu können, muss es schon eingetreten sein.[276] Dies spricht dafür, dass Hegel zwar retrospektive, aber keine prospektiven Aussagen über die Geschichte vornehmen kann. Für diese Deutung lässt sich auch auf das berühmte Vorwort seiner *Grundlinien* verweisen.[277]

(Ad b): Im ersten Satz des Zitats hebt Hegel die ‚Konkretheit' geistiger Phänomene hervor. Diese sind relational so eng zusammenhängend, dass sie nicht ohne Weiteres als Einzelne betrachtet werden können, ohne dadurch ihren spezifischen Charakter als ‚geistige' Phänomene zu verlieren. Dies ist, wie sich dem Zitat entnehmen lässt, bei den Gegenständen der Naturphilosophie nicht der Fall: über diese Gegenstände und ihre Zusammenhänge lassen sich wissenschaftliche und philosophische Aussagen treffen, die ggf. auch deren Relationalität betreffen, ohne diese methodisch von Beginn an in den Blick zu nehmen. Aufgrund der Sozialität und wechselseitigen Dependenz kultureller Gehalte führte dies bei diesen Gegenständen jedoch dazu, sie gleichsam wie Naturobjekte zu betrachten und ihre Eigentümlichkeit qua geistige Objekte zu verfehlen.[278]

Wer dies weiß, könnte also davon überrascht sein, dass für Hegel gerade eine ihre Gegenstände mithilfe eines Abstraktionsverfahrens gewinnende Ge-

---

[276] In diesem Sinne hat bereits Marx in seiner Einleitung zu den *Grundrissen* Hegels Methode, die er dort für seine Zwecke zu verwenden sucht, gedeutet, wobei bei ihm allerdings die Wissenschaft der Anatomie als Analogon fungiert. Siehe: „Die Anatomie des Menschen ist ein Schlüssel zur Anatomie des Affen. Die Andeutungen auf Höhres in den untergeordnetren Thierarten können dagegen nur verstanden werden, wenn das Höhere selbst schon bekannt ist. Die bürgerliche Oekonomie liefert so den Schlüssel zur antiken etc." (Marx 1976: 40.24–28)
[277] Wenn der Historiker Gabriel Motzkin behauptet: „Die Kraft der alten Geschichtsphilosophie bestand gerade in ihrer Macht der Vorhersage", dann gilt diese Aussage gerade nicht für Hegels Philosophie der Weltgeschichte und deren Zielsetzung. (Motzkin 2011: 356)
[278] Aufschlussreich für diese Deutung Mohseni 2015: 87 ff.

schichtsschreibung den Übergang zur philosophischen Behandlung der Weltgeschichte motivieren soll. Daher geht er mit seiner konzessiven Formulierung auf diese potentielle Erwartungshaltung seiner Hörer ein.

Als etwas „teilweise Abstrahierendes" (*VL* 276 f.) lässt sich die Spezialgeschichte nun deshalb charakterisieren, weil sie zwar von einigen der mannigfaltigen Relationen absieht, die ihren jeweiligen Gegenstand auszeichnen, nicht aber von allen. Daher verfällt die Spezialgeschichte nicht dem Fehler, hinter Hegels in der Einleitung in die *Philosophie des Geistes* formulierte Einsicht zurückzufallen und ihre Untersuchungsgegenstände völlig aus dem sozialen Zusammenhang, in dem sie stehen, herauszulösen. Stattdessen liefere die Spezialgeschichte Untersuchungen „eines allgemeinen Gesichtspunktes, der also aus dem ganzen Zusammenhang der Allgemeinheit herausgehoben wird. Dies ist aber auch etwas Besonderes." (*VL* 13.279–282/Unterstreichungen T.R.) Die Gegenstände der Spezialgeschichte sind eingelassen in den objektiven Geist, sie bilden Institutionen und Praxen, die intersubjektiv zugänglich sind und über die Zeit hinweg persistieren, sofern die entsprechenden Praxen tradiert und aufrechterhalten werden. Insofern stehen sie wesentlich in dem Zusammenhang mit allen anderen eine Zeit charakterisierenden Praxen; mithilfe des Abstraktionsverfahrens richtet der Spezialhistoriker seine Aufmerksamkeit auf eine oder einige dieser Praxen, z.B. auf die Praxis P1, und versucht, diese in ihrer historischen Entwicklung zu verfolgen. Auf diese Weise soll diese Geschichte schreib- und erzählbar werden, ohne zugleich alle anderen Praxen, mit denen P1 auf mannigfaltige und schwer zu überschauende Weise verwoben ist, miterzählen zu müssen. Eine Geschichtsschreibung, die einfach *alle* Praxen beschreiben würde, stellte uns – angenommen so etwas sei durchführbar – die Vergangenheit in einer solchen Komplexität gegenüber, dass gar nichts mehr erkenn- oder erklärbar wäre. Daher setzt der Spezialhistoriker Relevanzkriterien und Erkenntnisinteressen fest und erfasst die Praxis P1 relativ zu diesen. Nun mögen zwar die Zusammenhänge zu den Praxen P2, P3 und P4 dabei eine Rolle spielen, nicht aber zu P5-Pn. Wie aus dem Zitat ersichtlich ist, hebt der Spezialhistoriker seinen Gegenstand – die Praxis P1 – aus der konkreten Allgemeinheit heraus, in die sie eingewoben ist. Hegel selbst hat bemerkt, dass man die Komplexität des geistigen Materials nur dann verstehen kann, wenn man seine Perspektive entsprechend einschränkt. Zwar weiß man, dass die Praxis P1 als solche letztlich mit allen anderen Praxen, die eine Kultur zu einer Zeit ausmachen, holistisch verbunden ist, dies ist aber allenfalls konstatierbar und nicht explanatorisch einzuholen.

Die Gegenstände, die der Spezialhistoriker hervorhebt und deren Geschichte er erzählt, sind zwar aus der konkreten Allgemeinheit herausgenommen, dies geschieht aber aus einem „allgemeinen Gesichtspunkt[.]" (*Vl* 13.279). Dies ist so zu verstehen, dass die Perspektive, die der Historiker einnimmt, selbst nicht durch seine idiosynkratischen Interessen geprägt sein sollte, sondern durch die allgemeinen, seine eigene Individualität übergreifenden Interessen *seiner* Zeit; sie liefern die Erkenntnisinteressen, unter denen er sich der Vergangenheit zuwendet. Der Vorlesungsausgabe lässt sich hierzu keine nähere Information entnehmen, es liegt aber nahe, dass diese Erkenntnisinteressen auf ähnliche Weise zustande kommen, wie bei der pragmatischen Form der Geschichtsschreibung diskutiert worden ist.

Wie der zweite Satz des Zitats zeigt, erweisen sich die unter dem allgemeinen Gesichtspunkt herausgehobenen Gegenstände selbst als etwas Besonderes. Dies ist deshalb aufschlussreich, weil für Hegel Allgemeinheit und Besonderheit nicht zwei nebeneinander bestehende und voneinander unabhängige Perspektiven ausdrücken, sondern die philosophische Explikation eines Gegenstandes sowohl seine ‚Allgemeinheit' als auch seine ‚Besonderheit' zu integrieren hat. Gegenstände, die eine solche Explikation möglich machen und nach Hegels Meinung zu ihrem adäquaten Verständnis auch erfordern, sind ‚Begriffe' (in der hegelschen Verwendung dieses Ausdrucks). Während man im Alltag oder in der Philosophie unter Begriffen zumeist einfach Prädikatoren versteht, die Gegenständen zu- oder abgesprochen werden können, hat Hegel eine sehr spezielle Auffassung von Begriffen als philosophischen Kategorien. Begriffe bilden dabei, wie oben schon kurz besprochen, ein Moment einer Idee, wobei die ‚Ideen' im Plural bei Hegel als Teilprinzipien zur philosophischen Explikation und Organisation eines Gegenstandsbereiches dienen. Diese Ideen selbst sind letztlich Teilprinzipien, die ihrerseits nach der Funktionsweise der Idee überhaupt als dem Universalprinzip des hegelschen Systems verfasst sind.[279] Hegel scheint also der Ansicht zu sein, dass die von den Historikern hervorgehobenen Gegenstände begriffliche Struktur haben und somit eine Organisationsweise aufweisen, die philosophisch verständlich gemacht werden kann. So sagt Hegel im Manuskript auch nicht, dass alles Beliebige als etwas Besonderes herauszuheben ist, sondern stattdessen: „Alles Besondere kann so herausgehoben werden." (*VI* 13.288 f./Unterstreichung T.R.) Diejenigen Gegenstände, die der adäquat arbeitende Spezialhistoriker hervorhebt, sind als solche besondere Momente des konkreten Allgemeinen, daher ist es möglich, sie herauszuheben und zu untersuchen, ohne sie zugleich völlig aus dem allgemeinen Zusammenhang herauslösen zu müssen. Hegel nennt im Folgenden

---

[279] Zum Verhältnis von Begriff und Idee sowie zur Abgrenzung von der üblichen Verwendungsweise von ‚Begriff' vgl. *GPR* § 1 A. Dabei verwendet Hegel den Ausdruck ‚Begriff' häufig im Singular um damit das Universalprinzip, d. h. die Idee zu bezeichnen. Davon zu unterscheiden ist seine Verwendung von Begriffen im Plural, diese stellen Teilprinzipien des Universalprinzips dar. Von diesen wiederum sind bloße Begriffe zu unterscheiden, die weder Teilprinzipien noch das Universalprinzip bezeichnen, und somit philosophisch für Hegel nicht von Interesse sind.

zwei Beispiele und zeigt erneut, dass diese Praxen, die dort zu Gegenständen der Spezialgeschichte werden, ihren Sinn letztlich nur im Rahmen des holistischen Praxiszusammenhangs einer Zeit erhalten:

> In unseren Zeiten ist besonders Rechts- und Verfassungsgeschichte beliebt und hervorgehoben worden. Beide haben nur Sinn im Zusammenhang mit dem Ganzen des Staates, mit dem Ganzen der Geschichte. (Vl 13.289–14.292)

Wenn die Spezialhistoriker nun Gegenstände aus diesem Ganzen hervorheben, die zugleich begriffliche Struktur aufweisen, so beschreiben sie dabei, wie Hegel zum Abschluss der Diskussion der Spezialgeschichte hervorhebt, den Zusammenhang mit dem Ganzen so, dass der philosophisch-begriffliche Zusammenhang der Entwicklung in der Geschichte daran deutlich werde. Damit ist nun nicht gesagt, dass der Spezialhistoriker dies wissen müsste, es ist eher so, dass Hegel aus der Warte des spekulativen Philosophen expliziert, was an der Spezialgeschichtsschreibung philosophisch relevant ist. Er schreibt:

> Solche allgemeinen Gesichtspunkte und Zweige können und werden auch zu Gegenständen besonderer Geschichten gemacht werden und stehen im Verhältnis zum Ganzen der Geschichte eines Volkes. In der Behandlung kommt es darauf an, ob der Zusammenhang des Ganzen im Innern aufgezeigt oder bloß in äußerlichen Verhältnissen gesucht, berührt wird. Das letztere ist leider der häufigste Fall, so daß sie dann nur als ganz zufällige Einzelheiten der Völker erscheinen. (Vl 14.295–302)

Das im letzten Satz zum Ausdruck gebrachte Bedauern belegt zum einen, dass nicht jede konkrete Spezialgeschichte – etwa eine Kulturgeschichte des Bleistiftanspitzers – tatsächlich auch den philosophisch wesentlichen Bestandteil der Geschichte eines Volkes erfasst; zum zweiten ist es *für* den spekulativen Philosophen bedauerlich, dass er nicht einfach zu jeder Spezialgeschichte greifen kann, um diese als ‚Datenmaterial' für seine philosophische Arbeit heranzuziehen.

Warum nun bildet die Spezialgeschichte den Übergang zur philosophischen Weltgeschichte? Deshalb, weil sie zeigt, dass es möglich ist, aus einer allgemeinen Perspektive heraus etwas Besonderes so zu beschreiben, dass es zugleich Aufschluss über den konkret-allgemeinen Zusammenhang einer Kultur gibt. Diese Form des Vorgehens verspricht also, eine Lösung für das Komplexitätsproblem zu liefern, wie es gelingen kann, ein sich in der Geschichte permanent veränderndes Gebilde, wie einen Staat, oder die Weltgeschichte, sofern sie Staatengeschichte ist, als Ganze, aus einer Perspektive heraus zu erfassen und von dort aus zugleich die mannigfaltigen Wechselbeziehungen zwischen den sich in der Zeit verändernden und sich beeinflussenden Praxen explizieren zu können.

Hegel wird also für die philosophische Weltgeschichte eine spezifische Perspektive auf die historische Entwicklung einnehmen, die es erlauben soll, anhand eines Begriffs die wesentlichen Entwicklungen der sich in der Zeit verändernden komplexen sozialen Gebilde, die die Weltgeschichte bilden, zu explizieren. Wie in Kapitel 3 gezeigt werden wird, hält Hegel den Begriff der ‚Freiheit' für geeignet, anhand desselben die Geschichte so aufzubereiten, dass an ihr die philosophischen relevanten und in diesem Sinne notwendigen Strukturen hervortreten. Da dieses Verfahren demjenigen der Spezialgeschichte entspricht, bildet diese den Übergang zur philosophischen Behandlung der Weltgeschichte.

Dieser ‚Übergang' ist dabei nicht so zu verstehen, als wäre die nicht-philosophische Geschichtsschreibung nun redundant. Hegel hat vielmehr zu zeigen versucht, wie sich die Formen der Geschichtsschreibung so in eine methodische Abfolge bringen lassen, dass nun verständlich wird, inwiefern *dann* die Geschichte auch aus philosophischer Perspektive in den Blick genommen werden kann.

Ich werde im nächsten Abschnitt die Resultate der Untersuchung der nicht-philosophischen Formen der Geschichtsschreibung zusammentragen und mich danach der philosophischen Form der Geschichtsschreibung zuwenden. Dann wird zu klären sein, wie genau sich spekulative Philosophie und nicht-philosophische Geschichtsschreibung zueinander verhalten. Bis hierhin lässt sich festhalten, dass Hegel die methodische Genese der Geschichtsschreibung sowie die Stärken und Schwächen der einzelnen Formen der Geschichtsschreibung methodologisch reflektiert und auf innovative Weise verknüpft hat. Von besonderem Interesse scheint mir hierbei, dass Hegel anders als die moderne analytische Geschichtsphilosophie, gerade auch die Genese der Geschichtsschreibung selbst und ihre Bedeutung für die moderne Lebenswirklichkeit explizit berücksichtigt.

2.3 Zwischenergebnis

In diesem Abschnitt sollen die wichtigsten Ergebnisse, die Hegels Behandlung der nicht-philosophischen Geschichtsschreibung betreffen, knapp zusammengefasst werden, ehe ich im nächsten Abschnitt zu Hegels genuinem Projekt einer materialen Behandlung der Geschichte durch seine spekulative Philosophie übergehe. Im Folgenden werden diejenigen Merkmale benannt, die Hegels Umgang mit nicht-philosophischen Formen der Geschichtsschreibung auszeichnen bzw. die mir für seinen Ansatz als besonders prägend erscheinen und zuvor im „Nahkampf" an den Manuskripten herausgearbeitet wurden.

Hegel ist in seiner Darstellung der Geschichte der Geschichtsschreibung daran interessiert, die Genese unseres modernen Geschichtsbegriffs zu rekonstruieren. Dieser entfalte sich, so seine These, in Abhängigkeit von der kulturellen Praxis der

Geschichtsschreibung. Er rekonstruiert eine *methodische* Abfolge, die die Entstehung jeweils neuer Formen der Geschichtsschreibung relativ zur Etabliertheit der Vorgängerformen plausibel machen soll. Ich beginne mit den Entstehungsbedingungen von Geschichtsschreibung.

Die Praxis der Geschichtsschreibung entsteht bzw. kann entstehen, sofern eine Kultur emotional signifikanten Ereignissen bzw. Umbrüchen ausgesetzt ist, die dazu anregen, die eigene Kultur auch über solche Brüche hinweg als integrierend zu erleben. Die frühe Geschichtsschreibung gilt also der Selbstversicherung und Reflexion auf die je eigene Kultur angesichts emotional signifikanter Herausforderungen, auf die in Form von Narrativen reagiert wird und die es erlauben, solche Brüche in das Selbstverständnis der eigenen Kultur zu integrieren. Hegel betont dabei die Relevanz staatlicher Strukturen, in deren Rahmen die Geschichtsschreibung zur Stabilisierung und Ausprägung des kulturellen Selbstverständnisses beiträgt.

Die *erste* Gestalt einer Geschichtsschreibung verortet Hegel in der griechischen Antike. Er bezeichnet sie als *ursprüngliche Geschichte*. Als paradigmatische Fälle können hier Herodot und Thukydides gelten. Die ursprüngliche Geschichtsschreibung rekonstruiert diejenigen Geschehnisse der näheren Vergangenheit bzw. Gegenwart, die in emotional signifikantem Zusammenhang mit der eigenen Kultur stehen. Durch ihren Anspruch daran, diese Geschehnisse adäquat und unter dem Anspruch auf Wahrheit zu erzählen, unterscheidet sie sich von anderen, vorherigen Formen, die Vergangenheit narrativ zu bewahren, etwa in Sagen und Mythen. Sind erst einmal andere Formen der Geschichtsschreibung etabliert, so heißt dies nicht, dass die ursprüngliche Geschichtsschreibung nun überflüssig wäre. Sie bleibt erhalten, ändert aber ihren Status und kann nun, da sie auf die eigene Gegenwart und die nähere Vergangenheit beschränkt bleibt, als *Zeitgeschichte* verstanden werden.

Die vier folgenden Formen der nicht-philosophischen Geschichtsschreibung werden unter dem Oberbegriff der *reflektierenden Geschichte* zusammengefasst. Gemeinsam ist ihnen allen eine Ausweitung desjenigen Bereichs, der historisch aufbereitet wird. Durch die Etablierung der ursprünglichen Geschichte liegt nun zum einen das Interesse nahe, auch die fernere Vergangenheit historiographisch zu behandeln. Zum anderen führt die Bewahrung historischer Texte über die Zeit hinweg dazu, dass diese nach weiterem sukzessiven kulturellen Wandel nicht mehr ohne weiteres verstanden werden. Diese Sachverhalte führen dazu, dass im Rahmen der reflektierten Geschichtsschreibung die Methoden bzw. Zugriffsweisen der Historiker auf die anhand der Quellen zu rekonstruierende Vergangenheit zunehmend in den Blick geraten. Als ‚reflektiert' sind diese Formen deshalb anzusprechen, weil die Geschichtsschreiber hier auf die Konstitutionsbedingungen ihrer Texte achtgeben und sich bei der Untersuchung der Quellen fernerer Vergangenheit nicht mehr auf die gelebten hermeneutischen Standards ihrer Zeit verlassen können, sondern explizit auf entsprechende Mittelbestände zu reflektieren haben. Die kulturellen Normen von Gegenwart und Vergangenheit treten auseinander.

Die *allgemeine Geschichtsschreibung* knüpft als erste Form der reflektierten Geschichte an die etablierte ursprüngliche Geschichte an. In ihr reicht der Skopus des historiographisch zu erfassenden über die eigene Gegenwart hinaus und kann so Zeiträume und Orte verschiedener Größe fassen, z.B. Landes- oder Weltgeschichte sein. Dabei zeigt Hegel im Rahmen seiner Diskussion zum einen, dass er sich der Gefahr von Rückprojektionen bewusst ist, die er kritisiert, zum anderen hebt er hier den spezifisch erzählenden Charakter der Geschichtsschreibung hervor, mit der deren Multiperspektivität einhergeht. Relativ zu den Erkenntnisinteressen der Historiker können verschiedene Erzählungen über denselben Gegenstand verfasst werden. Hegel stellt eine Kohärenznorm auf, die besagt, dass die allgemeinen Geschichtsschreiber, um gute Geschichtsschreibung zu verfassen, explizit auf ihre Erkenntnisinteressen, Mittelbestände, sowie auf die Interessen ihrer Leser zu reflektieren haben. Da Hegel sieht, dass die Historiker explizit darauf achten sollten, ihre Erzählungen so zu verfassen, dass die Interessen ihrer eigenen Zeit dabei Berücksichtigung finden, mithin die Vergangenheit als vergangen und nicht als gegenwärtig zu behandeln ist, lässt sich ihm eine Einsicht in die spezifische Eigenart narrativer Sätze zusprechen, wenngleich ihm die modernen erzähltheoretischen Mittel dafür nicht zur Verfügung standen.

Bei der *pragmatischen Geschichtsschreibung* handelt es sich um diejenige Form der Geschichtsschreibung, der Hegel das Gros der Historiker seiner eigenen Zeit zurechnet, sie entspricht unserem alltäglichen Begriff sowohl von der Geschichte und ihren Gegenständen als auch der Geschichtsschreibung. Während die allgemeine Geschichtsschreibung versucht, ein möglichst detailliertes Bild der Vergangenheit zu rekonstruieren und zu geben, entwickeln die pragmatischen Historiker auf dieser Basis sehr viel spezifischere Interessen. Ihnen geht es um die größeren Zusammenhänge vergangenen Geschehens und deren Auswirkungen auf die eigene Gegenwart. Die Fremdheit der Vergangenheit wird von den Historikern hier explizit beachtet, in diesem Sinne besteht die entscheidende Differenz zwischen der ersten und zweiten Form der reflektierten Geschichtsschreibung im gewachsenen Methodenbewusstsein. Die Relevanzkriterien für die Geschehnisse der Vergangenheit, über die zu schreiben als interessant gilt, sind abhängig von der je eigenen Gegenwart. Diese Gegenwart und ihre Genese zu erfassen ist das Kerninteresse der pragmatischen Geschichtsschreibung. Als vorrangiger Gegenstand dieser Geschichtsschreibung gilt Hegel der Staat, der eingebettet in die Strukturen der Sittlichkeit sowohl den Historikern als auch ihren Lesern ein über die individuellen Interessen hinausgehendes Bewusstsein für den sozialen Zusammenhang, in dem das eigene Leben möglich wird, vermittelt. Durch ihre Arbeit tragen die pragmatischen Historiker selbst zu diesem Bewusstsein bei, mithin sieht Hegel in deren Tätigkeit eine wichtige Bedingung für die Bewahrung der sittlichen Strukturen.

Die *kritische Geschichtsschreibung* greift die durch die pragmatischen Historiker etablierten Narrative an, an denen sich die Staatsbürgerinnen und Staatsbürger in ihrem sittlichen Leben und der sozialen Wirklichkeit orientieren. Ihre Entstehung wird durch die Etablierung solcher Narrative gewissermaßen provoziert. Diese Form der Geschichtsschreibung zeichnet sich nicht so sehr durch die Etablierung alternativer Erzählungen oder durch die Etablierung neuer Gegenstandsbereiche aus, sondern dadurch, dass sie die Konstitution der Narrative durch die Quellen in den Blick nimmt und somit das methodische Bewusstsein hinsichtlich eines reflektierten Umgangs mit diesen voranbringt. In ihrer Extremform, die Hegel ablehnt, kann sie dazu führen, dass letztlich kein Gegenstand mehr als valide Quelle zur Rekonstruktion der Vergangenheit ausgezeichnet werden könnte.

Die *Begriffs- oder Spezialgeschichte* zeichnet sich dadurch aus, dass nun neben dem Staat bestimmte Praxen und Institutionen in ihrer historischen Entwicklung betrachtet werden können. Gerade die kritische Geschichtsschreibung hat mit ihrer Konzentration auf die Quellen dazu beigetragen, dass der Bestand desjenigen, was als Quelle in Frage kommt und somit historiographisch aufbereitet werden kann, sich signifikant erweitert hat. Durch die Rekonstruktion einiger Praxen, die aus ihren Zusammenhängen herausgelöst werden, kann das Verständnis für die – relativ zur Gegenwart – relevanten Entwicklungen wesentlich erweitert werden. Für Hegel knüpft die Geschichtsphilosophie an die Etabliertheit dieser Form der Geschichtsschreibung an. Dies deshalb, weil sie es möglich macht, die historische Entwicklung eines Gegenstandes relativ zu den eigenen Erkenntnisinteressen zu rekonstruieren und so zum Verständnis der Gegenwart beizutragen. Nun stellt die Geschichts*philosophie* aber nicht einfach eine spezielle Form der Geschichtsschreibung dar.

Um zu verstehen, wie sich die Geschichtsphilosophie zur Geschichtsschreibung verhält, soll nun im Folgenden erstere näher analysiert und dann in ihrem Verhältnis zur nicht-philosophischen Geschichtsschreibung bestimmt werden.

2.4 Geschichtsphilosophie und die Wissenschaften

2.4.1 Die philosophische Geschichte

Da das erste erhaltene Manuskript Hegels zur Geschichtsphilosophievorlesung von 1822/23 im Zuge der Diskussion der Formen der reflektierenden Geschichtsschreibung abbricht, werde ich meine Untersuchung mit dem zweiten Manuskript zu seiner letzten Geschichtsphilosophievorlesung von 1830/31 fortsetzen. Dieses Manuskript beginnt direkt mit der Einführung in die philosophische Weltgeschichte. Daraus ließe sich der Schluss ziehen, Hegel habe inzwischen die Konstruktion einer Einführung in die Geschichtsphilosophie über bzw. anhand der Genese der Formen der nicht-philosophischen Geschichtsschreibung verworfen.[280]

Dafür gibt es aber m. E. *erstens* keine Hinweise – dass Hegel die Vorlesung anders beginnt, ist kein Indiz, dieser Umstand könnte auch seinem Plan geschuldet gewesen sein, in der knappen Vorlesungszeit tatsächlich den gesamten umfangreichen Stoff der Geschichtsphilosophie abhandeln zu können, – und *zweitens* sind sogar einige der Herausgeber der Editionen der Ansicht gewesen, man könne beide erhaltenen Manuskripte gewissermaßen aneinanderheften und sie ergäben so ein kohärentes Ganzes. Zu der Frage, ob man soweit gehen darf, werde ich mich neutral verhalten, im Folgenden aber davon ausgehen, dass sich die stärkste Lesart von Hegels Geschichtsphilosophie dann erreichen lässt, wenn man davon ausgeht, dass er seine Geschichtsphilosophie zwischen 1822/23 und 1830/31 in den Grundlagen keinen Revisionen unterworfen hat.[281]

Auch im Rahmen der ersten Vorlesung ist Hegel der Ansicht gewesen, dass die reflektierende Geschichtsschreibung und ihre Formen weitestgehend unserer alltäglichen Vorstellung von der Geschichtsschreibung und ihren Gegenständen entsprechen.[282] Diese Annahme ermöglicht es ihm, seine Einführung im Rahmen der zweiten Vorlesung abzukürzen und sich direkt zu den Expositionszwecken seiner Vorlesung auf den alltäglichen Begriff der Geschichtsschreibung und ihrer Gegenstände zu stützen:

---

280 Dieser These neigt Winter zu. Er ist aber ebenfalls der Ansicht, dass der Bezug auf das Manuskript von 1822/23 systematisch ertragreich ist. Vgl. Winter 2015: 44 f.
281 Ob Hegel insgesamt in dieser Zeit Änderungen an seiner materialen Konzeption vorgenommen hat, ist aufgrund der Quellenlage nicht leicht zu prüfen, spielt für diese Arbeit aber eine untergeordnete Rolle, da ich mich auf die formalen Aspekte der hegelschen Geschichtsphilosophie beschränke.
282 Vgl. M1: 136.2

> Der Gegenstand dieser Vorlesungen ist die Philosophie der Weltgeschichte. – Was Geschichte Weltgeschichte ist, darüber brauche ich nichts zu sagen; die allgemeine Vorstellung davon ist genügend, auch etwa stimmen wir in derselben überein. (M2: 138.4–7)

In dem zweiten Manuskript legt Hegel die Beweislast, die er abzutragen gedenkt, nun nicht so sehr auf die Formen der Geschichtsschreibung und deren Ordnung, sondern darauf, was es heißen kann, Geschichts*philosophie* zu betreiben; immerhin, so könnte man meinen, gibt es ja bereits eine etablierte Wissenschaft oder zumindest eine Praxis, die sich der Rekonstruktion der Vergangenheit zuwendet.

> Aber daß es eine Philosophie der Weltgeschichte ist, die wir betrachten, daß wir die Geschichte p h i l o s o p h i s c h behandeln wollen, diß ist es, was gleich bey dem Titel dieser Vorlesungen auffallen kan, und was wohl einer Erläuterung, oder vielmehr einer Rechtfertigung zu bedürfen scheinen muß. (M2: 138.7–10)

Hegel verteidigt die Philosophie der Geschichte im Folgenden gegen Einwände und nimmt einige Präzisierungen des Gegenstandes und der Aufgabe der Geschichtsphilosophie vor.[283]

Dass es sich bei der Philosophie der Geschichte um eine rationale und kognitive, d. h. begründbare oder wahrheitswertfähige, Praxis handelt, wird folgendermaßen zum Ausdruck gebracht:

> Jedoch ist die Philosophie der Geschichte nichts anderes als die d e n k e n d e Betrachtung derselben, und das Denken können wir nirgend unterlassen; denn der Mensch ist d e n k e n d , dadurch unterscheidet er sich von dem Thier; [in] allem was m e n s c h l i c h ist, Empfindung, Kenntniß und Erkenntniß, Triebe und Wille, insofern es menschlich und nicht thierisch ist, ist ein Denken darin; [welches] hiemit auch in jeder Beschäftigung mit Geschichte enthalten ist. (M2: 138.10–16)

Hegel unternimmt in diesem Passus zum einen eine Abgrenzung, zum anderen eine Einordnung der Geschichtsphilosophie in den Rahmen der Vorgaben seines generellen Philosophieverständnisses. Er bestimmt die Geschichtsphilosophie als „d e n k e n d e Betrachtung" der Geschichte. Dabei lässt er vorerst die Frage offen, wie der Gegenstand der Geschichtsphilosophie ‚die Geschichte' konstituiert ist. Zugänglich ist uns dieser Gegenstand in der Philosophie, wie er betont, durch das Denken. Das Denken gehört für Hegel zu den grundlegenden Bestimmungen des Menschen, was sich daran zeigt, dass er darauf hinweist, dass es uns unmöglich

---

[283] Vgl. vor allem M2: 138.10–151.2 Ich werde diese Teile des Manuskripts so weit analysieren, wie sie für die leitende Fragestellung dieses Kapitels von Interesse sind, dabei aber nicht auf alle Aspekte eingehen, die sich in dem Manuskript finden.

sei, dieses zu unterlassen. Wenn das der Fall ist: Warum nimmt er diese Einordnung dann überhaupt vor? Gegen welche Fehlkonzeption richtet er sich implizit mit dieser Einordnung?

Dass wir das Denken nicht unterlassen können, heißt vermutlich nicht, dass wir auch *wissen* (müssen), dass wir es nicht unterlassen können. Darüber hinaus gilt es näher zu verstehen, was ‚Denken' bei Hegel bedeutet. Das Denken durchdringe jede menschliche Tätigkeit überhaupt, sei es die „Empfindung, Kenntniß und Erkenntniß, Triebe und Wille" (M2: 138.14). Da es also keine menschliche Tätigkeit gibt, an der das Denken nicht beteiligt ist, folgert Hegel, dass es „auch in jeder Beschäftigung mit Geschichte enthalten ist." (M2: 138.16) Da das Denken in „jeder" (ebd.) Auseinandersetzung mit der Geschichte enthalten ist, grenzt Hegel hier nicht etwa die nicht-philosophische von der philosophischen Geschichtsschreibung ab. Beides sind rationale und kognitive Praxen. Er versucht hier vielmehr darauf aufmerksam zu machen, dass er es für verfehlt hält, zwischen dem Denken als rationaler Tätigkeit und dem Gefühl als irrationaler Tätigkeit im Rahmen der *philosophy of mind* eine strikte Trennung vorzunehmen. Seine Auffassung richtet sich hier vermutlich implizit gegen die Vorstellung, dass die Geschichtsphilosophie überhaupt keine rationale Tätigkeit sei, sowie gegen die Vorstellung, man könne dichotomisch zwischen arationalen Gefühlen und einer rationalen, propositional strukturierten Denktätigkeit unterscheiden. Die menschliche Denktätigkeit schlägt sich vielmehr in allen Formen des Denkens (im weiten Sinne) nieder.

Bereits ganz zu Beginn der *Enzyklopädie* (1830) wird abgelehnt, dass menschliche Bewusstsein so zu verstehen, als gebe es in ihm zwei strikt getrennte Vermögen.[284] Dort schreibt er im Hinblick auf die Religion:

> Es ist ein altes Vorurtheil, ein trivial-gewordener Satz, daß der Mensch vom Thiere sich durchs Denken unterscheide; es kann trivial, aber es müßte auch sonderbar scheinen, wenn es Bedürfniß wäre, an solchen alten Glauben zu erinnern. Für ein Bedürfnis aber kann diß gehalten werden bei dem Vorurtheil jetziger Zeit, welche G e f ü h l und D e n k e n so von einander trennt, daß sie sich entgegengesetzt, selbst so feindselig seyn sollen, daß das Gefühl, insbesondere das religiöse, durch das Denken verunreinigt, verkehrt, ja etwa gar vernichtet werde, und die Religion und Religiosität wesentlich nicht im Denken ihre Wurzel und Stelle habe. Bei solcher Trennung wird vergessen, daß nur der Mensch der Religion fähig

---

[284] Im Rahmen einer *Philosophy of Mind* tritt Hegel generell als Kritiker einer vermögenspsychologischen Theoriebildung auf, die die einzelnen Funktionen des Mentalen als individuierte und separierte Kräfte auffasst. Zu Hegels Kritik vgl. *Enz.* (1830) §§ 455 A. Dazu Halbig 2002: 71–75. So notiert sich Hegel in einer Randnotiz seiner *Grundlinien*, dass die theoretische und die praktische Einstellung des Menschen „überhaupt nicht 2 Vermögen" (*GPR* § 4 R.; 317.8) seien.

ist; das Thier aber keine Religion hat, so wenig als ihm Recht und Moralität zukommt. (*Enz.* (1830) § 2 A.; 40.15 – 26)

Wie das Zitat zeigt, hält Hegel es für ein in seiner Zeit gegenwärtiges Vorurteil, dass Denken und Gefühl zwei sich mindestens tendenziell ausschließende Vermögen seien, was er ablehnt. Dieses Vorurteil manifestiere sich zwar „insbesondere" (ebd.; 40.21) in der Religion bzw. in der Behandlung der Religion[285], ist aber selbst noch allgemeiner. Es steht zu vermuten, dass Hegel dieses Vorurteil auch im Rahmen seiner Geschichtsphilosophie gleich zu Beginn seiner Vorlesung blockieren möchte. Die entscheidende Stoßrichtung liegt für den Kontext des Manuskripts aber nicht so sehr auf Hegels Behandlung der Mensch/Tier-Differenz, sondern in der Gegnerschaft gegen nonkognitivistische Interpretationen kultureller Praxen. So wie er an der angegebenen Stelle der *Enzyklopädie* die Religion als kognitive Praxis verteidigt, so verteidigt er im Manuskript die Geschichtsschreibung als eine solche.

Nun könnte man gegen die bisher gelieferte Bestimmung einwenden, dass wenn das Denken sich in jeder menschlichen Praxis und Tätigkeit (überhaupt) manifestiert, unklar sei, was speziell die Philosophie von der sonstigen menschlichen Tätigkeit unterscheide. Immerhin erhebt Hegel im Rahmen derselben hohe Begründungsansprüche, die kaum bei jeder Denktätigkeit ohne Weiteres anzunehmen sind.[286] Um hier etwas Klarheit zu schaffen, möchte ich in einem kurzen Exkurs auf Hegels generelle Konzeption des Denkens zu sprechen kommen, die er in den einleitenden Paragraphen der *Enzyklopädie* (1830) entfaltet. Die damit zur Verfügung gestellten Unterscheidungen werden bei der weiteren Interpretation des Manuskripts hilfreich sein, um die Besonderheit seiner Konzeption einer Geschichtsphilosophie zu verstehen.

2.4.2 Hegels Konzeption des Denkens und der Denkformen

Seine Ausdrucksweise, dass die Philosophie der Geschichte „die denkende Betrachtung derselben" (M2: 138.11) sei, spielt wörtlich auf den Beginn der *Enzyklopädie* an, wo sich die folgende, vorläufige Charakterisierung findet: „Die Philosophie kann zunächst im allgemeinen als d e n k e n d e B e t r a c h t u n g der Gegenstände bestimmt werden." (*Enz.* (1830) § 2; 40.2 f.) Im ersten Paragraphen

---

[285] Hegel richtet sich hier polemisch gegen Schleiermachers Religionskonzept.
[286] Hegel geht allerdings davon aus, dass sich über die Zeit hinweg auch aus dem Common-Sense heraus ein Bedürfnis nach sehr starken Begründungsleistungen einstellt, die dann die Philosophie zu übernehmen habe. (vgl. *Enz.* (1830) § 1)

führt Hegel aus, dass die Philosophie und die Religion ihre Gegenstände gemeinsam hätten, sie handelten (i) von der „Wahrheit [...] im höchsten Sinne" (*Enz.* (1830) § 1; 39.7 f.) d. h. von Gott, (ii) von der Natur und (iii) vom menschlichen Geiste. Zudem behandeln sowohl die Philosophie als auch die Religion die Beziehungen zwischen (ii) und (iii), sowie deren jeweilige Beziehung auf (i).

Hegels vorläufige Bestimmung der Geschichtsphilosophie im Manuskript als denkende Betrachtung der Geschichte bietet einen konkreten Fall der generellen Bestimmung der Philosophie, die er in der *Enzyklopädie* vorgenommen hat. Dies zeigt, dass die Konzeption einer Geschichtsphilosophie systematisch eng mit seiner allgemeinen philosophischen Konzeption verknüpft ist.

Bei Hegel lässt sich nun eine *weite* von einer *engen* Konzeption des Denkens unterscheiden.[287] Im weiten Sinne umfasst das Denken verschiedene Denkformen, wie etwa: Verstand, Gefühl, Anschauung und schließlich auch das Denken (im engen Sinne). Da das Denken, in allen diesen Formen tätig sein soll, muss Hegel im Zuge einer weiteren Spezifikation deutlich machen, was das philosophische Denken von anderem Denken unterscheidet:

> Indem jedoch die Philosophie eine eigenthümliche Weise des Denkens ist, eine Weise, wodurch es Erkennen und begreifendes Erkennen wird, so wird ihr Denken auch eine Ver - schiedenheit haben von dem in allem Menschlichen thätigen, ja die Menschlichkeit des Menschlichen bewirkenden Denken, so sehr es identisch mit demselben, an sich nur Ein Denken [d. h. das Denken in weitem Sinne genommen/T.R.] ist. Dieser Unterschied knüpft sich daran, daß der durchs Denken begründete, menschliche Gehalt des Bewußtseyns zunächst nicht in Form des Gedankens erscheint, sondern als Gefühl, Anschauung, Vorstellung, – Formen die von dem Denken als Form zu unterscheiden sind. (*Enz.* (1830) § 2; 40.6 – 14)

Die Form des Gedankens bezeichnet nun die Form, die der Philosophie eigentümlich ist. Die Formen des Denkens insgesamt (Anschauung, Vorstellung, Gefühl usw.) werden durch ihren spezifischen Inhalt bestimmt. Dieser Inhalt wird dabei je nach Denkform, in der er gedacht wird, gefühlt, angeschaut, geglaubt usw. Dabei sei es aber immer derselbe *Inhalt*, der in den verschiedenen Denkformen im weiten Sinne gedacht wird. Zudem kann es zu Vermischungen derart kommen, dass ein bestimmter Bewusstseinsinhalt nicht rein gefühlt wird, sondern gefühlt mit Anteilen von Gedanken (d. h. des Denkens im engen Sinne) usw. Wenn wir Menschen innerhalb einer dieser Denkformen denken, dann ist uns allerdings nicht bewusst, dass wir den Gegenstand gerade *qua* einer bestimmten Denkform uns zu Bewusstsein bringen.

---

[287] Zu Hegels Theorie der Denkformen vgl. Halbig 2002: 139 – 164.

> In dieser Gegenständlichkeit [d. h. der Gegenstände des Bewusstseins/T.R.] s c h l a g e n s i c h aber auch die B e s t i m m t h e i t e n d i e s e r F o r m e n z u m I n h a l t e; so daß nach jeder dieser Formen ein besonderer Gegenstand zu entstehen scheint, und was an sich dasselbe ist, als ein verschiedener Inhalt aussehen kann. (*Enz.* (1830) § 3; 42.4–8)

Im Alltag ist uns also nicht bewusst, dass die Gegenstände des Denkens ihre Unterschiede nicht etwa qua besonderer Merkmale der Gegenstände (als solcher) erhalten, sondern diese aus den spezifischen Formen unseres Denkens hervorgehen. Erst das philosophische Denken bringt die Kategorien, die die Verschiedenartigkeit der Denkgegenstände konstituieren, zum Bewusstsein und macht diese selbst zum Gegenstand. Den spezifischen Gegenstand der Philosophie, der durch die philosophische Denktätigkeit hervorgebracht wird, bezeichnet Hegel als *Gedanken* (im engen Sinne) oder auch als *Begriffe*[288] und grenzt diese von den sonstigen Gedankeninhalten ab, die relativ zur spezifischen Denktätigkeit der Philosophie als *Vorstellungen* klassifiziert werden:

> Indem die Bestimmtheiten des Gefühls, der Anschauung, des Begehrens, des Willens u.s.f., in sofern von ihnen g e w u ß t wird [d.h. insofern sie überhaupt Gegenstand des Bewußtseins sind/T.R.] überhaupt V o r s t e l l u n g e n genannt werden, so kann im Allgemeinen gesagt werden, daß die Philosophie G e d a n k e n, K a t e g o r i e n, aber näher B e g r i f f e an die Stelle der Vorstellungen setzt. Vorstellungen überhaupt können als M e t a p h e r n der Gedanken und Begriffe angesehen werden. (*Enz.* (1830) § 3 A.; 42.9–14)

Die Philosophie gelangt durch eine spezifische Reflexion auf die Inhalte des Denkens zu ihren Gegenständen, d.h. den Begriffen. Es soll ihr gelingen, zu zeigen, welche Vorstellungen auf welche Weise durch die Begriffe mitkonstituiert worden sind. Diese kategorialen Merkmale der Vorstellungen sind es, die den notwendigen und philosophisch relevanten Teil unserer alltäglichen Vorstellungen ausmachen. Diese Kategorien sind, wenn auch für das alltägliche Denken nur implizit, bereits in den von den Denkformen konstituierten Gegenständen enthalten. Das Denken sei bei diesen Gegenständen „überhaupt nicht untätig gewesen; die Thätigkeit und die Productionen desselben sind darin [in den durch die Denkformen produzierten Gegenständen/T.R.] g e g e n w ä r t i g u n d e n t h a l t e n." (*Enz.* (1830) § 2 A.; 41.3f.) Wie Hegel gleich im Anschluss deutlich macht, sind die Kategorien in den Gegenständen aber nur implizit enthalten und müssen durch die Philosophie explizit gemacht werden. „Allein es ist verschieden solche vom D e n k e n b e s t i m m t e u n d d u r c h d r u n g e n e Gefühle und Vor-

---

[288] Diese Verwendung des Ausdrucks Begriff im Plural ist von Hegels Verwendung von ‚der Begriff' als *singulare tantum* zu unterscheiden. In letzterer Bedeutung verwendet Hegel diesen Ausdruck für das Universalprinzip, d.h. die Idee.

stellungen, – und Gedanken darüber zu haben." (ebd.; 41.4–6) Die philosophische Denktätigkeit ist nun eine, die sich auf die ‚durchdrungenen' Vorstellungen richtet und über diese *nachdenkt*. Die philosophische Denktätigkeit macht die Kategorien, die in diese Vorstellungen eingehen, dadurch explizit, dass sie sich auf das Denken (im weiten Sinne) reflexiv richtet.[289] Diese reflexive, sich auf das Denken richtende Denkform bezeichnet Hegel als Nachdenken:

> Die durchs Nachdenken erzeugten Gedanken über jene Weisen des Bewußtseyns [d. h. die mit Vorstellungen befassten Denkformen/T.R.] sind das, worunter Reflexion, Raisonnement und dergleichen, dann auch die Philosophie begriffen ist. (ebd.; 41.7–9)

Wie das Zitat zeigt, führt nun aber nicht jede Form des Nachdenkens zur Philosophie. An dieser Stelle lässt sich festhalten, dass auch die nicht-philosophischen Wissenschaften durch das Nachdenken zu ihren Gegenständen gelangen und somit über die im Alltag üblichen Denkformen und deren Gegenstände explizierend hinausgehen.[290] Auch die nicht-philosophische Geschichtsschreibung gelangt also durch Nachdenken und methodologische Reflexion zu ihren Gegenständen.

Wie unterscheidet sich nun die philosophische Form des Nachdenkens von den nicht-philosophischen Formen? Das Nachdenken hebt nach Hegel dasjenige, was an den Bewusstseinsinhalten wahr ist, ins Bewusstsein (vgl. *Enz* (1830) § 5). Im allgemeinen gilt: „Nachdenken aber thut wenigstens diß auf allen Fall, die Gefühle, Vorstellungen u.s.f. in Gedanken zu verwandeln." (ebd.; 43.24 f.) Die Philosophie macht spezifischer „das Denken [im weiten Sinne/T.R.] zum Gegenstande des Denkens." (*Enz.* (1830) § 17; 59.5). Diese Thematisierung, der in den

---

[289] In Hegels Konzeption entsteht das philosophische Nachdenken also erst als Reaktion, bzw. Fortführung unserer sonstigen Denktätigkeit und ihrer Gegenstände. In diesem Sinne betont Hegel auch im ersten Paragraphen der *Enzyklopädie*, dass uns die Gegenstände der Philosophie bereits bekannt sind und sein müssen, um sich überhaupt in spezifisch *philosophischem* Erkenntnisinteresse auf sie richten zu können. „Die Philosophie kann [...] eine Bekanntschaft mit ihren Gegenständen, ja sie muß eine solche, wie ohnehin ein Interesse an denselben voraussetzen; – schon darum weil das Bewußtseyn sich der Zeit nach Vorstellungen von Gegenständen früher als Begriffe von denselben macht, der denkende Geist sogar nur durchs Vorstellen hindurch und auf dasselbe sich wendend, zum denkenden Erkennen und Begreifen fortgeht." (*Enz.* (1830) § 1; 39.11–17) Auf diese Weise kann Hegel einen Regress im Verhältnis von Objekt- und Metasprache vermeiden, da sich die philosophische Metasprache erst durch einen reflexiven Explikationsakt auf die gegebenen Gegenstände konstituiert. Die Konzeption Hegels erinnert dabei an diejenige, die Paul Lorenzen nach dem *linguistic turn* vorgeschlagen hat, um den im Rahmen des Idealsprachenansatzes auftretenden Regress zu vermeiden. Vgl. Lorenzen 1968: vor allem 24–44.

[290] Zu dieser Verortung der nicht-philosophischen Wissenschaften vgl. Mooren/Rojek 2014.

Vorstellungen impliziten philosophischen Kategorien, vollzieht dabei an diesen selbst eine Transformation, sodass durch diese hermeneutische Aufdeckung zugleich auch die Möglichkeit einer Korrektur alltäglicher und wissenschaftlicher (im nicht-philosophischen Sinne genommen) Vorstellungen gewahrt bleibt.

> Durch das Nachdenken wird an der Art, wie der Inhalt zunächst in der Empfindung, Anschauung, Vorstellung ist, etwas verändert; es ist somit nur vermittelst einer Veränderung, daß die wahre Natur des Gegenstandes zum Bewußtseyn kommt. (*Enz.* (1830) § 22; 66.11–14)

Diese Skizze der hegelschen Theorie des Denkens und der Denkformen zeigt, dass die Philosophie sich durch eine spezifische Reflexion auf die alltäglichen und wissenschaftlichen Vorstellungen als Bewusstseinsinhalte auszeichnet und diese so zum Gegenstande macht, dass es *zum einen* möglich wird, die in allem Denken enthaltenen notwendigen Kategorien und deren Zusammenhang zu thematisieren. *Zum anderen* muss die Philosophie zeigen können, welche Vorstellungen welchen Begriffen bzw. Kategorien entsprechen. Hier zeigt sich im Allgemeinen dasjenige Problem der hegelschen Theorie, das weiter oben bei der Behandlung der Rolle der Gestaltungen im Rahmen der Diskussion des eigentümlichen Theorietyps des objektiven Geistes angesprochen wurde. Während die Behandlung der bei jedem Denken relevanten Kategorien den Gegenstandsbereich der *Wissenschaft der Logik* konstituiert,[291] befassen sich Natur- und Geistphilosophie mit Gegenständen, die zugleich eine empirische Seite haben – ihre Gestaltung –, von der zu zeigen ist, inwiefern sie den durch das philosophische Nachdenken produzierten Begriffen entsprechen. Bei dieser Aufgabe besteht ein gewisser Spielraum der Identifikation. Beide Aufgaben sind dabei mit einer spezifischen Schwierigkeit verbunden: einerseits ist es schwierig, jedweden Vorstellungscharakter im Denken konsequent zu vermeiden, um die Kategorien des Denkens überhaupt zum Gegenstande des Denkens zu machen, mithin der *Wissenschaft der Logik* folgen zu können; andererseits stellt es keine geringere Herausforderung dar, die Kategorien des Denkens mit den ihnen entsprechenden Vorstellungen in Verbindung zu setzen:

---

[291] Für Hegel gibt es also kein Denken, das nicht bereits durch die Kategorien des Denkens überhaupt geprägt oder imprägniert wäre. Die philosophische Kunst besteht darin, diese Kategorien explizit zu machen. Selbst in völlig empirische Sätze gehen Hegel zufolge bereits Kategorien ein: „[I]n jedem Satze von ganz sinnlichem Inhalte: ‚diß Blatt ist grün', sind schon Kategorien, Sein, Einzelnheit, eingemischt." (*Enz.* (1830) § 3 A.; 42.26 f.) Diese Kategorien müssen durch das Nachdenken über das Denken unvermischt zum Gegenstand gemacht werden.

> Damit aber, daß man Vorstellungen hat, kennt man noch nicht deren Bedeutung für das Denken, d. h. noch nicht deren Gedanken und Begriffe. Umgekehrt ist es auch zweierlei, Gedanken und Begriffe zu haben, und zu wissen, welches die ihnen entsprechenden Vorstellungen, Anschauungen, Gefühle sind. (*Enz.* (1830) § 3 A.; 42.14 – 18)

In der Geschichtsphilosophie, so lässt sich festhalten, haben wir es also mit der philosophischen Form des Nachdenkens zu tun, die die für den Gegenstand der Geschichte spezifischen Kategorien und deren Zusammenhang unvermischt zum Gegenstand, d. h. explizit zu machen und dann auch zu zeigen hat, welche empirischen Gestaltungen diesen Kategorien entsprechen.

2.4.3 Hegels Zurückweisung inadäquater Konzeptionen der Geschichtsphilosophie

Hegel spezifiziert seine bisher erörterte Auffassung der Geschichtsphilosophie nun durch die Abgrenzung inadäquater Vorstellungen von Geschichtsphilosophie. Da diese Abgrenzung aufschlussreich sowohl für sein Verständnis von Geschichtsphilosophie, als auch für das Verhältnis der Geschichtsphilosophie zu den nicht-philosophischen Formen der Geschichtsschreibung ist, werde ich mich nun der Analyse derselben widmen. Er diskutiert einen möglichen Einwand von dem er vermuten konnte, dass dieser bei seiner Berliner Hörerschaft verbreitet war.

> Allein diese Beruffung auf den allgemeinen Antheil d e s D e n k e n s in allem Menschlichen wie an der Geschichte kann darum ungenügend erscheinen, weil wir dafür halten, daß das Denken dem Seyenden, Gegebenen untergeordnet ist, dasselbe zu seiner Grundlage hat und davon geleitet wird [A]. Der Philosophie aber werden e i g e n e Gedanken zugeschrieben, welche die Speculation aus sich selbst, ohne Rücksicht auf das, was ist, hervorbringe, und mit solchen an die Geschichte gehe, sie als ein Material behandle, sie nicht lasse, wie sie ist, sondern sie nach den Gedanken e i n r i c h t e, eine Geschichte **à priori**, construire. [B] (M2: 138.16 – 139.8/Siglen T.R.)

Die hier diskutierte und abgelehnte Vorstellung lässt sich noch einmal in zwei Teile zerlegen.

In [A] spricht Hegel darüber, dass man meinen könne, dass das ‚Denken' dem ‚Sein' untergeordnet sei. Dies ist m. E. so zu verstehen, dass die Vorstellung verbreitet ist, dass sich das Denken letztlich nach den gedachten Gegenständen zu richten habe, die von diesem unabhängig und bestenfalls sinnlich zugänglich seien („dasselbe zu seiner Grundlage hat und davon geleitet wird" M2: 139.3 f.). Eine solche realistische Position abzulehnen, ist eines der Beweisziele, die Hegel in seinem Gesamtsystem verfolgt.[292] Ist die realistische Position zudem *repräsentationalistisch* gestaltet, kann Hegel hier – ausgehend von seinen systematischen Zielen – zudem entgegenhalten, dass eine solche Position nicht skepsisresistent ist. Hegel selbst hat sein System, das das Interesse einer offensiven Widerlegung des Skeptikers verfolgt, daher auch strikt antirepräsentationalistisch angelegt.

Nun hat sich im Exkurs über das Denken gezeigt, dass Hegel der Ansicht ist, dass in jedes Denken überhaupt schon Kategorien, als spezifische Gegenstände der Philosophie, ‚eingemischt' sind, die dann zu erkennen und zu explizieren sind. Da diese implizit in jedem Denken bereits enthalten sind, kann Hegel somit einen geltungstheoretischen Vorrang empirischer Erkenntnis vor begrifflichem Gehalt zurückweisen. Zwar gehen die Vorstellungen, – wie Hegel zugesteht – „der Zeit nach" (*Enz.* (1830) § 1; 39.14) den Begriffen voraus, geltungstheoretisch gesehen sind sie aber selbst durch die Philosophie zu rechtfertigen und in Bewusstseinsleistungen zu fundieren.[293]

Nun könnte man desweiteren an dieser Stelle einwenden, dass es Hegel vielleicht gelingen mag zu zeigen, dass unser Denken der Gegenstände letztlich immer auf kategoriale Strukturen angewiesen sei, die dem Denken inhärent und keine Eigenschaften der Gegenstände seien, wenngleich dies für die alltägliche Vorstellung so erscheinen mag, da sich dort ja wie gesehen, „die Bestimmtheiten dieser Formen [d.h. der Denkformen/T.R.] zum Inhalte [...] schlagen" (*Enz.* (1830) § 3; 42.5f.).[294] Aber kann Hegel auch behaupten, dass die Gegenstände selbst – unabhängig von unserem Denken – kategorial und propositional verfasst sind? Tatsächlich vertritt er die Auffassung, dass die Kategorien, die durch das philosophische Nachdenken explizit gemacht werden, nicht nur subjektive Eigenschaften unserer jeweiligen Denkvollzüge sind, sondern zur Struktur der Wirklichkeit selbst gehören. Hegel gesteht selbst zu, dass der Ausdruck ‚Gedanke' diesen Aspekt seiner Philosophie nur unvollkommen zum Ausdruck bringt.[295] Die Eigenheit seiner Konzeption von Gedanken bzw. Kategorien erklärt, auch warum er schreibt, dass „[d]ie Gedanken" auch „objective Ge-

---

[292] Zu einer solchen Deutung des hegelschen Beweisziels vgl. etwa Pippin 1989.
[293] Zur Unterscheidung von Begriffen und Vorstellungen bei Hegel vgl. Serrano 2013: 62–79.
[294] Diese Struktur des alltäglichen Denkens erklärt auch, warum Hegel sich in [A] überhaupt genötigt sieht, sich mit dieser These auseinanderzusetzen. Da sie schon dem alltäglichen Denken und nicht erst spezifischen philosophischen Theorien eigen ist, muss Hegel sich mit dieser inadäquaten Auffassung auseinandersetzen.
[295] Vgl. „Daß Verstand, Vernunft in der Welt ist, sagt dasselbe, was der Ausdruck: objectiver Gedanke, enthält. Der Ausdruck ist aber eben darum unbequem, weil Gedanke zu gewöhnlich nur als dem Geiste, dem Bewußtseyn angehörig, und das Objective ebenso zunächst nur von Ungeistigem gebraucht wird." (*Enz.* (1830) § 24 A.; 67.30–68.3)

danken genannt werden" (*Enz.* (1830) § 24; 67.16 f.) können. Ich werde hier der Frage, ob er die mit einer solchen Konzeption verbundenen Beweisansprüche einzulösen vermag, nicht diskutieren. Deutlich werden sollte lediglich, dass er auf naheliegende Einwände mit seiner Konzeption zu reagieren in der Lage ist und sich der damit verbundenen Probleme bewusst war. Er lehnt letztlich strikte Dualismen zwischen Ding an-sich und Erscheinung ab.[296]

Der mögliche Einwand, auf den Hegel reagiert, besagt, dass das ‚Sein' es sei, nach dem sich das Denken richte bzw. zu richten habe. Für das ‚Sein' aber sei – wenn schon nicht allgemein[297] – so doch zumindest für den Gegenstandsbereich der Geschichte, eine empirische Wissenschaft zuständig. In Form der Geschichtsschreibung liegt eine solche Praxis ja auch bereits vor. Wer nun der Auffassung ist, dass die Geschichte eine empirische Disziplin ist, dem erschiene Hegels bisher im Manuskript gelieferte Bestimmung, sich auf das Denken zu berufen, als „ungenügend" (M2: 139.1), da so der empirische Bezug auf die Geschichte gerade fallengelassen wird. Ein Einwand dieses Typs kann vertreten werden, ohne dass der potentielle Opponent eine apriorische Geschichtsphilosophie, wie sie in [B] besprochen wird, für möglich oder plausibel halten muss. Er kann überhaupt gegen die Philosophie einwenden, dass unklar sei, welchen Beitrag sie zur Behandlung der Geschichte leiste, eine etablierte Geschichtsschreibung gebe es ja schon.

> Die Geschichte hat nur das rein aufzufassen, was ist, was gewesen ist, die Begebenheiten und Thaten; sie ist um so wahrer, je mehr sie sich nur an das Gegebene hält und indem diß zwar nicht so unmittelbar darliegt, sondern mannichfaltige, auch mit Denken verbundene Forschungen erfordert, je mehr sie dabei nur das Geschehene zum Z w e c k e hat. (M2: 139.8 – 13)

An dieser Stelle zeigt sich noch einmal das Ungenügen, lediglich auf das Denken als solches zu verweisen, da weder der Opponent noch Hegel davon ausgehen, dass die Geschichtsschreibung völlig ohne Denktätigkeit als reine Anschauung vonstatten gehe. Der Zweck der Forschungstätigkeit, das Erkenntnisinteresse der Historiker, sollte aber darauf gerichtet sein, die Geschehnisse der Vergangenheit nicht zu verfälschen.

---

296 Zu Hegels Antirepräsentationalismus vgl. Halbig/Quante/Siep 2001; Halbig 2002: 225 – 278 u. 325 – 374.
297 Schließlich könnte den Einwand, der in Hegels Satz steckt, auch jemand vertreten, der z. B. der Auffassung ist, dass die Mathematik eine apriorische Wissenschaft sei, hinsichtlich der Geschichte aber behauptet, diese sei allenfalls mit den Mitteln einer empirischen Wissenschaft zu erfassen, von ihr könne es darum gar keine philosophische Behandlung geben.

Der Übergang zu Teil [B] ist darin zu sehen, dass der potentielle Opponent davon ausgeht, dass sich, sofern sich die Geschichtsphilosophie *nur* auf das Denken berufe, sie in gar keiner Verbindung zur empirischen Geschichtsschreibung stehen könne. Der Philosoph konstruiere bar jeder Empirie und *apriori* die Geschichte und halte sich gerade nicht an das durch die historische Quellenforschung aufbereitete Material.

Hegel behandelt hier also gleich mehrere mögliche Einwände in äußerst verdichteter Form, wobei er nicht alle potentiellen Einwände, die sich daran knüpfen, im Manuskript selbst explizit zurückweist, weshalb ich zu zeigen versucht habe, dass er auf mehrere der sich aus der unterstellten Konzeption von ‚Sein' und ‚Denken' ergebenden Einwände an anderer Stelle eine Antwort gibt.

Hegels Diskussion richtet sich nun in der Folge nicht so sehr gegen potentielle Opponenten, die die Möglichkeit einer Geschichtsphilosophie in diesem apriorischen Sinne in Frage stellen, sondern überhaupt dagegen, das Verhältnis zwischen nicht-philosophischer und philosophischer Behandlung der Geschichte anhand der strikten Separierung zwischen empirischen und apriorischen Gehalten zu konzipieren. Wie Hegels Alternative zu diesem Modell aussieht, dies gilt es in den weiteren Teilen dieses Kapitels zu erarbeiten. Aufschlussreich für dieses Vorhaben ist es aber bereits, dass Hegel eine solche strikt separierende Konzeption ablehnt.

Dass Hegel gerade diese Konzeption des Verhältnisses von nicht-philosophischer und philosophischer Behandlung der Geschichte diskutiert, ist vermutlich darauf zurückzuführen, dass er vermutet, dass unter seinen Hörern die Fichtesche Konzeption einer Geschichtsphilosophie bekannt ist und er vermeiden möchte, dass seine eigene Konzeption mit dieser verwechselt oder gleichgesetzt wird.

Fichte hat in seinem geschichtsphilosophischen Hauptwerk, dem auf Vorlesungen aus den Jahren 1804/05 beruhenden Buch *Die Grundzüge des gegenwärtigen Zeitalters* von 1806[298], die von Hegel in [B] skizzierte Position verfochten. Fichte sucht in dieser Schrift eine apriorische Abfolge von fünf Geschichtsepochen auszuweisen.[299] Die Frage, in welcher dieser Epochen sich seine eigene Gegenwart

---

[298] Vgl. Fichte 1991 [1806]. Zu Fichtes Geschichtsphilosophie insgesamt vgl. Hübner 2011: 53–95, näher zu den *Grundzügen* Fichtes 70–95.
[299] So reicht Fichtes geschichtsphilosophische Epochenkonzeption anders als diejenige Hegels über die eigene Gegenwart hinaus in die Zukunft und ist damit dem Dantoschen Einwand ausgesetzt, die Geschichte so zu behandeln, als finde man sich selbst nicht in ihr, sondern außerhalb dieser und sei damit auf einen epistemisch uneinnehmbaren Standpunkt festgelegt. Fichte fordert explizit, dass der Geschichtsphilosoph völlig unabhängig von der Empirie die ganze Geschichte in Epochen aufstellen können müsse: „Es ist [...] klar, daß der Philosoph, um auch nur ein einziges

2.4 Geschichtsphilosophie und die Wissenschaften — 179

befindet, ist dann anhand der durch die apriorische Konstruktion ermittelten Merkmale der Epochenbegriffe empirisch vom nicht-philosophischen Historiker zu eruieren. Fichte kommt dabei zu dem Ergebnis, seine eigene Gegenwart befinde sich in der dritten Epoche, dem sogenannten „Stand der vollendeten Sündhaftigkeit".[300]

Unabhängig davon, ob jemand nur dem in [A] implizierten Einwandstyp oder zudem noch dem in [B] ausgedrückten Typ einer apriorischen Geschichtsphilosophie skeptisch gegenübersteht, Hegel selbst muss in jedem Fall eine Alternative entwickeln, wie er selbst zugesteht:

> Mit diesem Zwecke [eine empirisch informierte Geschichtsschreibung zu erzeugen/T.R.] scheint das Treiben der Philosophie im Widerspruche zu stehen, und über diesen Widerspruch, über den Vorwurf, welcher der Philosophie über die Gedanken [gemacht wird], die sie zur Geschichte mitbringe und diese nach denselben behandle, ist es, daß ich mich in der Einleitung erklären will; d.i. es ist die allgemeine Bestimmung der Philosophie der Weltgeschichte zuerst anzugeben, und die nächsten Folgen, die damit zusammenhängen bemerklich zu machen; es wird damit das Verhältniß von den Gedanken und vom Geschehenen von selbst in das richtige Verhältniß stellen. (M2: 139.13–20)

Hegel setzt sich also für die Einleitung seiner Vorlesung explizit das Ziel, deutlich zu machen, wie sich die Gedanken, d. h. die philosophischen Kategorien, und das Geschehene und dessen wissenschaftliche Behandlung im Rahmen seiner Konzeption zueinander verhalten. Da Hegel der Ansicht ist, dass richtige Verhältnis stelle sich dabei „von selbst" (M2: 139.20) ein, lässt er sich auch hier, ähnlich wie bei seiner *Wissenschaft der Logik* über seine Verfahrensweise nur äußerst knapp vernehmen. Eine explizite Angabe dieses Verhältnisses hielt er wohl – zumindest im Rahmen des erhaltenen Manuskripts – nicht für notwendig. Es liegt also beim Interpreten, das genauere Verhältnis aus Hegels Angaben zu ermitteln. Im Manuskript führt Hegel als Grund für diese Knappheit an, dass er aufgrund der Menge an Stoff, der in der Vorlesung noch abzuhandeln sei, allenfalls am Rande noch auf potentielle Gegner und Einwände eingehen könne. Wohl auch aus diesem Grunde hat er seine methodischen Bemerkungen über das eigene Vorgehen zugunsten des materialen Teils der Geschichtsphilosophie zurückgestellt.[301] Am Rande hat sich Hegel dabei notiert, was er auch bei der Behandlung und Einführung in die Diskussion der reflektierten Geschichtsschreibung schon festgehalten hatte: „Jede

---

Zeitalter, und, falls er will, das seinige, richtig zu charakterisieren, die gesammte Zeit und alle ihre möglichen Epochen schlechthin *a priori* verstanden und innigst durchdrungen haben müsse." (Fichte 1991 [1806]: 197.12–15)
300 Fichte 1991 [1806]: 201.17 f.
301 Vgl. M2: 139.20–140.4

neue Vorrede einer Geschichte – und dann wieder die Einleitung in die Recension einer solchen Geschichte – neue Theorie." (M2: 140.20 f.) Diese knappe Notiz Hegels verweist auf einen weiteren Grund, warum er sich mit den konkreten theoretischen Ausgestaltungen der reflektierten Geschichtsschreibung nicht näher befasst: Es gib einfach zu viele davon. Da sich noch kein Forschungskonsens etabliert hat, entsteht Theorie neben Theorie.[302] Diese Randnotiz belegt seine Vorsicht gegenüber den sich im Wandel befindlichen Gehalten und Methoden der Einzelwissenschaften.

2.4.4 Hegels allgemeine Bestimmung des Begriffs der Weltgeschichte: Die Vernunftthese

Hegel beginnt seine Darstellung des Begriffs der Weltgeschichte folgendermaßen:

> Ich will über den vorläuffigen Begriff des Philosophischen in der Weltgeschichte zunächst diß bemerken, daß wie ich gesagt, man zunächst der Philosophie den Vorwurf macht, daß sie mit Gedanken an die Geschichte gehe und diese nach Gedanken betrachte. Der einzige Gedanke, den sie mitbringt, ist aber der einfache Gedanke der Ve r n u n f t , daß die Vernunft die Welt beherrscht, daß es also auch in der Weltgeschichte vernünftig zugegangen ist. (M2: 140.5 – 11)

Als ‚vorläufig' qualifiziert Hegel den Begriff der philosophischen Weltgeschichte, da dieser in der Einleitung der Vorlesung extern zur systematischen Entfaltung der Weltgeschichte angegeben wird. Da bei Hegel die Rechtfertigung eines philosophischen Begriffs aber letztlich nur im Rahmen des Gesamtsystems als abgeschlossen gelten kann, hat man es hier mit einer vorläufigen, dem systeminternen Rechtfertigungsvollzug vorangehenden Bestimmung, zu tun. Hegel greift im ersten Satz den Vorwurf auf, dass die Philosophie bereits mit „Gedanken" (M2: 140.7) sich dem Stoff der Geschichte zuwende. Dabei schwankt seine Bestimmung dieses Vorwurfs näher besehen zwischen zwei möglichen Einwänden:

(i) Die Philosophie betrachtet die ‚Weltgeschichte' vollständig anhand von apriorischen Gedankenbestimmungen, wie bei Fichte. In diesem Falle spielte die empirisch erschlossene Weltgeschichte, die Gegenstand der nicht-philosophischen Geschichtsschreibung ist, nur eine untergeordnete Rolle. Diesen Fall scheint Hegel zu meinen, wenn er sagt, dass die Philosophie „diese [d.h. die Geschichte/T.R.] nach Gedanken betrachte" (M2: 140.7 f.).

(ii) Die Philosophie setze überhaupt irgendwelche Kategorien und Begriffe voraus, mit denen sie sich dem Gegenstand der Geschichte zuwende.

---

[302] Vgl. auch M1: 130.4 – 16 und die Diskussion dieser Passage.

2.4 Geschichtsphilosophie und die Wissenschaften — 181

Da Hegel sich demjenigen Modell verweigert, welches strikt zwischen apriorischer (= philosophischer) und aposteriorischer (= empirischer) Geschichtsschreibung trennt, lehnt er Einwand (i) ohnehin ab. Gegenüber dem Einwand (ii), den Hegel im zweiten Satz des obigen Zitats weiterverfolgt, hält er fest, dass die Philosophie lediglich *eine* und somit auch nicht beliebige Voraussetzungen mache, wenn sie sich der Geschichte zuwende. Dieser Gedanke allerdings erscheint so, wie Hegel ihn formuliert, erst einmal wenig plausibel. Es ist die Rede davon, dass die „Vernunft die Welt beherrscht" (M2: 140.9), woraus Hegel dann folgert, dass, wenn dem so sei, es „auch in der Weltgeschichte vernünftig zugegangen" (M2: 140.10) sei. Mit dem Ausdruck ‚Vernunft' spielt Hegel hier auf seine oben skizzierte Theorie objektiver Gedanken an. Bei seiner Explikation der These von objektiven Gedankenbestimmungen, einer propositional strukturierten Wirklichkeit, verwendet er u. a. den Ausdruck ‚Vernunft': „Daß Verstand, Vernunft in der Welt ist, sagt dasselbe, was der Ausdruck objectiver Gedanke, enthält." (*Enz.* (1830) § 24 A.; 67.30 f.) Da Hegel an der angegebenen Stelle behauptet, dass der Ausdruck ‚objektiver Gedanke' denselben Gehalt zum Ausdruck bringe wie der Ausdruck ‚Vernunft', ist es plausibel anzunehmen, dass er im Manuskript Bezug auf diese These seiner philosophischen Gesamttheorie nehmen möchte. Die von Hegel im Manuskript zum Ausdruck gebrachte These besagt zunächst also nicht mehr, als dass sich auch in der Weltgeschichte selbst vernünftige Strukturen aufweisen lassen müssen, die zeigen, dass dieser Bereich unserer Erkenntnis zum einen nicht völlig entzogen ist und zum anderen sich darin zugleich eine Rechtfertigung für zumindest einige Entwicklungen derselben aufzeigen lassen müssen. Hegels Redeweise, dass die Vernunft die Welt beherrsche, sollte dann aber metaphorisch gelesen werden und nicht so, als ob es eine Art überweltlichen Akteur gebe, der die Weltgeschichte als Ganze so beherrsche, wie ein König oder Diktator sein Volk ‚beherrscht'.

Nun behauptet Hegel, dass sich in der Geschichte vernünftige, d. h. für uns erkennbare, begründbare und ggf. auch zu rechtfertigende Gehalte aufweisen lassen müssten. Seine These, dass wir es bei der Weltgeschichte nicht mit einem vernunftlosen Gegenstand zu tun haben, ist nur dann korrekt, wenn es ihm gelingt, deren Vernünftigkeit nachzuweisen.

Aufschlussreich für das Verständnis der hegelschen These ist der nächste Satz im Manuskript: „Diese Überzeugung und Einsicht ist eine Voraussetzung in Ansehung der Geschichte als solcher überhaupt." (M2: 140.10 – 12) Hier wird diese Voraussetzung, mit der die Geschichtsphilosophie an die Weltgeschichte herangeht, in die Menge derjenigen Voraussetzungen eingebettet, die man einzugehen habe, wenn man sich der Geschichte überhaupt zuwendet. Dies ist so zu verstehen, dass nicht nur der Philosoph diese Voraussetzung eingeht, wenn er die Geschichte behandelt, sondern auch der nicht-philosophische Geschichtsschreiber. Nun ist dem nicht-philosophischen Geschichtsschreiber vielleicht diese Voraussetzung nicht *als solche* bewusst, oder aber ihm sind nicht alle philosophischen Konsequenzen dieser Voraussetzung bewusst, es mag sein, dass er sie nur implizit eingeht. Sie mag sich als Präsupposition erweisen, die er durch die Art eingeht, *wie* er die Quellen, aus denen er seine Erzählung verfertigt, bearbeitet. Wie bei der Behandlung der nicht-philosophischen Formen der Geschichtsschreibung nachgewiesen, legt Hegel großen Wert auf die Reflexion der Geschichtsschreiber auf ihren Gegenstandsbereich und ihre Erkenntnisinteressen, denn diese zeigen, dass der Historiker *nicht* – im Gegensatz zum Philosophen – völlig voraussetzungslos an die Quellen herantritt. Wer ohne die geringste Voraussetzung an die Quellen heranträte, könnte diese nicht einmal *als* Quellen wahrnehmen, geschweige denn wäre er in der Lage, eine wahrheitswertfähige Erzählung über das vergangene Geschehen zu verfertigen. Nun behauptet Hegel in dem Satz aber, dass auch der Historiker – wenngleich ggf. implizit – die Voraussetzung eingehe, dass es in der Geschichte vernünftig zugegangen sei. In diesem Sinne teilen Historiker und Philosoph also dieselbe Voraussetzung.

Mein Vorschlag lautet, die Annahme, dass sich in der Weltgeschichte ‚Vernunft' zeige, als *basale* Voraussetzung für die Behandlung der Geschichte überhaupt zu verstehen. Sie stellt eine hermeneutische *Präsumtion* zur Auseinandersetzung mit dieser dar.[303] Wer etwa annähme, dass sich in der Geschichte überhaupt keine vernünftigen Strukturen auffinden lassen, der müsste letztlich das gesamte kognitive Projekt ‚Geschichtsschreibung' als *sinnlos* klassifizieren, oder aber ihm eine nonkognitivistische Rolle zuweisen. Die Geschichtsschreibung wäre dann keine Wissenschaft mehr, sondern diente vielleicht einfach zur Unterhaltung, zur Evokation bestimmter Gefühle oder Ähnliches, die Differenz zwischen Fakten und Fiktionen wäre dann für sie irrelevant.[304] Nun gelingt den Geschichtsschreibern aber – unangesehen einiger postmoderner Radikalkritiken, deren Zweifel allerdings unlebendig bleibt – nach allgemeiner Ansicht durchaus recht erfolgreich, die Vergangenheit anhand der Quellen aufzubereiten. Gewisse intersubjektive Maßstäbe der Kritik werden im Rahmen dieser Wissenschaft ebenfalls geteilt. Nun mag es sein, dass diese Maßstäbe weniger exakt sind als in der mathematischen Beweistheorie oder der Logik,[305] aber dies ist kein grund-

---

303 Zum Begriff der „Präsumtion" und der Verwendung desselben zur Explikation allgemeiner Verstehens- und Interpretationsprinzipien vgl. Scholz 2001²: 147–249.
304 Dafür muss Hegel freilich unterstellen, dass es auch radikal konstruktivistischen Positionen nicht gelingt eine plausible Unterscheidung zwischen Fiktionen und Fakten einzuführen.
305 Dass Hegel dieser aristotelischen Einsicht aus der *Nikomachischen Ethik* in seiner Theoriebildung gefolgt ist, zeigt sich daran, dass er für die Philosophie keine alternative Wissenschaft zur Orientierung, etwa die Mathematik im Sinne eines *more geometrico*, akzeptiert und darüber

legender Einwand, sofern man bereit ist, die mit dem Prädikator ‚wissenschaftlich' einhergehenden Merkmalszuschreibungen gegenstandsspezifisch zu kontextualisieren, statt sich (wie z. B. im Wiener Kreis) einseitig an einer Wissenschaftsgruppe als Ideal zu orientieren.

Aber wie ist der Vorschlag, dass sich Hegels Auffassung, dass man mit der Voraussetzung der Vernunft an die Geschichte herangehe, als Präsumtion auffassen lasse, näher zu verstehen? Der Ausdruck ‚Präsumtion' stammt ursprünglich aus dem Recht – genauer aus dem Prozessrecht – und bezeichnet dort spezifische hermeneutische Regeln, die (zumeist bis zum Beweis des Gegenteils) als *default*-Einstellungen in Geltung sind. Beispiele wären etwa die Unschuldsvermutung oder die Regel, die fordert zu präsumieren, dass jemand als verstorben zu behandeln ist, wenn er länger als zehn Jahre verschollen ist.[306] Methodologische Präsumtionen spielen in zahlreichen Wissenschaften aber vermutlich auch in lebensweltlichen Orientierungskontexten eine wesentliche Rolle. So kommt Scholz zu dem Urteil, dass „der richtige Umgang mit Präsumtionen [...] ein zentrales Moment praktischer und theoretischer Rationalität innerhalb und außerhalb der Wissenschaften"[307] darstellt. Präsumtionen sind Regeln, die uns im Umgang mit Entscheidungssituationen anleiten sollen, sie helfen uns im alltäglichen und wissenschaftlichen Geschäft dabei etwa unter Zeitknappheit und bei knappen kognitiven Ressourcen eine Entscheidung herbeizuführen, falls Aufschub nicht sinnvoll erscheint.[308] Die Präsumtionsregeln lassen sich auf verschiedene Weise in Formeln ausdrücken und entsprechen als Regel etwa der folgenden Gestalt:

„Gegeben p ist der Fall, verfahre so, als sei q der Fall, bis du zureichende Gründe hast, zu glauben, daß q nicht der Fall ist."[309]

In Entscheidungssituationen, in denen den Akteuren keine hinreichenden Gründe vorliegen, um eine Entscheidung für oder gegen etwas herbeizuführen, aber dennoch entschieden werden muss, leiten Präsumtionsregeln den weiteren Verlauf des Entscheidungsprozesses an. Sie empfehlen, gegeben es liegt ein Sachverhaltstyp P vor, dass man die Proposition q annehmen solle, bis zum Vorliegen von (unterschiedlich starken) Gegengründen zu q.

---

hinaus an seiner Auseinandersetzung und den Kritiken an den kantischen und fichteschen Entwürfen einer praktischen Philosophie.
306 vgl. Scholz 2001²: 148 f.
307 ebd. 150.
308 Dabei ist es natürlich auch möglich, Präsumtionsregeln zu formulieren, die es erlauben sollen zu entscheiden, welche Entscheidungen Aufschub erlauben und welche nicht.
309 Ebd. 151.

Es lassen sich *zwei* Typen von Präsumtionen differenzieren, (i) widerlegliche und (ii) unwiderlegliche Präsumtionen. An unwiderleglichen Präsumtionen wird strikt festgehalten, widerlegliche Präsumtionen sind hingegen anfechtbar, sofern bestimmte Gegengründe vorliegen. Das obige Zitat mit der beispielhaften Regelformulierung ist bereits für den Fall widerleglicher Präsumtionen formuliert, wie an der Formel <bis du zureichende Gründe hast, zu glauben, dass q nicht der Fall ist >, deutlich wird. Eine alternative Formulierung für widerlegliche Präsumtionen wäre etwa <bis zum Beweis des Gegenteils>.[310] Hierbei gilt es zu beachten, dass bei zureichenden Gegengründen die Präsumtion in einem spezifischen Fall zurückgewiesen wird, nicht aber die ihr zugrundeliegende Präsumtionsregel: durch die Zurückweisung in Einzelfällen lässt sich also nicht ohne weiteres die Sinnhaftigkeit der zugrundeliegenden Präsumtionsregeln anzweifeln und diese revidieren. Zwar sind auch Präsumtionsregeln änderbar, hierzu ist aber eine eigenständige Argumentation vonnöten.

Scholz unterscheidet in seiner Entwicklung einer Präsumtionstheorie zudem zwischen *drei* Stärkegraden von widerleglichen Präsumtionen. Die Stärke bezieht sich dabei auf das ‚Gewicht' der Gründe, die vorgebracht werden müssen, um eine Präsumtion zu widerlegen. Man kann sich zwischen starken, mittleren und schwachen Präsumtionen unterscheiden, wobei Scholz hervorhebt: „Viele Präsumtionen, wohl die meisten, zeichnen sich durch eine *mittlere* Stärke aus."[311] Die Präsumtionen werden nicht sogleich aufgegeben, sobald irgendein Gegengrund vorliegt, es bedarf aber auch keiner zwingenden Gründe, um die Präsumtion im Einzelfall (erfolgreich) anzufechten.

Es scheint mir aussichtsreich, Hegels Vernunftthese, bzw. die Behauptung, der Geschichtsschreiber wie auch der Philosoph gingen mit Vernunft an die Quellen heran, als Präsumtion aufzufassen bzw. zu rekonstruieren; Genauer als eine widerlegliche Präsumtion mittlerer Stärke. Die zugrundeliegende Präsumtionsregel könnte etwa folgendermaßen rekonstruiert werden: Wenn die Quellen oder eine historische Rekonstruktion, auf die der (spekulative) Philosoph zurückgreift, das Handeln der Akteure unverständlich bleiben lässt, so nehme an, dass es einen rationalen (rationaleren) Weg gibt, das Geschehene zu verstehen. So etwa, indem man versucht die Motive der involvierten Akteure, ihre Pläne und Absichten, Ziele und Zwecke anders aufzufassen bzw. andere zu unterstellen und zu prüfen, ob die Handlungen der Akteure nun angemessener zu verstehen sind. Die Vernunftthese drücke dann erst einmal nur eine Regel aus, die uns deutlich machen soll, in welcher hermeneutischen (Vor-)Einstellung wir uns den historischen Gegen-

---

[310] Ebd. 151f.
[311] Ebd. 154, zur Stärke von Präsumtionen vgl. 153–154.

ständen zuwenden sollten, sofern wir den Anspruch haben, diese verstehen zu wollen. Damit ist jedoch nicht gesagt, dass sich diese Regel auch in jedem historischen Einzelfall erfolgreich zur Anwendung bringen ließe.

Konzediert man aber, dass es der Geschichtsschreibung normalerweise durchaus erfolgreich gelingt, die möglichen Handlungsgründe, Ziele und Zwecke vergangener Akteure zu rekonstruieren, und sie gemeinhin gerade *nicht* davon ausgeht, dass die Akteure vergangener Zeiten z. B. unfähig zu geplantem Handeln gewesen seien, so macht Hegel mit der Vernunftthese erst einmal auf eine basale hermeneutische Vorannahme aufmerksam, die zu den Sinnbedingungen historischen Arbeitens überhaupt gehört. Die Handelnden, die durch die Quellen fassbar werden, überhaupt als Akteure zu fassen, setzt eine Präsumtion wenigstens minimaler Handlungsrationalität voraus, die sich im Einzelfall als inadäquat herausstellen mag, aber für unsere Praxis der Rekonstruktion vergangenen Handelns (auch gegenwärtigen Handelns) im Ganzen notwendig ist, wenn vergangenes Handlungsgeschehen verstanden werden können soll.

Dieses Argument sollte zeigen, dass die Beweislast ‚starker Voraussetzungen' für Hegel nicht so sehr auf Seiten derer liegt, die von der Annahme ausgehen, dass sich Geschichtsschreibung als kognitives Projekt betreiben lässt, sondern vielmehr auf Seiten derer, die dies ablehnen und mithin auf die These festgelegt wären, man solle entweder überhaupt keine Kategorien anwenden, wenn man Quellen begutachte, was dazu führte, dass man nichts erkennt, oder aber von vornherein behaupten, Geschichtsschreibung sei ein zur Erfolglosigkeit verdammtes Unternehmen, weil wir die Vergangenheit doch ohnehin *nie* erkennen könnten, da sie völlig unvernünftig sei.

Die Diskussion um Hegels These, dass es in der Weltgeschichte vernünftig zugegangen sei, dass sich Vernunft in ihr zeige, sollte daher, – so mein Vorschlag – nicht zwischen den beiden Extremen geführt werden, dass die Geschichte *entweder* unvernünftig *oder* vernünftig sei. Sondern es sollte vielmehr darum gehen, in welchem *Grade* die Geschichte sich als vernünftig erweist. Die Irritationen, die mit Hegels Ausdrucksweise zusammenhängen, sind zurückzuführen auf die Unterstellung jeweils unterschiedlich starker Vernunftbegriffe.

Bei Hegel bedeutet ‚Vernunft' freilich *mehr* als bloße Erkennbarkeit oder Verstehbarkeit. Wie die Nachschriftenausgaben zu seiner Philosophie der Weltgeschichte allesamt zeigen, meint Hegel, dass es – zumindest retrospektiv – möglich ist, ein Fortschrittsnarrativ für die Weltgeschichte zu etablieren. Dies ist aber sicherlich keine Voraussetzung, die die nicht-philosophische Geschichtsschreibung üblicherweise eingeht. Es wird also zu klären sein, in welchem genauen Zusammenhang verschiedene Grade der Vernunft im Rahmen der nicht-philosophischen und philosophischen Geschichtsschreibung zueinander stehen. Wie die Diskussion um die hegelsche Theorie der Denkformen gezeigt hat, sind die logischen Kategorien in jede Form des Denkens ‚eingemischt'. Sie zu identifizieren und philosophisch zu explizieren, ist dann Aufgabe der Philosophie. Sie hätte also zu zeigen, inwiefern sich aus der Arbeit der Geschichtsschreibung solche Kategorien identifizieren und explizieren lassen, die auch solche stärkeren Vernunftzuschreibungen noch begründen. In einem solchen Rahmen lässt sich die hegelsche Geschichtsphilosophie aber dann nicht mehr von vorneherein aufgrund ‚zu starker Voraussetzungen' als unplausibel oder absurd abweisen.

Nun kann man diesem Vorschlag entgegenhalten, dass noch gar nicht klar sei, inwiefern die Geschichtsphilosophie sich eigentlich auf die Geschichtsschreibung stützt. Warum betreibt der Geschichtsphilosoph nicht selbst Quellenforschung im Archiv? Im folgenden Verlauf wird sich (i) zeigen, *dass* der Geschichtsphilosoph sich auf die nicht-philosophische Geschichtsschreibung in einem noch zu qualifizierenden Sinne stützt und (ii) *dass* es zwar möglich ist, dass eine Person sowohl die Rolle des Geschichtsschreibers als auch die des Geschichtsphilosophen einnehmen könnte, es sich aber nichtsdestotrotz um verschiedene Rollen und mithin verschiedene Aufgabenbereiche handelt. Die Geschichtsschreibung stellt eine eigenständige Wissenschaftspraxis dar, ebenso wie die Philosophie. Die Geschichtsschreibung ist nicht lediglich Teil der Philosophie. Hegel geht es insgesamt im Verhältnis der Einzelwissenschaften zur Philosophie nicht darum, diese der Philosophie so zu integrieren, dass sie ihren Status als Einzelwissenschaften verlören.

An späterer Stelle im Manuskript schreibt Hegel hinsichtlich der diskutierten Voraussetzung der Vernünftigkeit: „Wer die Welt vernünftig ansieht, den sieht sie auch vernünftig an; beydes ist in Wechselbestimmungen" (M2: 143.9 f.). Dieser Satz ist nicht so zu verstehen, als meine er, dass man die Welt auch *unvernünftig* ansehen könne und dann sei sie eben nicht vernünftig. Es ist nicht beliebig, *wie* wir die Welt ansehen, in einem basalen Sinne ist es uns unmöglich, sie unvernünftig anzusehen.

Die Nicht-Beliebigkeit der für die Erkenntnis notwendigen Kategorien zu belegen, ist gerade das von Hegel in der *Wissenschaft der Logik* unternommene Projekt, das sich aus seinem Versuch ergeben hatte, die seiner Ansicht nach bei Kant offengebliebenen Fragen hinsichtlich der Vollständigkeit und Systematizität der Kategorien zu beantworten. Ein Problem, das sinnstiftend für den gesamten Deutschen Idealismus war.[312] Im Rahmen der hegelschen Philosophie, kann ihm also nicht unterstellt werden, dass wir die Welt mit beliebigen – als vernünftig

---

[312] Zu einer solchen Deutung des deutschen Idealismus vgl. Halbig/Quante 2000. Zu einer solchen Deutung der hegelschen Logik siehe vor allem Düsing 1976. Näher zur Entwicklung der dt. Idealismus im Ausgang von Kant vgl. Pippin 1989: 16–88.

behaupteten – Begriffsschemata betrachten könnten.[313] Hegel möchte in ihr vielmehr eine notwendige Bedingung für Erkenntnis zum Ausdruck bringen. Wenn wir überhaupt etwas erkennen wollen, so müssen wir vernünftige Strukturen in der Welt präsupponieren.[314] Dass dies auch für den nicht-philosophischen Geschichtsschreiber gilt, hat sich bereit bei der Diskussion der reflektierenden und vor allem der allgemeinen Geschichtsschreibung gezeigt. Auch der nicht-philosophische Geschichtsschreiber muss nachdenken und dabei Kategorien verwenden, auch wenn ihm dies nicht explizit bewusst sein mag. Im zweiten Manuskript weist Hegel auf diesen Umstand hin. Die Geschichtsschreiber drücken ihre Quellentreue häufig so aus, als seien sie selbst dabei rein passiv. Philosophie und Geschichtsschreibung unterscheiden sich dann im Grade der Explizitheit, in dem diese Voraussetzung der wissenschaftlichen Arbeit überhaupt (sei sie philosophisch oder nicht-philosophisch) bewusst wird. Für die moderne Geschichtsschreibung enthält dieser Passus, aus der Perspektive einer normativen Wissenschaftstheorie der Geschichtsschreibung betrachtet, den Hinweis, dass der Historiker seine jeweiligen Erkenntnisinteressen und die ihn dabei leitenden theoretischen Annahmen und Termini möglichst explizit zu machen hat. Eine solche Explikation beschränkt sich dabei allerdings auf die nicht-philosophischen theoretischen Annahmen, die den jeweiligen Zugriff auf die Quellen und die Forschungsliteratur anleiten und somit in den genuinen Bereich der Geschichtsschreibung fallen. Historiker, die diese nicht explizit machen, oder aber die eigenen impliziten Annahmen für die einzig möglichen hielten oder sie gar den Quellen selbst zurechneten, verführen demgegenüber methodologisch unaufgeklärt.[315]

---

313 Zur Inkompatibilität Hegels mit einem Relativismus von Begriffsschemata vgl. Halbig 2004.
314 Ich blende hier die Frage aus, ob Hegel meint, dass es überhaupt im strengen Sinne möglich ist, die Welt auch unvernünftig anzusehen, oder aber, ob seine Auseinandersetzung mit dem Skeptizismus zeigt, dass eine solche Annahme letztlich gar nicht konsistent behauptbar ist.
315 Wechselte der Historiker in der Explikation und dem Nachdenken über die Geschichtsschreibung zu grundsätzlichen Fragen, die den Charakter der Geschichte überhaupt betreffen, so wäre er in der Rolle des Philosophen tätig. Hegels Forderung, die sich auch bei der Diskussion der reflektierten Geschichtsschreibung bereits mehrfach angesprochen fand, dass der Historiker sich seiner investierten Annahmen und Interessen bewusst sein müsse, da diese erst die Erzählung zu einem ‚Ganzen' komponieren, ist heute mehr oder weniger gängige Praxis. Wehler etwa beruft sich für diese Forderung sogar explizit auf die Freundesvereinsausgabe der Vorlesungen, aus denen sich diese Forderung ebenfalls gewinnen lässt. Vgl. Wehler 1987: 12. Die erkenntnisleitenden Interessen, die eine Erzählung zu einem Ganzen zusammenfügen, bezeichnet Hegel in der *Enzyklopädie* als Zweck. Solche Zwecke kann es im Rahmen der nicht-philosophischen Geschichtsschreibung verschiedene geben. Wie in Kapitel 3 dieser Arbeit gezeigt wird, stellt sich ‚Freiheit' Hegel zufolge als derjenige Begriff dar, der sich für eine philosophische materiale Explikation der Geschichte eignet. Vgl. „So viel wird zugestanden, daß eine Geschichte einen Gegenstand

> Als die erste Bedingung könnten wir somit aussprechen, daß wir das Historische g e t r e u auffassen; allein in solchen allgemeinen Ausdrücken, wie Treue und Auffassen liegt die Zweydeutigkeit; auch der gewöhnliche und mittelmässige Geschichtschreiber, der etwa meynt und vorgibt, er verhalte sich nur aufnehmend, bringt seine Kategorien mit und sieht durch sie das Vorhandene; das Wahrhafte liegt nicht auf der sinnlichen Oberfläche; bey allem insbesondere was wissenschaftlich seyn soll, darf die Vernunft nicht schlaffen und muß Nachdenken angewendet werden. (M2: 143.1–9)

Bisher sieht es so aus, als ließe sich Hegels Voraussetzung, die die nicht-philosophische Geschichtsschreibung und die Geschichtsphilosophie teilen, nämlich dass Vernunft überhaupt in der Geschichte sei, plausibel rekonstruieren.

Aufschlussreich für die Leitfrage dieses Kapitels ist nun aber der Status der Vernunftthese als ‚Voraussetzung'. Wie sich nämlich im Verlauf des Manuskripts zeigt, ist die Zuschreibung dieser These unter dem Status einer Voraussetzung nur im Rahmen der nicht-philosophischen Geschichtsschreibung gültig.

> Diese Überzeugung und Einsicht ist eine Voraussetzung in Ansehung der Geschichte als solcher überhaupt. In der Philosophie selbst ist diß keine Voraussetzung. (M2: 140.10–12)

Warum stellt die Vernunftthese in der Philosophie keine Voraussetzung dar? Zur Beantwortung dieser Frage sind einige Vorklärungen zu treffen. Mit „Philosophie" ist in dem Zitat nicht jede Philosophie überhaupt gemeint, sondern die spekulative Philosophie, d.h. diejenige Gestalt der Philosophie, die Hegel ihr verliehen hat. Die spekulative Philosophie wird dabei als letztbegründete und die Philosophie selbst zur Wissenschaft erhebende Form derselben beansprucht. Es mag irritieren, dass Hegel weiter oben im Manuskript selbst noch ausführte, dass es sich bei der Vernunftthese um die einzige Voraussetzung zur philosophischen Behandlung der Geschichte handle. Dies scheint nachgerade inkompatibel mit seiner Behauptung, dass diese These in der Philosophie selbst gar keine Voraussetzung darstelle. Diese scheinbare Inkompatibilität lässt sich aber durch eine Hinsichtenunterscheidung auflösen.

Im Rahmen seiner Vorlesung setzt Hegel die Kenntnis seines gesamten Systems nicht einfach voraus, sondern führt exoterisch in dieses ein, so kann er hier

---

haben müsse, z.B. Rom, dessen Schicksale, oder den Verfall der Größe des römischen Reichs. Es gehört wenig Ueberlegung dazu, einzusehen, daß diß der vorausgesetzte Zweck ist, welcher den Begebenheiten selbst, so wie der Beurtheilung zum Grunde liegt, welche derselben eine Wichtigkeit, d.h. nähere oder entferntere Beziehung auf ihn haben. Eine Geschichte ohne solchen Zweck und ohne solche Beurtheilung wäre nur ein schwachsinniges Ergehen des Vorstellens, nicht einmal ein Kindermährchen, denn selbst die Kinder fodern in den Erzählungen ein Interesse, d.i. einen wenigstens zu ahnden gegebenen Zweck und die Beziehung der Begebenheiten und Handlungen auf denselben." (*Enz.* (1830) § 549 A.; 526.9–19)

qua seiner Kenntnis des gesamten Systems Voraussetzungen präsentieren, von denen sich seinem Anspruch nach, bei Kenntnis des gesamten Systems, zeigen ließe, dass diese Voraussetzung im Rahmen der spekulativen Philosophie als Ganzer eingeholt werden und somit keine begründungslose basale Prämisse darstellen. Die von Hegel angeführte Voraussetzung dient also eher didaktischen Zwecken, sie soll seine Hörer von falschen Annahmen oder Annahmen, die das Verständnis seiner Ausführungen über die Weltgeschichte erschweren, abhalten. In diesem Sinne wird im Manuskript ausgeführt:

> Diejenigen unter Ihnen, meine Herrn, welche nun mit der Philosophie noch nicht bekannt sind, könnte ich nun etwa darum ansprechen, mit dem G l a u b e n an die Vernunft, mit dem Verlangen, mit dem Durste nach ihrer Erkenntniß, zu diesem Vortrag der Weltgeschichte hinzutreten; – und es ist allerdings das Verlangen nach vernünftiger Einsicht, nach Erkenntniß, nicht bloß nach einer Sammlung von Kenntnissen, was als subjectives Bedürfniß bey dem Studium der Wissenschaften vorauszusetzen ist. – In der That habe ich solchen Glauben nicht zum Voraus in Anspruch zu nehmen. Was ich vorläuffig gesagt und noch sagen werde, ist nicht bloß in Rücksicht unserer Wissenschaft nicht als Voraussetzung, sondern als Ü b e r s i c h t des Ganzen zu nehmen, als das R e s u l t a t der von uns anzustellenden Betrachtung, – ein R e s u l t a t , das mir bekannt ist, weil mir bereits das Ganze bekannt ist. Es hat sich also erst und wird sich aus der Betrachtung der Weltgeschichte selbst ergeben, daß es vernünftig in ihr zugegangen. (M2: 141.15–142.4)

Diese Stelle belegt auch, dass sich bei Hegel *zwei* Rechtfertigungen unterscheiden lassen: zum *einen* erweisen sich die eingangs präsentierten Voraussetzungen im Rahmen der Durchführung als gerechtfertigt (sofern die Durchführung erfolgreich ist), so dass er sie hier für das Publikum eingangs erwähnen kann. Zum *anderen* findet aber die Durchführung der Philosophie der Weltgeschichte selbst ihre Rechtfertigung wiederum durch ihre Einbettung in das Gesamtsystem der spekulativen Philosophie.[316]

Für die Geschichtsschreibung überhaupt bleibt die Vernunftthese aber ihrem Status nach eine Voraussetzung. Wieso kann die Geschichtsschreibung diese nicht als ihre Voraussetzung selbst zum Gegenstand machen und ggf. rechtfertigen? Diese Frage führt zu einer entscheidenden Differenz, die Hegel zwischen der Philosophie als Wissenschaft und den nicht-philosophischen Wissenschaften einzieht. In der *Enzyklopädie* (1830) benennt Hegel diese Differenz gleich im ersten Satz:

---

[316] Dieses Gesamtsystem wiederum soll letztlich einem Prinzip folgen, – der absoluten Idee –, die von Hegel holistisch im Rahmen eines Netzwerks von aufeinander verweisenden Kategorien in der *Wissenschaft der Logik* entwickelt wird. Zur Voraussetzungslosigkeit der Logik vgl. *Enz.* (1830) § 78.

> Die Philosophie entbehrt des Vortheils, der den andern Wissenschaften zu Gute kommt, ihre Gegenstände, als unmittelbar von der Vorstellung zugegeben, sowie die Methode des Erkennens für Anfang und Fortgang, als bereits angenommen, voraussetzen zu können. (*Enz.* (1830) § 1; 39.3–6)

Im Gegensatz zu den sonstigen Wissenschaften ist der Philosophie der Rückgriff auf durch den Common-Sense, die Vorstellung, als plausibel zugestandener Annahmen und Eingangsvoraussetzungen sowohl hinsichtlich der Methode als auch hinsichtlich des Gegenstandsbereichs verwehrt. Dies liegt an den starken Beweisansprüchen, die mit der spekulativen Philosophie einhergehen, die letztlich auf Systemebene eine offensive Widerlegung des radikalen Skeptikers anstrebt. Hegel führt im genannten Paragraphen weiter aus:

> Aber bei dem denkenden Betrachten gibts sich bald kund, daß dasselbe die Foderung in sich schließt, die Nothwendigkeit seines Inhalts zu zeigen, sowohl das Seyn schon als die Bestimmungen seiner Gegenstände zu beweisen. Jene Bekanntschaft mit diesen [die, die nicht-philosophischen Wissenschaften voraussetzen dürfen/T.R.] erscheint so als unzureichend, und Voraussetzungen und Versicherungen zu machen oder gelten zu lassen, als unzulässig. (ebd.; 39.18–23)

Der philosophische Zweck der Letztbegründung zwingt also gerade dazu, keine Annahmen einzugehen, die sich nicht nachher im Verlauf selbst einholen lassen.[317]

Wie Hegels Theorie der Denkformen zeigt, richtet sich die Philosophie gerade auch auf das Denken der nicht-philosophischen Wissenschaften und untersucht deren Voraussetzungen und kategoriale Präsuppositionen. Von der Geschichtsschreibung selbst können diese Voraussetzungen deshalb nicht thematisiert werden, weil sie mit deren Verfahren nicht zum Gegenstand gemacht werden können. Ein Historiker, der die Voraussetzungen seiner historischen Arbeit untersuchte, täte dies nicht *als* Historiker, d. h. mit historiographischen Mitteln, sondern eben mit begrifflichen, mit den Mitteln der Philosophie und wäre so als Philosoph, spezieller als Wissenschaftstheoretiker seiner Fachwissenschaft, tätig. Da die Philosophie selbst sich aber gerade durch ihre spezifische Reflexivität auszeichnet, kann sie nicht nur die Voraussetzungen aller anderen Wissenschaften, sondern auch ihre eigenen thematisieren und kritisch zum Gegenstand machen. Die Philosophie enthält ihre eigene Metawissenschaft, da sie für diese nicht auf andere Mittel und Methoden zurückgreifen muss, als ihr ohnehin schon zur Verfügung stehen. Auf diese Weise kann die Philosophie dann alle ihre Vor-

---

[317] Zu dieser Struktur des hegelschen Philosophiebegriffs vgl. Mooren/Rojek 2014: 17–19.

aussetzungen am Ende selbstreflexiv einholen und so als begründet ausweisen. In der spekulativen Philosophie müsse

> der Standpunkt, welcher so als u n m i t t e l b a r e r erscheint, innerhalb der Wissenschaft sich zum Resultate, und zwar zu ihrem letzten machen, in welchem sie ihren Anfang wieder erreicht und in sich zurückkehrt. Auf diese Weise zeigt sich die Philosophie als ein in sich zurückgehender Kreis, der keinen Anfang im Sinne anderer Wissenschaften hat, so daß der Anfang nur eine Beziehung auf das Subject, als welches sich entschließen will zu philosophiren, nicht aber auf die Wissenschaft als solche hat. (*Enz.* (1830) § 17; 59.8–15)

Gerade diese letzte Voraussetzungslosigkeit und Möglichkeit der begründeten Selbstthematisierung der Philosophie unterscheidet sie von den anderen Wissenschaften. Hegel kann für diese These, ganz unabhängig von der Letztbegründungsstruktur seines Systems, das plausible Retorsionsargument anbieten, dass die anderen Wissenschaften sich *qua* ihrer Methoden nicht selbst zum Gegenstand machen können, dies gelte aber gerade nicht für die Philosophie.[318]

Diese Argumentation ist letztlich aristotelischen Ursprungs, da dieser darauf hinweist, dass auch der Gegner der Philosophie philosophische Argumente verwenden müsse, um gegen diese zu argumentieren. Daher ist es allenfalls möglich, gegen spezifische Philosophien, nicht aber gegen Philosophie überhaupt zu argumentieren, da man ihre Mittel dafür bereits selbst in Anspruch zu nehmen gezwungen ist.[319]

Dies erklärt, warum für die nicht-philosophische Geschichtsschreibung ihre Voraussetzungen letztlich ungeklärt bleiben müssen.

Bis zu dieser Stelle könnte der Eindruck entstanden sein, die spekulative Philosophie stelle im Verhältnis zu den nicht-philosophischen Wissenschaften deren Wissenschaftstheorie bereit, da sie deren Grundlagen methodisch prüft und auf ihre kategorialen Voraussetzungen hin transparent macht. Diese Aufgabe kommt ihr bei Hegel, so meine These, tatsächlich zu. Das Verhältnis zwischen beiden kann aber nicht darauf reduziert werden. Dies ist schon daran ersichtlich, dass Hegels materiale Durchführungen in der Natur- und Geistphilosophie ersichtlich mehr vollbringen, als die Voraussetzungen der diese Bereiche behandelnden Einzelwissenschaften zu explizieren und zu prüfen. Auch Hegels materiale Geschichtsphilosophie geht über diese Aufgabe hinaus. Dies ist vorläufig erklärlich aus Hegels Annahme, dass sich im Denken die Formen zum Inhalte ‚schlagen',[320] wie im Abschnitt über die Theorie der Denkformen ausgeführt. Die

---

[318] Zum Typ des retorsiven Arguments vgl. Gethmann 2004 [1995].
[319] Vgl. Aristoteles 2005: 92f. (Abschnitte 93–94).
[320] Vgl. *Enz.* (1830) § 3.

kategorialen Voraussetzungen und impliziten Annahmen der Wissenschaften, so auch der nicht-philosophischen Geschichtsschreibung schlagen sich also auch in der Durchführung dieser Wissenschaften nieder und können vom Philosophen – wie später näher nachgewiesen wird – untersucht werden. Insofern geht die spekulative Philosophie über eine wissenschaftstheoretische Aufgabenstellung gegenüber den Einzelwissenschaften hinaus. Sie ist vielmehr auch auf deren materiale Ergebnisse angewiesen, die von ihr aber gerade reflexiv, unter Bezugnahme auf die in diese ‚eingemischten' Kategorien, thematisiert werden.

Dass seine Geschichtsphilosophie insofern von den Resultaten der empirischen nicht-philosophischen Geschichtsschreibung abhängig ist und so gerade nicht – wie bei der zurückgewiesenen Position Fichtes – eine apriorische Parallelgeschichte völlig unabhängig von der nicht-philosophischen Behandlung der Geschichte etabliert, wird im Manuskript explizit gemacht:

> [D]ie Geschichte aber haben wir zu nehmen wie sie ist; wir haben historisch, empirisch zu verfahren. (M2: 142.8–10)

Hegel verbindet seine Ausführung darüber, dass sich der Geschichtsphilosoph auf empirisches Material stützt, mit einer Kritik an den Fachhistorikern. Hierbei ist jedoch zu beachten, dass er sich keineswegs gegen die Fachhistorie *insgesamt* richtet, sondern gegen Fälle, die seines Erachtens nachgerade in seiner Zeit in Deutschland häufig verbreitet seien; nämlich Historiker, die selbst methodisch unreflektiert und inadäquat vorgehen, indem sie empirisch nicht zu stützende Annahmen in ihre Arbeit integrieren oder dieser zugrunde legen. Solche ‚falsifikationsimmunen' Annahmen bespricht Hegel im Manuskript knapp im Anschluss an die zitierte Stelle [321]:

> Unter anderem auch müssen wir uns nicht durch Historiker vom Fache verführen lassen, denn wenigstens unter den deutschen Historikern, sogar solchen, die eine grosse Autorität besitzen, auf das sogenannten Quellenstudium sich alles zu Gute thun, gibt es solche, die das thun was sie den Philosophen vorwerfen, nemlich **á priorische** Erdichtungen in der Geschichte zu machen. Um ein Beyspiel anzuführen, so ist es eine weit verbreitete Erdichtung, daß ein erstes und ältestes Volk gewesen, unmittelbar von Gott belehrt, in vollkommener Einsicht und Weisheit gelebt, in durchdringender Kenntniß aller Naturgesetze und geistiger Wahrheit gewesen [...] (M2: 10–18)

Hegel macht hier in der Perspektive eines normativen Wissenschaftstheoretikers deutlich, dass auch die Fachhistoriker seiner Zeit gegen die methodologischen

---

[321] Zu einer solchen Kritik vgl. auch *Enz.* (1830) § 549 A.

Normen der Geschichtsschreibung verstoßen können.[322] Solche Historiker seien von der Geschichtsphilosophie, für die Hegel ebenfalls ein strikt apriorisches Modell ablehnt, zu ignorieren. Hegels polemisches Urteil lautet: „Dergleichen Aprioritäten wollen wir den geistreichen Historikern von Fach überlassen, unter denen sie bey uns [d.h. im deutschsprachigen Raum seiner Zeit/T.R.] nicht ungewöhnlich sind." (M2: 142.21 f.)

Aufschlussreich ist diese Kritik auch deshalb, weil sie zeigt, dass er sich, was die Methodologie der nicht-philosophischen Wissenschaften angeht, völlig auf die Seite derer stellt, die an der Ausbildung einer wissenschaftlichen Geschichtsschreibung gearbeitet haben. Dies zeigt auch, dass sich für ihn Geschichtsschreibung und Geschichtsphilosophie nicht in einem Konkurrenzverhältnis befinden.

Hegels Ausführung in M2: 142.8–14 ist so zu verstehen, dass der Geschichtsphilosoph nicht ohne weiteres jede Monographie über die Vergangenheit seiner Arbeit zugrunde legen sollte, sondern diese selbst vorher hinsichtlich ihrer methodologischen Adäquatheit prüfen sollte. Die Kriterien, die Hegel bei der Auswahl adäquater historischer Studien für die geschichtsphilosophische Arbeit leiten, werden weiter unten besprochen.

Nach der Behandlung der Grundlagen des hegelschen Begriffs der Geschichte und der näheren Klärung der Vernunftthese, werde ich im nächsten Abschnitt knapp Hegels generelle Verwendungsweisen des Ausdrucks ‚Wissenschaft' erörtern, da diese wichtige Informationen bereitstellen, die dabei helfen können, das nähere Verhältnis zwischen philosophischer und nicht-philosophischer Geschichtsschreibung zu klären.

---

322 Die von Hegel im Zitat benannten Beispiele spielen auf die am ausgehenden 18. und beginnenden 19. Jahrhundert populäre ‚Urvolkhypothese' an. Vgl. zu dieser: Petri 1990.

Fairerweise sollte erwähnt werden, dass sich eine solche These auch bei Geschichtsphilosophen findet. So besonders explizit bei Giambattista Vico. Vgl. Vico 2009. Der rezeptionsgeschichtlichen Frage, ob Hegel direkt oder indirekt Kenntnis von Vico hatte, gehe ich nicht nach. Dass Hegel auch Geschichtsphilosophen ihre inadäquate Verwendung empirisch unausgewiesener Annahmen vorhält, zeigt Hegels Rezension einer geschichtsphilosophischen Schrift von Görres. Vgl. Hegel, G.W.F. (2001 [1831]): „Görres-Rezension" in: *Schriften und Entwürfe II (1816– 1831). Gesammelte Werke Band 16.* Unter Mitarbeit von Christoph Jamme. Hrsg. Friedrich Hogemann. Hamburg, S. 290–310.

2.4.4.1 Hegels Wissenschaftsbegriff

Im Rahmen des hegelschen Systems lassen sich mindestens *vier* verschiedene Verwendungsweisen des Ausdrucks ‚Wissenschaft' unterscheiden, auf die ich im folgenden kurz eingehen werde. [323]

Erstens: Hegel verwendet den Ausdruck ‚Wissenschaft' synonym mit dem Ausdruck ‚Philosophie' und zwar in dem Sinne, in dem die spekulative Philosophie gemeint ist.[324] Also diejenige Ausgestaltung der Philosophie, die aufgrund ihrer Letztbegründungsstruktur und ihrer spezifischen Organisation den Anspruch der Philosophie Wissenschaft zu sein, erfüllt.[325] In diesem Sinne schreibt Hegel bereits in der Vorrede der *Phänomenologie des Geistes* (1807):

> Die wahre Gestalt, in welcher die Wahrheit existirt, kann allein das wissenschafftliche System derselben seyn. Daran mitzuarbeiten, daß die Philosophie der Form der Wissenschaft näher komme, – dem Ziele, ihren Nahmen der L i e b e zum W i s s e n ablegen zu können und wirkliches Wissen zu seyn, – ist es, was ich mir vorgesetzt. (*PhG*: 11.24 – 28)

Diesen Anspruch, die Philosophie zu *der* Wissenschaft überhaupt auszugestalten, meint Hegel in seinem späteren System erfüllt zu haben. Es gibt m.E. keinen Hinweis darauf, dass Hegel diesen Anspruch bis zu seinem Tode aufgegeben hätte. Daher kann diese Stelle hier als Beleg herangezogen werden, ganz unabhängig von der Frage, ob die *Phänomenologie* als Teil dieses Systems zu betrachten ist oder nicht. Hegel ist jedenfalls der Ansicht, mit dem System diesen Anspruch erfüllt zu haben, ganz unabhängig davon, ob nun die *Phänomenologie* als Einleitung in dieses konzipiert wurde, oder aber man unabhängig von dieser einfach anhand der *Enzyklopädie* in das System einsteigen kann.

Zweitens: Im Rahmen des System verwendet Hegel den Ausdruck ‚Wissenschaft' im Plural für verschiedene Teilbereiche des einen wissenschaftlichen Systems,[326] das die spekulative Philosophie als Ganze darstellt.

---

[323] Zu diesen Resultaten vgl. auch Mooren/Rojek 2014: 20 – 22.
[324] Die spekulative Philosophie – von Hegel als Endpunkt der philosophischen Entwicklung konzipiert –lässt sich von der Geschichte der Philosophie selbst unterscheiden. Auf die Theorie der historischen Entwicklung der Philosophie, hin zu dieser Endgestalt, die Hegel ihr im Rahmen seines Systems in den Grundzügen, verliehen zu haben beansprucht, werde ich im Rahmen dieser Arbeit nicht eingehen. Hegel beansprucht jedoch, dass es der spekulativen Philosophie gelungen ist, sämtliche ihr vorausgehenden philosophischen Systeme zu integrieren. In seinen Vorlesungen zur Geschichte der Philosophie versucht er diesem Anspruch Rechnung zu tragen. Zur historischen Entwicklung der Philosophie vgl. *Enz.* (1830) § 13 und § 13 A.
[325] Zu dieser ersten Verwendung des Ausdrucks ‚Philosophie' vgl. auch Pippin 1989: 91f.
[326] Für den systematischen Charakter, den Hegel von der Philosophie fordert, vgl. *Enz.* (1830) § 14 A.; 56.11 – 13: „Ein Philosophiren o h n e S y s t e m kann nichts wissenschaftliches seyn; au-

2.4 Geschichtsphilosophie und die Wissenschaften — 195

Die Teilbereiche des philosophischen Systems bezeichnet Hegel auch als „besondere Wissenschaft[en]" (*Enz.* (1830) § 16 A.; 57.5f.). Diese besonderen Wissenschaften stellen dabei selbst eine „Totalität" (ebd.; 56.25) dar. ‚Totalitäten' sind für Hegel solche Teilbereiche, die mittels der Struktur des Begriffs, d. h. mit den spezifischen Mitteln der Philosophie, die letztlich die *Wissenschaft der Logik* bereitstellt, vollständig expliziert werden können. Dabei ist die interne Rechtfertigung und Explikation dieser Teilbereiche von der externen zu unterscheiden. Unter extern verstehe ich dabei eine Rechtfertigung, die über den jeweiligen Teilbereich (z. B. die ‚Organik' im Rahmen der Naturphilosophie) hinausgeht und diesen Bereich selbst im Rahmen des abgeschlossenen Gesamtsystems verortet. Seine letzte Rechtfertigung erhält ein Teilbereich dabei nur durch seine Einordnung in das Gesamtsystem.[327] Die spezifischen Teilbereiche respektive besonderen Wissenschaften können dabei anhand von Teilprinzipien erschlossen werden, die selbst dem Universalprinzip der absoluten Idee, die das Gesamtsystem organisiert, eingeordnet sind. Diese Gesamtstruktur des Zusammenhangs der Teilbereiche und des Systems, das sich aus ihnen konstituiert, bringt Hegel folgendermaßen zum Ausdruck:

> Jeder der Teile der Philosophie [z. B. Philosophie der Natur; oder der objektive Geist/T.R.] ist ein philosophisches Ganzes, ein sich in sich selbst schließender Kreis [d. h. die interne Rechtfertigungsstruktur/T.R.], aber die philosophische Idee ist darin in einer besondern Bestimmtheit oder Elemente. Der einzelne Kreis durchbricht darum, weil er in sich Totalität ist, auch die Schranke seines Elements und begründet eine weitere Sphäre; das Ganze stellt sich daher als ein Kreis von Kreisen dar, deren jeder ein notwendiges Moment ist, so daß das System ihrer eigentümlichen Elemente die ganze Idee ausmacht [d. h. die externe und letztlich vollständige Rechtfertigung aller Teilbereiche/T.R.], die ebenso in jedem einzelnen erscheint. (*Enz.* (1830) § 15)

Es ist hier darauf hinzuweisen, dass auf der Ebene des Gesamtsystems die Unterscheidung intern/extern keinen klaren Sinn mehr hat, da aufgrund der von Hegel in der Metapher des Kreises ausgedrückten Letztrechtfertigungsstruktur die Möglichkeit, einen zum System externen Standpunkt zu etablieren, von dem her dieses philosophisch attackiert werden könnte, ausgeschlossen ist und es somit alternativlos sein soll.

ßerdem, daß solches Philosophiren für sich mehr eine subjective Sinnesart ausdrückt, ist es seinem Inhalte nach zufällig."

327 Zu dieser holistischen Rechtfertigungsstruktur vgl. *Enz.* (1830) § 14 A.; 56.13–17 „Ein Inhalt hat allein als Moment des Ganzen seine Rechtfertigung, außer demselben aber eine unbegründete Voraussetzung oder subjective Gewißheit; viele philosophische Schriften beschränken sich darauf, auf solche Weise nur Gesinnungen und Meinungen auszusprechen."

Da die Teile das gesamte System konstituieren, macht es für Hegel letztlich keinen wesentlichen Unterschied, ob man das Gesamtsystem als *eine* oder *die* Wissenschaft ansieht, oder aber als ein aus besonderen Wissenschaften komponiertes Gebilde:

> Das Ganze der Philosophie macht daher wahrhaft *Eine* Wissenschaft aus, aber sie kann auch als ein Ganzes von mehreren besondern Wissenschaften angesehen werden. (*Enz.* (1830) § 16 A.; 57.8–10)

Drittens: Hegel bezeichnet gelegentlich auch Forschungsanstrengungen als ‚Wissenschaft', die weder dem gesamten philosophischen System, noch einem seiner Teilbereiche als besondere Wissenschaft entsprechen, sondern vielmehr überhaupt keine philosophisch greifbare Struktur aufweisen. Dies ist nun nicht so zu verstehen, als ob bei den Wissenschaften in diesem Sinne gar keine Kategorien aufträten, da Hegel ja – wie bei seiner Theorie der Denkformen ausgeführt – der Ansicht ist, dass selbst in den sinnlichsten Sätzen des Alltagslebens bereits Kategorien eingemischt seien (vgl. *Enz.* (1830) § 3 A.). Er vertritt aber die Ansicht, dass diese Wissenschaften keine für sie spezifischen, philosophisch explizierbaren Kategorien aufweisen. Von der Warte der spekulativen Philosophie aus gesehen, heben sie sich gewissermaßen vom alltäglichen Verstandesdenken nicht ab.

Man könnte auch sagen, dass es sich hierbei im Sinne Hegels gar nicht um eigentliche Wissenschaften handelt, da diese mindestens partiell eine philosophisch behandelbare Struktur aufzuweisen haben. Hegel schreibt zu diesem Wissenschaftstyp, dass die dort einzuordnenden Forschungsanstrengungen „nur den Namen von Wissenschaften tragen" (*Enz.* (1830) § 16 A.; 57.14), aber letztlich nur „eine bloße Sammlung von Kenntnissen" (ebd.; 57.14 f.) seien. Dass die Geschichtsschreibung für Hegel mehr als eine solche bloße Sammlung darstellt, belegt das weiter oben in einem anderen Kontext herangezogene Zitat, wo er sich nahezu wörtlich auf diesen Wissenschaftstyp bezieht:

> [U]nd es ist allerdings das Verlangen nach vernünftiger Einsicht, nach Erkenntniß, nicht bloß nach einer Sammlung von Kenntnissen, was als subjectives Bedürfniß bey dem Studium der Wissenschaften vorauszusetzen ist. (M2: 141.18–21)

Ebenfalls konsistent mit seinem Hinweis, dass die Aggregate eigentlich nur den Namen von Wissenschaften tragen, verwendet Hegel hier den Ausdruck „Studium der Wissenschaften" im Sinne derjenigen Bedeutung, in dem immer auch eine philosophische Struktur sich im Rahmen eines solchen Forschungsvorhabens implizit mitentfaltet, d. h. mindestens im Sinne der nun zu behandelnden vierten Bedeutung.

Viertens bezeichnet Hegel Forschungsanstrengungen als ‚Wissenschaften', die selbst keinen Teil der Philosophie darstellen, wohl aber einen „rationellen Grund und Anfang" (*Enz.* (1830) § 16 A.; 57.25 f.) haben. Dieser Anfang wiederum „gehört der Philosophie an" (ebd.; 57.26). Diese Wissenschaften verfügen also über einen philosophisch zu explizierenden Ausgangspunkt, in ihnen finden sich kategoriale Gehalte, die dem Fachwissenschaftler bzw. der Fachwissenschaftlerin *als* solche nicht zugänglich sind, wohl aber vom Philosophen explizit gemacht werden können. Ersichtlich erfasst dieser Wissenschaftstyp denjenigen Fall, der auch bei der empirischen Geschichtsschreibung vorliegt. So schreibt Hegel bei der Ausführung dieses Wissenschaftstyps: „Auch die G e s c h i c h t e gehört hieher" (ebd.; 58.10).

Als ein solcher rationeller Anfang kann für die nicht-philosophische Geschichtsschreibung, wie oben erörtert, die Voraussetzung der ‚Vernunftthese' zählen, die gerade nicht mehr im Rahmen der methodischen Mittel der nicht-philosophischen Geschichtsschreibung selbst thematisiert werden kann, aber zu den notwendigen Voraussetzungen für das Betreiben derselben gehört.

In diesem Abschnitt konnte nun eine vorläufige Einordnung der nicht-philosophischen Geschichtsschreibung im Rahmen der hegelschen Verwendung des Ausdrucks ‚Wissenschaft' vorgenommen werden. Um die Beziehungen zwischen der nicht-philosophischen Geschichtsschreibung und der spekulativen Geschichtsphilosophie nun auf Basis dieser vorläufigen Einordnung klären zu können, werde ich eine allgemeine Typologie der Wissenschaften im Rahmen der hegelschen Philosophie vorschlagen.

2.4.4.2 Eine Typologie der Wissenschaften

In § 16 der *Enzyklopädie* (1830) präsentiert Hegel zwei miteinander zusammenhängende Listen. Während die erste zwei Weisen nicht-philosophischer Wissenschaften sowie denjenigen Wissenschaftstyp darstellt, der zwar einen philosophischen Anfang hat, selbst aber kein Teil der philosophischen Wissenschaft ist, nimmt die zweite anhand von vier Merkmalen eine nähere Bestimmung des letztgenannten der in der ersten Liste ausgezeichneten Wissenschaftstypen vor.

Als ersten Typ diskutiert Hegel den Fall eines bloßen Aggregats. Das Aggregat zeichnet sich dadurch aus, dass die dort gesammelten Kenntnisse unsystematisch sind. Das Aggregat bildet somit den genauen Gegenfall zur philosophischen Enzyklopädie.[328] Hegel grenzt daher auch anhand dieses ersten Typs die philosophische und die nicht-philosophische Form der Enzyklopädie voneinander ab:

---

[328] Die Unterscheidung zwischen einer systematischen und einer unsystematischen Behand-

> Die philosophische Encyclopädie unterscheidet sich von einer andern, gewöhnlichen Encyclopädie dadurch, daß diese etwa ein A g g r e g a t der Wissenschaften seyn soll, welche zufälliger- und empirischerweise aufgenommen und worunter auch solche sind, die nur den Namen von Wissenschaften tragen, sonst aber selbst eine bloße Sammlung von Kenntnissen sind. (*Enz.* (1830) § 16 A.; 57.10 – 15)

Da solche Aggregate keinerlei philosophischen Gehalt aufweisen, spielen sie im Rahmen der philosophischen Enzyklopädie keine Rolle. Als Beispiel einer solchen aggregatförmigen Wissenschaft wird auf die „Philologie" (ebd.; 57.21) verwiesen.[329] Mit Hegels These, dass es sich bei diesen Sammlungen von Kenntnissen letztlich nur dem Namen nach um Wissenschaften handle, aufgrund des fehlenden philosophischen Gehaltes aber nicht im eigentlichen Sinne um solche, ist freilich noch kein Urteil über deren Nützlichkeit für unsere alltägliche Lebensorientierung gefällt.

Hegel unterscheidet zwischen zwei Wahrheitsbegriffen, einem propositionalen und einem ontologischen, wobei der erstere mit dem Gegensatzpaar ‚richtig' vs. ‚falsch' (im epistemischen Sinne) und der zweite mit dem Gegensatzpaar ‚wahr' vs. ‚falsch' (im ontologischen Sinne) zum Ausdruck gebracht wird. Da der ontologische Gebrauch nur im Rahmen philosophischer Theoriebildung explizit thematisierbar ist, ein spezifisch philosophischer Gehalt den Aggregaten jedoch abgeht, ist man bei diesen auf den rein epistemischen Sinn von Wahrheit und Falschheit verweisen. Nun mögen zwar viele unserer alltäglichen Urteile und auch der Urteile, die durch die Aggregate begründet und gestützt werden, sich als epistemisch ‚richtig' aber philosophisch ‚falsch' erweisen, nichtsdestotrotz spielen sie eine wichtige Rolle bei der Bewältigung unserer alltäglichen praktischen Lebensprobleme.[330]

Als zweiten Wissenschaftstyp ohne philosophischen Gehalt benennt Hegel solche Wissensformationen, deren Grundlage die „bloße Willkühr" (ebd.; 57.22) sei. Diese Wissenschaften haben also im Gegensatz zu denjenigen Wissenschaften, die über einen „rationellen" (ebd.; 57.25) Anfang verfügen, keine *begriffliche* Grundlage in dem Sinne, dass diese mittels des Nachdenkens qua philosophischer

---

lung eines Gegenstandsbereichs wird etwa von Kant mithilfe der Unterscheidung zwischen der Systematizität eines Gegenstandsbereichs und einem bloßen Aggregat terminologisch gefasst. Vgl. Kant 1911 [1787]: 560; Originalpaginierung 860.

329 Interessanterweise finden sich auch bei Schleiermacher Passagen in denen er der Auslegungspraxis bzw. den Philologen zuschreibt, ihre Wissenschaft befände sich im Zustand ein „Aggregat von Observationen" zu bilden. Vgl. Schleiermacher 1974: 55, 75. Zu Schleiermachers – strittiger – Relevanz für die Entstehung der modernen Hermeneutik siehe Scholz 2001.

330 Zu Hegels Wahrheitstheorie vgl. Halbig 2002: 181–218; Auf die Relevanz der ‚Richtigkeit' unserer Urteile für die Bewältigung unseres Alltags weist auch Halbig hin, vgl. 200.

Explikation untersucht und gerechtfertigt werden könnte. Dies zeigt, dass für Hegel nicht alle geordneten Wissensformationen, die von Menschen über die Zeit hinweg ausgeprägt und verfolgt werden, auch einer philosophischen Rechtfertigung zugänglich wären. Als Beispiel dieses Wissenschaftstyps gilt ihm die Heraldik.[331] Es handelt sich bei dieser um eine historische Hilfswissenschaft, die selbst nicht notwendig ist, aber nichtsdestotrotz empirisch vorgefunden werden kann, ohne dass sie deshalb im philosophischen Sinne relevant wäre. Ihr Unterschied gegenüber dem ersten Wissenschaftstyp ist darin zu sehen, dass ihnen zum einen durchaus eine systematische Struktur zugesprochen werden kann, zum anderen verfügen sie überhaupt über einen Anfang, wenngleich dieser auch willkürlich ist. Aufgrund der Willkürlichkeit könnte der Anfang also auch anders gewählt werden. Diese Wissenschaften gehen in ihrem Organisationsgrad damit aber über die Aggregate hinaus.

Hegel sagt von diesem zweiten Wissenschaftstyp: „Wissenschaften der letztern Art sind die d u r c h u n d d u r c h p o s i t i v e n." (ebd.; 57.23 f.) Der Ausdruck ‚positiv' verweist dabei auf den völlig empirischen Charakter dieser Wissenschaften. Völlig empirisch sind diese, weil ihnen kein *eigenständiger* philosophisch-begrifflicher Gehalt zugesprochen werden kann. Die Einschränkung, dass ihnen kein eigenständiger Gehalt zugesprochen werden kann, verweist darauf, dass für Hegel letztlich alle empirischen Sätze auch einen begrifflich explizierbaren Aspekt aufweisen.[332]

Man kann sich fragen, warum die nicht-philosophische Geschichtsschreibung nicht unter diesen Typ völlig positiver Wissenschaften subsumiert wird. Liegt nicht, gerade bei der konkreten Gegenstandsbestimmung, im Rahmen der Geschichtsschreibung ein klarer Fall reiner Willkür vor? Schließlich kann man die Geschichte von allem möglichen verfertigen, was die Quellen nur irgend herzugeben versprechen. Ein Blick gerade auf die neue Kulturgeschichte scheint dies zu bestätigen. Man kann eine Kulturgeschichte der Schönheit schreiben, des Fahr-

---

[331] Die Heraldik bezeichnet hier eine historische Hilfswissenschaft und ist von der Bezeichnung für die technische Praxis der Wappenherstellungskunst zu unterscheiden.

[332] Vgl. *Enz.* (1830) § 3 A. Das damit zusammenhängende Problem, wie sich Hegels Unterscheidung zwischen apriorischem Gehalt und empirischem bzw. aposteriorischem Gehalt zueinander verhält, bedürfte einer eigenständigen Untersuchung. Es dürfte jedoch deutlich geworden sein, dass es sich hierbei anders als bei Kant um keine kategorische und strikt dichotome Unterscheidung handelt. Ob Hegel soweit gehen würde, wie Quine mit seiner letztlichen Auflösung bzw. Gradualisierung der apriori/aposteriori–Unterscheidung, ist aber nicht ganz klar. Immerhin betont Hegel in seiner *Wissenschaft der Logik* an vielen Stellen scheinbar die Alternativlosigkeit seiner Ausführungen, die mit einem Holismus im Sinne Quines nicht ohne weiteres verträglich sind. Vgl. Quine 2011. Auf eine mit diesem Problem zusammenhängende Spannung in Hegels System werde ich weiter unten noch zu sprechen kommen.

stuhls, des Parkhauses oder auch des Schlafs. Bei Hegel fielen solche Gegenstände wohl unter die letzte Form der nicht-philosophischen Geschichtsschreibung: die Spezialgeschichtsschreibung. Warum also liegt der Geschichtsschreibung keine Willkür zugrunde?

Dies ist deshalb nicht der Fall, weil sich die methodische Geschichte der nicht-philosophischen Geschichtsschreibung selbst – wie Hegels skizzenhafte Entwicklung im ersten Manuskript zeigt – zum einen nicht zufällig entwickelt hat, und dabei zum anderen, zumindest *einige* ihrer Gegenstände auch gerade nicht zufällig im Fokus des Interesses stehen. So ist etwa die Staatengeschichte, wie Hegels Auseinandersetzung mit der pragmatischen Geschichtsschreibung gezeigt hat, keineswegs Resultat bloßer Neugier, sondern eng mit der Sittlichkeit und deren organischer Struktur verzahnt, zu deren Erhalt sie beiträgt. Zugleich werden aber auch die Erkenntnisinteressen sowohl der Historiker als auch ihrer Rezipienten durch die organische Struktur der Sittlichkeit geformt und geprägt, sodass hier keine reine Willkür der Interessen vorliegt. Dass es neben diesen besonderen Gegenständen der Geschichtsschreibung, die für deren methodische Entwicklung von vorrangigem Interesse für Hegel sind, *auch* möglich ist, alle möglichen anderen Aspekte der Welt historischer Untersuchung zugänglich zu machen, gesteht er zu. In seiner Rekonstruktion der Geschichte der nicht-philosophischen Geschichtsschreibung hat er aber aufgedeckt, dass diese Entwicklung gerade nicht von reiner Willkür oder bloßer theoretischer Neugier geleitet ist, sondern sich philosophisch auf innovative und attraktive Weise rekonstruieren lässt, die auch die praktische Bedeutung der Genese einer historischen Wissenschaftsform erhellt.

Wie bei der Erläuterung der hegelschen Verwendungsweise des Ausdrucks ‚Wissenschaft' schon kurz angeführt, wird die nicht-philosophische Form der Geschichtsschreibung dem dritten Wissenschaftstyp zugeordnet. Diese Wissenschaftsgruppe qualifiziert Hegel anfänglich folgendermaßen:

> Andere Wissenschaften werden auch p o s i t i v e genannt, welche jedoch einen rationellen Grund und Anfang haben. Dieser Bestandtheil gehört der Philosophie an; die p o s i t i v e S e i t e aber bleibt ihnen eigenthümlich. (*Enz.* (1830) § 16 A.; 57.24–27)

Diese Wissenschaftsgruppe zeichnet sich also durch einen philosophischen und einen positiven Aspekt aus. Aufgrund dieses „rationellen" Anteils könnte man diese Wissenschaften als „rationelle Wissenschaften" bezeichnen. Damit haben wir bis zu dieser Stelle drei Typen von Wissenschaften unterschieden:
(a) Aggregate (nur dem Namen nach Wissenschaften, kein philosophischer Gehalt)

(b) Vollständig positive Wissenschaften (beruhen auf Willkür, kein philosophischer Gehalt)
(c) Rationelle Wissenschaften (philosophischer Gehalt und positiver Gehalt)

Während Hegel also mit der Unterscheidung zwischen (a) und (b) kategorisch zwischen *un*wissenschaftlichen[333] und wissenschaftlichen Gebilden unterscheidet, führt er mit (c) eine Hinsichtenunterscheidung ein. Die in diese Gruppe fallenden Wissenschaften können einmal hinsichtlich ihres philosophischen Aspekts von der spekulativen Philosophie analysiert und behandelt werden, weisen aber andererseits auch einen endlichen Aspekt auf, der außerhalb der Zuständigkeit der Philosophie liegt, weil er nicht mehr mithilfe der begrifflichen Mittel der spekulativen Philosophie strukturiert werden kann.

2.4.4.2.1 Drei Aspekte der Positivität

Die rationellen Wissenschaften klassifiziert Hegel nun in der zweiten Liste in § 16 A. anhand von *vier* Bedeutungen der Positivität, die als Merkmale für ihren eigentümlichen Status relevant sind. Dabei können die ersten drei Aspekte der Positivität als notwendig und zusammen hinreichend dafür angesehen werden, dass eine Wissenschaft sich berechtigterweise dem rationellen Typ zuordnen lässt.

---

[333] Die Unwissenschaftlichkeit dieser Gebilde ist dabei von *Pseudo*wissenschaften zu unterscheiden, d. h. von Gebilden, deren Vertreter oder ein Teil deren Vertreter und Verfechter für diese den Anspruch der Wissenschaftlichkeit erhebt, dieser sich aber nicht, z. B. durch die Generierung handlungsrelevanten und verlässlichen Wissens, einlösen lässt. Zudem betrachtet Hegel die Pseudowissenschaften als schädlich für die Struktur des Common-Sense, der durch diese szientistisch infiziert werden kann. Die Aggregate hingegen können durchaus eine wichtige Aufgabe für die Bewältigung unseres alltäglichen Lebens spielen. Durch Hegels Theorie ist zudem nicht ausgeschlossen, dass ein Gebilde zu einem Zeitpunkt als unwissenschaftlich gelten kann und sich über die Zeit hinweg zu einer Wissenschaft entwickelt. So wie sich auch die Geschichtsschreibung, wie gezeigt, in Hegels Rekonstruktion über die Zeit hinweg weiterentwickelt. Bekanntlich hat Hegel eine solche historische Entwicklungsthese auch für die Philosophie selbst angenommen. Als Beispiel könnte man etwa daran denken, dass es lange gedauert hat, bis sich die Chemie von der Alchemie klar unterscheiden ließ und sich von dieser emanzipierte. Auf diese historische Entwicklungsdimension der Wissensgebilde gehe ich im Rahmen dieser Arbeit nicht näher ein. Vgl. aber *Enz.* (1830) §§ 12–14. Mit Pseudowissenschaften hat sich Hegel in der Rolle des normativen Wissenschaftstheoretikers vor allem in der *Phänomenologie des Geistes* im Rahmen der „Beobachtenden Vernunft" auseinandergesetzt, so etwa mit der Schädellehre oder der Handlesekunst, der Chiromantik. Die Pseudowissenschaften werden von Hegel als „schlechte[.] Künste[.] und heillose[.] Studien" (*PhG*: 174.6f.) bezeichnet. Zu Hegels kritischer Auseinandersetzung mit der Gallschen Schädellehre vgl. Quante 2008.

Das vierte Merkmal hingegen ist als optional zu betrachten, d. h. es prägt sich nicht in der Geschichte *jeder* nicht-philosophischen rationellen Wissenschaft aus. Zudem spielt es für die als rationelle Wissenschaftler tätigen Personen selbst keine Rolle, sondern wird lediglich aus der Perspektive des spekulativen Philosophen für dessen spezifische Erkenntnisinteressen relevant. Wie sich zeigen wird, ist gerade dieses vierte Merkmal für das Verständnis des Zusammenhangs zwischen nicht-philosophischer Geschichtsschreibung und der Geschichtsphilosophie von besonderem Interesse.

Vor der Behandlung dieses Merkmals werde ich kurz die ersten drei Aspekte der Positivität besprechen.[334] Hegel zufolge betreffen sie in verschiedener Hinsicht die „Endlichkeit" (*Enz.* (1830) § 16 A.; 58.15) des Gegenstandes der rationellen Wissenschaften. Endlich ist dieser Gegenstand in allen diesen Fällen im Gegensatz zum unendlichen Gegenstand der spekulativen Philosophie, d. h. letztlich der absoluten Idee als Universalprinzip. Endlich bzw. positiv sind die rationellen Wissenschaften nun hinsichtlich der drei Aspekte der Endlichkeit 1) des Stoffes, d. h. hinsichtlich ihres Gegenstandes 2) der Form und 3) hinsichtlich ihres Erkenntnisgrundes.

1) Hegel führt für den Stoffaspekt drei Beispiele an. Zum einen verweist er auf die Rechtswissenschaften, deren philosophische, d. h. rationelle Grundlage in den *Grundlinien der Philosophie des Rechts* behandelt wird.[335] Da diese sich mit den rechtlichen Bestimmungen in spezifischen und in diesem Sinne nicht mehr vom Begriff erfassbaren Kontexten zu befassen haben, sind sie hinsichtlich ihres Gegenstandes endlich. Sie können für ihre Gesetzesvorschläge, Rechtsurteile zwar „G r ü n d e geltend" (ebd.; 57.32) machen, nicht aber ihre Entscheidungen unter Verweis auf den „B e g r i f f " (ebd.; 57.31) philosophisch ausweisen und rechtfertigen. Die Rechtswissenschaft genügt in diesem Sinne nicht den starken Begründungsansprüchen der Philosophie und ist auf das schwächere Spiel guter Gründe angewiesen.

Als zweites Beispiel dient die Naturphilosophie, für deren Gegenstandsbereich es gerade kennzeichnend sei, dass er sich insgesamt in einer vom Begriff nicht mehr erfassbaren Zufälligkeit verläuft. Daher können die Gegenstände der Naturphilosophie – im Gegensatz zu denen der Philosophie des Geistes[336] – auch insgesamt in ihrer Vereinzelung betrachtet werden.

---

334 Dem vierten Merkmal ist der Abschnitt 2.4.4.2.2 gewidmet.
335 Vgl. vor allem *GPR* § 3 A.
336 Vgl. *Enz.* (1830) § 380.

Ebenso [wie bei der Rechtswissenschaft/T.R.] verläuft sich die Idee der Natur in ihrer Vereinzelung in Zufälligkeiten, und die Naturgeschichte, Erdbeschreibung, Medicin u.s.f. geräth in Bestimmungen der Existenz, in Arten und Unterschiede, die von äußerlichem Zufall und vom Spiele, nicht durch Vernunft bestimmt sind. (*Enz.* (1830) § 16 A.; 58.5 – 9)[337]

Auf die Zufälligkeit im Kontext der Naturwissenschaften verweist Hegel auch an einer viel zitierten Stelle in seiner *Lehre vom Begriff:*

> [...]; allein bey der empirischen, in sich bestimmungslosen Mannichfaltigkeit der Arten trägt es zur Erschöpfung des Begriffs nichts bey, ob deren mehr oder weniger vorgefunden werden; ob z. B. zu den 67 Arten von Papageyen noch ein Dutzend weiter aufgefunden werden, ist für die Erschöpfung der Gattung gleichgültig. (*Wdl.* (1816): 218.16 – 20)

Das dritte und letzte Beispiel ist von besonderem Interesse, da dort die Geschichtsschreibung angesprochen wird: „Auch die Geschichte gehört hieher, in sofern die Idee ihr Wesen, deren Erscheinung aber in der Zufälligkeit und im Felde der Willkühr ist." (*Enz.* (1830) § 16 A.; 58.10 f.) Mit der Redeweise, dass die Idee das Wesen der Geschichte ausmache, soll zum Ausdruck gebracht werden, dass die Grundlagen der Geschichtsschreibung durch die *Idee* gefasst und analysiert werden kann, ihre Erscheinung aber, d. h. die Gestaltung, die die Geschichte annimmt, falle in den Bereich der Zufälligkeit und liege daher auch im Felde der Willkür. Aufgrund dessen ist es auch keineswegs ohne weiteres möglich, die philosophisch relevanten kategorialen Eigenheiten der Geschichtsschreibung von den philosophisch irrelevanten zu unterscheiden. Als philosophisch relevant erweisen sich nur diejenigen Erscheinungen, die auch als *Gestaltungen* ausgewiesen werden können. Das sind solche, die mithilfe des *Begriffs* explizierbar sind. Alle Erscheinungen, auf die dies nicht zutrifft, bezeichnet Hegel in den *Grundlinien* etwas abschätzig als: „vorübergehendes Daseyn, äußerliche Zufälligkeit, Mey-

---

337 Diese Passage ist im Kontext der vorliegenden Studie auch deshalb von Interesse, weil sich hier eine der raren Stellen befindet, an denen Hegel explizit die Naturgeschichte als rationelle Wissenschaft erwähnt. Auch von dieser ließen sich folglich philosophische Grundlagen explizieren. Leider hat Hegel die methodologischen Grundlagen dieser Art der Geschichtsschreibung im Rahmen seines Systems meines Wissens nicht weiter ausgearbeitet. Es zeigt sich aber, dass er auch dieser Art der Geschichtsschreibung im Rahmen seines Systems einen Ort zuzuweisen gewillt war. Deren Grundzüge wären aber in einer detaillierten Auseinandersetzung mit seiner Philosophie der Natur zu erarbeiten.

nung, wesenlose Erscheinung, Unwahrheit, Täuschung u.s.f." (*GPR* § 1 A.; 23.11 f.)[338]

Dass die Geschichte im Felde der Willkür liegt, könnte zudem zu der Überlegung Anlass geben, dass Hegel sie besser im Rahmen von (b) diskutiert hätte, also der positiven Wissenschaften, die durch die bloße Willkür bestimmt werden. Da aber die Grundlage der Geschichtsschreibung, wie auch ihres Gegenstandsbereichs, sich anhand des philosophischen Organisationsprinzips der absoluten Idee in Form eines ihrer Teilprinzipien fassen lässt, fällt sie dennoch unter (c). Der Willkür steht sie insofern offen, als der nicht-philosophische Historiker eben alle möglichen Aspekte der sozialen Welt und ihrer Entwicklung historisch untersuchen kann. Zwar hat Hegel bei seiner Rekonstruktion der Genese der Formen der nicht-philosophischen Geschichtsschreibung nachgewiesen, dass hierbei einige Interessen und, mit diesen zusammenhängend, auch einige Gegenstandsbereiche von vorzüglicher Relevanz, sowohl für die Philosophie als auch für die Stabilität der fragilen sittlichen Strukturen sind, dies muss dem Historiker *qua* seiner Rolle als Historiker aber nicht bewusst sein. Selbst wenn Historiker gute Gründe dafür anführten, warum etwa die Staatengeschichte besonders relevant wäre und etwa die Kulturgeschichte der Mode von untergeordnetem Interesse (so wie ja auch faktisch die Geschichte von Staaten und deren militärischen Operationen die Geschichtsschreibung thematisch viele Jahrhunderte dominierte), so würde er dafür *als* Historiker nicht die philosophischen Gründe anführen, die Hegel qua seiner Rolle als Philosoph aufdecken kann. Diese philosophischen Gründe erbringen für ihn im Rahmen seiner spekulativen Philosophie, unter Erinnerung an die weiter oben besprochene Unterscheidung zwischen Gründen und *dem Begriff*, freilich eine weitaus stärkere Begründungsleistung als diejenigen, die die Historiker selbst anführen können.

Ich bin allerdings der Ansicht, dass der hegelsche Rekonstruktionsvorschlag auch bei schwächeren Ansprüchen an die Philosophie fruchtbar bleibt. Auch wenn man die Differenz zwischen philosophischen und nicht-philosophischen Gründen nicht so strikt zu ziehen bereit ist, wie Hegel dies tut, kann man m. E. nach wie vor daran festhalten, dass man es hier mit einer philosophischen Begründung zu tun hat, weil die Perspektive, die man bei solchen Fragen einnimmt, selbst nicht unter die spezifisch historischen methodischen Mittel fällt. So ist auch ein Physiker, der Relevanzfragen hinsichtlich seines Gegenstandes stellt, dabei

---

[338] Dabei sollte aber nicht übersehen werden, dass zumindest ein Teil dieser philosophisch irrelevanten Phänomene durchaus hohe Relevanz für unseren Alltag haben mögen. Einen Aspekt, den Hegel selten in den Vordergrund rückt.

nicht in der Rolle des Physikers zu sehen, da er zur Beantwortung dieser Frage z. B. keine Experimente durchführt, etwas berechnet usw.

2) Ich gehe damit zu Hegels Besprechung des *zweiten* Merkmals über, dass die Endlichkeit der Form betrifft.

> Solche Wissenschaften sind auch insofern positiv, als sie ihre Bestimmungen nicht für endlich erkennen, noch den Uebergang derselben und ihrer ganzen Sphäre in eine höhere aufzeigen, sondern sie für schlechthin geltend annehmen. (*Enz.* (1830) § 16 A.; 58.12–15)

Mit dem Merkmal der Form bezieht sich Hegel an dieser Stelle auf die Einschätzung des Geltungsstatus, den die nicht-philosophischen Wissenschaftler selbst ihren jeweiligen Unternehmungen zuschreiben. Da sie über die spekulativ-logische Unterscheidung „endlich vs. unendlich" nicht verfügen, sind sie *qua* Wissenschaftler nicht in der Lage, die Endlichkeit ihrer Gegenstände und Methoden einzusehen. Aufgrund dessen sind sie auch nicht in der Lage, einen Übergang in eine höhergelegene Sphäre, d. h. Beschreibungs- und Explikationsebene, aufzuzeigen. Damit möchte Hegel zum Ausdruck bringen, dass diese Wissenschaftler selbst nicht erkennen, wo ihre Zuständigkeit endet und wo diejenige der Philosophie beginnt. Mit anderen Worten: die nicht-philosophischen Wissenschaftler hinterfragen ihre eigenen konstitutiven Grundlagen nicht mehr, sondern halten diese z. B. für selbstverständlich. In dieser Hinsicht wird ihre Überzeugung zudem vom Common-Sense gestützt. Es sei noch einmal an den ersten Satz der *Enzyklopädie* (1830) erinnert:

> Die Philosophie entbehrt des Vortheils, der den andern Wissenschaften zu Gute kommt, ihre Gegenstände, als unmittelbar von der Vorstellung zugegeben, sowie die Methode des Erkennens für Anfang und Fortgang, als bereits angenommen, voraussetzen zu können. (*Enz.* (1830) § 1; 39.3–6)

Während dieser Satz positiv darauf hinweist, dass die Philosophie Hegel zufolge auf eine Letztbegründungsstruktur festgelegt ist, zeigt er negativ gelesen, dass die anderen Wissenschaften den Vorteil haben, dass ihre Anfänge von der „Vorstellung", d. h. vom Common-Sense, nicht mit Skepsis bedacht werden. Mit seiner These, dass die nicht-philosophischen Wissenschaften ihre Gegenstände für „schlechthin geltend annehmen" (*Enz.* (1830) § 16 A.; 58.14 f.), kann Hegel zudem erklären, warum diese der Philosophie tendenziell skeptisch gegenüberstehen.[339]

3) Das *dritte* Merkmal betrifft die Endlichkeit des Erkenntnisgrundes bzw. der Erkenntnisgründe, auf die sich die nicht-philosophischen Wissenschaften stützen. Die dabei angeführten Typen von Gründen erfüllen allesamt nicht die starken Begründungsansprüche, die für die spekulative Philosophie reklamiert werden. Stattdessen berufen sich die nicht-philosophischen Wissenschaften allesamt auf Typen von Gründen und Begründungen, die einem Angriff des radikalen Skeptikers wehrlos gegenüberstünden. Hegels Kriterium für den Erfolg seines spekulativen Projekts besteht dagegen in der Widerlegung eines solchen radikalen Skeptizismus. Als Beispiele für diese schwächeren Begründungsformen nennt Hegel: „theils das Raisonnement, theils Gefühl, Glauben, Autorität Anderer, überhaupt die Autorität der innern oder äußern Anschauung" (ebd.; 58.17–19). Dass Hegel sich hier nicht nur von den nicht-philosophischen Wissenschaften abgrenzt, sondern auch von Philosophien, die für sich selbst schwächere Begründungsansprüche, als die von der spekulativen Philosophie angenommenen, in Anspruch nehmen, zeigt der folgende Satz: „Auch die Philosophie, welche sich auf Anthropologie, Thatsachen des Bewußtseyns, innere Anschauung oder äußere Erfahrung gründen will, gehört hieher." (ebd.; 58.19–21)

Nun lehnt Hegel Philosophien, die sich auf solche schwächeren Begründungsansprüche stützen möchten, als Philosophie zwar ab, dies heißt aber nicht, dass er nicht versucht wäre, seine Philosophie letztlich sowohl mit dem Common-Sense als auch mit dessen Gründen und Evidenzen weitest möglich in Einklang zu halten.

2.4.4.2.2 Die Form der wissenschaftlichen Darstellung
Ebenso wie das zweite Merkmal der Positivität gründet sich auch das *vierte* auf die *Form* der rationellen Wissenschaften.

> 4) Es kann noch seyn, daß blos die Form der wissenschaftlichen Darstellung empirisch ist, aber die sinnvolle Anschauung das, was nur Erscheinungen sind, so ordnet, wie die innere Folge des Begriffes ist. [A] Es gehört zu solcher Empirie, daß durch die Entgegensetzung und Mannigfaltigkeit der zusammengestellten Erscheinungen die äußerlichen, zufälligen Umstände der Bedingungen sich aufheben, wodurch dann das Allgemeine vor den Sinn tritt. [B] (*Enz.* (1830) § 16 A.; 58.21–27/Siglen T.R.)

---

[339] Zu dem Verhältnis zwischen Common-Sense, Wissenschaften und Philosophie vgl. Mooren/Rojek 2014: 14–17; Zur Analyse der Formbestimmung vgl. näher ebd. S. 22 f.

2.4 Geschichtsphilosophie und die Wissenschaften — 207

Während die ersten drei Merkmale die notwendigen und zusammen hinreichenden Bedingungen darstellen, die der spekulative Philosoph aufstellt, um die nichtphilosophischen Wissenschaften systematisch verorten zu können, betrifft das letzte Merkmal die spezifische Beziehung, in der sich der spekulative Philosoph für seine eigene philosophische Arbeit zu den rationellen Wissenschaften verhält. Wie [A] zeigt, handelt es sich hierbei nicht mehr um eine notwendige Bedingung, d. h. nicht alle rationellen Wissenschaften und auch nicht alle einzelnen Forschungszweige und Studien, die im Rahmen der rationellen Wissenschaften von nicht-philosophisch tätigen Wissenschaftlerinnen und Wissenschaftlern angestellt werden, sind auch tatsächlich für die spekulative Philosophie *relevant*. Daher schreibt Hegel, „es <u>kann</u> noch seyn, daß.." (ebd.; 58.21/Unterstreichung T.R.). In einigen Fällen ist also lediglich die „Form der wissenschaftlichen Darstellung empirisch" (ebd.; 58.21f.), d.h. dem Anspruch, sowie der Rechtfertigung nach bezieht sich eine Darstellung lediglich auf die schwächeren Begründungsansprüche, die mit der Endlichkeit des Erkenntnisgrundes zusammenhängen. Die nicht-philosophischen Wissenschaftler, die eine solche Darstellung zustande bringen, zielen diese nicht absichtlich an, da sie, wie Hegel unter dem Formaspekt ausgeführt hatte, „ihre Bestimmungen nicht für endlich erkennen, noch den Uebergang derselben und ihrer ganzen Sphäre in eine höhere aufzeigen" (ebd.; 58.12f.). Der spekulative Philosoph allerdings ist qua seiner spezifisch philosophischen Interessen an den logischen Kategorien, die in jedem Satze ‚eingemischt' sind, in der Lage zu erkennen, dass diese dem Anspruch nach empirische Darstellung tatsächlich auch höheren Begründungsansprüchen standzuhalten vermag und einer kategorialen Abfolge bzw. Entwicklung entspricht. Freilich wird eine solche Darstellung nur für den spekulativen Philosophen als eine solche transparent. Was für den nicht-philosophischen rationellen Wissenschaftler lediglich den Anschein einer empirischen Abfolge hat und mit Gründen gerechtfertigt werden kann, erfüllt auch die höheren Begründungsansprüche, die der „innere[n] Folge des Begriffes" (ebd.; 58.23f.) entsprechen. Daher spricht Hegel hier von einer „sinnvolle[n] Anschauung" (ebd.; 58.22), d.h. einer solchen, die den Erkenntnisansprüchen der spekulativen Philosophie genügt. Der Ausdruck „innere Folge" (ebd.; 58.23) steht dabei im Gegensatz zu der bloß äußeren, d.h. nicht den Organisationsprinzipien der spekulativen Philosophie nach gewonnenen Resultaten.

Bei seiner Darstellung der pragmatischen Geschichtsschreibung hatte Hegel hervorgehoben, dass die Entwicklung des Staates nicht nur eine „bloß äusserliche Consequenz und Nothwendigkeit des Zusammenhangs", „sondern Nothwendigkeit in der Sache – im Begriff" (M1: 137.7–9) aufweise. An der hiesigen Stelle zeigt sich nun, wie es dem spekulativen Philosophen gelingen kann, diese notwendige kategoriale Abfolge zu rekonstruieren. Er stützt sich dabei auf solche pragmatischen Geschichtsschreibungen, bei denen er feststellt, dass sie der inneren Abfolge des Begriffs entsprechen und folglich von ihm für die philosophische Darstellung der Weltgeschichte herangezogen werden können. Insofern liefern also Teile der etablierten nicht-philosophischen Geschichtsschreibung das empirische Datenmaterial, auf das sich der spekulative Philosoph bei seiner Rekonstruktion der begrifflichen Abfolge zu stützen vermag. Dasjenige, was eigentlich bloße Erscheinungen sind, lässt sich nun aus der Warte der spekulativen Philosophie betrachtet als Gestaltung aufzeigen, der die kategoriale Abfolge der Begriffe, anhand derer diese Gestaltungen als vernünftig ausgewiesen und expliziert werden können, entspricht.

Dieser Passus erklärt auch, inwiefern die spekulative Geschichtsphilosophie „empirisch zu verfahren" (M2: 142.9 f.) habe. Sie stützt sich in ihrem Datenbestand auf die Arbeiten der nicht-philosophischen Historiker und versucht das kategoriale Grundgerüst hinter deren Arbeit aufzudecken, in dem sie sich nachdenkend darauf richtet und die Kategorien explizit zu machen sucht.

Freilich genügt es bei einem solchen Vorhaben nicht, einfach nach irgendwelchen historischen Monographien zu greifen und diese zu lesen. Der spekulative Philosoph muss bereits davon ausgehen, dass die Weltgeschichte überhaupt vernünftig rekonstruierbar ist. Dies mag für den Historiker nur eine Voraussetzung sein, der spekulative Philosoph kann sich dabei auf seine Kenntnisse der *Wissenschaft der Logik* stützen, deren Geltung von den empirisch erworbenen Kenntnissen der nicht-philosophischen Wissenschaften – jedenfalls *prima facie* – unabhängig ist.[340]

In [B] bespricht Hegel die Eigentümlichkeiten derjenigen rationellen Wissenschaften, deren Form der Darstellung zugleich die logische Kategorienabfolge für den spekulativen Philosophen sichtbar macht. Es geschehe dabei, dass die „Entgegensetzung und Mannigfaltigkeit der zusammengestellten Erscheinungen, die ä u ß e r l i c h e n , z u f ä l l i g e n U m s t ä n d e der Bedingungen sich aufheben, wodurch dann das A l l g e m e i n e vor den Sinn tritt." (*Enz.* (1830) § 16 A.; 58.24 – 27) Hier möchte Hegel zum Ausdruck bringen, dass es bei dieser Form der Darstellung möglich wird, die zufälligen empirischen Entwicklungen von den im philosophischen Sinne notwendigen zu unterscheiden. Er verwendet dabei seine Figur des „Aufhebens". Der spekulative Philosoph kann erkennen, inwiefern eine Menge von empirischen Erscheinungen so miteinander verknüpft ist, dass die für den nicht-philosophischen Wissenschaftler als zufällig erscheinenden Umstände, die bestimmte Bedingungen ermöglichten, aufgehoben werden, d. h. zum einen

---

[340] Wie sich weiter unten zeigen wird, verbirgt sich hier eine von zwei unaufgelösten Spannungen.

2.4 Geschichtsphilosophie und die Wissenschaften — 209

als Zufällige negiert und zum anderen als Bedingungen bewahrt werden, nun aber im ‚veredelten' Sinne als notwendige Bedingungen erkennbar sind.

Dabei verfügen die rationellen Wissenschaften aber gemäß der hegelschen Ausführungen zum Formmerkmal nicht über die notwendigen begrifflichen Unterscheidungsmöglichkeiten und Kenntnisse der *Wissenschaft der Logik*, um selbst überhaupt einsehen zu können, dass sie es in solchen Fällen der Darstellung tatsächlich mit notwendigen Bedingungen zu tun haben. Dass die Erklärungen der nicht-philosophischen Historiker immer pragmatisch durch deren Erkenntnisinteressen gesetzt sind und diese daher über strenge Unterscheidungen zwischen *den* Bedingungen eines Geschehens und möglichen Bedingungen nicht verfügen, zeigt eine Stelle in Hegels *Grundlinien:*

> Eine Begebenheit, ein hervorgegangener Zustand ist eine c o n c r e t e äußerliche Wirklichkeit, die deswegen unbestimmbar viele Umstände an ihr hat. Jedes einzelne Moment, das sich als B e d i n g u n g , G r u n d , U r s a c h e eines solchen Umstands zeigt und somit das S e i n i g e beygetragen hat, kann angesehen werden, daß es S c h u l d daran s e y oder wenigstens Schuld daran h a b e . Der formelle Verstand hat daher bei einer reichen Begebenheit (z. B. der Französischen Revolution) an einer unzähligen Menge von Umständen die Wahl, welchen er als einen, der Schuld sey, behaupten will. (*GPR* § 115 A.; 104.10 – 18)

In Verbindung mit der Passage aus der *Enzyklopädie* gesetzt, lässt sich nun zeigen, dass der spekulative Philosoph in der Lage ist, die notwendigen, im Sinne *philosophisch* relevanter, Bedingungen und Umstände eines Geschehens von den *irrelevanten* zu unterscheiden, sofern die nicht-philosophischen rationellen Historiker ihm Material geliefert haben, dessen Form der Darstellung eine solche Analyse möglich macht.[341]

In der letzten Passage der Anmerkung zu § 16 der *Enzyklopädie* nennt Hegel Beispiele für diese Form der rationellen Wissenschaften:

> Eine sinnige Experimental-Physik, Geschichte u.s.f. wird auf diese Weise die rationelle Wissenschaft der Natur und der menschlichen Begebenheiten und Thaten in einem äußerlichen, den Begriff abspiegelnden Bilde darstellen. (*Enz.* (1830) § 16 A.; 58.27– 30)

Er bezeichnet hier diejenigen Ausgestaltungen der rationellen Wissenschaften, deren Form der Darstellung zugleich den philosophischen Begründungsansprüchen entspricht, als „sinnig". Wir erhalten damit also eine weitere Form der nicht-philosophischen Wissenschaften, nämlich die rationell-sinnigen Wissenschaften. Freilich zeigt sich diese Form erst dem Philosophen *qua* seiner spezifischen In-

---

[341] Für eine Analyse dieser Stelle im Kontext der hegelschen Rechtsphilosophie vgl. Quante 1993: 141–158.

teressen als eine solche besondere Form der rationellen Wissenschaften, aufgrund der Formbeschränkung, der die rationellen Wissenschaften dem zweiten Merkmal der Positivität zufolge unterliegen. Als entscheidend für die hier vorgelegte Deutung der methodischen Grundlagen der Philosophie der Weltgeschichte kann angesehen werden, dass Hegel selbst die Geschichte als eines seiner beiden Beispiele für die rationell-sinnigen Wissenschaften anführt. Er verwendet, um die besondere Rolle dieses Wissenschaftstyps für die spekulative Philosophie hervorzuheben, die Metapher, dass sich in diesen der *Begriff* ‚abspiegle'. Hierbei handelt es sich um einen alternativen Ausdruck für ‚widerspiegeln' oder auch, in reflexiver Konstruktion, dafür, sich ‚ein Spiegelbild' zu geben. Da für Hegel die in der *Wissenschaft der Logik* unabhängig von spezifischen Kontexten betrachteten Kategorien und deren Zusammenhang durch das Universalprinzip des gesamten Systems, der ‚Idee', in jedes Denken und jede Form unseres Welt- und Selbstverhaltens eingemischt sind, so mag es nicht überraschen, dass dieselben sich auch in der empirischen Wirklichkeit selbst spiegeln, d. h. darin zu finden sind. Die Metapher des ‚Abspiegelns' nun verweist aber darauf, dass wir diese Kategorien nicht zusammenhangslos in der empirischen Wirklichkeit aufzuraffen und zu organisieren haben, sondern vielmehr finden wir sie in dieser bereits in der notwendigen Reihenfolge vor. Die Kunst besteht dann darin, dieses Organisationsprinzip auch aufdecken und erkennen zu können.

Die rationell-sinnigen Typen der Wissenschaft sind nun gerade diejenigen, die dem spekulativen Philosophen ermöglichen, anhand des von ihnen gelieferten ‚Spiegelbilds' die kategorial notwendige Entwicklung zu explizieren. Diese Angewiesenheit auf die empirischen Wissenschaften belegt auch, warum eine strikte Trennung zwischen einer apriorischen Geschichtsphilosophie und einer aposteriorischen Geschichtsschreibung von Hegel abgelehnt wird. Es geht ihm vielmehr um verschiedene Perspektiven auf denselben Gegenstand; die spekulative Perspektive der Philosophie soll erlauben, die notwendigen historischen Entwicklungen zu erkennen.

Bevor ich die Resultate der Verhältnisbestimmung zwischen Geschichtsschreibung und Geschichtsphilosophie im nächsten Abschnitt zusammentrage, werde ich die Ergebnisse, die sich hinsichtlich der hegelschen Typologie der Wissenschaften ergeben haben, noch einmal übersichtlich in tabellarischer Form festhalten.[342] Das rechte Feld zeigt dabei jeweils die Bedeutung dieses Typs für die Philosophie an:

---

[342] Ich habe diese Tabelle in leicht modifizierter Form übernommen aus dem Aufsatz: Mooren/Rojek 2014: 35.

Wissenschaftstyp	Beispiele	Verhältnis zur Philosophie
Pseudowissenschaften	Chiromantie, Schädelkunde	Inkompatibel; durch die Philosophie als normative Wissenschaftstheorie zu kritisieren
Bloße Aggregate (nur dem Namen nach Wissenschaften)	Philologie	Neutral; keine philosophische Relevanz
Vollständig positive Wissenschaften (Willkür als Grundlage)	Heraldik	Neutral; keine philosophische Relevanz
Rationelle Wissenschaften	Physik, Rechtswissenschaft	kompatibel, die Grundlagen sind philosophisch zu explizieren und explizierbar
Rationelle und sinnige Wissenschaften	Experimental-Physik; bestimmte Arten der Geschichtsschreibung	Liefern Datenmaterial für die spekulative Philosophie, mittels dessen die begriffliche Entwicklung rekonstruiert werden kann

2.4.5 Verhältnisbestimmung: Geschichtsschreibung und spekulative Philosophie

2.4.5.1 Drei Formen der Bezugnahme und eine Asymmetrie

Im ersten Manuskript hat Hegel aus einer wissenschaftstheoretisch-genetischen Perspektive die Geschichte der nicht-philosophischen Geschichtsschreibung skizzenhaft rekonstruiert. Dabei hat sich gezeigt, dass diese Entwicklung zwar unabhängig von der philosophischen Entwicklung verläuft, sich aber eine Form des Weltbezugs ausprägt, die es uns möglich macht, begründet auf Geschehen der Vergangenheit Bezug zu nehmen. Zudem hat er nachgewiesen, dass bestimmte Formen der sich etablierenden Geschichtsschreibung von besonderer Relevanz für die Stabilität der organischen Totalität der sittlichen Strukturen in Gemeinschaften sind. Dank der Geschichtsschreibung ist es möglich, sich epistemisch und methodisch abgesichert auf die Vergangenheit zu beziehen. Dabei machen die Formen der allgemeinen Geschichtsschreibung auch eine Bezugnahme auf die Geschichte möglich, die hinter die je eigene Gegenwart zurückreicht und die Vergangenheit einzubegreifen vermag. Schließlich kann sie sogar ‚hinter' den Beginn der ursprünglichen Geschichtsschreibung im alten Griechenland selbst zurückreichen. Dies macht es Hegel in seiner philosophischen Weltgeschichte möglich, seine Erzählung noch vor dem Beginn der Geschichtsschreibung im antiken Griechenland beginnen zu lassen.

Hegels Rekonstruktion der nicht-philosophischen Geschichtsschreibung hat gezeigt, dass die Spezialgeschichte eine methodische Form der Geschichtsschreibung ausgeprägt hat, die begreiflich werden lässt, wie es nun auch dem Philosophen möglich wird, sich mit der Entwicklungsdimension geistiger Gegenstände auseinanderzusetzen. Auffällig ist bei diesen Rekonstruktionsbemühungen Hegels, dass er die Geschichtsphilosophie erst am Ende dieser Rekonstruktion als dritte Form der Geschichtsschreibung auftreten lässt. Vorhergehende Formen der Geschichtsphilosophie, etwa von Augustinus oder Condorcet, finden bei ihm keine Erwähnung. Dies spricht dafür, dass Hegel der Ansicht ist, dass eine gewinnbringende und systematisch aufschlussreiche Geschichtsphilosophie erst im Rahmen der spekulativen Philosophie, als Endpunkt der Entwicklung der Philosophie, möglich ist. Auch seine scharfe Zurückweisung des apriorischen Modells der Geschichtsschreibung belegt, dass für ihn die Geschichte der Geschichtsphilosophie mit der empirischen Geschichtsschreibung eng verbunden ist. Zudem konzentriert sich Hegels Rekonstruktion darauf, deutlich zu machen, inwiefern die Geschichtsschreibung in einer philosophischen Form kulminiert, die es ermöglicht, auch im Rahmen der Geschichte die starken Begründungsansprüche der Philosophie einzulösen und eine gewisse Entwicklung im Rahmen des historischen Geschehens (nicht *alle* Entwicklungen) als vernünftig auszuweisen. Der Ausdruck ‚Vernunft' umfasst dabei von der Möglichkeit, dass ein Gegenstandsbereich überhaupt dem ‚Verstehen' gegenüber zugänglich ist, d. h. kognitiv erfasst werden kann, die auch die nicht-philosophische Geschichtsschreibung als Voraussetzung eingehen muss, bis hin zu der starken Form philosophisch notwendiger Entwicklung verschiedene, graduell zu ordnende Aspekte ihres Gegenstandes. Etwas im starken Sinne als vernünftig auszuweisen, bedeutet zu zeigen, dass es in ontologischem Sinne ‚wahr' ist. Der ontologische Wahrheitsbegriff Hegels ist dabei gradualisierbar und die wahren Gegenstände messen sich daran, in welchem Maße sich in ihnen die Struktur der Idee artikuliert.

An dieser Stelle lässt sich die erste Art der Bezogenheit der Philosophie auf die Geschichtsschreibung festhalten:

(1) *Als Wissenschaftstheoretiker rekonstruiert Hegel die Entwicklung dieser Form des Weltverhaltens und weist sie als kognitives und epistemisch gehaltvolles Projekt aus.*

Diese Begründungsleistung, für deren Rekonstruktion ich mich vor allem auf das erste Manuskript gestützt habe, ermöglicht es Hegel, zu motivieren, wie nun eine spezifische *philosophische* Behandlung der Inhalte der Geschichtsschreibung möglich wird. Das heißt, die formale Dimension der Geschichtsphilosophie dient Hegel als Ausweis der Möglichkeit einer materialen Dimension derselben. Diese Rekonstruktionen nehmen den Großteil des Raumes seiner Vorlesungen zur Philosophie der Weltgeschichte ein.

2.4 Geschichtsphilosophie und die Wissenschaften — 213

Anhand des zweiten Manuskripts und der Verknüpfung desselben mit Hegels allgemeiner Typologie der nicht-philosophischen Wissenschaften in der Einleitung der *Enzyklopädie* ließ sich zeigen, dass sich sein spezifisches geschichtsphilosophisches Projekt kohärent in den dort vorgegebenen Rahmen einfügen lässt. Dies kann als ein Indiz für die Adäquatheit des hier vorgelegten Rekonstruktionsvorschlags gewertet werden. Diese Einordnung ermöglichte die Beantwortung der Frage, *wie* der spekulative Philosoph sich auf die Geschichtsschreibung bei seiner material interessierten Arbeit stützen kann.

Wir erhalten damit die *zweite* Form der Bezugnahme der spekulativen Philosophie auf die nicht-philosophische Geschichtsschreibung:

(2) *Die spekulative Philosophie bezieht sich spekulativ-begrifflich informiert auf die Geschichtsschreibung als Datenmaterial für ihre eigene Rekonstruktionsarbeit. Sie identifiziert dabei einige der rationell-wissenschaftlichen Untersuchungen der nicht-philosophischen Geschichtsschreibung als rationell und sinnig. Die dort aufgefundene Form der Darstellung dient ihr als Orientierungsmittel für die philosophische Explikation der Weltgeschichte für die eigene Gegenwart.*

Andererseits bezieht sich die nicht-philosophische Geschichtsschreibung qua ihrer Beschränkung als endliche Wissenschaft, deren Form, Erkenntnisgründe und deren Stoff in jeweils verschiedener Weise endlich ausfällt, in keiner Weise auf die Philosophie. Ihre Grundlagen aber können dabei von der Philosophie als rational ausgewiesen werden. Dies ist die dritte Form der Bezugnahme der spekulativen Philosophie auf die nicht-philosophische Geschichtsschreibung:

(3) *Die spekulative Philosophie expliziert die Grundbegriffe und Voraussetzungen der nicht-philosophischen Geschichtsschreibung und weist ihr als rationeller Wissenschaft einen Ort im Gesamtgefüge der Wissenschaften im Allgemeinen und des philosophischen Systems im Besonderen zu. Dabei werden inadäquate Formen der Geschichtsschreibung von Hegel in der Rolle eines normativen Wissenschaftstheoretikers kritisiert.*

Dieser letzten Aufgabe ist Hegel im Rahmen der erhaltenen Manuskripte nur sehr begrenzt nachgekommen und hat sich dabei insbesondere auf die notwendige Voraussetzung der Vernunftthese für das Betreiben von Geschichtsschreibung überhaupt konzentriert. Die Frage der Verortung der Grundlagen der Geschichtsschreibung müsste, ebenso wie die Verortung der empirischen Rechtswissenschaft, im Rahmen der *Grundlinien* untersucht werden. Diese Verortung bedürfte aber einer detaillierten Auseinandersetzung mit dem Aufbau und dem eigentümlichen Theorietyp der hegelschen Wissenschaft vom objektiven Geist. Eine solche Auseinandersetzung bleibt ein Desiderat der Forschung.

Abschließend lässt sich eine Asymmetrie in der Bezugnahme zwischen spekulativer Philosophie und nicht-philosophischer Geschichtsschreibung konstatieren. Jene bezieht sich in mindestens drei Weisen auf diese, diese aber aufgrund ihrer konstitutiven Endlichkeit nicht auf jene.

Für Hegel stehen die Bezugnahmen (1) und (3) im Dienste von (2). Er versucht den mit diesen Bezugnahmen verbundenen Projekten nachzukommen, um seine materiale Geschichtsphilosophie methodisch abzusichern. Die Geschichtsphilosophie bezieht sich keineswegs *direkt* auf ‚die Geschichte' als ihren Gegenstand, sondern vermittelt über die nicht-philosophische Wissensform ‚Geschichtsschreibung', die selbst maßgeblich zur Gegenstandskonstitution der Geschichte beiträgt. Hegel ist dabei *einerseits* Realist hinsichtlich der Gegenstände der Geschichte, *andererseits* trägt er der Verfertigungsleistung der Historiker zur Konstitution dieser Gegenstände Rechnung. Epistemisch zugänglich und in der Referenz kontrollierbar sind größtenteils nur diejenigen Bezugnahmen auf die Vergangenheit, die durch historische Forschung erschlossen und im Rahmen einer Erzählung ansprechbar und individuierbar sind.

Die drei unterschiedenen Weisen der Bezugnahme der Geschichtsphilosophie auf die Geschichtsschreibung zeigen zudem, dass Hegels Philosophie der Weltgeschichte sich nicht auf das vorrangig verfolgte, materiale Projekt reduzieren lässt. Fasst man diejenigen Systemteile, in denen Hegel Gegenstände hinsichtlich ihres historischen Wandels in den Blick nimmt, d. h. die Philosophie der Weltgeschichte im engeren Sinne, sowie die Gegenstände des absoluten Geistes: Kunst, Religion und Philosophie unter dem Namen Geschichtsphilosophie im *weiten* Sinne zusammen, die materiale Philosophie der Weltgeschichte, die sich auf Basis von (2) durchführen lässt, hingegen als Geschichtsphilosophie im *engen* Sinne, so könnte man die Bezugsweisen (1) und (3) mit einbeziehend davon sprechen, dass Hegels Philosophie der Weltgeschichte letztlich eine Geschichtsphilosophie präsentiert, die neben der materialen Geschichtsphilosophie eine methodisch-genetische Organisation der Geschichte der Geschichtsschreibung sowie eine normative und rekonstruktive Wissenschaftstheorie, die Hegel in seinen Vorlesungen in Ansätzen ausgeführt hat, um sein Projekt abzusichern, darstellt. Sie ermöglicht ihm, die Geschichtsphilosophie ebenso wie die Geschichtsschreibung in seine allgemeine Typologie der Wissenschaften zu integrieren.

2.4.5.2 Zwei unaufgelöste Spannungen?

Offen geblieben ist bisher die Frage, wie *stark* die Abhängigkeit der Geschichtsphilosophie von der nicht-philosophischen Geschichtsschreibung ausfällt. Ich möchte diese Frage nun kurz diskutieren. Dabei wird sich zeigen, dass das hegelsche Gesamtprojekt hinsichtlich seiner Bezugnahme auf die nicht-philoso-

phischen Wissenschaften im Allgemeinen und der Geschichtsschreibung im Besonderen, einer *unaufgelösten Spannung* unterliegt. Zwei Grade der Angewiesenheit lassen sich unterscheiden:
a) Die Geschichtsphilosophie ist lediglich heuristisch auf die Arbeit der nicht-philosophischen Wissenschaften angewiesen.
b) Die Geschichtsphilosophie kann *nur* unter Bezugnahme auf die Arbeit der nicht-philosophischen Wissenschaften überhaupt in Gang gesetzt und betrieben werden.

Im ersteren Fall offeriert die nicht-philosophische Geschichtsschreibung dem Philosophen lediglich eine Hilfestellung, an der er sich bei dem Versuch, die kategoriale Abfolge zu explizieren, als Datenbasis orientieren kann. In diesem Fall wäre es aber theoretisch auch möglich, die gesamte Geschichtsphilosophie gewissermaßen ‚aus dem Lehnstuhl' heraus zu entwickeln. Dies mag zwar weitaus schwieriger sein, als diese unter Bezugnahme auf die nicht-philosophischen Wissenschaften zu entwickeln, aber es wäre dann zumindest nicht unmöglich.

Im zweiten Fall hingegen wäre es unmöglich, die Realphilosophie in dem Umfang, in dem Hegel diese für philosophisch explizierbar hält, ohne die Vorarbeit der nicht-philosophischen Wissenschaften zu entfalten. Diese stellen dann eine *notwendige* Bedingung für die spekulative Arbeit dar.

Ersichtlich ist Hegel selbst, wie u. a. die Manuskripte zur Geschichtsphilosophie belegen sowie seine Ausführungen zum rationell-sinnigen Wissenschaftstyp im Allgemeinen zeigen, dem Weg gefolgt, sich auf die nicht-philosophischen Wissenschaften als Datenbasis zu stützen. Dafür, dass es sich hierbei nicht nur um eine heuristische Angewiesenheit handelt, spricht etwa, dass Hegel die strikte Trennung zwischen einer apriorischen Geschichtsphilosophie und einer aposteriorischen Geschichtsschreibung zurückweist. Es geht ihm vielmehr um eine spezifische Perspektive auf den von der nicht-philosophischen Geschichtsschreibung erarbeiteten Gegenstand. Die spekulative Perspektive der hegelschen Philosophie soll erlauben, die notwendigen historischen Entwicklungen zu erkennen.

Wenn das so ist, fragt sich aber, wie sich die starken Begründungsansprüche, die sich mit seinem gesamten System verbinden, halten lassen. Immerhin hält Hegel sein philosophisches System für alternativlos, infallibel und abgeschlossen. Stützen sich nun aber Teile dieses System selbst auf die Arbeit der empirischen Wissenschaften, so könnte der Skeptiker hier einwenden, dass Hegel hinsichtlich der letztlichen Kompatibilität und notwendigen Ergänzung der empirischen Wissenschaften und seiner eigenen spekulativen Ansprüche reichlich optimistisch verfährt. Hegel könnte diesem Einwand entgegenhalten, dass seine Ausführungen ja zeigten, *dass* eine solche Ergänzung faktisch möglich ist. Ob Hegel diesen Ansprüchen wirklich genügt, bliebe dann aber nach wie vor zu prüfen. Ich selbst bin in dieser Hinsicht weit weniger optimistisch als er. Verschärft wird dieses Problem durch Hegels These der Abgeschlossenheit des Systems. Eine solche Abgeschlossenheit bedeutete ja, dass sich seitdem keine empirische Wissenschaft so weiterentwickelt hätte (oder jemals könnte), dass dies Auswirkungen auf die kategoriale Struktur des Systems hätte.

Hegel schreibt über die Rolle der empirischen Wissenschaften für die Philosophie:

> Die empirischen Wissenschaften bleiben einerseits nicht bei dem Wahrnehmen der E i n ‐ z e l n h e i t e n der Erscheinung stehen, sondern denkend haben sie der Philosophie den Stoff entgegen gearbeitet, indem sie die allgemeinen Bestimmungen, Gattungen und Gesetze finden; sie vorbereiten so jenen Inhalt des Besondern dazu, in die Philosophie aufgenommen werden zu können. Andererseits enthalten sie damit die Nöthigung für das Denken, selbst zu diesen concreten Bestimmungen fortzugehen. (*Enz.* (1830) § 12 A.; 54.6–13/Unterstreichung T.R.)

Auch diese Passage bleibt hinsichtlich der Abhängigkeit der spekulativen Philosophie von den empirischen Wissenschaften ambivalent. Ist es notwendig, dass die empirischen Wissenschaften der Philosophie entgegen arbeiten, oder motivieren sie die Philosophie lediglich zur kategorialen Explikation der durch die empirischen Wissenschaften behandelten Gegenstandsbereiche? Mit anderen Worten: Wie *stark* fällt die „Nötigung für das Denken" aus?

Eine Lösung dieser *ersten* konstatierten Spannung könnte darin bestehen, zwischen dem Geltungsgrad der *Wissenschaft der Logik* und demjenigen der realphilosophischen Systemteile zu differenzieren. Während die *Wissenschaft der Logik* den starken hegelschen Begründungsansprüchen standzuhalten vermag, müsste sich Hegel für die realphilosophischen Teile dann mit geringeren Begründungsansprüchen zufrieden geben. Diese Lösung ist aber schon deshalb nicht befriedigend, weil unklar ist, ob die durch die im Rahmen der Tätigkeit der nicht-philosophischen Wissenschaften erarbeiteten Bestimmungen nicht auch auf die *Wissenschaft der Logik* durchschlagen.[343] In diesem Fall verschärft sich die

---

[343] Dafür, dass dem so ist, spricht etwa Hegels Integration neuer Entwicklungen der Mathematik in die zweite Auflage der *Seinslogik*, vgl. Wolff 1986. Zudem lässt sich die folgende Bemerkung Hegels so auslegen, dass auch die Kategorien der *Wissenschaft der Logik* auf die Arbeit der nicht-philosophischen Wissenschaften angewiesen sind: „Das Fortschreiten der Bildung überhaupt und insbesondere der Wissenschaften, selbst der empirischen und sinnlichen, indem sie im Allgemeinen sich in den gewöhnlichsten Kategorien (z. B. eines Ganzen und der Theile, eines Dinges und seiner Eigenschaften und dergleichen) bewegen, fördert nach und nach auch höhere

Spannung zwischen Hegels starken Begründungsansprüchen und der Abhängigkeit von den nicht-philosophischen Wissenschaften nur noch. In Anbetracht dessen wäre wohl zu konstatieren, dass Hegels System weitaus fallibilistischer angelegt sein müsste, als von ihm suggeriert.

Eine Lösung dieser Spannung kann ggf. erreicht werden, wenn man seine Theorie der historischen Entwicklung der Wissensgebilde insgesamt, also der Philosophie, der Religion, der Kunst, wie auch der Weltgeschichte und der nicht-philosophischen Wissenschaften betrachtet. Dass deren Entwicklung letztlich nicht losgelöst voneinander verläuft, deutet Hegel an mehreren Stellen an (vgl. etwa *Enz.* (1830) § 7 A.). So auch an einer aufschlussreichen Passage aus dem Manuskript seiner Vorlesung zur Geschichte der Philosophie, hier betont er den engen Zusammenhang der zwischen einer Philosophie und ihrer jeweiligen historischen Genesesituation besteht:

> Die bestimmte Gestalt einer Philosophie also ist nicht nur gleichzeitig mit einer bestimmten Gestalt des Volkes unter welchem sie auftritt, mit ihrer Verfassung und Regierungsform, ihrer Sittlichkeit, geselligem Leben, Geschiklichkeiten, Gewohnheiten und Bequemlichkeiten desselben, mit ihren Versuchen und Arbeiten in Kunst und Wissenschaft, mit ihrer Religion, den kriegerischen und aüsserlichen Verhältnissen überhaupt, – mit dem Untergange der Staaten, in denen diß bestimmte Princip sich geltend gemacht hatte, und mit der Entstehung und dem Emporkommen neuer, worin ein höheres Princip seine Erzeugung und Entwicklung findet. Der Geist hat das Princip der bestimmten Stuffe seines Selbstbewußtseyns, jedesmal in den ganzen Reichthum seiner Vielseitigkeit ausgearbeitet und ausgebreitet. Reiche Geist, der Geist eines Volks – Organisation – ein Dom – vielfache Gewölbe, Gänge, Saülenreihen, Hallen, Abtheilungen hat – aus einem Ganzen, Einem Zwecke, alles hervorgegangen – Welches die Halle. Von diesen mannichfaltigen Seiten ist die Philosophie eine Form, und welche? die höchste Blüthe die Philosophie; sie der Begriff seiner ganzen Gestalt, das Bewußtseyn und das geistige Wesen des ganzen Zustandes, der Geist der Zeit als sich denkend, Geist vorhanden. Das vielgestaltete Ganze spiegelt in ihr als dem einfachen Brennpunkt, dem sich wissenden Begriffe desselben, sich ab. (*GdP (1820):* 71.12–72.9)

Dadurch wird zwar nicht die Spannung zwischen der Abgeschlossenheit der Philosophie und der Entwicklung der empirischen Wissenschaften aufgelöst, es wird aber verständlich, inwiefern die Philosophie und die Wissenschaften qua ihres Zusammenhangs in den jeweiligen übergreifenden sittlichen Strukturen einer Zeit aufeinander verweisen.

Man kann Hegels spekulative Philosophie so als einen Nachvollzug der begrifflichen Spielzüge der Vergangenheit verstehen. *Retrospektiv* können diese Züge

---

Denkverhältniße zu Tage, oder hebt sie wenigstens zu größerer Allgemeinheit und damit zu näherer Aufmerksamkeit hervor." (*Wdl.* (1832): 11.23–28)

dann als notwendig ausgewiesen werden, indem sie als philosophisch einsichtig und rational ausgewiesen werden. Dieser historischen Dimension des Gesamtsystems kann im Rahmen dieser Studie nicht mehr nachgegangen werden, sie erforderte eine eigenständige Analyse. Diese konstitutive Entwicklungsdimension des hegelschen Systems macht aber verständlich, inwiefern seine Philosophie der Geschichte konstitutiv retrospektiv verfährt. Erst mithilfe der Forschungsarbeit der rationellen Geschichtsschreibung wird das Geschehen der Vergangenheit der Erkenntnis der Gegenwart methodisch kontrolliert zugänglich. Dieses Geschehen kann dann vom Philosophen mithilfe seiner kategorialen Explikationsmöglichkeiten befragt und untersucht werden. Daher ist Hegels Philosophie der Geschichte auch nicht auf die Zukunft ausgerichtet. Die in der Geschichtsphilosophie im engen Sinne als ‚notwendig' und ‚vernünftig' ausgewiesenen Gehalte bleiben von den faktischen Entwicklungen, die in der Vergangenheit geschehen sind, abhängig. Erst *nachdem* diese geschehen sind, können sie auch philosophisch behandelt werden. Damit bleibt Hegels Geschichtsphilosophie *prima facie* auch eine praktische Dimension versagt. Jedenfalls in dem Sinne, dass sich aus der Geschichtsphilosophie konkrete Pläne für die Zukunft ablesen ließen. Diese Abhängigkeit bringt auch Hegels berüchtigtes Zitat aus der *Vorrede* der *Rechtsphilosophie* zum Ausdruck:

> Als der Gedanke der Welt erscheint sie [die spekulative Philosophie/T.R.] erst in der Zeit, nachdem die Wirklichkeit ihren Bildungsproceß vollendet und sich fertig gemacht hat. Diß, was der Begriff lehrt, zeigt nothwendig ebenso die Geschichte, daß erst in der Reife der Wirklichkeit das Ideale dem Realen gegenüber erscheint und jenes sich dieselbe Welt, in ihrer Substanz erfaßt, in Gestalt eines intellectuellen Reichs erbaut. Wenn die Philosophie ihr Grau in Grau mahlt, dann ist eine Gestalt des Lebens alt geworden, und mit Grau in Grau läßt sie sich nicht verjüngen, sondern nur erkennen; die Eule der Minerva beginnt erst mit der einbrechenden Dämmerung ihren Flug. (GPR: 16.30 – 39)

Um die konstatierte Spannung zu lösen, wäre es möglich, in Auseinandersetzung insbesondere mit dem absoluten Geist, sowie der *Wissenschaft der Logik* die historische Entwicklungsdimension in Hegels Gesamtsystem zu untersuchen, um näheren Aufschluss über den Zusammenhang zwischen historischer und geltungstheoretischer Entwicklung zu erhalten.

Im Rahmen der vorliegenden Arbeit bin ich stattdessen kontextuell und induktiv vorgegangen. Es ging darum, anhand einer Fallstudie die historische Dimension des hegelschen Philosophierens möglichst genau zu untersuchen, um von dort aus Aufschluss über das gesamte System zu erhalten. Die These der historischen Entwicklung der philosophisch-relevanten Gehalte selbst, seien sie nun im Rahmen der Philosophiegeschichte oder im Rahmen der nicht-philosophischen Wissenschaften hervorgetreten, hilft dabei, klarer zu sehen, anhand welches spezifischen Gegenstandes Hegel nun die materiale Dimension der Geschichtsphilosophie entwickelt. Dieser Dimension werde ich im dritten Kapitel nachgehen. Diese Frage selbst fällt dabei noch nicht *in* die materiale Erzählung Hegels selbst, sondern betrifft deren Gegenstandsbestimmung, ist also selbst noch als formale geschichtsphilosophische Frage aufzufassen.

Ich möchte nun auf die *zweite* zu konstatierende Spannung eingehen. Sie betrifft die Frage, inwiefern der Gehalt der *rationell-sinnigen* Wissenschaften empirisch aussehen und auch empirisch etabliert werden kann, dann aber dennoch als philosophisch notwendig ausgewiesen werden können soll. Bei der Behandlung der ersten Spannung sprach einiges für die Lesart, dass die spekulative Philosophie notwendig auf die Entwicklung der empirischen Wissenschaften und deren Arbeit, die dem Philosophen ‚entgegen' kommt, angewiesen ist. Ihr zufolge gehörte die historische Entwicklung der empirischen Wissenschaft selbst zu denjenigen Bedingungen, die die spekulative Philosophie voraussetzen muss, um ihr Geschäft betreiben zu können. Nun soll Hegels spekulative Philosophie aber ein „in sich selbst schließender Kreis" (*Enz.* (1830) § 15; 56.22 f.) sein, ein von externen, empirischen Bedingungen und lediglich ‚guten Gründen' unabhängiges holistisches Rechtfertigungsgebilde für unser Wissen darstellen. Wenn nun aber die empirische Entwicklung der Wissenschaft Voraussetzung für die vollständige Durchführung eines solchen holistischen Gebildes ist, fragt sich, inwiefern diese Wissenschaften überhaupt noch von der Philosophie zu unterscheidende Wissenstypen darstellen? Hier scheint sich der Gegensatz zwischen den starken philosophischen Begründungsansprüchen und den schwächeren Begründungsansprüchen der Wissenschaften und ihrer Verfahren aufzulösen. Die Frage ist dann aber, zu welcher Seite man diese Spannung auflösen möchte. Löst man sie zugunsten der empirischen Wissenschaften auf, wird Hegel seine starken Begründungsansprüche fallen lassen müssen und die empirischen Wissenschaften, zumindest die des rationellen Typs, vollständig in sein holistisches System integrieren müssen. Löst er sie zugunsten des Systems und seinen Ansprüchen auf, dann dürften die rationellen Wissenschaften keine notwendige Bedingung für dessen Ausfertigung sein. Hält man beide Lösungen für unbefriedigend, bleiben zwei Alternativen:

(1) Eine detaillierte Analyse des Verhältnisses von Apriorizität und Aposteriorität in Hegels System könnte ggf. Aufschluss verschaffen. Eine konsensfähige Analyse, die zeigt, wie seine spezifische Fassung dieser Geltungsbegriffe zueinander aussieht, liegt bisher aber nicht vor. Sie könnte ggf. zeigen, dass Hegel seine Ansprüche beibehalten kann, ohne dass diese zweite Spannung auftritt.

(2) Andererseits bleibt die Hoffnung, dass eine Gesamtanalyse der historisch-genetischen Dimension des hegelschen Systems betreffs der Gegenstände des

absoluten Geistes, wie auch der Weltgeschichte als solche, diese Spannung, ähnlich wie die erste, aufzulösen vermag. Eine solche kann im Rahmen dieser Studie nicht geleistet werden.

Trotz dieser hier letztlich unaufgelösten Spannungen sollte sich gezeigt haben, dass Hegel über eine komplexe und eigenständige Konzeption der Beziehungen zwischen Geschichtsphilosophie und Geschichtsschreibung verfügt. Ob eine solche Konzeption tatsächlich auch Anknüpfungspunkte für eine innovative Konzeption einer genuinen materialen Geschichtsphilosophie zu liefern verspricht, soll im dritten Kapitel untersucht werden.

3 Der Begriff der Freiheit als Grundbegriff der hegelschen Philosophie der Weltgeschichte

> Und um der Menschheit große Gegenstände,
> Um Herrschaft und um Freiheit wird gerungen.
> *(Friedrich Schiller)*

Nachdem im vorherigen Kapitel anhand des ersten erhaltenen Manuskripts, sowie unter Verwertung von Teilen des zweiten Manuskripts die Beziehung zwischen der spekulativen Geschichtsphilosophie und der nicht-philosophischen Geschichtsschreibung ausführlich rekonstruiert und ein Klärungsvorschlag unterbreitet wurde, bei dem letztlich zwei Spannungen verblieben, mit denen sich eine systematische Position, die an die hegelsche anzuschließen gedächte, auseinanderzusetzen hat, soll es in diesem Kapitel um die Grundlagen der hegelschen Geschichtsphilosophie als solcher gehen. D.h. ich werde den hegelschen Grundbegriff, den der ‚Freiheit', mit dem Hegel die Phänomene der Weltgeschichte hinsichtlich ihrer philosophischen Relevanz organisiert und expliziert hat, untersuchen.

Ich stütze mich dabei vorrangig auf das zweite Manuskript Hegels sowie auf das Ende seiner Monographie *Grundlinien der Philosophie des Rechts*.[344]

3.1 Vorgehen

3.1.1 Zwei Erkenntnisinteressen

Ich bin dabei vorrangig an *zwei* Sachverhalten interessiert:

(1) Was bedeutet ‚Freiheit' bei Hegel im Kontext der Geschichtsphilosophie und inwiefern taugt ein solcher Begriff zur Grundlage der Organisation der geschichtlichen Phänomene?

Im Zuge dieser Auseinandersetzung wird mein Vorschlag lauten, dass man Hegels Geschichtsphilosophie als eine besondere Form der Begriffsgeschichte *avant la lettre* verstehen kann, die sich aber von der heute etablierten *historischen* Begriffsgeschichte unterscheidet.[345]

---

344 Vgl. dort zur Philosophie der Weltgeschichte §§ 341–360.
345 Zum Überblick über die zahlreichen modernen Ansätze der historischen Semantik, zu denen auch die Begriffsgeschichte zu rechnen ist – wobei dieser Ausdruck gelegentlich synonym zu

Der zweite Sachverhalt, an dem ich interessiert bin, betrifft die Verortung der Geschichtsphilosophie hinsichtlich der metaphilosophischen Klassifikationsfrage, ob es sich hierbei eher um einen Teilbereich der *praktischen* oder der *theoretischen* Philosophie handelt. Die Frage lautet also:

(2) Wie lässt sich Hegels Geschichtsphilosophie metaphilosophisch klassifizieren?

Ich möchte die These verteidigen, dass Hegels Geschichtsphilosophie sich relativ zum übergreifenden Ziel des Gesamtsystems der theoretischen Philosophie zurechnen lässt, relativ zur Philosophie der Weltgeschichte als Teilbereich dieses Systems sich aber ein Teilziel auszeichnen lässt, das der praktischen Philosophie zugerechnet werden kann.

Bei meiner Verteidigung dieses Vorschlags wird sich zeigen, dass und weshalb Hegel die klassisch religionsphilosophische Frage der Theodizee in der Philosophie der Weltgeschichte verortet. Bedeutend ist diese Fragestellung für die Grundlagen der hegelschen materialen Ausgestaltung der Geschichtsphilosophie, weil sie klärt, auf welche Fragen und Interessen uns eine solche Theorie Antworten zu geben verspricht.

3.1.2 Zwei Auslassungen

Im Rahmen dieser Arbeit im Allgemeinen und dieses Kapitels im Besonderen werde ich zwei Problemkontexte auslassen.

Ich werde *zum einen* nicht auf Hegels Bestimmung der Weltgeschichte als Weltgericht eingehen, da diese Frage m. E. insbesondere für die Rolle der Philosophie der Weltgeschichte im Kontext von Hegels Theorie des objektiven Geistes als einer Theorie von rechtlichen Ansprüchen überhaupt zu beantworten wäre und somit über die Geschichtsphilosophie im engeren Sinne hinausweist.[346]

Zum *anderen* werde ich die Sinnhaftigkeit der Verortung der Geschichtsphilosophie am Ende der Theorie des objektiven Geistes und damit ihre Scharnieroder Übergangsfunktion für Hegels Theorie des absoluten Geistes nicht näher besprechen. Auch diese Frage führt über den Kontext der Geschichtsphilosophie im engeren Sinne hinaus, da sie die systematische Gesamtorganisation betrifft,

---

demjenigen der historischen Semantik gebraucht wird – vgl. etwa Dierse 2011; Landwehr 2008; Müller/Schmieder 2016.

346 Aufschlussreiche Beiträge zu der – unter Bezugnahme auf Schillers Gedicht *Resignation* – eingeführten hegelschen These von der Weltgeschichte als Weltgericht (*GPR* § 340) enthält der Band: Bubner/Mesch 1999. Vgl. auch die hilfreiche Einordnung in den Kontext des Schillerschen Gedichts in: Hüffer 2002: 183–186.

anhand derer Hegel meint, mithilfe des Universalprinzips der ‚Idee' die Phänomene der Wirklichkeit philosophisch explizieren zu können. Ich bin aber in dieser Arbeit vorrangig an Hegels Philosophie der Weltgeschichte interessiert und nicht so sehr an deren Funktion für Hegels übergreifende systematische Ansprüche.

3.2 Die Bedeutung des Begriffs der Freiheit für Hegels materiale Geschichtsphilosophie

Die Aufgabe der Philosophie der Weltgeschichte wird im zweiten Manuskript folgendermaßen prägnant gefasst:

„Die Weltgeschichte ist der Fortschritt im Bewußtseyn der Freyheit, – ein Fortschritt, den wir in seiner Nothwendigkeit zu erkennen haben." (M2: 153.20 – 22)

Diese spezifische Perspektive auf die Weltgeschichte, die die Philosophie einnimmt, zeigt, dass der Freiheit im Rahmen einer solchen Perspektive eine besondere Rolle zukommt. Dieser Aussage Hegels lassen sich mehrere, für sein Projekt einer Geschichts*philosophie,* entscheidende Thesen entnehmen:

(Th1): Die philosophische Erzählung der Weltgeschichte besteht in einem Fortschrittsnarrativ.

(Th2): Der Gegenstand der philosophischen Weltgeschichte ist das Bewusstsein der Freiheit.

(Th3): Das Kriterium für den Fortschritt ist eine Verbesserung des Freiheits*bewusstseins.*[347]

(Th4): Die Aufgabe der Philosophie ist es, diesen Fortschritt als ‚notwendig' auszuweisen.

Wie die Thesen 1–4 zeigen, bildet die ‚Freiheit' für Hegel sowohl den Gegenstand als auch das Kriterium für die Beurteilung des weltgeschichtlichen Geschehens. Das Ziel dieses Abschnitts wird darin bestehen (i) zu verstehen, warum und in welchem Sinne ‚Freiheit' den spezifischen Gegenstand einer phi-

---

[347] Wie sich zeigen wird, sind die Thesen 2 und 3 im Rahmen der hegelschen Vorgaben *nicht* unabhängig voneinander. Das Freiheitsbewusstsein stellt *keine* von der Freiheit unabhängige kriteriale Größe dar. Vielmehr ergibt sich Freiheit überhaupt erst aus dem Freiheitsbewusstsein. Ändert sich dieses Bewusstsein, ändert sich auch die Freiheit. Diesen Zusammenhang zwischen Freiheitsbewusstsein und Freiheit belegt etwa folgende Randnotiz Hegels aus den *Grundlinien*: „Wer sich nicht gedacht hat, ist nicht frey – Wer nicht frey ist, hat sich nicht gedacht [...]" (*GPR* § 5 R.; 317.15 f.) Das Freiheitsbewusstsein lässt sich als definierendes semantisches Kriterium für das Vorliegen von Freiheit auffassen. Freiheitsbewusstsein ist notwendig und hinreichend dafür ‚Freiheit' zuschreiben zu dürfen. Zu diesem Begriff des Kriteriums sowie möglichen Alternativen vgl. Birnbacher 1974: 22–27.

losophischen Weltgeschichte bildet, (ii) darin, zu verstehen, in welchem Sinne ein solcher Fortschritt als ‚notwendig' behauptet werden kann.

Um die Thesen 1–4 adäquat besprechen zu können und zu verstehen, was Hegel mit diesen aussagen möchte und worauf er festgelegt ist, gilt es nun, der Frage (i) nachzugehen.

3.2.1 Die Bedeutung der ‚Freiheit' für Hegels Philosophie des objektiven Geistes

Der Begriff der Freiheit ist für Hegels gesamte Theorie des objektiven Geistes, mithin für seine praktische Philosophie von zentraler Bedeutung.[348] Im Durchlauf des Systems entwickelt sich das Universalprinzip der absoluten Idee zum Abschluss des subjektiven Geistes, als Vorläuferbereich des objektiven Geistes, zum Teilprinzip des Willens, anhand dessen sämtliche Phänomene des objektiven Geistes organisiert werden sollen, und zudem nach dem Grad ihrer Realisierungsmöglichkeit der Struktur der absoluten Idee angeordnet und dargestellt werden. Zum Abschluss des subjektiven Geistes wird festgehalten, dass sich der Wille als „Einheit des theoretischen und praktischen Geistes" (*Enz.* (1830) § 481; 476.4f.) erwiesen habe. Es ist der freie Wille, der „für sich als freier Wille ist" (ebd.; 476.5), d. h. die Subjekte wissen im Rahmen des objektiven Geistes selbst um die ihnen zukommende Freiheit. Da also das Wissen um die Freiheit und die gerechtfertigte Zuschreibung derselben voneinander abhängen, lassen sich Th2 und Th3 nicht losgelöst voneinander behaupten. Begriffsbestimmung und Kriterium sind logisch-semantisch miteinander verknüpft.

Hegel verortet zum Beginn der *Grundlinien* deren Gegenstand zum einen im Rahmen seiner Philosophie des Geistes, zum anderen markiert er deren willenstheoretische Fundierung:

> Der nähere Boden des Rechts ist überhaupt das Geistige und seine nähere Stelle und Ausgangspunkt der Wille, welcher frey ist, so daß die Freyheit seine Substanz und Bestimmung ausmacht, und das Rechtssystem das Reich der verwirklichten Freyheit, die Welt des Geistes aus ihm selbst hervorgebracht, als eine zweyte Natur, ist. (*GPR* § 4; 31.8–12)

Nach Hegel besteht der Wille wesentlich darin, frei zu sein. Die ‚Freiheit' macht ein analytisches Merkmal des Willens in der Form aus, in der er für die *Grundlinien*

---

[348] Damit soll nicht behauptet werden, dass dieser Begriff für das Verständnis anderer Teile des hegelschen Systems oder für dieses als Ganzes irrelevant wäre. Zu Hegels Freiheitsbegriff im Kontext des gesamten Systems vgl. Angehrn 1977.

leitend ist. Das Merkmal der Freiheit macht somit „seinen Begriff oder Substantialität, seine Schwere", so aus, „wie die Schwere die Substantialität des Körpers" (*GPR* § 7; 34.16 f.). Neben dieser Behauptung Hegels, die sich aus den vorangegangenen Teilen seines Systems ergeben soll, macht der Begriff des Willens aber auch die „Bestimmung" des Rechtssystems aus. Hegel markiert damit das Ziel, das im Rahmen der teleologisch konzipierten Philosophie des objektiven Geistes zu realisieren ist. Durch diesen normativen Aspekt ist der Begriff des Willens zudem tauglich, als Beurteilungskriterium für die sozialen Phänomene, die Gegenstand des objektiven Geistes sind, zu dienen. Nur diejenigen Gebilde, die sich anhand desselben entwickeln und ausweisen lassen, sind auch *Gestaltungen* der Freiheit.

Hegels Angabe lässt sich zudem die Aussage entnehmen, die soziale Welt sei, „das Reich der verwirklichten Freyheit" (*GPR* § 4; 31.10 f.). Dies ist so zu verstehen, dass sich diese Welt anhand des Willensbegriffs als dessen Realisierung auffassen lässt. Das explanatorische und ontologische Prinzip des Willens drückt nicht nur die Eigenschaften von Individuen aus, sondern kann sich ebenso in sozialen Institutionen, Normen und Praxen realisieren. Hegels Willensprinzip übergreift daher den Gegensatz zwischen Individuen und Institutionen, von dem ein Großteil der Debatten im Rahmen der praktischen Philosophie geprägt ist.

Hegel vertritt insgesamt die These, dass es seiner Theorie des Begriffs aufgrund ihres dezidierten Antirepräsentationalismus gelinge, jede Form eines Subjekt-Objekt–Gegensatzes zu überwinden bzw. zu ‚übergreifen', ohne dabei diese Unterschiede einfach zu nivellieren.[349] Im Rahmen des objektiven Geistes artikuliert sich dieser Anspruch darin, zu zeigen, dass die sozialen Institutionen, insbesondere die sozialen Gebilde des Staates, uns nicht als fremde und anonyme Mächte gegenüberstehen, deren Eigenlogik der Rationalität autonomer Individuen entgegengesetzt sei.[350]

---

[349] Zu diesem Anspruch, den Gegensatz zwischen Subjekt und Objekt zu übergreifen und somit eine strukturelle Identität zwischen begrifflichem Gehalt und propositional verfasster Wirklichkeit zu erreichen, siehe etwa Hegels Bemerkungen im Rahmen der *Lehre vom Begriff*: „Das Allgemeine [des Begriffs /T.R.] [.], wenn es sich auch in eine Bestimmung setzt, b l e i b t es darin, was es ist. Es ist die S e e l e des Concreten, dem es inwohnt, ungehindert und sich selbst gleich in dessen Mannichfaltigkeit und Verschiedenheit." (*Wdl.* (1816): 34.21–24) Sowie: „Das Allgemeine ist [.] die f r e y e M a c h t ; es ist es selbst und greift über sein Anderes über, aber nicht als ein g e w a l t s a m e s , sondern das vielmehr in demselben ruhig und b e y s i c h s e l b s t ist. Wie es die freye Macht genannt worden, so könnte es auch die f r e y e L i e b e und s c h r a n k e n l o s e S e e l i g k e i t genannt werden, denn es ist ein Verhalten seiner zu dem U n t e r s c h i e d e n e n nur als zu s i c h s e l b s t ; in demselben ist es zu sich selbst zurückgekehrt." (*Wdl.* (1816): 35.10–14.)

[350] Vgl. zu diesem Anspruch insbesondere die Einleitung in die „Sittlichkeit" als drittem Teil der *Grundlinien*. §§ 142–157, sowie zu Hegels Freiheitstheorie im objektiven Geist: Quante 2011: 29–31.

Die Strukturen des Willens manifestieren sich sowohl in den Individuen als auch in den von ihnen hervorgebrachten sozialen Gebilden, letztere sind dabei sowohl freiheitsermöglichend als auch freiheitsförderlich für diese Individuen. Dies gilt jedenfalls insofern, als sich diese Gebilde anhand der Willensstruktur explizieren lassen, keineswegs redet Hegel einer generellen Freiheitsförderlichkeit von Institutionen das Wort. Er verortet die philosophische Behandlung des Freiheitsbegriffs daher auch kaum im Rahmen der Willensfreiheitsdebatte bzgl. der Kompatibilität oder Inkompatibilität von Freiheit und Determinismus.[351] Die Rahmenbedingungen der Freiheit der Individuen sind nicht so sehr rein kausale sondern soziale Phänomene, wie Normen und Institutionen, die es den Individuen ermöglichen, ein an Gründen orientiertes Leben zu führen.

Die in der Philosophie des objektiven Geistes vorgenommene Entfaltung des Willensbegriffs in den Gestaltungen und Institutionen des Staates, Eigentums usw. stellt dabei zugleich eine inhaltliche Bestimmung des Willensbegriffs dar. Der semantische Gehalt des Willensbegriffs – und damit des Begriffs der Freiheit – ist, für ein adäquates Verständnis sowie für die normative Rechtfertigung der sozialen Wirklichkeit, erst in der Sittlichkeit erreicht. Eine Verabsolutierung einzelner Institutionen des komplexen Gefüges, etwa der Strukturen der bürgerlichen Gesellschaft, führen hingegen zu einer Destabilisierung der Gemeinschaft und damit zu einem Verlust von Freiheit.

Mit dem Hinweis, dass der Wille sich „als eine zweyte Natur" (*GPR* § 4; 31.12) realisiere, spielt Hegel auf zweierlei an: *Einerseits* auf den Aspekt, dass der freiheitsermöglichende und freiheitsfördernde Aspekt der sozialen Gebilde, Handlungen und Normen sich zumeist eher implizit als explizit abspielt.[352] Erst die Philosophie macht diese Bezüge explizit, um das erreichte komplexe soziale Gefüge gegen Vereinseitigungen und die Tendenzen der Desintegration durch eine unterkomplexe Auffassung desselben zu schützen.[353] *Andererseits* verweist Hegel mit der Redeweise von der Natur darauf, dass der Wille sich als Prinzip im Rahmen des subjektiven Geistes aus dem natürlichen Willen entwickelt hat, mithin sich die natürlichen und kultürlichen Eigenschaften menschlicher Individuen nicht ein-

---

351 Auf diese Debatte weist Hegel lediglich – in etwas abschätziger Form – in einer Anmerkung hin. Vgl. *GPR* § 15 A.
352 Auf die hohe Relevanz von Gewohnheit und Zutrauen in die soziale Welt und ihre Institutionen für eine gelingende Sittlichkeit weist er mehrfach hin. (vgl. *GPR* §§ 147; 147 A.; 151) Durch die These, dass eine explizite Rechtfertigung der Gestaltungen der sozialen Welt durch die Philosophie zwar möglich aber für deren Stabilität keineswegs notwendig ist, vermeidet Hegel, zu hohe Reflexionsansprüche an die Bürgerinnen und Bürger eines staatlichen Gefüges zu stellen.
353 Im Rahmen des gesamten philosophischen Systems dient diese explizite Offenlegung und Rechtfertigung der sozialen Institutionen und Gestaltungen zudem der Zurückweisung des radikalen Skeptizismus.

fach feindlich gegenüberstehen, sondern integriert werden müssen. Damit wendet sich Hegel auch gegen die These, dass soziale Institutionen sich ausschließlich über rein rationale Entscheidungsverfahren und Entscheidungen individueller Subjekte rechtfertigen ließen, oder gerechtfertigt werden sollten.[354]

3.2.2 Die Bedeutung des Freiheitsbegriffs im Rahmen der Philosophie der Weltgeschichte

Hegels Zurückweisung kontraktualistischer Begründungs- und Rechtfertigungsverfahren für die Kompatibilität oder stärkere Beförderung individueller Autonomie durch die sozialen Gebilde von Gemeinschaften gibt nun auch einen Hinweis darauf, inwiefern die Geschichte für seine Theorie des objektiven Geistes relevant wird. Von der Weltgeschichte, als letztem Teil der *Rechtsphilosophie* abgesehen, weist Hegel in einer ahistorischen Entwicklung des Willensbegriffs zugleich die vollständige inhaltliche Entfaltung eines adäquaten Begriffs von Freiheit nach, der sich sowohl in Individuen als auch in sozialen Gebilden manifestiert.[355]

Nun haben die philosophisch dargestellten und gerechtfertigten Phänomene der sozialen Wirklichkeit als „Reich der verwirklichten Freyheit" (*GPR* § 4; 31.10 f.) selbst eine Geschichte. Die empirischen Erscheinungen, die von Hegel als Gestaltungen gerechtfertigt und ausgewiesen werden, sind selbst in einem langen historischen Verlauf entstanden und mannigfach umgeprägt, verworfen, und reformuliert worden. Hegel möchte in seiner Philosophie der Weltgeschichte nun zeigen, dass die in seiner Gegenwart – mehr oder weniger erreichte – Gestalt der sozialen Wirklichkeit sich als Resultat einer historischen Entwicklung *begreifen* (d.h. darstellen, rechtfertigen und rekonstruieren) lässt, die gleichfalls als rational und sinnvoll auffassbar ist. Die menschliche Geschichte stellt keine sinnlose Entwicklung dar, in der sich soziale Gebilde verschiedener Komplexität ausdifferenzierten, ohne dass sich dabei eine spezifische Rationalität in diesen Entwicklungen aufzeigen ließe, die es uns ermöglicht, auch die Entwicklung, die unsere Institutionen für uns als autonome Individuen akzeptabel macht, als gerechtfertigt einzusehen.

Aus der Warte der spekulativen Philosophie ist dies durchaus konsequent, immerhin wäre es merkwürdig, unsere sozialen Institutionen als vernünftige

---

[354] Zur Zurückweisung des Kontraktualismus als eine Variante solcher Rechtfertigungen vgl. *GPR* § 75.
[355] Zur Ausblendung und Unterscheidung zwischen begrifflicher Darstellung und Entfaltung, sowie historischer Entfaltung bzw. Entwicklung vgl. *GPR* § 32 A.

Manifestationen zu betrachten, deren historische Entwicklung dagegen als völlig zufällige und sinnleere Versuche, mit denen vergangene Zeiten noch so obskure Absichten verbunden haben mögen.

Die These einer irrationalen historischen Entwicklung weist Hegel explizit zurück:

> Die Weltgeschichte ist ferner nicht das bloße Gericht seiner Macht, d.i. die abstracte und vernunftlose Nothwendigkeit eines blinden Schicksals, sondern weil er an und für sich Vernunft und ihr Für-sich-seyn im Geiste Wissen ist, ist sie die aus dem Begriffe nur seiner Freyheit nothwendige Entwickelung der Momente der Vernunft und damit seines Selbstbewußtseyns und seiner Freyheit, – die Auslegung und Verwirklichung des allgemeinen Geistes. (GPR § 342; 274.13–19)

Dass sich die Geschichte selbst mithilfe des *Begriffs* fassen lässt, meint Hegel dadurch nachgewiesen zu haben, dass die nicht-philosophische Geschichtsschreibung selbst, als rationelle Wissenschaft, über einen philosophisch explizierbaren Anfang verfügt. Daher können wir, anhand der von ihr gelieferten Daten, um die Entwicklung der sozialen Institutionen wissen. Auf die Dimension des Wissens weist Hegel in dem obigen Paragraphen selbst hin. Dabei ist diese Entwicklung aber nicht nur *wissbar*, sondern zudem als notwendig und darüber hinaus als „Verwirklichung" (ebd.; 274.18) der freiheitsfördernden und -verbürgenden sozialen Gebilde einsehbar. Mit letzterem verweist Hegel auf die Dimension der ‚Bestimmung', die der Philosophie zur Verfügung steht, um das historische Geschehen als mit dem Begriff kompatibel einzusehen. Mit dem Ausdruck ‚Auslegung' wird der *hermeneutische* Charakter der Weltgeschichtsschreibung angezeigt. Der spekulative Philosoph befasst sich hier mit einem Gehalt, den die Menschen in ihrer Geschichte selbst handelnd explizit gemacht haben.[356] Damit bleibt Hegels Geschichtsphilosophie konsequent einer Teilnehmerperspektive verpflichtet. Die durch den Geschichtsphilosophen explizit gemachten Gehalte müssen sich tatsächlich in den Handlungen, Institutionen und sprachlichen Äußerungen der Menschen niedergeschlagen haben. Hegel ist – wie die Diskussion des § 380 der *Enzyklopädie* gezeigt hat – insgesamt der Ansicht, dass es sich bei den Gegenständen des Geistes um von Menschen hervorgebrachte Gegenstände handelt, bzw. um Gegenstände, zu denen diese reflexiv Stellung beziehen können und die sie sich hermeneutisch bewusst machen.[357] Dieser m. E.

---

[356] Der pragmatische Charakter der Weltgeschichte wird von Hegel selbst dadurch hervorgehoben, dass er schreibt, diese enthalte die „That" (GPR § 343; 274.21) des allgemeinen Geistes. Siehe dazu auch weiter unten.

[357] Da diese Bestimmung der Gegenstände des Geistes in der Behandlung derselben zu berücksichtigen ist, kann Hegel damit auch einer generell *hermeneutischen* Ausrichtung von Geistes-

3.2 Die Bedeutung des Begriffs der Freiheit für Hegels Geschichtsphilosophie — 229

plausible hermeneutische Charakter von Geschichtsschreibung und Geschichtsphilosophie bleibt auch dann erhalten, wenn man Hegels Rede von „Auslegung" ausschließlich im Prozesssinne liest und nicht auch im Resultatsinne, in dem Hegel dann auch die Abgeschlossenheitsthese mit ausdrücken kann und im Zitat ggf. auch auszudrücken beabsichtigte.

Da die *Grundlinien* die vollständige Semantik des Freiheitsbegriffs bereitstellen, kann dieser nun als Maßstab dafür herangezogen werden, die Geschichte derjenigen Institutionen, die zum modernen Willensbegriffs und den ihn ermöglichenden Institutionen geführt haben, heranzuziehen. Dieser ausformulierte Begriff des Willens dient Hegel also als Maßstab um Th1 vertreten zu können.

Der moderne Willens- und Freiheitsbegriff, der sich in den Institutionen sowie den Überzeugungen und dem „Selbstgefühl" und „Zutrauen" (*GPR* § 147; 138.22) der *Individuen* manifestiert, hat sich aber selbst erst historisch ergeben. In der Philosophie der Weltgeschichte wird nun diese Geschichte des modernen Selbstverständnisses und der es ermöglichenden und fördernden Institutionen zum Gegenstand. Es gilt, diese Institutionen und das ihnen entsprechende Selbstverständnis als Resultat vernünftiger Absichten, Zwecke und Pläne der Individuen zu rekonstruieren.

Hegels Weltgeschichte präsentiert also eine historische Fortschrittsgeschichte des Begriffs der Freiheit (Th2), dessen Entwicklung schließlich in denjenigen Selbstverständnissen und Institutionen mündet, die sich anhand des Teilprinzips des freien Willens philosophisch explizieren und rechtfertigen lassen.

Eine Institution erfüllt diese Aufgabe nun *besser* oder *schlechter*, je nachdem, in welchem Maße sie in der Lage ist, das sich im Rahmen der *Grundlinien* artikulierende Freiheits*bewusstsein* zu realisieren. Dabei steht die jeweilige Institution in mannigfaltigen Verbindungen mit den anderen Institutionen ihrer Zeit, so dass es letztlich gilt, zu verstehen, welche Art von Freiheitsbewusstsein eine jeweilige Zeit ihren Individuen ermöglicht und befördert (vgl. Th3).

Nun zeigt das obige Zitat aber, dass es Hegel nicht so sehr um einen Fortschritt der realisierten Freiheit geht, sondern um den Fortschritt im *Bewusstsein* von

---

oder Kulturwissenschaften, seien sie nun philosophisch oder nur rationelle Wissenschaften, das Wort reden. Hegel ist damit auf die These festgelegt, dass wir uns den Gegenständen der *Geisteswissenschaften* gegenüber anders verhalten und andere Methoden benötigen als bei den Naturwissenschaften. Eine wissenschaftstheoretische Begründung einer explanatorischen Dichotomie zwischen Geistes- und Naturwissenschaften entlang der Wasserscheide von Erklären und Verstehen erforderte aber eine eigenständige Untersuchung. Für die hiesigen Zwecke genügt es, dass Hegel auf die plausible These festgelegt ist, dass wir zur Geschichte einen *verstehenden* Zugang haben und diese nicht mit rein mathematisch-naturwissenschaftlichen Mitteln in ihrer Eigenart fassen können.

dieser Freiheit, d. h. denjenigen Ansprüchen und Rechten, die Individuen als für ihre Freiheit und Autonomie zuträglich und förderlich mit Gründen einfordern. Da – wie im Rahmen des vorherigen Abschnittes skizziert – für Hegel die Individuen als solche ihr Selbstverständnis überhaupt nur im Rahmen bestimmter Institutionen ausprägen können, und sich zudem die Struktur des Willensprinzips übergreifend sowohl in Individuen als auch in Institutionen aufzeigen lässt, hängen das *Bewusstsein* der Freiheit und die Institutionen der Freiheit notwendig miteinander zusammen. Daher ist ein Fortschritt im Bewusstsein der Freiheit immer auch verknüpft mit einer zumindest partiellen Realisierung desselben in entsprechenden Institutionen. Hegels Begriffsgeschichte der Freiheit ist somit auch Institutionengeschichte. Der Begriff der Freiheit entfaltet sich nicht unabhängig von den sozialen Kontexten, Sprachspielen und Normen, die die Individuen in ihrer gemeinschaftlichen Geschichte entwickelt haben, daher kann das Wissen um diese Praxen als Kriterium der Freiheit gelten.

Den *Fortschritt* gibt Hegel im Manuskript in knapper Form so an, dass sich die Freiheitsvorstellungen derart ändern, dass ein späterer, fortschrittlicherer Freiheitsbegriff mehr Individuen bzw. Menschengruppen unter sich fasst.

Diese These sollte dabei allerdings nicht verdecken, dass mit jeder dieser Änderungen der Freiheitsvorstellungen ein komplexer institutioneller Wandel einhergeht. Hegel verwendet diese Ausweitung als Kriterium, um die Geschichte des Begriffs der Freiheit – d. h. seiner Bewusstwerdung, wie seiner institutionellen Manifestation – in Epochen einteilen zu können. Diese Epochen lassen sich als Einteilungen verstehen, die philosophischen Erkenntnisinteressen geschuldet sind:

> Die O r i e n t a l e n wissen es nicht, daß der Geist, oder der Mensch als solcher an sich frey ist; weil sie es nicht wissen, sind sie es nicht [A]; sie wissen nur, daß Einer frey ist, aber ebendarum ist solche Freyheit nur Willkühr, Wildheit Dumpfheit der Leidenschaft, oder auch eine Milde, Zahmheit derselben, die selbst nur ein Naturzufall oder eine Willkühr ist; – dieser Eine ist darum nur ein Despot, nicht ein freyer Mensch. [B] In den G r i e c h e n ist erst das Bewußtseyn der Freyheit aufgegangen, und darum sind sie frey gewesen, aber sie wie auch die Römer wußten nur, daß E i n i g e frey sind, nicht der Mensch als solcher; diß wußte Plato und Aristoteles nicht; darum haben die Griechen nicht nur Sclaven gehabt, und ist ihr Leben und der Bestand ihrer schönen Freyheit daran gebunden gewesen, sondern auch ihre Freyheit war selbst theils nur eine zufällige, vergängliche und unausgearbeitete und beschränkte Blume, theils zugleich eine harte Knechtschaft des Menschlichen, des Humanen. [C] – Erst die g e r m a n i s c h e n Nationen sind im Christenthum zum Bewußtseyn gekommen, daß der Mensch als Mensch frey, die Freyheit des Geistes seine eigene Natur ausmacht [D]; diß Bewußtseyn ist zuerst in der Religion, in der innersten Region des Geistes aufgegangen; aber dieß Princip in das weltliche Wesen einzubilden, diß war eine weitere Aufgabe, welche zu lösen und auszuführen eine schwere und lange Arbeit der Bildung erfodert. [E] (M2: 152.10 – 153.6)

3.2 Die Bedeutung des Begriffs der Freiheit für Hegels Geschichtsphilosophie

Hegel verwendet die in dieser Passage enthaltene Rede von der Ausweitung der Extension des Freiheitsbegriffs in den *Grundlinien* explizit zur Angabe von *vier* philosophisch-weltgeschichtlichen Epochen. Als entscheidende Wendepunkte, bzw. als Kriterium für einen Epochenwandel, sieht er die semantische Weiterentwicklung des Freiheitsbewusstseins an, mit der immer zugleich auch spezifische Institutionen gegeben sind.[358]

Unabhängig davon, ob Hegels Rekonstruktion anhand dieser Einteilung als unterkomplex betrachtet werden kann, und auch abgesehen von den abschätzigen Ausdrücken, die er verwendet, um etwa die orientalische Kultur zu charakterisieren, kann sein philosophisches Rekonstruktionsangebot m. E. einige Plausibilität für sich beanspruchen. Hegel kann zum einen die Begriffsgeschichte der Freiheit mit der Geschichte sozialer Institutionen so verknüpfen, dass deutlich wird, inwiefern der entsprechende Fortschritt in die Gegebenheiten einer jeweiligen Zeit eingebunden ist, sodass er keine sozial entkoppelte Denkgeschichte schreibt; zum anderen reduziert er das *Wissen* um die Freiheit nicht einfach auf die Institutionen.

In [A] wird deutlich, dass die Geschichte des Freiheitsbegriffs *nur* retrospektiv geschrieben werden kann. Da sich – nach Hegels Meinung – in der orientalischen Kultur gar keine philosophisch explizierbare Freiheitsstruktur vorfindet, wissen diese auch nicht darum. Das Freiheitsbewusstsein ist also *zumindest* partiell von seiner Realisierung in sozialen Praxen abhängig. Zudem ist das Wissen um die Freiheit nicht nur eine *notwendige* Bedingung dafür, überhaupt frei zu sein, sondern auch hinreichend. Mit diesem Gedanken trägt Hegel seiner Vorstellung der Vernünftigkeit von Freiheit Rechnung. Sofern Freiheit etwas Vernünftiges ist, muss mit Gründen darum gestritten werden können. Dies setzt voraus, dass die Individuen über einen – zumindest rudimentären – Begriff von Freiheit verfügen, der nicht nur in der gelebten Praxis vorliegt, sondern sich auch in der Sprache, dem Wissen und Wollen der Akteure niederschlägt.

Hegels in [B] geäußerte These, dass bei den Orientalen nur einer frei sei, ist retrospektiv zu verstehen, immerhin hatte er in [A] noch geäußert, dass die Orientalen gar kein Freiheitsbewusstsein aufweisen. Wir können aus unserer heutigen Perspektive darauf hinweisen, dass sich faktisch der Despot als frei erweist, in seinen Handlungen und seinem Tun. Da aber auch dieser kein Wissen um seine Freiheit hat, ist auch er letztlich nicht als frei zu betrachten.[359]

---

358 Zu den Epochen vgl. *GPR* §§ 355–358. Der Frage, warum Hegel vier Epochen anzugeben für sinnvoll hält, obgleich er im oben angegebenen Passus zeigt, dass Griechen und Römer das gleiche Freiheitsverständnis teilen, gehe ich im Rahmen dieser Arbeit nicht nach.
359 Hegel versucht mithilfe seines Anerkennungstheorems nachzuweisen, dass die Freiheit *einer* Person die Freiheit einer anderen voraussetzt (dies wechselseitig). Vgl. dazu Quante 2011: Kap. 11.

In [C] finden sich Belege für die These, dass das Freiheitsbewusstsein einer Zeit mit deren Institutionen verknüpft ist. So verweist Hegel dort auf die ‚materielle Basis' der griechisch-römischen Kultur, die Sklaverei.

In [D] führt Hegel aus, dass das moderne Freiheitsbewusstsein, das auch das seiner eigenen Gegenwart ist, sich erstmals in der Religion artikuliert hat. Dies belegt ebenfalls die These von der Abhängigkeit des Freiheitsbewusstseins von den Institutionen und Praxen einer Zeit.

In [E] wiederum hebt er hervor, dass zwischen dem ersten Auftreten eines Prinzips und dessen Realisierung selbst eine Zeitspanne liegt. Diese Zeitspanne wiederum macht dann die zeitliche Ausdehnung einer Epoche aus. Das neue Prinzip, d. h. eine Erweiterung des Freiheitsbewusstseins, entwickelt sich selbst erst sukzessive und tritt keineswegs schlagartig auf.[360]

Hegel verdeutlicht dies im Manuskript an einem Beispiel:

> Mit der Annahme der christlichen Religion hat z. B. nicht unmittelbar die Sclaverey [aufgehört], noch weniger ist damit sogleich in den Staaten die Freyheit herrschend, sind die Regierungen und Verfassungen auf eine vernünftige Weise organisirt, auf das Princip der Freyheit gegründet worden. Diese Anwendung des Princips auf die Wirklichkeit, die Durchdringung, Durchbildung des weltlichen Zustands durch dasselbe ist der lange Verlauff, welche die Geschichte selbst. (M2: 153.6 – 12)

Er unterscheidet hier zwischen der ersten Artikulation einer neuen Stufe bzw. Entwicklung des Freiheitsbegriffs und deren sukzessiver Ausgestaltung, die diese Form sich in staatlichen Institutionen und Praxen gibt, ehe sie artikuliert wird. Der historische Verlauf im Rahmen einer Epoche besteht nun in dem Prozess der sukzessiven Manifestation des neuen Freiheitsverständnisses in empirischen sozialen Gebilden. Diejenigen Institutionen, in denen sich dieses Verständnis manifestiert, sind dann als philosophisch ausweisbare *Gestaltungen* dieses Prinzips zu fassen.

Die materiale Geschichtsphilosophie rekonstruiert anhand der wesentlichen Prinzipien, die die Grundlage für die philosophische Epochenabfolge abgeben, diejenigen Züge, die die Menschen in ihrer Zeit ausgeführt haben, also als solche, in denen sich dieses Prinzip jeweils artikuliert. Dass diese These für jede Form des Freiheitsprinzips gilt und nicht lediglich für die Moderne, auf die Hegels Beispiel des Christentums verweist, wird gleich im Anschluss deutlich:

---

[360] Aufgrund der retrospektiven teleologischen Konzeption der sukzessiven Erweiterung der Extension des Freiheitsbegriffs charakterisiert Hegel den Durchgang durch die von ihm markierten Epochen später im Manuskript auch als Stufengang. „Die Weltgeschichte stellt nun den Stuffengang der Entwicklung des Princips, dessen Gehalt das Bewußtseyn der Freyheit ist, dar." (M2: 185.11 f.)

3.2 Die Bedeutung des Begriffs der Freiheit für Hegels Geschichtsphilosophie — 233

> Auf diesen Unterschied des Princips als eines solchen und seiner Anwendung d.i. Einführung und Durchführung in der Wirklichkeit des Geistes und Lebens habe ich schon aufmerksam gemacht; [...]; es ist eine Grundbestimmung in unserer Wissenschaft [d.h. der Philosophie der Weltgeschichte/T.R.], und er ist wesentlich im Gedanken festzuhalten. Wie nun dieser Unterschied in Ansehung des christlichen Princips, des Selbstbewußtseyns der Freyheit hier vorläufig herausgehoben worden, so findet er auch wesentlich Statt in Ansehung des Princips der Freyheit überhaupt. (M2: 153.13–20)

Es ist also zu unterscheiden zwischen (i) dem Prinzip der Freiheit als solchem, das sich in dem gesamten philosophisch relevanten Verlauf der Weltgeschichte entwickelt und vom spekulativen Philosophen rekonstruiert wird, (ii) dem jeweiligen Teilprinzip von (i), d.h. die entsprechenden Epochen, als entscheidende Wendepunkte in der Semantik des Begriffs der Freiheit. So etwa der Begriff der Freiheit, dessen erste Artikulation Hegel zufolge im Christentum aufgetreten sei. Schließlich gibt es (iii) die jeweiligen Realisierungsprozesse eines jeweiligen Teilprinzips (ii), sowie letztlich der gesamten Weltgeschichte, die der Philosoph als Realisierung von (i) deutet und die in die in den *Grundlinien* ausgewiesenen Strukturen mündeten.

Die Geschichte des Begriffs der Freiheit wird vom spekulativen Philosophen also als die Geschichte der vollständigen *Artikulation* (im Wissen) sowie der *Manifestation* (in Institutionen) des Gehaltes dieses Begriffs rekonstruiert. Diese Rekonstruktion ist dabei teleologisch, insofern Freiheit sowohl den Ausgangspunkt als auch den Endpunkt dieser Entwicklung ausmacht. Während der Anfangspunkt den semantischen und institutionellen Gehalt des Freiheitsbegriffs *implizit* enthalte, enthält ihn die Weltgeschichte und Philosophie Hegels in *expliziter* Gestalt. Die Weltgeschichte ist dann die Explikationsgeschichte dieses Begriffs.[361] Im Anschluss an das obige Zitat kommt Hegel zu der zusammenfassenden Erläuterung, die ich als induktiven Ausgangspunkt für die Erarbeitung der grundlegenden Rolle, die der Freiheit für Hegels materiale Geschichtsphilosophie zukommt, bereits zitiert hatte:

---

361 In der Weltgeschichte folgt Hegel damit einem teleologischen Darstellungsmodell, das auch für die *Grundlinien* insgesamt leitend ist. Dort gilt der *Wille* als tätiges und teleologisch konzipiertes Prinzip, das in seiner in der *Rechtsphilosophie* niedergelegten Artikulation seine eigenen Gehalte explizit macht. In diesem Sinne schreibt Hegel dort: „Die absolute Bestimmung oder, wenn man will, der absolute Trieb des freyen Geistes (§ 21), daß ihm seine Freyheit Gegenstand sey – objectiv sowohl in dem Sinne, daß sie als das vernünftige System seiner selbst, als in dem Sinne, daß dieß unmittelbare Wirklichkeit sei (§ 26) –, um für sich, als Idee zu seyn, was der Wille an sich ist: der abstracte Begriff der Idee des Willens ist überhaupt der freye Wille, der den freyen Willen will." (*GPR* § 27; 44.33–45.2)

> Die Weltgeschichte ist der Fortschritt im Bewußtseyn der Freyheit, – ein Fortschritt, den wir in seiner Nothwendigkeit zu erkennen haben. (M2: 153.20 – 22)

An den Rand der ersten Aussage hat sich Hegel notiert: „Erziehung des Menschengeschlechts zu was? Zur Freyheit – Mensch erzogen dazu – nicht unmittelbar. Resultat." (M2: 153.23 f.) Hegel gibt dort das Ziel dieses Erziehungsprozesses an: Es ist die Freiheit. Da diese auch den philosophischen Ausgangspunkt bildet, liegt hier eine teleologische Struktur der gleichen Art vor wie in den *Grundlinien*.

Hegel vertritt also die These, dass sich der Gehalt des Begriffes der Freiheit erst im Rahmen der in der Menschheitsgeschichte stattfindenden Handlungen in seinem vollständigen Gehalt artikuliert und manifestiert. Damit gehört die Geschichte dieses Begriffs notwendig zur Analyse seines Gehalts. Der Gehalt des Begriffs schlägt sich dabei *einerseits* im Wissen und Wollen der Individuen nieder; *andererseits* haben Begriffe im objektiven Geist aber auch eine institutionelle Seite, die sich in Praxen manifestiert.[362] Mit dem Ausdruck der „Erziehung" spielt Hegel zum einen darauf an, dass die Entfaltung eines Begriffs notwendig zu dessen Bedeutung gehört, zum anderen aber auch darauf, dass diese Entfaltung eine Lerngeschichte darstellt, in der der spekulative Geschichtsphilosoph die Entwicklung bis zu seiner Gegenwart als fortschrittlich einsichtig zu machen sucht.

Auf die Erziehungsthese kommt Hegel auch in der kurzen Darstellung der Geschichtsphilosophie in den *Grundlinien* zu sprechen. Er erwähnt sie im Kontext der These, dass die Weltgeschichte als „T h a t " (*GPR* § 343; 274.21) zu verstehen sei. Womit er zum einen zum Ausdruck bringt, dass die Menschheit sich selbst in ihren ‚Spielzügen', d.h. ihren institutionellen, religiösen, künstlerischen und sozialen Ausdrucksformen explizit macht, was Freiheit bedeutet; es gibt also keinen über den Menschen stehenden Erzieher, der diesen Prozess anleitete. Diese These zeigt auch, dass sich der Begriff der Freiheit durch und in den Handlungen (Sprachhandlungen und Handlungen) der Individuen artikuliert und manifestiert.

---

[362] Diese These ist m.E. kein Spezifikum der hegelschen Philosophie der Weltgeschichte, sondern liegt seiner Geschichtsphilosophie *im weiten Sinne* zugrunde. Für die Begriffe der Philosophie legt diese These z.B. Hegels Hinweis auf deren historische Ausfaltung in der Geschichte nahe: „Die G e s c h i c h t e d e r P h i l o s o p h i e zeigt an den verschieden erscheinenden Philosophieen theils nur Eine Philosophie auf verschiedenen Ausbildungs-Stufen auf, theils daß die besondern P r i n c i p i e n, deren eines einem System zu Grunde lag, nur Z w e i g e eines und desselben Ganzen sind. Die der Zeit nach letzte Philosophie ist das Resultat aller vorhergehenden Philosophieen und muß daher die Principien Aller enthalten; sie ist darum, wenn sie anders Philosophie ist, die entfaltetste, reichste und concreteste." (*Enz.* (1830) § 13; 55.7–14) Ich werde dieser These im Rahmen dieser Studie nicht weiter nachgehen. Sie liefert aber einen wichtigen heuristischen Hinweis für Hegels geschichtliche Behandlung der Phänomene des absoluten Geistes.

3.2 Die Bedeutung des Begriffs der Freiheit für Hegels Geschichtsphilosophie — 235

In diesem Sinne hat Hegels philosophische Weltgeschichte eine pragmatistische Grundlage. Ihm gelingt es damit auch, eine eigenständige Behandlung der Kulturwissenschaften zu begründen, für die eine solche pragmatistische These fundamental ist.[363] Das Geistige ist dabei zwar auch vom Natürlichen geprägt, sowie sich auch der freie Wille nicht unabhängig vom natürlichen Willen denken lässt, aber auch nicht auf dieses reduzierbar. Da der Begriff des Geistes insgesamt die tätige Struktur der ‚Idee' aufgrund seiner Realisierung eines Selbstbezugs adäquater manifestiert als der Bereich der Natur, steht für Hegel der Geist ontologisch gesehen auch insgesamt höher als das Natürliche, ohne dass er dadurch gezwungen wäre, die Einflussnahme natürlicher Phänomene auf geistige Phänomene zu negieren.[364]

Hegel schreibt im Kontext seiner These, dass der Geist in seiner „T h a t" (*GPR* § 343; 274.21) bestehe:

> Die Frage über die P e r f e c t i b i l i t ä t und E r z i e h u n g d e s M e n s c h e n g e s c h l e c h t s fällt hieher. Diejenigen, welche diese Perfectibilität behauptet haben, haben etwas von der Natur des Geistes geahnt, seiner Natur, Γνῶθι σεαυτὸν zum Gesetze seines S e y n s zu haben, und, indem er das erfaßt, was e r i s t, eine höhere Gestalt als diese, die sein Seyn ausmachte, zu seyn. (*GPR* § 343 A.; 274.29–34)

Das ‚Hierherfallen' dieser Frage ist m. E. so zu deuten, dass die Geschichtsphilosophie der adäquate ‚Ort' für die Behandlung dieser Frage ist. Hegel grenzt seine Behandlung in der Anmerkung kritisch von religionsphilosophischen Rekonstruktionen der Weltgeschichte ab. Diese haben zwei Probleme: (i) Es gelingt ihnen nur unzureichend, die Prinzipien des Fortschritts mit dem faktischen Geschehen in Verbindung zu bringen und (ii) sie müssen mit dem Begriff der „*Vorsehung*"

---

[363] So begründet schon Vico die Eigenständigkeit der Kulturwissenschaften in seinem berühmten Axiom darüber, dass die Menschen primär (in stärkerer Fassung, die Hegel ablehnen würde, *nur*) das verstehen können, was sie selbst hervorgebracht haben. Vgl. dazu Fellmann 1976.
[364] Diese allgemeine ontologische These, der Höherwertigkeit des Geistigen gegenüber dem Natürlichen, betont Hegel auch knapp im Rahmen des zweiten Manuskripts: „Zuerst müssen wir beachten, daß unser Gegenstand, die Weltgeschichte, auf dem g e i s t i g e n Boden vorgeht. Welt begreift physische und psychische Natur in sich; die physische Natur greift gleichfalls in die Weltgeschichte ein, und wir werden gleich Anfangs auf dieß Grundverhältniß der Naturbestimmung aufmerksam machen. Aber der Geist und der Verlauff seiner Entwicklung ist das Substantielle; Geist h ö h e r als Natur – die Natur haben wir hier nicht zu betrachten, wie sie an ihr selbst gleichfalls ein System der Vernunft sey in einem besondern, eigenthümlichen Elemente, sondern nur relativ auf den Geist." (M2: 151.8–15)

operieren, der andeutet, dass die Entfaltung der Weltgeschichte bereits *vor* ihrem Verlauf notwendig festgelegen habe.[365]

Diese Auffassung erzeugt zum einen chronische Probleme damit, dass man dann ein über der Welt der Menschen stehendes Mega-Subjekt (oder auch Gott) anzunehmen bzw. zu hypostasieren hätte, das den Fortschritt leitet. Zum anderen erzeugt eine solche Auffassung der Notwendigkeit Probleme mit der Forderung von Autonomie, die mit der Freiheit einhergeht. Auf die religiöse Artikulation der Vernunftthese, die mit dem Begriff der ‚Vorsehung' operiert, gehe ich weiter unten ein.

Hegel kann solche Probleme aufgrund seines retrospektiven Ansatzes vermeiden. *Erst* rückblickend ist es möglich, die Weltgeschichte zu rekonstruieren; denn der Ablauf der Geschichte selbst ist nicht festgelegt. Erst rückblickend lässt sich feststellen, welche ‚Spielzüge' die Menschheit unternommen hat, in denen sich die Bedeutung des Begriffs der Freiheit artikuliert hat.

Diese Geschichte liefert dann die *Bedeutung* des Begriffs der Freiheit, unabhängig von dieser oder *vor* dieser ist er epistemisch gar nicht zugänglich. Daher ist die Geschichte der Begriffe selbst auch notwendiger Bestandteil der Artikulation und Manifestation ihrer Bedeutung. Im Rückblick kann der Philosoph dann anhand des Freiheitsbegriffs, der durch seinen Zusammenhang mit der ‚Idee' als Universalprinzip für Hegel gegen skeptische Einwände abgesichert ist, die notwendigen Teile dieses Geschehens hervorheben. Damit ist aufgewiesen, inwiefern Hegel meinen kann, (Th4) vertreten zu können, der zufolge der geschichtliche Verlauf notwendig sei. Begründet kann diese modale Zuordnung nur retrospektiv vorgenommen werden, nicht aber *während* des Verlaufs oder gar *vor* dem Verlauf. In solchen Fällen bleiben – wie Hegel etwa an Lessing kritisieren würde – die Behauptungen leer und vage. Einen Endpunkt erreicht die Rekonstruktion jeweils dann (oder nur dann), wenn die eigene Gegenwart, das Selbstverständnis dessen, was die Überzeugungen und Vorstellungen der eigenen Zeit ausmacht, erreicht hat. Mit dieser These, die Hegel im Zitat unter Rückgriff auf den Spruch des Orakels von Delphi – Erkenne dich selbst – formuliert, wird der generelle hermeneutische Charakter des Geistigen betont, den sich Hegel im Rahmen der Geschichtsphilosophie zu Nutze machen kann, um anzuzeigen, bis wohin in der Zeit – nämlich bis zur eigenen Gegenwart – die Rekonstruktion verläuft.[366]

---

[365] Hegels Ausdrucksweise, sowohl in dem Paragraphen, als auch in der Randnotiz im Manuskript, legt nahe, dass er hierbei Lessings *Erziehung des Menschengeschlechts* vor Augen gehabt hat. Vgl. Lessing 1997 [1780]: § 82.

[366] Auf den Spruch des Orakels von Delphi weist Hegel bereits in seiner Einführung in die Philosophie des Geistes in der *Enzyklopädie* hin, wodurch die These gestützt wird, dass man es hier mit dem generellen hermeneutischen Charakter der Philosophie des Geistes zu tun hat. Vgl. *Enz.*

Freilich ist damit auch keineswegs sichergestellt, dass die Menschheit über die Gegenwart hinaus in weiterem Fortschritt begriffen ist. Die Geschichtsphilosophie bleibt rein rekonstruktiv und retrospektiv und bietet *keine* Garantien für die Zukunft.

3.2.3 Zugang über die Spezialgeschichte

Bisher habe ich, um einen Zugang und eine Plausibilisierung der hegelschen Grundlage der materialen Geschichtsphilosophie zu bekommen, vor allem auf dessen Verortung im Rahmen des objektiven Geistes und den Konnex der dort entfalteten Gehalte mit den Aussagen Hegels im Rahmen des zweiten Manuskripts zurückgegriffen.

Ich möchte nun einen *zweiten* Zugang wählen, um die Grundlagen der materialen hegelschen Weltgeschichte klarer zu fassen. Wie sich in Kapitel 2 gezeigt hat, motiviert Hegel den Übergang zu einer materialen Behandlung der Geschichte durch die spekulative Philosophie in seiner Auseinandersetzung mit der Spezialgeschichte. Diese greift, geleitet durch spezifische Erkenntnisinteressen, verschiedene durch Quellen fassbare Phänomene aus dem komplexen sozialen Ganzen heraus und verfolgt diesen Gegenstand dann in seiner historischen Entwicklung unter Ausblendung der meisten Relationen, in denen dieser Bereich zu anderen Bereichen steht. So entstehen Spezialgeschichten etwa über Technik oder Verfassungsgeschichte. Diese können dabei zum einen im Rahmen einer Kultur stattfinden oder aber mehrere Kulturen und Epochen übergreifen (z. B. eine Technikgeschichte vom alten Ägypten bis zur Dampfmaschine).

In gewissem Sinne stellt nun auch die philosophische Weltgeschichte eine Ausformung der Spezialgeschichte dar. Ihre Besonderheit liegt darin, dass ihr Gegenstand – die historische Entfaltung der Bedeutungsgehalte des Begriffs der Freiheit – es zugleich möglich machen soll, *die* relevante Perspektive auf die Geschichte einzunehmen. Dies insofern, als alle als notwendig ausweisbaren Gehalte der Weltgeschichte sich anhand dieser Freiheitsgeschichte erfassen lassen. Daher lassen sich der Geschichtsphilosophie keine beliebigen Erkenntnisinteressen zusprechen, sondern diese sind rückgebunden an Hegels Versuch,

---

(1830) § 377; 379.5–11: „Die Erkenntnis des Geistes ist die concreteste, darum höchste und schwerste. E r k e n n e d i c h s e l b s t , diß absolute Gebot hat weder an sich, noch da, wo es geschichtlich als ausgesprochen vorkommt, die Bedeutung, nur einer S e l b s t e r k e n n t n i s nach den p a r t i c u l ä r e n Fähigkeiten, Charakter, Neigungen und Schwächen des Individuums, sondern die Bedeutung der Erkenntnis des Wahrhaften des Menschen, wie des Wahrhaften an und für sich, – des W e s e n s selbst als Geistes."

möglichst jeden Bereich menschlichen Weltverhaltens (und die Natur) als propositional strukturiert und erkennbar auszuweisen, und so dem radikalen Skeptizismus die Grundlage zu entziehen.

Unabhängig von diesem *ersten* systemübergreifenden Ziel Hegels liefert sein Rekonstruktionsversuch aber *zweitens* auch eine attraktive Perspektive auf die Menschheitsgeschichte, die so weder als sinnloses Durcheinander noch als unentrinnbares Fatum, sondern als rationaler Prozess einsichtig werden soll und somit zu Hegels in der praktischen Philosophie verfolgtem Ziel, die Individuen mit den Institutionen zu versöhnen, beiträgt.[367] Als Spezialgeschichte erscheint die hegelsche Geschichtsphilosophie zudem deshalb, weil sie explizieren können soll, welchen Beitrag ein Volk im Rahmen der historischen Entwicklung zur Entfaltung der Bedeutung des Begriffs der Freiheit beigetragen hat.[368]

Dieses *zweite* Interesse, das man aus philosophischer Perspektive an der Rationalität des geschichtlichen Geschehens haben kann, scheint mir, auch unabhängig von Hegels starken Ansprüchen, bewahrenswert zu sein. Dabei würde es darum gehen, unsere modernen Selbstvorstellungen und deren institutionelles Gefüge so zu rekonstruieren, dass sich zeigt, auf welche historisch aufgetretenen Herausforderungen dieses sich als *erlernte* Problemlösung verstehen lässt. Eine solche pragmatistische Rekonstruktion hätte dabei aber auf Hegels Vorstellung einer Abgeschlossenheit Verzicht zu leisten. Die Handlungen der Menschen erscheinen dann als Züge, auf bestimmte Probleme und Herausforderungen zu reagieren. So wie auch Hegel die fragile Sittlichkeit des objektiven Geistes so gestaltet hat, dass sie möglichst vielen Facetten des Autonomiegedankens gerecht zu werden vermag, ohne eine dieser Facetten zuungunsten der anderen zu radikalisieren, könnte kohärentistisch abgewogen werden, welchen Preis welche Änderung in unserem Selbstverständnis haben würde.[369]

---

[367] Dass dieses Ziel einer Versöhnung für Hegel auch in seiner Geschichtsphilosophie zentral ist, zeigt sich etwa daran, dass Hegel dort explizit auf eine solche Versöhnung zu sprechen kommt, wenn er schreibt: „In der That liegt nirgend eine grössere Auffoderung zu solcher versöhnenden Erkenntniß, als in der Weltgeschichte". (M2: 150.12f.)

[368] In diesem Sinne spricht Hegel in *GPR* § 347 A. (276.10) von der „spezielle[n] Geschichte eines welthistorischen Volks". Seine These, dass jedes Volk letztlich nur ein einziges Mal zu einer solchen Entfaltung beitragen könne (vgl. §§ 346 und 347), scheint mir dabei – selbst wenn Hegel mit ihr empirisch richtig liegen sollte – aber schwerlich zu rechtfertigen zu sein.

[369] Eine *systematische* Ausformulierung kann freilich nicht Gegenstand dieser Studie sein. Es sollte aber deutlich geworden sein, inwiefern die Grundlagen der hegelschen Geschichtsphilosophie attraktive Hinweise für ein solches Projekt enthalten, das zeigt, dass die Geschichte selbst – vermittelt über die Gegenstandskonstitution der Geschichtsschreibung – einen eigenständigen Gegenstand philosophischen Nachdenkens darstellt.

3.2 Die Bedeutung des Begriffs der Freiheit für Hegels Geschichtsphilosophie

Neben der philosophischen Weltgeschichte, die die Bedeutung des Freiheitsbegriffs nachvollzieht und damit als begründbaren Gehalt für unsere Diskurse absichert, ließen sich auch die Gegenstände des absoluten Geistes als spezielle Perspektive auf die Weltgeschichte rekonstruieren. Diese Gegenstände realisieren dabei die Struktur der ‚Idee' in höherem Maße als es der Begriff der Freiheit vermag, weshalb Hegel diese dem absoluten Geist zuordnet, der hier nicht mein Thema ist. Dass aber auch dessen Teile als spezifische Perspektiven auf das Ganze der Weltgeschichte angesehen werden können, zeigt Hegels Einführung in die Weltgeschichte in den *Grundlinien*:

> Das Element des Daseyns des allgemeinen Geistes, welches in der Kunst Anschauung und Bild, in der Religion Gefühl und Vorstellung, in der Philosophie der reine, freye Gedanke ist, ist in der Weltgeschichte die geistige Wirklichkeit in ihrem ganzen Umfange von Innerlichkeit und Aeußerlichkeit. (*GPR* § 341; 274.4–8)

Hegel betont hier, dass *relativ* zu den Gegenständen des absoluten Geistes und deren spezifischen Bezugnahmen bzw. Denkformen die Weltgeschichte den ganzen Umfang menschlicher Tätigkeit abbildet. Dabei kommt aber nicht einfach alles zur Sprache, was quellenmäßig irgendwie fassbar ist, sondern nur das, was für die Geschichtsphilosophie, mithin für den Begriff der Freiheit *relevant* ist. Dies ist das *Relevanzkriterium*, anhand dessen der spekulative Geschichtsphilosoph diesen Gegenstand *relativ* zu den nicht-philosophischen Geschichtsschreibern beschränkt, die ihre Erkenntnisinteressen unabhängig von solchen Erwägungen wählen.

Dass die Art der Bezugnahme der Geschichtsphilosophie derjenigen der Spezialgeschichte ähnlich ist und die Einführung einer solchen Form die methodische Voraussetzung dafür ist, eine Gegenstandseinschränkung im Sinne der philosophischen Geschichte des Freiheitsbegriffs vorzunehmen, heißt nun aber nicht, dass sich die Geschichtsphilosophie ausschließlich auf Spezialgeschichten als Datenbasis beziehen könnte.

Da die Formen der reflektierten Geschichtsschreibung und die ursprüngliche Geschichtsschreibung als Zeitgeschichtsschreibung *nach* ihrer jeweiligen historischen Fortentwicklung parallel betrieben werden können und so das Feld der Geschichtsschreibung ausdifferenzieren, stehen auch prinzipiell *alle* diese Studien als Datenmaterial zur Verfügung.

Aus den Arbeiten der nicht-philosophischen Geschichtsschreibung wird der Gegenstand ‚Weltgeschichte' als ein solcher konstituiert, auf den wir erfolgreich und dank quellenkritischer Absicherung durch die Geschichtsschreibung auch mit guten Gründen Bezug nehmen können, wenn wir über die Vergangenheit sprechen. Diesen Gegenstand untersucht der spekulative Geschichtsphilosoph nun danach, ob sich in einigen der Studien – den rationell-sinnigen – eine Darstellung findet, die sich dafür eignet, an ihr die historische Entfaltung der Bedeutung des Begriffs der Freiheit zu rekonstruieren.

Zugegebenermaßen stellt ein solches Unterfangen ein ambitioniertes Projekt dar; ob die historischen Arbeiten, die Hegel zur Verfügung standen, für die ihnen zugedachte Aufgabe tatsächlich geeignet waren, ob er diese adäquat aufgefasst hat, ob er die ‚passenden' berücksichtigt hat usw., sind selbstverständlich naheliegende kritische Überlegungen, gegen die man Hegels materiale Durchführung abzuwägen hat. Unabhängig von dieser Frage geht es mir aber darum, ob die *Grundlagen* eines solchen Projekts plausibel zu machen sind. Dies ist meines Erachtens der Fall. Die dabei zustande kommenden Erzählungen sollten aber mit einem erheblich fallibilistischeren Anspruch verfochten werden, als dies bei Hegel selbst der Fall ist.

Ich möchte nun einen potentiellen Einwand diskutieren, der für diese *Grundlagen* selbst relevant ist und zudem dazu beitragen kann, weiteren Aufschluss über Hegels angezieltes Vorgehen zu erhalten. Erst nach und zum Teil in Abhängigkeit von Hegels Projekt[370] hat sich eine spezifische Form von Spezial-

---

[370] So wird die Redeweise von einer ‚Begriffsgeschichte' auf Hegels Vorlesungsnachschriften zurückgeführt. Vgl. den Artikel ‚Begriffsgeschichte' im Historischen Wörterbuch der Philosophie. Meier 1971. *Wirkungsgeschichtlich* war für die Entstehung der modernen historischen Semantik eine vage Orientierung an Hegels Vorgehen aber wohl einflussreicher als eine explizite Auseinandersetzung mit diesem. Interessanterweise findet sich der Ausdruck ‚Begriffsgeschichte' im Rahmen der Freundesvereinsausgabe der Philosophie der Weltgeschichte, bei der knappen Diskussion der Spezialgeschichte. Dies liefert ein Indiz dafür, dass Hegel tatsächlich mit seiner Begriffsgeschichte der Freiheit an die Spezialgeschichte anzuknüpfen meint, und die Freiheit sowohl als semantisches, wie als institutionelles Phänomen als speziellen Gegenstand der *materialen* Philosophie der Weltgeschichte aufgefasst hat. In der Freundesvereinsausgabe steht zu lesen: „Die letzte Art der reflektierenden Geschichte ist nun die, welche sich sogleich als etwas Teilweises ausgibt. Sie ist zwar abstrahierend, bildet aber, weil sie allgemeine Gesichtspunkte (z. B. die Geschichte der Kunst, des Rechts, der Religion) nimmt, einen Übergang zur philosophischen Weltgeschichte. In unserer Zeit ist diese Weise der Begriffsgeschichte mehr ausgebildet und hervorgehoben worden." (MM 12, S. 19) Dass man den Einfluss Hegels über die suggestive Prägung des Wortes hinaus, für die Entstehung der historischen Begriffsgeschichte, nicht zu hoch veranschlagen sollte, liegt zum einen daran, dass Hegel selbst noch über keine explizite Theorie der Semantik verfügen konnte, die aber entscheidender Bestandteil jeder historischen Semantik ist, zum anderen daran, dass das Wort allein kein hinreichendes Zeichen für die Prägung eines Begriffs ist. Insofern lässt sich die historische Semantik selbst nicht ohne weiteres mit der hegelschen Begriffsgeschichte gleichsetzen oder aber als Ausformulierung derselben festhalten. Zur Wirkung der hegelschen Philosophie im Kontext der Genese der modernen Begriffsgeschichte(n) vgl. Müller/Schmieder 2016: 41–47. Die Autoren halten die Wirkung Hegels auf die moderne Begriffsgeschichte für begrenzt, diese habe sich z. T. sogar aus explizit antihegelianischen Quellen

geschichtsschreibung vor allem im 20. Jahrhundert als erfolgreiche neue Methode in der Geschichtswissenschaft etabliert: die *historische Begriffsgeschichte*.

Könnte man nicht gegen Hegel einwenden, dass seine materiale Untersuchung für seine Zeit – trotz der etwaigen Mängel in der Durchführung – ein erster innovativer Versuch war, das zu betreiben, was die historische Semantik professionalisiert hat? Nämlich die Erforschung der semantischen Züge, die in Abhängigkeit von sozialen Entwicklungen sich in unseren Begriffen niedergeschlagen haben? Sogar der für Hegel zentrale Grundbegriff der ‚Freiheit' wurde ja im Rahmen der Begriffsgeschichte behandelt und ausführlich aufbereitet.[371]

Falls sich zu dem Projekt einer historischen Semantik keine Abgrenzung vollziehen ließe, kollabierte Hegels materiales Projekt in den Aufgabenbereich der Geschichtsschreibung und bliebe ein zwar innovatives, aber heute obsoletes Unterfangen, gleichsam eine historische Begriffsgeschichte *avant la lettre*.

3.2.4 Philosophische vs. nicht-philosophische Begriffsgeschichte

Ich habe versucht, die Organisation der Weltgeschichte durch Hegels spekulative Geschichtsphilosophie als eine *Begriffsgeschichte* des Begriffs ‚Freiheit' zu verstehen und plausibel zu machen. Da die Begriffsgeschichte als neuer methodischer Zugang der historischen Forschung im zwanzigsten Jahrhundert in verschiedenen Gestalten ausgeprägt wurde, stellt sich heute die Frage, wie sich das hegelsche Projekt zu diesen Formen der Geschichtsschreibung verhält. Ich werde mich an dieser Stelle vor allem auf eine Form der historischen Semantik konzentrieren. Ein detaillierter Vergleich mit den Gestalten der Begriffsgeschichte, oder auch nur einer derselben, bedürfte einer eigenständigen Aufbereitung. Mir geht es hier vor allem darum, plausibel zu machen, dass die Etablierung der nicht-philosophischen Geschichtsschreibung keine Gefahr für Hegels Vorschlag, *was* Gegenstand einer materialen Geschichtsphilosophie sein kann, darstellt.

Ich konzentriere mich hier auf diejenige Form der Begriffsgeschichte, die in Deutschland maßgeblich von Reinhart Koselleck entwickelt wurde und als deren zentrales Resultat das in der historischen Forschung weithin als Standardwerk betrachtete achtbändige Werk: *Geschichtliche Grundbegriffe. Historisches Lexikon zur politischen-sozialen Sprache in Deutschland* (1972–1997) gelten kann.[372]

---

gespeist vgl. dies. 59–64, wo Trendelenburg und dessen Schüler Gustav Teichmüller in ihrem Bemühen um eine Begriffsgeschichte dargestellt werden.
371 Siehe: Bleicken/Conze/Dipper/Günther/Klippel/May/Meier 2004 [1975].
372 Vgl. zur Diskussion um die Begriffsgeschichte, vor allem Koselleckschen Typs: Koselleck 1979. Zur Diskussion Kosellecks vgl. den informativen Band Joas/Vogt 2011. Eine alternative

Im Rahmen dieser Ausprägung der historischen Semantik werden verschiedene ‚Grundbegriffe' untersucht, an deren semantischem Wandel *einerseits* abgelesen werden können soll, inwiefern die Wahrnehmung historischer Umbrüche durch die Menschen sich in ihrer sprachlichen Verarbeitung derselben niedergeschlagen hat; *andererseits* wird davon ausgegangen, dass ein solcher Wandel auch durch begriffliche Innovationen vorangebracht werden kann. Koselleck schreibt bezüglich dieser Annahme:

> Die Wirklichkeit mochte sich längst verändert haben, bevor der Wandel auf seinen Begriff gebracht wurde, und ebenso mochten Begriffe gebildet worden sein, die neue Wirklichkeiten freigesetzt haben.[373]

Die Begriffsgeschichte konzentriert sich dabei insbesondere auf die sogenannte ‚Sattelzeit' zwischen ca. 1700 und 1850, enthält aber auch ausführlichere semantische Studien zu Antike, Mittelalter und früher Neuzeit. Dem Konzept der Sattelzeit zufolge lässt sich die Moderne neben den üblichen Quellen *auch* an dem Indikator eines zunehmenden semantischen Wandels der Begriffe der politisch-sozialen Sprache erfassen, mit denen wir uns noch heute die soziale Wirklichkeit verständlich zu machen suchen. Dazu zählen Begriffe wie ‚Aufklärung', ‚Arbeit', ‚Freiheit', ‚Diktatur' oder auch ‚Sozialismus' und ‚Toleranz'. Die Herausgeber des Lexikons haben insgesamt 122 solcher Begriffe identifiziert, die sie als ‚Grundbegriffe' unserer Beschreibungssprache der politisch-sozialen Wirklichkeit ansehen.

Im Rahmen der hegelschen Einteilungen könnte man die Begriffsgeschichte als eine innovative neue Methode der Spezialgeschichte betrachten. Sie rekonstruiert den semantischen Wandel bestimmter Ausdrücke, um an diesen die Reaktionen der Menschen einer Zeit auf die sozialen Wandlungsprozesse dieser Zeit zu rekonstruieren. Während zu Hegels Zeiten die Spezialgeschichte kaum an der

---

Konzeption der Begriffsgeschichte hat die ‚Cambridge School of Ideas' vorgelegt. Diese Konzeption weist insofern starke Ähnlichkeit zu Hegels Rekonstruktionsidee auf, als sie die Geschichte auf die kontextualisierten Sprachspiele einer Zeit hin analysiert, und das historische Geschehen so in seiner Rationalität transparent macht, ohne dabei zeitübergreifende ‚Ideen' als Akteure postulieren zu müssen. Auch die hegelsche Idee der Freiheit lässt sich als Sprach-Handlungsspiel begreifen, dessen einzelne Züge für Hegel auf deren Fortschrittlichkeit relativ zur Realisierung individuelle Freiheit ermöglichender und fördernder Institutionen zu prüfen sind. Eine Untersuchung dieser Zusammenhänge forderte aber eine eigenständige Studie, die freilich die im Rahmen dieser Arbeit zu Tage geförderten Beziehungen zwischen Geschichtsphilosophie und Geschichtsschreibung zur Voraussetzung hat. Zur *Cambridge School* vgl. den einführenden Sammelband: Mulsow/Mahler 2010. Zur Einordnung der kulturwissenschaftlichen Strömung der historischen Semantik in den Kontext der modernen Linguistik vgl. Busse 2009: 125–133.
373 Koselleck 2010 [2006]: 29.

3.2 Die Bedeutung des Begriffs der Freiheit für Hegels Geschichtsphilosophie — 243

Semantik verwendeter Ausdrücke als ‚Quelle' und Indikator für sozialen Wandel orientiert war, hat sich mit der Entstehung der modernen Begriffsgeschichte eine neue Methode etabliert, die Vergangenheit zu rekonstruieren.[374]

Diese Methode weist insofern Ähnlichkeit zur hegelschen auf, als auch dieser den Bedeutungswandel eines Begriffs zu fassen sucht. Ob Hegel, ebenso wie die Begriffsgeschichte, eine wechselseitige Beeinflussung von begrifflicher Innovation und sozialem Umbruch oder Wandel akzeptiert hätte, ist nicht ganz eindeutig.[375] Seine faktische Rekonstruktionsmethode jedenfalls ist daran orientiert, eine bestimmte Fassung eines Begriffs als Prinzip zugrunde zu legen und dann dessen semantische und soziale Begebenheiten umfassende Entfaltung in einer übergreifenden Darstellung zu integrieren. Damit kann Hegel das Problem vermeiden, ob sich nicht wiederum jede begriffliche Innovation letztlich auf soziale Rahmenbedingungen zurückführen lässt oder aber umgekehrt sich die sozialen Bedingungen aus begrifflichen Innovationen ergeben. Da jede Erfassung der sozialen Wirklichkeit bereits – wenn auch impliziten – Begriffsgebrauch voraussetzt, kann Hegel mit einem Begriff als Prinzip anfangen und dann aufzeigen, wie die in ihm implizit enthaltenen Gehalte durch den Verlauf der Geschichte explizit werden.

Sicherlich hätte die Begriffsgeschichte für Hegels Interessen im Rahmen der materialen Geschichtsphilosophie eine wichtige Datenbasis dargestellt, da diese explizit auf die Wandlung der Bedeutung von Begriffen abstellt. Genau an solchen Wandlungen ist, wie ich plausibel zu machen versucht habe, auch die hegelsche Geschichtsphilosophie interessiert. Dennoch denke ich, dass sich die These verteidigen lässt, dass es sich bei Hegels Projekt nicht einfach um einen ausführlichen Versuch handelt, den Lexikonbeitrag zur ‚Freiheit' zu formulieren, bevor die Begriffsgeschichte sich etabliert hatte. Es lassen sich nach wie vor einige zentrale Unterschiede zwischen Begriffsgeschichte und materialer Geschichtsphilosophie festhalten. Ich werde im Folgenden auf diese Differenzen knapp eingehen, um so meine These zu verteidigen, dass Hegel mehr und anderes betreibt als die *Begriffsgeschichte* Koselleckschen Typs.

1. Hegel kann das Problem vermeiden, die Frage zu klären, wie man bestimmte Begriffe als ‚Grundbegriffe' auszeichnen kann. Dieses methodologische Problem betrifft die Grundlagen der historischen Begriffsgeschichte, deren Kriterien zur Identifikation und Auszeichnung von Grundbegriffen umstritten geblieben

---

[374] Zu dieser Auffassung der Begriffsgeschichte vgl. die Einleitung in die *Geschichtlichen Grundbegriffe*. Koselleck 2004b [1972]: vor allem XIII-XXIV.
[375] Für die Begriffsgeschichte sind Begriffe „zugleich als Faktoren und als Indikatoren" (Koselleck 2004b [1972]: XIV) sozialen Wandels bestimmt.

sind.³⁷⁶ Für Hegel tritt dieses Problem deshalb nicht auf, weil er nur an einem einzigen ‚Grundbegriff' interessiert ist, dem der Freiheit. Von diesem meint Hegel zeigen zu können, dass er mit unserem Selbstverständnis als rationale Personen in der Moderne analytisch verknüpft ist. Darüber hinaus beruft sich Hegel darauf, dass sich dieses Verständnis letztlich anhand seiner Rolle im Rahmen des gesamten Systems ausweisen lasse. Aber auch, wenn man diesen starken Begründungsanspruch außer Acht lässt, ist die These, dass es sich bei Freiheit um einen zentralen Begriff unseres modernen Selbstverständnisses handelt, eine plausible. Da Freiheit für uns in ihren verschiedenen Gestalten einen Wert darstellt, ist Hegels Versuch, die Dimensionen unseres Freiheitsverständnisses so miteinander zu vermitteln, dass sie in ihrer Gesamtkomposition als einem gedeihlichen sozialen Leben zuträglich erscheinen, philosophisch attraktiv. Eine rationale Rekonstruktion derjenigen Erfahrungen und Spielzüge, die zu diesem modernen Begriff geführt haben, kann dann hermeneutisch unser Selbstverständnis vertiefen helfen und dazu beitragen, dass wir nicht ohne gute Gründe eine Dimension des Freiheitsbegriffs gegen eine andere ausspielen.

Diese letztere Aussage führt mich zu einem zweiten – gewichtigeren – Unterschied zwischen philosophischer und historischer Begriffsgeschichte.

2. Die historische Semantik ist nicht an einer Fortschrittsgeschichte interessiert, sondern verzeichnet lediglich sämtliche relativ zu sozialen Wandlungsprozessen für relevant gehaltenen Entwicklungen eines Begriffs. Die normative Überlegung, welche dieser Komponenten sich tatsächlich als fortschrittlich erweisen, liegt außerhalb des Interesses der Geschichtsschreibung. Plakativ gesagt ist die Evaluationsdimension der Vergangenheit eine solche, die sich philosophisch rechtfertigen lassen muss und nicht allein mit den Mitteln der nicht-philosophischen Geschichtsschreibung behandeln lässt.³⁷⁷

---

376 Vgl. zu dieser Diskussion: Horstmann 1979. Horstmann plädiert für ein pragmatisches Vorgehen bei der Festlegung von Grundbegriffen. Auch die Frage, wie sich methodisch präzise angeben lässt, was Begriffe sind, ist in der begriffsgeschichtlichen Forschung nach wie vor umstritten, gehört aber in eine spezifische wissenschaftstheoretische Auseinandersetzung mit dieser historischen Forschungsmethode. Zu den Vorbehalten gegen die von Koselleck bereitgestellte Terminologie vgl. etwa: Schultz 2011: 237 f.

377 Damit behaupte ich nicht, dass in historischen Werken (i) keine Evaluationen vorkommen und (ii), dass diese nicht vorkommen sollten. Ich behaupte aber, dass der Historiker dann nicht mehr rein in der Rolle des wissenschaftlichen Historikers auftritt, sondern sich seine Thesen dann sowohl an unseren ethischen Ansprüchen im Alltag, wie auch an der philosophischen Diskussionslage zu messen haben.

3. Die Konzeptionen des Begriffs eines Begriffs, die der historischen Begriffsgeschichte sowie Hegels Konzeption zugrunde liegen, weichen signifikant voneinander ab. Die hegelsche Konzeption von Begriffen ist kein rein semantisches Gebilde, sondern bezeichnet eine Größe, die sich sowohl in unserer Sprache als auch in unseren Handlungen und Institutionen manifestiert.[378] Die historische Begriffsgeschichte konzentriert sich rein auf die Dimension des semantischen Wandels von Begriffen.[379]

Begriffe im hegelschen Sinne sind Gebilde, die sich in sozialen Bezügen realisieren und nicht unabhängig von diesen vorliegen, wenngleich sie im Rahmen der *Wissenschaft der Logik* in einem holistischen Netzwerk geordnet werden können, das diese unabhängig von deren sozialer Bedeutung und ihren Rollen thematisiert. Ob eine solche Konzeption, die eng mit Hegels starken Begründungsansprüchen verknüpft ist, akzeptabel ist, stellt ein eigenständiges Problem dar. Unabhängig von diesem systemimmanenten Problem möchte ich hier auf die Vorzüge einer solchen Konzeption verweisen: Hegel gelingt es, Begriffe und ihre komplexen Relationen zueinander nicht als platonische Gebilde zu behandeln, was als ontologischer Vorzug seiner Theorie gewertet werden kann. Zudem kann er zeigen, dass diese Begriffe eine notwendige historische Dimension aufweisen, die deren Bedeutung an die sozialen Erfahrungen und Praxen, die sich im Laufe der Geschichte ausgebildet haben, rückbindet. Darüber hinaus hilft seine Konzeption dabei, eine strikte Trennung zwischen unserer kognitiven Erfassung der sozialen Welt und der Sinndimension dieser Welt in unseren Handlungen und Institutionen zu vermeiden. Die komplexen Abhängigkeiten zwischen unseren Begriffen *in* diesen Praxen versucht Hegel dabei selbst anhand bestimmter Begriffe zu ordnen, die wiederum letztlich in holistischer Verbindung mit allen anderen Begriffen stehen.

Mein Vorschlag wäre, Hegels konkrete Organisationen von begrifflichen Abhängigkeiten unabhängig von seinen eigenen Begründungsansprüchen daran zu messen, inwiefern sie uns helfen, unsere Welt als sinnvoll zu begreifen und die Phänomene hinsichtlich der uns interessierenden und umtreibenden Probleme zu

---

378 Hegels Konzeption von Begriffen ist zu unterscheiden von seiner Konzeption des Begriffs, d. h. des Universalprinzips seines Systems. Der Begriff der Freiheit ist dabei selbst analytischer Bestandteil des Begriffs des an und für sich freien Willens, als Teilprinzip der Idee (also *des* Begriffs). Daher ist die Konzeption von Begriffen bei Hegel nicht unabhängig von seiner Konzeption *des* Begriffs, aber nicht mit dieser gleichzusetzen.

379 Eine genauere Analyse des relativ unscharfen Gebrauchs des Ausdrucks ‚Begriff' im Rahmen der historischen Begriffsgeschichte kann an dieser Stelle nicht unternommen werden und stellte selbst eine wissenschaftstheoretisch lohnenswerte Aufgabe dar. Man kann z. B. überlegen, welche semantische Theorie der Begriffsgeschichte adäquat wäre. Naheliegend wäre etwa eine Gebrauchstheorie der Bedeutung.

erfassen. Es bleibt dann im Einzelfall zu prüfen, ob uns die hegelschen Vorschläge der begrifflichen Erfassung von Phänomenen zu überzeugen verstehen, etwa indem sie dabei helfen, bestimmte Probleme zu vermeiden, die aus einer anderen Fassung der Phänomene resultieren, oder aber darauf aufmerksam machen, welche Folgekosten eine alternative Gewichtung der Stellung der Begriffe zueinander haben würde.

Mit einem solchen Vorgehen führt man sicher einen erheblich fallibilistischer orientierten Maßstab ein, als ihn Hegel beabsichtigt hat. Zudem ist zuzugestehen, dass eine solche Fassung dessen, welche Rolle Begriffe in unserem Verhalten zur Welt spielen, sich gegenüber alternativen Konzeptionen zu bewähren hätte.

Dieser Aufgabe kann hier nicht nachgegangen werden. Es sollte aber deutlich werden, dass Hegels Konzeption sich nicht von vornherein als hoffnungslos ‚metaphysisch belastet' ausscheiden lässt. Gerade durch die strikte Verortung der Begriffe und ihrer Bedeutung *in* unseren Praxen und deren historischer Entwicklung, kann Hegel der hohen Komplexität und Kontextualität der sozialen Welt gerecht werden. Diese Eigenheiten seines holistischen Kategoriennetzwerks sind in diesem Sinne nicht als Nachteile, sondern als Vorteile zu begreifen, wenn wir das Risiko vermeiden wollen, durch einfachere Theoriebildungen den Kontexten der sozialen Wirklichkeit nicht gerecht zu werden.

Ich kann im Rahmen dieser Arbeit keine präzise Analyse von Hegels Theorie der Begriffe – geschweige denn des *Begriffs* – und ihrer Eingebundenheit in unsere sozialen Praxen vorlegen. Dies wäre ein unabhängig zu realisierendes Projekt. In diesem Rahmen wäre es auch klarer möglich, zu untersuchen, wie sich die Absichten der Akteure *in* der Geschichte zu der Rekonstruktion der Geschichte als Entfaltung der vollständigen Bedeutung des Begriffs der Freiheit zueinander verhalten. Hierauf finden sich im Rahmen des zweiten Manuskripts wertvolle Hinweise, denen ich im Rahmen dieser Studie nicht mehr nachgehen werde.

Stattdessen möchte ich zum Abschluss der Grundlagendiskussion klären, inwiefern sich das hegelsche Projekt einer materialen Geschichtsphilosophie als Teil seiner praktischen Philosophie auffassen lässt, oder aber ob es metaphilosophisch nicht vielmehr der theoretischen Philosophie zuzurechnen ist.

3.3 Zwischen theoretischer und praktischer Philosophie: der metaphilosophische Ort der Geschichtsphilosophie Hegels

Ich werde mich der Frage der Klassifikation des *materialen* Projekts einer philosophischen Weltgeschichtsschreibung zwischen theoretischer und praktischer Philosophie in zwei Schritten nähern. In einem ersten Schritt werde ich Hegels

Darstellung des Zusammenhangs der Geschichtsphilosophie mit religiösen Überzeugungen und Denkformen diskutieren. Diese Diskussion wird näheren Aufschluss über die Zuordnung der Geschichtsphilosophie geben, die ich dann in einem zweiten Schritt vornehmen werde, ehe ich die Ergebnisse hinsichtlich der Ausgangsfrage in einem dritten Schritt resümiere.

3.3.1 Religion, Theodizee und Weltgeschichte

Hegel versucht seine These, dass sich in der historischen Entfaltung der Weltgeschichte die Bedeutung des Begriffs der Freiheit explizieren lasse, dadurch zu plausibilisieren, dass er auf die religiösen Überzeugungen von einer ‚Vorsehung', die die Geschichte leite, verweist:

> Zunächst aber habe ich diese Anführung der ersten Erscheinung des Gedankens, daß die Vernunft die Welt regiere, und des Mangelhaften derselben auch darum angeführt, weil diß seine vollständige Anwendung auf eine andere Gestalt desselben hat, die uns wohl bekannt und in welcher wir die Überzeugung davon haben, – die Form der religiösen Wahrheit nemlich, daß die Welt nicht dem Zufall und aüsserlichen, zufälligen Ursachen preisgegeben sey, sondern eine Vorsehung die Welt regiere. (M2: 145.18 – 146.5)

Zu Beginn der Passage verweist Hegel auf die Vernunftthese, die er angeführt habe, weil dieselbe sich ebenso bei einer „andere[n] Gestalt" (M2: 146.1), die sich von der Weltgeschichte unterscheiden lässt, zeigt. Dies ist die Gestalt der religiösen Wahrheit, von der er annimmt, dass diese seinen Zuhörern aufgrund ihrer religiösen Überzeugungen in diesem Bereich bzw. aufgrund ihrer *common-sense* Überzeugungen plausibel erscheint. In der Denkform des Religiösen lässt sich die Vernunftthese so explizieren, dass die Welt als ganze vernünftig eingerichtet und nicht „aüsserlichen, zufälligen Ursachen" (M2: 146.4) ausgeliefert sei. Die hier angeführten Ursachen lassen sich als solche verstehen, die sich nicht anhand des Begriffs explizieren lassen.[380] So soll auch die Geschichte des Begriffs der Freiheit zeigen, dass die Welt nicht durch „die abstracte und vernunftlose Nothwendigkeit eines blinden Schicksals" (*GPR* § 342; 274.14) geleitet wird, sondern sich vielmehr als mit der Vernunftthese verträglich erweist. Im Rahmen religiöser Überzeugungen bzw. der religiösen Denkform artikuliert sich diese These dabei in Gestalt einer göttlichen Vorsehung, durch die die historischen Phänomene als sinnvoll und wohlgeordnet betrachtet werden können.

---

[380] Hegel nutzt hier dieselbe Differenz zwischen äußerlich und innerlich, die er im ersten Manuskript bei der pragmatischen Geschichtsschreibung genutzt hatte. Vgl. M1: 137.7 – 9.

Im Folgenden charakterisiert Hegel den Status seiner Berufung auf die religiöse Überzeugung einer in der Geschichte sich ausweisenden Vorsehung näher:

> Ich erklärte vorhin, daß ich nicht auf Ihren G l a u b e n an das angegebene Princip Anspruch machen wolle [A] ; jedoch an den Glauben daran in dieser religiösen Form dürfte ich appelliren; wenn es nicht überhaupt die Eigenthümlichkeit der Wissenschaft der Philosophie es nicht zuließe, daß Voraussetzungen gelten, [B] – oder von einer andern Seite gesprochen, weil die Wissenschaft, welche wir abhandeln wollen, selbst erst den Beweis, obzwar nicht der W a h r h e i t , aber d e r R i c h t i g k e i t jenes Grundsatzes erst geben soll. [C] (M2: 146.5–11/ Siglen T.R.)

In [A] verweist er auf seine Erläuterung des Status der Vernunftthese weiter vorne im Manuskript (vgl. M2: 141.15–142.3) zurück. Wie weiter oben gezeigt, macht er dort deutlich, dass seine Ausführungen im Rahmen der Einleitung der Vorlesung lediglich als Exponierung bzw. Vorwegnahme der Resultate der Geschichtsphilosophie anzusehen sind. Da Hegels Philosophiekonzeption so angelegt ist, dass diese keinerlei externe Voraussetzungen akzeptieren kann, sondern diese alle im Rahmen des Systems thematisch werden können müssen und sich letztlich holistisch-kohärentistisch wechselseitig zu stützen haben,[381] kann er sich zu Zwecken der Begründung oder Rechtfertigung seines Vorgehens in der Geschichtsphilosophie nicht auf die Überzeugungen seiner Zuhörer berufen.

In [B] hebt Hegel nun hervor, dass es sich bei seiner Thematisierung der Vernunftthese im Rahmen der Religion anders verhalte. Es sei ihm eigentlich, d.h. auf Basis des *common-sense*, erlaubt, an die Vernunftthese im Rahmen ihrer religiösen Artikulation zu appellieren. Dies werde aber letztlich dadurch unmöglich, dass im Rahmen der spekulativen Philosophie überhaupt keine Voraussetzungen aus irgendwelchen anderen Wissenschaften oder Wissensformen im weiteren Sinne (z. B. Kunst, Religion) gelten dürfen, die nicht selbst einer philosophischen Explikation unterzogen wurden.

Nun kann man sich fragen, warum Hegel im Manuskript überhaupt erwähnt, dass er sich für die Begründung der Vernunftthese auch nicht auf die religiösen Überzeugungen seiner Zuhörer stützen dürfe, da er ja bereits zuvor deutlich gemacht hatte, dass die spekulative Philosophie als in letzter Instanz voraussetzungsloses Geschäft zu betreiben sei. Dies liegt m. E. daran, dass Hegel darauf aufmerksam machen möchte, dass die religiösen Überzeugungen eine andere Rolle für die Philosophie spielen, als es seine weiter oben benannte, abgelehnte bloße Berufung auf die Vernunftthese als Voraussetzung seiner Geschichtsphilosophie, tut.

---

381 Vgl. Quante 2011: 23 f.

Während Hegel seine These, dass es in der Weltgeschichte vernünftig zugegangen sei, für seine Vorlesung „nicht als Voraussetzung, sondern als Übersicht des Ganzen" (M2: 141.23–142.1) verstanden wissen möchte, spielen die religiösen Überzeugungen – insbesondere der Vorsehungsglaube, – eine andere Rolle. Zu Beginn der Vorlesung geht es um die Frage, wie es ihm gelingen kann, einen Teil seines philosophischen Systems dem Publikum zu präsentieren, ohne dass dieses dabei die anderen Teile kennen muss, obwohl letztlich alle Teile miteinander verzahnt sind. Dieses Problem stellt sich in analoger Form etwa auch in Hegels Monographie *Grundlinien der Philosophie des Rechts*, wo er zu Beginn mehrfach darauf hinweist, dass es sich hierbei um ein Werk handelt, dessen Voraussetzungen selbst wiederum in anderen Teilen des philosophischen Gesamtsystems einzuholen und auszuweisen sind.[382]

An der vorliegenden Stelle des Manuskripts geht es hingegen um die Frage, welche Rolle die religiöse Artikulation der Vernunftthese für die Philosophie der Weltgeschichte spielt. Nun spielt die Religion als Wissensform für Hegels philosophisches Projekt insgesamt eine herausgehobene Rolle. Im Rahmen der Religion kommt nicht nur die Vernunftthese zu ihrer „ersten Erscheinung" (M2: 145.18), sondern Philosophie und Religion lassen sich als eigentümliche Wissensformationen begreifen, weil sie beide auf das Ganze abzielen, mithin sich anders als die Einzelwissenschaften, wie etwa die empirische Physik oder die nicht-philosophische Geschichtsschreibung, in ihrem Gegenstandsbereich nicht begrenzen lassen. Diese Analogie zwischen Philosophie und Religion wird bereits ganz zu Beginn der *Enzyklopädie* betont:

> Sie [die Philosophie/T.R.] hat [...] ihre Gegenstände zunächst mit der Religion gemeinschaftlich. Beide haben die W a h r h e i t zu ihrem Gegenstande, und zwar im höchsten Sinne, – in dem, daß G o t t die Wahrheit und er a l l e i n die Wahrheit ist. Beide handeln dann ferner von dem Gebiete des Endlichen, von der N a t u r und dem m e n s c h l i c h e n G e i s t e, deren Beziehung auf einander und auf Gott, als auf ihre Wahrheit. (*Enz.* (1830) § 1; 39.6–11)

Neben der These, dass Religion und Philosophie denselben Gegenstandsbereich teilen, lässt sich dieser Stelle der Hinweis entnehmen, dass Religion und Philosophie diese Gegenstände „zunächst" gemeinsam haben. Mit diesem Temporal-

---

[382] Vgl. etwa *GPR* § 2; 23.17–25 „Die Rechtswissenschaft ist e i n T e i l d e r P h i l o s o p h i e. Sie hat daher die I d e e, als welche die Vernunft eines Gegenstandes ist, aus dem Begriffe zu entwickeln, oder, was dasselbe ist, der eigenen immanenten Entwickelung der Sache selbst zuzusehen. Als Theil hat sie einen bestimmten A n f a n g s p u n c t, welcher das R e s u l t a t und die Wahrheit von dem ist, was v o r h e r g e h t und was den sogenannten B e w e i s desselben ausmacht. Der Begriff des Rechts fällt daher seinem W e r d e n nach außerhalb der Wissenschaft des Rechts, seine Deduction ist hier vorausgesetzt, und er ist als g e g e b e n aufzunehmen."

adverb verweist Hegel auf die historische Entwicklungsdimension von Religion und Philosophie, die Gegenstand des absoluten Geistes bzw. der entsprechenden Vorlesungen sind, die Hegel zu diesen Gegenständen gehalten hat.[383] Ihm zufolge geht die Religion der Philosophie zeitlich vorher, damit geht einher, dass die Themen und Gehalte der Philosophie zum Teil bereits im Rahmen der religiösen Denkform auftreten, *bevor* sie eine philosophische Artikulation erhalten.[384] Daher kann Hegel im selben Paragraphen auch darauf hinweisen, dass Philosophie „daher wohl eine B e k a n n t s c h a f t mit ihren Gegenständen [...] voraussetzen" (*Enz.* (1830) § 1; 39.12f.) dürfe. Qua ihres Letztbegründungsanspruchs muss die Philosophie diese Gegenstände jedoch, geltungstheoretisch gesehen, so ausweisen, dass die zeitliche Abhängigkeit von der Religion keine bloße Voraussetzung mehr darstellt. Hegel unterscheidet an dieser Stelle zwischen der *Genese* der philosophischen Gegenstände aus der Religion herkommend und deren *Geltung*, die die Philosophie selbstständig leisten können muss, ohne dabei in Abhängigkeit von unausgewiesenen religiösen Prämissen und Präsuppositionen zu verbleiben.

Die These von der Bekanntschaft der Gegenstände aus der Religion her, erklärt nun aber, warum Hegel meint, dass man sich auf die Religion weit eher stützen könne, um die Vernunftthese zu plausibilisieren, als auf eine bloße Behauptung von ihm im Rahmen seiner Einleitung in die Geschichtsphilosophie als Teildisziplin des gesamten Systems.

Zudem ist auch die historische Entwicklung der religiösen Denkformen von zentraler Bedeutung für die materiale philosophische Weltgeschichte. Die Weiterentwicklung des Begriffs der Freiheit hängt Hegel zufolge eng mit den Weiterentwicklungen der Religion zusammen. Wie gesehen, geht er etwa davon aus, dass gerade die Entwicklung des Christentums (vor allem in der Form des Protestantismus) zur Entstehung des modernen Freiheitsbegriffs geführt hat.[385] Die

---

[383] Diese historische Entwicklungsdimension lässt sich sowohl den hegelschen Manuskripten zur Geschichte der Philosophie, als auch dem voluminösen, erhaltenen Manuskript zur Philosophie der Religion entnehmen.

[384] Dabei sind diese religiösen Gehalte *als* religiöse Gehalte, sowie als religiöse Gehalte von philosophischer Relevanz, methodisch erst dann identifizierbar, wenn sich die Philosophie als eigenständige Denkform etabliert hat und somit überhaupt erst ein Unterscheidungsbedürfnis hinsichtlich Religion und Philosophie auftritt.

[385] Vgl. „Erst die g e r m a n i s c h e n Nationen sind im Christenthum zum Bewußtseyn gekommen, daß der Mensch als Mensch frey, die Freyheit des Geistes seine eigenste Natur ausmacht; diß Bewußtseyn ist zuerst in der Religion, in der innersten Region des Geistes aufgegangen". (M2: 152.22–153.4) Hegels These, dass insbesondere das Christentum für das moderne Freiheitsverständnis verantwortlich ist, bzw. dessen Entstehungsort ist, hält auch die neuere historische Forschung noch für plausibel vgl. etwa Wehler 1987: 270.

religiösen Überzeugungen tragen also auch selbst, wie die anderen von den Menschen entwickelten Institutionen zur Entwicklung des Freiheitsbegriffs bei.

Trotz dieser Nähe der religiösen und der philosophischen Formen der Weltdeutung hebt Hegel in [C] hervor, warum eine solche Berufung auf die religiöse Überzeugung – aus deren Artikulationsform seinem Publikum die Vernunftthese als Vorsehungsglaube bereits bekannt ist – für seine philosophischen Ansprüche nicht hinreichend ist. Die Vorlesung selbst bzw. die materiale Geschichtsphilosophie sei in ihrer Durchführung der Beweis des „Grundsatzes" (M2: 146.2), d. h. der Vernunftthese. Hegel verweist dabei auf seine wahrheitstheoretische Differenzierung zwischen „Wahrheit" und „Richtigkeit".[386] Zwar zeigt die Geschichtsphilosophie selbst die Wahrheit der Vernunftthese als These der philosophischen Denkform, an dieser Stelle aber spricht Hegel nun von der Vernunftthese in ihrer *religiösen* Artikulationsform, nicht in der philosophischen. *Als solche*, d. h. als religiöse Form zeigt die materiale Philosophie der Weltgeschichte, dass die Vorsehungsthese sich als richtig, d. h. als mit der Aufarbeitung des empirischen Materials, das die rationell-sinnigen Geschichtsschreiber bereitstellen, kompatibel und als diesem angemessen erweist. Als *religiöse* These kann sie aber nicht als *wahr* ausgewiesen werden, da der Religion dafür die Begründungsmittel fehlen, die erst die spekulative Philosophie bereitstellt, die – Hegels Anspruch zufolge – ihre eigenen Voraussetzungen thematisieren und als notwendige Voraussetzungen im Gesamtsystem verorten können soll, ohne auf extern bleibende Begründungsmittel angewiesen zu sein. *Als* religiöse kann die Vernunftthese nur als richtig, nicht aber als wahr ausgewiesen werden, da ihr Inhalt sich in der inadäquaten Denkform der Religion, nicht in der philosophischen Form des Nachdenkens artikuliert.

Die Vernunftthese hat also zwei mögliche Artikulationen: eine in religiöser und eine in philosophischer Sprache bzw. Denkform. Wenn nun die philosophische Denkform die adäquate Artikulation dieser These darstellt, dann muss sich zeigen lassen, dass sich in ihrem Rahmen Probleme lösen lassen, die im Rahmen der religiösen Denkform zu argumentativ unbefriedigenden Resultaten führen. Dies erklärt, warum Hegel die These vertritt, dass sich im Rahmen der Geschichtsphilosophie einige Probleme, die vorher im Rahmen religiöser Deutungsmuster philosophisch behandelt wurden, befriedigend lösen lassen.

Meine *These* lautet, dass Hegel zufolge das Theodizee–Problem seinen adäquaten philosophischen Ort im Rahmen der materialen Philosophie der Weltgeschichte findet und mit den dort von ihm bereitgestellten Mitteln behandelt werden können soll, ohne auf die unbefriedigenden Lösungen im Rahmen reli-

---

[386] Zu dieser Differenzierung vgl. Halbig 2002: 181–217.

giös-imprägnierter Projekte zu verfallen. Dies ist gerade deshalb von Interesse, weil sich so zeigen lässt, dass Hegels Geschichtsphilosophie trotz Aufnahme religiöser Denkfiguren selbst kein Teil einer Religionsphilosophie oder klassischen Geschichtstheologie ist.

> Die Wahrheit nun, daß eine und zwar die göttliche Vorsehung den Begebenheiten der Welt vorstehe, <u>entspricht</u> dem angegebenen Princip, denn die göttliche Vorsehung ist die Weisheit nach unendlicher Macht, welche ihre Zwecke, d.i. den absoluten vernünftigen Endzweck der Welt verwirklicht; die Vernunft ist das ganz frey sich selbst bestimmende Denken, Nus. (M2: 146.11–16/Unterstreichung T.R.)

In dieser Passage ist ersichtlich, dass das Prinzip, d. h. die Vernunftthese, in ihrer philosophischen Artikulation der religiösen Artikulation im Rahmen einer göttlichen Vorsehung ‚entspreche'. Dabei soll die teleologisch konzipierte göttliche Vorsehung dem Universalprinzip entsprechen, das Hegel hier mit dem Terminus ‚Vernunft' bzw. Nous bezeichnet und als sich frei bestimmendes Denken expliziert.[387] Damit spielt er sowohl auf den Charakter der ‚Freiheit' des Universalprinzips an, in dem Sinne, dass es keinerlei externe Voraussetzungen hat, sondern als sich selbst-bestimmendes, und selbsttätiges Prinzip konzipiert ist, als auch auf die Geschichte dieses Prinzips im Rahmen der Philosophiegeschichte selbst. Daher verwendet Hegel an dieser Stelle den altgriechischen Ausdruck ‚Nous'. Die Entsprechungsrelation, die zwischen der religiösen und der philosophischen Artikulation vorliegen soll, greift seine allgemeine These auf, dass Religion und Philosophie denselben Inhalt haben und sich lediglich qua ihrer Denkform unterscheiden.[388] Dabei ordnet Hegel im Rahmen des absoluten Geistes die Philosophie der Religion über, da nur jene in der Lage ist, qua ihrer Denkform sämtliche ihrer Voraussetzungen transparent zu machen und im Rahmen des philosophischen Nachdenkens zu rechtfertigen. Die Religion dagegen ist nicht in der Lage, die philosophische (Selbst-)Thematisierung ihrerseits vorzunehmen. Zwischen beiden Wissensformen besteht eine Asymmetrie.

Die spekulative Philosophie kann sowohl sich selbst als auch sämtliche andere Wissensformen, seien es die der (Einzel-)Wissenschaften, die Kategorien des Common-Sense oder auch die Wissensform ‚Kunst' thematisieren und die in diesen Wissensformen eingemischten Kategorien explizit machen kann. Die Re-

---

[387] Der Ausdruck ‚Nous' verweist zudem auf die erste philosophische Artikulation der Vernunftthese bei Anaxagoras. Vgl. dazu weiter unten.
[388] Im Rahmen der spekulativen Philosophie vertritt Hegel diese These systematisch, von diesem Standpunkt aus, soll es dann auch möglich sein, die Entwicklung, die zu der Ausdifferenzierung von Religion und Philosophie bei gleichzeitiger Entsprechung ihrer Gehalte geführt hat, zu thematisieren.

ligion dagegen kann weder klären, welche religiösen Vorstellungen welchen Begriffen entsprechen, noch sich selbst in diesem Sinne vollständig begründen. Zudem fehlen der Religion die Mittel, die philosophischen Kategorien in angemessener Weise zu identifizieren.

So schreibt Hegel hinsichtlich dieser Asymmetrie im Rahmen des absoluten Geistes in einer Anmerkung, die das Verhältnis von Religion und Philosophie zum Gegenstand hat:

> Es kann nämlich wohl die Philosophie ihre eigenen Formen in den Kategorien der religiösen Vorstellungsweise sowie hiemit ihren eigenen Inhalt in dem religiösen Inhalte erkennen und diesem Gerechtigkeit widerfahren lassen, aber nicht umgekehrt, da die religiöse Vorstellungsweise auf sich selbst nicht die Kritik des Gedankens anwendet und sich nicht begreift, in ihrer Unmittelbarkeit daher ausschließend ist. (*Enz.* (1830) § 573 A.; 557.24–558.1)

Im Rahmen der Analyse der vorliegenden Passage des Manuskripts ist es nicht notwendig, näher auf die komplexe Verhältnisbestimmung zwischen Religion und Philosophie einzugehen. Für die Zwecke der vorliegenden Untersuchung bleibt festzuhalten: (i) Philosophie und Religion verhalten sich hinsichtlich ihrer Erkenntnismöglichkeiten asymmetrisch zueinander: Die Philosophie kann die Religion kategorial explizieren (und sich selbst); die Religion kann weder die Philosophie noch sich selbst adäquat explizieren. (ii) Es besteht eine Entsprechung zwischen den Inhalten von Religion und Philosophie. Der spekulative Philosoph ist in der Lage, diese Entsprechungen aufzudecken und zu explizieren.[389]

Diese Verhältnisbestimmung erklärt, warum Hegel zum einen die These vertreten kann, dass die spekulativ-philosophisch einzuholende Vernunftthese und die These, dass die Welt von einer Vorsehung Gottes geleitet sei, einander entsprechen, zugleich aber auch darauf hinweisen kann, dass diese These gemäß spekulativ-philosophischer Adäquatheitsbedingungen expliziert werden muss und daher ein Berufen auf die religiöse These als Voraussetzung des philosophischen Projekts inakzeptabel ist.

Im Einklang mit dieser allgemeinen Verhältnisbestimmung zwischen Religion und spekulativer Philosophie fährt Hegel nun auch im Manuskript fort, die Differenz hinsichtlich der Leistung der religiösen und der spekulativ-philosophischen Thematisierung der Vernunftthese auszuführen:

> Aber weiterhin thut sich nun auch die Verschiedenheit, ja der Gegensatz dieses Glaubens und unseres Prinzips gerade auf dieselbe Weise hervor, wie bey dem Grundsatze des Anaxagoras,

---

[389] Auf die Frage, wie genau man sich diese Explikation vorzustellen hat, bei der der Inhalt gewahrt bleiben soll, während sich die Denkform, in der er thematisiert wird, ändert, kann ich im Rahmen dieser Studie nicht eingehen. Vgl. zu dieser Frage aber Mooren 2016.

zwischen demselben und der Foderung des Sokrates an denselben. Jener Glaube ist nemlich gleichfalls unbestimmt, Glaube an die Vorsehung überhaupt, und geht nicht zum Bestimmten, zur Anwendung auf das Ganze, den umfassenden Verlauff der Weltbegebenheiten fort. (M2: 146.16–147.4)

Um den Gegensatz zwischen der religiösen und der spekulativ-philosophischen Thematisierung der Vernunftthese zu verdeutlichen, bedient sich Hegel an dieser Stelle eines Analogiearguments. Er verweist auf den platonischen Dialog *Phaidon*, der im Manuskript bereits zuvor Gegenstand war.[390] Der Vorsokratiker Anaxagoras (ca. 499–428 v.Chr.) gilt Hegel als einer der ersten Vertreter einer Vorsehungsthese.[391] Dieser wird im platonischen *Phaidon* von Sokrates, der die Anaxagoras-These referiert, dahingehend kritisiert, dass es ihm nicht gelinge, sein allgemeines Prinzip adäquat mit der Mannigfaltigkeit des konkreten Weltlaufs in Verbindung zu bringen.

Als Analogie ist dieses Argument deshalb aufzufassen, weil Hegel hier zeigt, dass auch in der Philosophiegeschichte die Explikation der Weltgeschichte anhand der Vernunftthese nicht ohne weiteres möglich war. Während es der spekulativen Philosophie gelingen soll, die Vernunftthese anhand der materialen Begriffsgeschichte der Freiheit plausibel zu machen, gelingt es der religiösen Thematisierung nicht, den Weltlauf in seinen Details plausibel als von der Vorsehung geleitete Abfolge zu fassen. Hegel selbst zitiert aus dem *Phaidon* sowohl einen Teil des sokratischen Referats der Position des Anaxagoras als auch dessen Kritik an derselben (vgl. M2: 144.20–145.7). Die Kritik des Sokrates, die Hegel im Rahmen der vorliegenden Passage wiederaufgreift, um das Ungenügende an der religiösen Artikulation der Vernunftthese zu verdeutlichen, fasst er an vorhergehender Stelle zusammen:

> Man sieht, das Ungenügende, was Sokrates an dem Princip des Anaxagoras fand, betrifft nicht das Princip selbst, sondern den Mangel an Anwendung desselben auf die concrete Natur, daß diese nicht aus jenem Princip verstanden, begriffen ist, – daß überhaupt jenes Princip abstract gehalten blieb, bestimmter daß die Natur nicht als eine Entwicklung desselben Princips, nicht als eine aus demselben, aus der Vernunft als Ursache, hervorgebrachte Organisation gefaßt ist. (M2: 145.7–13)

Hier wird die Abstraktheit dieses Prinzips deutlich, da Anaxagoras die begrifflichen Mittel fehlen, die Vernunftthese auf konkrete historische und natürliche Ereignisse anzuwenden. Da die religiöse Artikulationsform Hegel zufolge generell

---

[390] Vgl. M2: 144.1f.; ebd. 17; ebd. 20–145.7
[391] Auch in der neueren Forschung gilt Anaxagoras als eine der frühesten Belegstellen für den Vorsehungsglauben vgl. Deuser 2003: 303.

bei dieser Abstraktheit stehenbleibt und nicht, anders als die philosophische Artikulation im Rahmen der Geschichte der Philosophie, bis zur spekulativen Philosophie rekonstruiert werden kann, nennt Hegel den Glauben des Anaxagoras „gleichfalls unbestimmt" (M2: 147.2), er erfasst den „umfassenden Verlauff der Weltbegebenheiten" ebenso wenig, wie dies dem (religiösen) „Glaube an die Vorsehung" (M2:147.2f.) gelinge.

An diese Passage hat er eine Randnotiz angefügt, die belegt, dass es für die Rekonstruktion der Geschichte nicht genügt, abstrakt auf mögliche Ursachen historischer Geschehnisse hinzuweisen.[392]

> Geschichte anwenden – erklären [A] – Leidenschaften der Menschen, stärkere Armee, Talent, Genie dieses Individuums – oder daß in einem Staate gerade zufällig kein solches da gewesen – sogenannte natürliche Ursache [B] – wie Sokrates. Abstract bloß so beym Allgemeinen bewenden lassen. [C] (M2: 147.17–20/Siglen T.R.)

In [A] gibt Hegel stichwortartig den Anspruch an, der erfüllt werden muss, um die Vernunftthese ausweisen zu können. In [B] verweist er auf mögliche Ursachen, die üblicherweise zur Erklärung von Ereignissen und Absichten von Personen angeführt werden. Darunter fallen ersichtlich auch negative Ursachen, wie Hegels Hinweis zeigt, dass manchmal auch ein Geschehen in einem Staat darüber erklärt wird, dass ein entscheidendes Individuum nicht vorhanden war. Ob Hegel mit den natürlichen Ursachen einen Prädikator für die vorhergehenden Ursachentypen exemplarisch einführt, oder aber damit einen weiteren Ursachentyp benennen möchte, ist nicht ganz klar, muss im vorliegenden Kontext aber auch nicht entschieden werden; das „sogenannte" (M2: 147.19) legt nahe, dass er auf den Sprachgebrauch seiner Zeit abheben möchte.

In [C] zieht Hegel den Vergleich zur Kritik des Sokrates an Anaxagoras und kritisiert solche Erklärungstypen als unzureichend zur Rechtfertigung und Ausweisung der philosophischen Vernunftthese.

Im Haupttext des Manuskripts wird weiter ausgeführt, inwiefern mit der Vorsehung der Anspruch auf die Erklärung des konkreten Weltverlaufs einhergeht, zudem bestätigt sich hier die These, dass Anaxagoras selbst als der erste ange-

---

[392] Der Sache nach findet sich eine ähnliche Kritik Hegels in *GPR* § 115 A. Eine Analyse der Rolle von Kausalität im Rahmen der hegelschen materialen Philosophie der Weltgeschichte setzte eine genauere Analyse derjenigen Passagen des Manuskripts voraus, in denen Hegel sich mit der Rolle der Rekonstruktion der Absichten des Rekonstrukteurs und deren Verhältnis zu den Absichten der Akteure *in* der Geschichte auseinandersetzt, sowie eine Analyse des Verhältnisses von kausalen und teleologischen Erklärungen im Rahmen der *Wissenschaft der Logik*. Beides kann im Rahmen der vorliegenden, den wissenschaftstheoretischen Grundlagen der hegelschen Philosophie der Weltgeschichte gewidmeten Studie nicht geleistet werden.

sehen werden muss, der die Vernunftthese philosophisch artikuliert hat, die Weiterentwicklung des Prinzips aber mit der weiteren Entwicklung der Philosophiegeschichte verknüpft ist.

> Diß Bestimmte in der Vorsehung, daß die Vorsehung so oder so handle, heißt der Plan der Vorsehung; Zweck und Mittel [für] diß Schicksal diese Plane; dieser Plan aber ist es, der vor unsern Augen verborgen seyn, ja welchen es Vermessenheit seyn soll, erkennen zu wollen. Die Unwissenheit des Anaxagoras darüber, wie der Verstand sich in der Wirklichkeit offenbare, war unbefangen, das Denken, das Bewußtseyn des Gedankens war in ihm und überhaupt in Griechenland noch nicht weiter gekommen, er vermochte noch nicht sein allgemeines Princip auf das Concrete anzuwenden, dieses aus jenem zu erkennen, einen Schritt darin, eine Gestalt der Vereinigung des Concreten mit dem Allgemeinen freylich nur in der subjectiven Einseitigkeit zu erfassen, hat Sokrates gethan; somit war er nicht polemisch gegen solche Anwendung, jener Glaube aber ist es wenigstens gegen die Anwendung im Grossen, eben gegen die Erkenntniß des Plans der Vorsehung. (M2: 147.4–16/Siglen T.R.)

Hegel fasst hier die Anwendung der Vorsehung auf den Weltverlauf terminologisch als geplantes Geschehen einer Vorsehung. Dabei soll dieser Plan Gottes bzw. einer höheren Vernunft allerdings dem menschlichen Erkennen verborgen sein. Aufgrund dessen kann er folglich auch kaum zur Explikation des konkreten Weltverlaufs herangezogen werden. Zugleich wird betont, dass es dieser These zufolge als ‚vermessen' gelten soll, überhaupt zu versuchen, den Plan der Vorsehung erkennen zu wollen. Ersichtlich verbindet Hegel hier die philosophische mit der religiösen Vorsehungskonzeption.[393]

Der Weltplan wird im Rahmen dieser Überlegungen wissenstranszendent, da er auf der einen Seite als vorhanden behauptet wird, auf der anderen Seite aber als strikt unerkennbar gilt. Im Rahmen der hegelschen Ontologie ist die Existenz von etwas prinzipiell Unerkennbarem ausgeschlossen.[394] Unabhängig von der Plausibilität oder Unplausibilität dieser hegelschen Metaphysik lässt sich gegen diese Konzeption – wie Hegel es im Rahmen des Manuskripts auch selbst tut – ihre mangelnde explanatorische Fruchtbarkeit ins Feld führen, wie sie etwa im religiösen Kontext vorherrscht.[395]

> Denn im Besonderen läßt man es hie und [da] wohl gelten, und fromme Gemüter sehen in Vielen Einzelnen Vorfallenheiten, wo andere nur Zufälligkeiten sehen, sondern auch und

---

[393] Man kann dabei etwa an Luther denken, der die Möglichkeit den Weltplan, den er als gegeben annimmt, erkennen zu wollen bzw. zu können, strikt ablehnt. Zum Vorsehungskonzept Luthers vgl. Deuser 2003: 307–309.
[394] Zur hegelschen Kritik am „Ding-an-sich" vgl. *Enz.* (1830) § 124 A.
[395] Zu den Problemen der Vorsehungskonzeptionen etwa von Zwingli und Melanchthon, die versuchen, ihre These durch empirische Bezugnahmen auf die Geographie zu plausibilisieren, vgl. Büttner 1975.

zwar nicht nur Schickungen Gottes überhaupt, sondern auch seiner Vorsehung, nemlich Zwecke, welche derselbe mit solchen Schickungen habe. Doch pflegt diß nur im Einzelnen zu geschehen, indem z. B. einem Individuum in einer grossen Verlegenheit und noth unerwartet eine Hilfe gekommen ist, so dürfen wir demselben nicht Unrecht geben, wenn es bey seiner Dankbarkeit dafür zugleich zu Gott aufschaut; aber der Zweck selbst ist beschränkter Art, sein Inhalt ist nur der besondere Zweck dieses Individuums. (M2: 147.16–148.9)

Im Rahmen dieser Passage wird deutlich, dass Hegel nicht einfach die explanatorischen Mängel des Glaubens an die Vorsehung kritisiert. Zudem wird deutlich, dass er diese Praxis, von der er anzunehmen scheint, dass durch sie der Sinn für das ‚Höhere' gewahrt bleibt, akzeptiert. Diese Praxis gewinnt ihren ‚Witz' daraus, dass die Menschen ihr eigenes Leben mit seinen Sorgen und Problemen als eingebunden in ein höheres Ganzes betrachten, was diesem Leben Sinn zu geben vermag.

Die Differenz zwischen den Ansprüchen, die eine philosophische Vorsehungslehre mittels der Vernunftthese einlösen können soll und der religiösen Artikulation derselben, hebt Hegel im Manuskript im Anschluss hervor:

Wir haben es aber in der Weltgeschichte mit Individuen zu thun, welche Völker, mit Ganzen, welche Staaten sind; wir können also nicht bey jener, so zu sagen, Kleinkrämerey des Glaubens an die Vorsehung stehen bleiben, und ebenso nicht bey dem bloß abstracten, unbestimmten Glauben, der bloß bey dem Allgemeinen, daß es eine Vorsehung gebe, welche die Welt regiere, aber nicht zum Bestimmten vorgehen will, sondern wir haben vielmehr Ernst damit zu machen. (M2: 148.9–15)

Die Passage belegt, dass die abstrakte Fassung der Vorsehungsthese, wie sie im Rahmen der religiösen Artikulation oder aber der hegelschen historisch-systematisch vorangehenden Philosophien (etwa derjenigen des Anaxagoras) gefasst wurde, in zweierlei Hinsicht unzureichend ist, die historischen Phänomene adäquat so zu organisieren, dass sich damit die These einer Vernünftigkeit derselben belegen ließe. *Erstens* verfehlt sie, sofern sie auf völlig partikulare Absichten, Wünsche und Handlungen von Individuen bezogen wird, die Ebene, auf der die materiale philosophische Weltgeschichte greifen soll; *zweitens* darf sich Hegel nicht damit begnügen, sich lediglich darauf zu berufen, dass im Großen und Ganzen die Weltgeschichte vernünftig organisiert sei; selbiges muss auch an den Geschehnissen ausgewiesen werden können. Hegel meint, seiner materialen Geschichtsphilosophie müsse es gelingen, die „Wege der Vorsehung" (M2: 148.15), d. h. die konkreten Züge, die im Rahmen der weltgeschichtlichen Entwicklung zur semantischen und institutionellen Entfaltung des Begriffs der Freiheit geführt haben, als „Mittel" (M2: 148.15) aufzufassen, die der Realisierung dieses Begriffs dienen. Als Rekonstruktionsprinzip dient dabei „jenes allgemeine Princip" (M2: 148.18), d. h. die Vernunftthese, die freilich im Rahmen der Philosophie artikuliert werden muss, um diejenigen Geltungsansprüche einlösen zu können, die religiös in der Vorsehungsthese artikuliert wurden.

Diese Aufgabe versucht Hegel im Rahmen seiner Philosophie der Weltgeschichte zu lösen, indem er sie als philosophische Begriffsgeschichte des Begriffs der Freiheit konzipiert.[396] Hegels Begründungsansprüche setzen zudem den Nachweis voraus, dass die philosophische Weltgeschichte tatsächlich die mit der religiös artikulierten Vorsehungsthese einhergehenden Ansprüche im Rahmen der philosophischen Rekonstruktion bewahrt und diese zudem explanatorisch befriedigender eingelöst werden können, als im Rahmen der religiösen Denkform. Festzuhalten bleibt aber, dass Hegels materiale Geschichtsphilosophie als eine spezifisch philosophische Begriffsgeschichte der Freiheit auch dann ein gelingendes Projekt darstellen kann, wenn es ihm nicht gelingen sollte, das zusätzliche Beweisziel einer ‚Aufhebung' der religiösen Vorsehungsthese im Rahmen der philosophischen Weltgeschichte zu erreichen. Daher ist das Beweisziel (i): Ausweisung der Vernünftigkeit des Verlaufs der Weltgeschichte anhand einer Rekonstruktion des Freiheitsbegriffs logisch unabhängig von Beweisziel (ii): dem Nachweis, dass eine solche Begriffsgeschichte denselben Inhalt hat, wie die religiöse Vorsehungsthese, diese aber explanatorisch überbietet.

Im Rahmen der hier verfolgten Fragestellung ist Hegels Diskussion der Vorsehungsthese vielmehr deshalb von Interesse, weil sich an ihr ablesen lässt, welche Ansprüche näher besehen mit seiner Begriffsgeschichte der Freiheit verbunden sind. Denn unabhängig von der Frage, ob es ihm gelingt, die Verbindung zur religiösen Artikulation plausibel zu machen, lässt sich an dieser Diskussion erkennen, welche Aufgabe seine Geschichtsphilosophie im Rahmen der Philosophie übernehmen soll.

---

396 Da im Rahmen des vorliegenden Abschnitts der Arbeit aber die Frage nach der metaphilosophischen Klassifikation im Vordergrund steht, werde ich der Frage, ob es Hegel gelingt, seine explanatorischen Ansprüche im Rahmen der Weltgeschichte zu erfüllen, nicht weiter nachgehen. Eine Klärung hinge einerseits von der hier ausgelassenen Frage ab, wie sich die Absichten der Akteure *in* der Geschichte zu der Zweck-Mittel-Rekonstruktion des spekulativen Geschichtsphilosophen verhalten, andererseits von einer Prüfung der konkreten Durchführung des hegelschen Projektes, nicht nur von dessen Grundlagen. Letztere bilden aber den alleinigen Gegenstand dieses Kapitels. Zudem bliebe zu klären, ob es Hegel ganz generell gelingt plausible Adäquatheitsbedingungen dafür aufzustellen, dass seine philosophischen Rekonstruktionen religiöser Überzeugungen und Artikulationen deren Gehalt tatsächlich entsprechen und angemessen sind. Ob eine retrospektive Begriffsgeschichte der Freiheit den Intuitionen religiöser Menschen genügt, auf dass diese eine solche Geschichtsphilosophie als rationale Rekonstruktion ihres Vorsehungsglaubens problemlos akzeptieren, scheint zumindest fraglich, führt aber über die vorliegende Studie hinaus in den Bereich der allgemeinen Frage, welche Ansprüche Hegel aufgrund seiner spezifischen Verhältnisbestimmung von Religion und Philosophie einzulösen hat.

Dass auch für Hegel das Beweisziel (i) von (ii) logisch unabhängig ist, zeigt die weitere Diskussion des Konnexes zwischen der religiösen und der philosophischen Artikulation:

> Ich hätte die Erwähnung, daß unser Satz, daß die Vernunft die Welt regiert und regiert hat, in religiöser Form so ausgesprochen wird, daß die Vorsehung die Welt beherrsche, unterlassen können, um nicht an jene Frage der Möglichkeit der Erkenntniß Gottes zu erinnern. [A] Ich habe jedoch nicht unterlassen wollen, theils bemerklich zu machen, womit solche Materien weiter zusammenhängen, theils aber auch darum nicht um den Verdacht zu vermeiden, als ob die Philosophie sich scheue und zu scheuen habe, an die religiösen Wahrheiten zu erinnern, und denselben aus dem Wege ginge, und zwar weil sie gegen dieselben so zu sagen kein gutes Gewissen habe. Vielmehr ist es in neuern Zeiten so weit gekommen, daß die Philosophie sich des religiösen Inhalts gegen manche Art von Theologie anzunehmen hat. [B] (M2: 149.3 – 14/Siglen T.R.)

In [A] macht Hegel deutlich, dass der Verweis auf die religiöse Artikulation der Vernunftthese prinzipiell verzichtbar für sein geschichtsphilosophisches Projekt wäre.

In [B] erläutert er die Gründe, die ihn trotzdem dazu bewogen haben, auf die Rolle der religiösen Artikulationsform einzugehen. Hegel führt *zwei* Gründe an: Zum einen wolle er unabhängig von den spezifischen Ansprüchen, die im Rahmen der Philosophie der Weltgeschichte eingelöst werden sollen, zeigen, inwiefern diese mit weiteren seiner philosophischen Ansprüche verknüpft ist. Die Verbindungen zwischen der religiösen und der philosophischen Artikulation liefern Hegel eine Möglichkeit, einen Konnex zwischen der Religionsphilosophie als Gegenstand des absoluten Geistes und der Geschichtsphilosophie als Gegenstand des objektiven Geistes herzustellen. Die Verbindung zwischen religiöser und philosophischer Artikulation stellt also einen Zusammenhang zwischen zweien seiner Systemteile her.

Hegel möchte durch den Verweis auf die Religion auf den systematischen Zusammenhang der Geschichtsphilosophie mit anderen Systemteilen abheben. Insofern ist seine These, dass die religiöse und die philosophische Artikulation denselben Denkinhalt bei einem Unterschied der Denkform zum Ausdruck bringen, Teil seines übergeordneten Beweiszieles, die Gültigkeit des Universalprinzips – der absoluten Idee – auszuweisen. Dieses übergeordnete Beweisziel ist dabei in jedem Systemteil Hegels gegenwärtig. Unabhängig von diesem Ziel verfolgt Hegel in jedem Teilbereich des Systems für diesen spezifische Beweisziele. Daher lässt sich seine Behandlung der Weltgeschichte auch nicht darauf reduzieren, dass der Ausweis der Vernünftigkeit der Weltgeschichte lediglich Mittel zu dem Zweck sei, die generelle Wahrheit der absoluten Idee zu begründen.

Der erste von Hegel angeführte Grund soll sein Publikum also daran erinnern, dass die Weltgeschichte lediglich *einen* Teil seines übergeordneten Gesamtprojekts darstellt. Dieser erste Grund verweist damit auf das *esoterische* Ziel Hegels, welches er im Rahmen seines gesamten philosophischen Systems verfolgt. Im Rahmen des Systems kann dann weiter zwischen *dem* esoterischen Ziel, das durch alle Teilbereiche hindurch verfolgt wird, nämlich der Explikation und Rechtfertigung der ‚Idee' als Universalprinzip und *den* bereichsspezifischen esoterischen (Teil–)Zielen unterschieden werden, die sich mit der Spezifizität ihres jeweiligen Gegenstandsbereichs (z. B. dem Eigentumsrecht oder der organischen Physik) befassen und an diesem zu bewähren haben.

Der zweite Grund, den er anführt, kann im Unterschied zu diesen beiden esoterischen Projekten als *exoterisch* bezeichnet werden. Dabei handelt es sich um Ausführungen Hegels, die zeit- und ortsgebunden vorgenommen werden und nicht im strengen Zusammenhang mit seinem System stehen. Zu diesen exoterischen Zielen gehören etwa Hegels Ausführungen in seinen Vorreden und Rezensionen, in denen er versucht, als Philosoph auf gesellschaftliche oder wissenschaftliche Missstände seiner Zeit aufmerksam zu machen.

Sein Verweis auf die religiöse Artikulation der Vernunftthese soll hier zwei Vorurteilen begegnen, die sich seines Erachtens in seiner Zeit und seinem wissenschaftlichen Umfeld gegen die spekulative Philosophie ergeben haben. Zum einen verweist Hegel auf das Vorurteil, dass die Philosophie zur Religion nichts zu sagen habe oder besser nichts zu ihr sagen solle, da sie gegenüber den religiösen Wahrheiten „so zu sagen kein gutes Gewissen habe" (M2: 149.11 f.). Hier deutet sich an, dass Hegel auf einen schwelenden Konflikt zu reagieren trachtet, der erst nach seinem Tod zum vollen Ausbruch kam, nämlich die Vermutung bzw. der Vorwurf, dass die spekulative Philosophie letztlich die religiösen Wahrheiten nicht erfolgreich rechtfertige oder sich wenigstens nicht neutral zu diesen verhalte, sondern diese vielmehr angreife oder zu zersetzen drohe.[397] Einem solchen Vorwurf gegenüber verweist Hegel darauf, dass die Philosophie die religiösen Wahrheiten und ihre im Rahmen der spekulativen Philosophie mögliche Rechtfertigung gegenüber „manche[r] Art von Theologie" (M2: 149.13) zu verteidigen habe. Er spielt damit vermutlich auf die Theologie Friedrich Schleiermachers an, der zeitgleich und auch in wissenschaftspolitischer Konkurrenz zu Hegel an der Berliner Universität tätig war. Gegen Schleiermachers – von Hegel als nonkognitivistisch gedeutetes – Religionsverständnis meint er die Religion als kognitiv

---

397 Dieser Streit führte nach Hegels Tod zum raschen Zerfall der Hegel-Schule. Vgl. Quante 2010.

fassbare (d. h. Erkenntnisse zum Ausdruck bringende) Denkform verteidigen zu müssen.[398]

Wie sich im Folgenden zeigen wird, hat Hegel noch einen weiteren Grund, warum er auf die religiöse Artikulation der Vernunftthese verweist. Die Philosophie der Weltgeschichte soll eine Aufgabe lösen, die klassischerweise im Rahmen der Vorsehungsdiskussion behandelt wurde. Hegel erörtert im Manuskript nun knapp seine Ansicht, dass es an der Zeit sei, die Artikulation der Vernunftthese in religiöser Form zu überwinden und durch die seines Erachtens überlegene Denkform der Philosophie einzulösen bzw. zu rechtfertigen. So schreibt er, dass es endlich dazu kommen müsse, „das was dem fühlenden und vorstellenden Geiste zunächst vorgelegt worden, auch mit dem Gedanken zu erfassen." (M2: 149.19 – 21) Wobei der ‚fühlende', wie der ‚vorstellende' Geist gegenüber der Erkenntnis des Gedankens durch die spekulative Philosophie für epistemisch defiziente Erkenntnismodi stehen.

Hegel verknüpft nun im Anschluss das esoterische Teilziel und das esoterische Universalziel miteinander und versucht deutlich zu machen, inwiefern die Aufgabe der Geschichtsphilosophie von einem religiösen oder religionsphilosophischen Problem her verstanden werden kann:

> Unsere Erkenntniß geht darauf, die Einsicht zu gewinnen, daß das von der ewigen Weisheit bezweckte wie auf dem Boden der Natur, so auf dem Boden des in der Welt wirklichen und thätigen herausgekommen ist. [A] Unsere Betrachtung ist insofern eine T h e o d i c ä e, eine Rechtfertigung Gottes, welche Leibnitz metaphysisch auf seine Weise in noch abstracten, unbestimmten Kategorien versucht hat; das Übel in der Welt überhaupt, das Böse mit innbegriffen, sollte begriffen, der denkende Geist mit dem Negativen versöhnt werden, und es ist in der Weltgeschichte, daß die ganze Masse des concreten Übels uns vor die Augen gelegt wird. [B]
> (In der That liegt nirgend eine grössere Aufforderung zu solcher versöhnenden Erkenntniß, als in der Weltgeschichte [...] [C]) (M2: 150.3 – 14)

In [A] thematisiert Hegel das Universalziel, im Rahmen einer teleologischen Rekonstruktion die gesamte Wirklichkeit als vernünftig, d. h. mit den Mitteln seiner

---

[398] Implizit richtet sich Hegel gegen Schleiermacher etwa auch in *Enz.* (1830) § 2 A., wo er hervorhebt, dass die Religion nicht als reine Gefühlsreligion, in der sich keinerlei kognitiver Gehalt befinde, konzipiert werden sollte.
 Auf die Frage, wie sich bei Hegel Religion, Philosophie und Theologie näher zueinander verhalten, werde ich im Rahmen dieser Arbeit nicht eingehen. Eine solche Verhältnisbestimmung setzte eine nähere Auseinandersetzung mit Hegels Religionsphilosophie voraus. Dass Hegel aber eine von der Philosophie unterschiedene Theologie zulässt, die wiederum nicht einfach mit der religiösen Praxis als solche zusammenfällt, legt eine Anmerkung im Rahmen des subjektiven Geistes nahe, in der Hegel von „wissenschaftlicher Theologie" (*Enz.* (1830) § 400 A.; 398.4) spricht.

Logik als rekonstruierbar auszuweisen. Die Rede von der „ewigen Weisheit" zeigt, dass Hegel dabei generell beansprucht, auch religiösen Artikulationen dieser These – nicht nur im Rahmen der Weltgeschichte, sondern auch im Rahmen des absoluten Geistes – gerecht zu werden. Dass die entsprechende Einsicht nicht nur im Rahmen der Kultur bzw. der Geschichte, sondern auch für die ‚Natur' verteidigt werden soll, zeigt, dass es ihm hier auf das Universalziel seines Systems ankommt, das sowohl geistige als auch natürliche Phänomene umgreift, während sich Hegels Philosophie der Weltgeschichte auf die Kulturgeschichte bezieht und die mögliche Rationalität einer Naturgeschichte nicht zum Gegenstand hat. Natürliche Einwirkungen auf die Kulturgeschichte treten lediglich als Randbedingungen in diese ein, nicht aber als eigenständiger, zu erklärender Gegenstand. Hegel geht in seinem System generell von einer höheren Dignität kultürlicher gegenüber natürlichen Gegenständen aus. Aus der Perspektive der Weltgeschichte im Rahmen des objektiven Geistes tritt die Natur nur in Relation zu diesem auf. [399]

In [B] fasst Hegel dieses Ziel bzw. einen Teil des Gehalts dieses Ziels unter Verweis auf die Theodizee. Gerade an dieser Stelle verknüpft er nun sein esoterisches Teilziel im Rahmen der materialen Geschichtsphilosophie mit dem esoterischen Universalziel. Mit der grammatischen Konjunktion „insofern" (M2: 150.6) vollzieht er die Einschränkung auf diejenige Hinsicht, in der das in [A] zum Ausdruck gebrachte Universalziel seines Systems im Rahmen der Philosophie der Weltgeschichte thematisch ist. Dabei verknüpft er diese Perspektivbestimmung zusätzlich mit seinem Anspruch, hier einen Teil der in der Geschichte ursprünglich religiös artikulierten Überzeugung von einer Vorsehung in der historischen Entwicklung rational rekonstruieren und somit aufheben zu können. Möchte man eine metaphilosophische Klassifikation der Aufgabenstellung der hegelschen Geschichtsphilosophie vornehmen, so gilt es diese zusammenwirkenden Ziele und Ansprüche Hegels zu identifizieren und voneinander analytisch zu unterscheiden.

Während Hegel mit dem Ausdruck „[u]nsere Erkenntniß" (M2: 150.3) in [A] auf die auf Letztbegründung zielende teleologische Gesamtstruktur des Systems

---

[399] Darauf weist Hegel auch an früherer Stelle im zweiten Manuskript hin, wo er die Weltgeschichte im Rahmen der Geistphilosophie verortet: „Zuerst müssen wir beachten, daß unser Gegenstand, die Weltgeschichte, auf dem g e i s t i g e n B o d e n vorgeht. Welt begreift die physische und psychische Natur in sich; die physische Natur greifft gleichfalls in die Weltgeschichte ein, und wir werden gleich Anfangs auf dieß Grundverhältniß der Naturbestimmung aufmerksam machen. Aber der Geist und der Verlauff seiner Entwicklung ist das Substantielle; Geist h ö h e r als Natur – die Natur haben wir hier nicht zu betrachten, wie sie an ihr selbst gleichfalls ein System der Vernunft sey in einem besondern, eigenthümlichen Elemente, sondern nur relativ auf den Geist." (M2: 151.8 – 15)

abstellt,[400] stellt er mit Beginn von [B] mit dem Ausdruck „[u]nsere Betrachtung" (M2: 150.6) auf die in der Vorlesung thematisierte Philosophie der Weltgeschichte ab. Ab [B] geht es ihm also nicht mehr um das gesamte System, sondern um diejenigen Teilziele, die im Rahmen der Philosophie der Weltgeschichte eingelöst werden sollen.

In der religiösen Sprache lässt sich die Weltgeschichte nun als Theodizee verstehen, d.h. als Rechtfertigung Gottes. Nun hat Hegel zufolge bereits Anaxagoras versucht, die mit den religiösen Intuitionen hinsichtlich einer Rechtfertigung der Vorsehung verknüpften Intuitionen einzuholen. Hegel selbst ist keineswegs der erste Philosoph, der versucht, das Problem einer Theodizee zu rekonstruieren. In der vorliegenden Passage verweist er auf den bekanntesten dieser philosophischen Versuche: die Leibnizsche *Theodizee*.[401] An diesem wird kritisiert, dass er die Rechtfertigung Gottes ebenfalls „in noch abstracten, unbestimmten Kategorien versucht" (M2: 150.7f.) habe. Mit der verstärkenden adverbialen Verwendung von ‚noch' drückt er das Ungenügen des Leibnizschen Versuchs aus, ohne freilich den Anspruch der Durchführbarkeit einer Theodizee damit aufzugeben. Im Rahmen der Philosophie der Weltgeschichte soll sich der Anspruch einer Theodizee einlösen lassen.[402] Mit der Rede von der ‚Unbestimmtheit' der von Leibniz verwendeten Kategorien zur Ausführung seiner Theodizee, verweist Hegel zum einen darauf, dass diesem noch nicht die kategorialen Mittel der *Wissenschaft der Logik* als – seinem Anspruch zufolge – elaboriertester Form philosophischer Terminologiebildung zur Verfügung standen,

---

400 Hegels Ausdrucksweise in [A], dass unsere Erkenntnis darauf gehe, eine Einsicht in die Vernünftigkeit der Welt insgesamt zu erlangen, spielt darauf an, dass die Philosophie ein letztlich voraussetzungsloses Projekt darstellen soll, das jede Art von externer Begründung zu vermeiden hat. *Warum* dies eigentlich so sein soll, ist eine metaphilosophische Frage hinsichtlich der Ausrichtung philosophischer Reflexionsbemühungen überhaupt, auf die Hegel keine eindeutige Antwort hat. Mit anderen Worten, sein System ist zwar letztbegründend konzipiert, die Letztbegründung selbst aber nicht mehr begründet. Diese möglicherweise offene begründungstheoretische Flanke in Hegels System deutet sich in der vorliegenden Passage durch die Vagheit an, mit der Hegel diesen Anspruch zum Ausdruck bringt („geht..auf"). Bereits im ersten Paragraphen seiner *Enzyklopädie* investiert Hegel sein Letztbegründungsprogramm mit einer ähnlich unklaren Formulierung: „Aber bei dem denkenden Betrachten [d.h. bei der Philosophie/T.R.] gibts sich bald kund, daß dasselbe die Foderung in sich schließt, die N o t h w e n d i g k e i t seines Inhalts zu zeigen, sowohl das Seyn schon als die Bestimmungen seiner Gegenstände zu b e w e i s e n." (Enz. (1830) § 1; 39.18 – 20/Unterstreichung T.R.). Vgl. auch die metaphilosophischen Überlegungen zum hegelschen System in: Quante 2011: 64 – 88.
401 Vgl. Leibniz 1996 [1710].
402 Der Frage, ob dieser Anspruch Hegels als gelungen oder misslungen einzuschätzen ist, werde ich im Rahmen dieser Studie nicht nachgehen. Sie setzte eine nähere Auseinandersetzung sowohl mit den Versuchen einer Theodizee als auch mit der hegelschen Religionsphilosophie voraus.

zum anderen darauf, dass sich auch gegenüber Leibniz noch die Vorwürfe erheben lassen, die bereits anlässlich des Plato-Referats erhoben worden waren. Das Leibnizsche Projekt einer Theodizee scheitert daran, den konkreten Verlauf der Weltgeschichte anhand seiner kategorialen Mittel philosophisch adäquat zu explizieren.

Dafür, dass Hegel das Leibnizsche Projekt einer Theodizee in der Weltgeschichte verortet und meint, dass die philosophische Frage, auf die dieses Projekt hinausläuft, sich gerade im Rahmen einer materialen Philosophie der Weltgeschichte rational behandeln lässt, spricht auch, dass Leibniz zwischen drei Typen von Übeln unterscheidet: (i) metaphysischen, (ii) geistigen und (iii) physischen Übeln. Während in der prinzipiellen Endlichkeit und Zufälligkeit des objektiven Geistes eine Wiederaufnahme der These von den metaphysischen Übeln gesehen werden kann und auch geistige Übel sich im Rahmen der durch absichtsvolle Akteure hervorgebrachten Weltgeschichte in Hegels Geschichtsphilosophie verorten lassen, sind physische Übel von ihm allenfalls in Relation auf die Subjekte *in* der Weltgeschichte zu verorten. Schon an dieser Zuordnung zeigt sich, dass Hegel bereits bei der Bestimmung der möglichen Übel von Leibniz abweicht.

Nun hat Hegel das Problem der Theodizee nicht anhand des Leibnizschen Projekts eingeführt, sondern unter Verweis auf die Geschichte der Religion und im Gefolge dessen der Philosophiegeschichte, sowie insbesondere unter Verweis auf den Begriff der ‚Vorsehung'. Der Sache nach ist die Theodizee-Problematik weit älter als die Philosophie Leibniz', der den Begriff der ‚Theodizee' prägte und dessen Ausdruck sich für diese Problematik rezeptionsgeschichtlich durchsetzte.[403] Traditionell wurde unter dem Begriff der ‚Vorsehung' kein rein epistemisches Problem behandelt, sondern es wurden immer auch diejenigen Probleme und Fragen verhandelt, die man später dem Theodizee-Problem zuordnete: derjenige Fragen- und Problemkreis also, der sich damit befasste, ob es denn möglich sein könne, sich trotz des erlebten und erlebbaren Übels in einer als sinnvoll erlebbaren Welt zu befinden. Hegel versucht in seiner Philosophie der Weltgeschichte also, sowohl die Theodizeedebatte als auch die Vorsehungslehre kritisch aufzugreifen und die in diesen Debatten zum Ausdruck kommenden Intuitionen im Rahmen der Philosophie der Weltgeschichte zu klären. In beiden Debatten wurde die Frage nach dem Sinn oder Unsinn göttlicher Führung angesichts des Leidens in der Welt gestellt. Hegel führt diese Vorstellungen zusammen, kritisiert deren

---

[403] Zur Geschichte des Ausdrucks ‚Theodizee' zu dem Leibniz wohl durch eine Bibelstelle (Röm. 3,5) angeregt wurde, sowie zur Geschichte des Begriffs vgl. Lorenz 1998.

explanatorische Mittel und verortet diese Problemkreise im Rahmen seiner Philosophie innerhalb der Weltgeschichte.[404]

Auf die Frage, warum Hegel diese religionsphilosophischen Debatten gerade im Rahmen der Geschichtsphilosophie bzw. näher der Philosophie der Weltgeschichte adäquat behandeln zu können meint, gibt er im Manuskript keine eindeutige Antwort. Er verweist allerdings in [B] im Rahmen der Aufgabenbestimmung der Theodizee implizit auf eine mögliche Antwort. Hegel weist der Theodizee und im Rahmen seines Systems der Philosophie der Weltgeschichte die Aufgaben zu, sowohl das Übel in der Welt als auch das Böse zu begreifen, darüber hinaus solle der Mensch mit dem Übel und dem Bösen in der Welt versöhnt werden. An dieser Stelle merkt Hegel nun an, es sei in der Weltgeschichte, „daß die ganze Masse des concreten Übels uns vor die Augen gelegt wird." (M2: 150.10 f.). Da also die Übel und das Böse der menschlichen Geschichte anhand der Quellen und auf Basis derselben im Rahmen der nicht-philosophischen Geschichtsschreibung überliefert und bearbeitet sind, kann sich der spekulative Philosoph auf deren Datenbestand stützen, um sich über das Übel in der Welt zu informieren. Entscheidend für Hegels Vorschlag, die praktische Dimension der Vorsehungslehre sowie die Theodizeefrage im Rahmen der Philosophie der Weltgeschichte zu behandeln, scheint dabei sein Hinweis zu sein, in der Weltgeschichte wären – vermittelt über die nicht-philosophische Geschichtsschreibung – die „concreten" (M2: 150.10) Übel sichtbar. Hegel hat sowohl Leibniz als auch den Vorsehungslehren im Rahmen der bisherigen religiösen bzw. philosophischen Behandlung vorgehalten, dass ihre Problembehandlung letztlich abstrakt bleibe, statt konkret zu werden. Eine Versöhnung kann für Hegel erst dann als geleistet angesehen werden, wenn die faktisch in der Weltgeschichte aufgetretenen Übel expliziert werden können, es genügt nicht, anhand einiger Beispiele oder im Rahmen einer Art von Gedankenexperiment zu zeigen, dass sich das Handeln bzw. die Güte Gottes angesichts hypothetischer Übel rechtfertigen ließen. Vielmehr müsse eine Versöhnung mit dem konkreten Übelbestand unserer Weltgeschichte, wie sie von den Historikern aufgearbeitet, bewahrt und tradiert wird, erfolgen, ansonsten

---

[404] Zur exemplarischen Formulierung der praktischen Dimension der Vorsehungslehren schon in der Antike vgl. etwa Senecas Fragestellung in seiner Schrift *Über die Vorsehung:* „Lucilius, du hast mir die Frage gestellt: warum, wenn eine Vorsehung die Welt lenkt, widerfährt guten Menschen viel Unglück? Das ließe sich bequemer im Rahmen eines größeren Werkes beantworten, wo ich bewiese, eine Vorsehung gebiete über das Weltall und Anteil nehme an uns der Gott; doch halte ich es für richtig, vom Ganzen einen Teil abzutrennen und eine Einzelfrage zu lösen, ohne auf das Problem insgesamt weiter einzugehen, und deshalb beginne ich keine schwierige Aufgabe: Ich will als Anwalt der Götter auftreten." (Seneca 1995: 3; I,1) Zur praktischen Dimension der Vorsehungslehren vgl. auch Deuser 2003: 311–316.

bliebe die Behandlung des Problems gewissermaßen steril. Aufgrund dieser Adäquatheitsbedingung für eine angemessene Behandlung des Problems des Übels verortet Hegel dasselbe außerhalb der Religionsphilosophie in der Philosophie der Weltgeschichte.

Da Hegel die materiale Philosophie der Weltgeschichte als eine Begriffsgeschichte der Freiheit auffasst, und Freiheit für Hegel gerade nicht im Rahmen auch rein theoretisch möglicher Debatten um Willensfreiheit und Determinismus in der Philosophie des objektiven Geistes virulent wird, liegt die Auffassung nahe, dass die Rekonstruktion unseres geschichtlich gewordenen Selbstverständnisses als ein verständlicher und rational erzählbarer Vorgang für Hegel eine primär praktische Funktion übernimmt. Soll uns die Gegenwart, aus der heraus wir die Weltgeschichte philosophisch anhand des Begriffs der Freiheit zu rekonstruieren suchen, nicht als bloßer Zufall erscheinen, so muss eine Rechtfertigung der gegenwärtigen Institutionen, Normen und Werte auch deren Gewordensein rational rekonstruieren. Dabei müssen nun auch die in der Weltgeschichte aufgetretenen Übel so erzählbar sein können, dass die Weltgeschichte insgesamt für die Individuen als sinnvolle Entwicklung einsehbar wird.

Die Versöhnung, von der Hegel im Rahmen des Manuskripts spricht, besteht dann gerade darin, die Vernünftigkeit der gegenwärtigen Institutionen, Normen und Werte als Resultat *auch* der Übel der Weltgeschichte aufzufassen. Wie in [C] deutlich wird, sieht Hegel gerade in der Integration der konkreten Übel der Weltgeschichte die tatsächliche Herausforderung für eine praktisch ausgerichtete Geschichtsphilosophie, die den Intuitionen der Theodizeeproblematik gerecht werden können soll. Die Weltgeschichte stellt eine „grössere Auffoderung" (M2: 150.12) und Herausforderung für ein Versöhnungsprojekt dar, als Gedankenexperimente mit möglichen Übeln.

Die hegelsche Philosophie der Weltgeschichte hat daher metaphilosophisch gesehen eine primär praktische Funktion, sie soll anhand der begriffsgeschichtlichen Rekonstruktion des Begriffs der Freiheit die eigene Gegenwart als sinnvoll erweisen können. Diese praktische Dimension kommt der Geschichtsphilosophie dabei im Rahmen des esoterischen Teilzieles zu.

Die wissenschaftstheoretischen Aspekte der Geschichtsphilosophie dienen Hegel nicht rein theoretischen Interessen, sondern zur Absicherung seiner materialen Philosophie der Weltgeschichte, die selbst ein praktisches Interesse verfolgt. Hegels Geschichtsphilosophie lässt sich damit in die generelle Fluchtlinie der Philosophie des objektiven Geistes einordnen, in der er versucht, die soziale Wirklichkeit und ihre Phänomene so zu deuten, dass sich zu Dualismen verfestige Welthaltungen und politische Extreme möglichst auflösen lassen, und eine Theorie der rechtlichen und sozialen Welt zu entwickeln, in der die Interessen der Individuen, wie auch höherer sozialer Gebilde, miteinander in Einklang bringen lassen. Die Philosophie der Weltgeschichte dient dabei zum einen dazu, historisch transparent zu machen, wie die eigene Gegenwart geworden ist, zum anderen dazu, eine eher ‚existentielle' Form der Rechtfertigung dieser Gegenwart zu liefern.

Mit der Philosophie der Weltgeschichte soll es gelingen, deutlich zu machen, dass der bisherige Verlauf der Weltgeschichte sich so erzählen lässt, dass sich die Individuen mit dem eigenen Gewordensein, den Normen und Werten und Institutionen, die aus dieser Geschichte hervorgegangen sind, identifizieren können. Die Geschichtsphilosophie soll somit erweisen, dass sich das „Z u t r a u e n" (GPR § 147; 138.22), das die Bürgerinnen und Bürger gegenüber dem Staat und seinen Institutionen ausbilden, auch gegenüber skeptischen Zweifeln verteidigen lässt. Hegel beansprucht zugleich mit diesem Ziel, denjenigen Intuitionen existentieller Art, die sich in Vorsehungsglauben und Theodizeeproblematik religiös artikulieren, gerecht werden zu können, insofern als die bisherige Weltgeschichte sich als sinnvolle Entwicklung erzählen lässt.[405] Anders als eine religiöse Rechtfertigung des Weltgeschehens kann die hegelsche Geschichtsphilosophie aufgrund der generellen Fragilität des objektiven Geistes, sowie der in der Realphilosophie generell zum Ausdruck kommenden Zufälligkeit, aber keinerlei Garantien für die Zukunft bieten. Hegels Weltgeschichte ist strikt auf Vergangenheit und Gegenwart eingeschränkt. Der eschatologischen Dimension religiöser Überzeugungen kann Hegel in der Geschichtsphilosophie also nur sehr eingeschränkt gerecht werden.[406]

Unabhängig von der Frage, ob Hegel erfolgreich darin ist, die materiale Philosophie der Weltgeschichte als adäquaten Ort der Theodizeeproblematik auszuweisen, ist dieser Verortungsversuch ein klares Indiz dafür, dass Hegels esoterisches Teilziel in der Geschichtsphilosophie sich der praktischen Philosophie zuordnen lässt.

Hinsichtlich des esoterischen Universalziels wiederum lässt sich Hegels Philosophie der Weltgeschichte der theoretischen Philosophie zurechnen, insofern sie zu seinem antiskeptischem Letztbegründungsprojekt beiträgt. Im Rahmen

---

405 Ob Hegel damit tatsächlich allen Intuitionen religiöser Menschen und deren Hoffnungen auf einen sinnhaften, von Gott gelenkten und geleiteten Kosmos gerecht werden kann, scheint mir fraglich. Bemerkenswert ist aber, dass er diese Dimension menschlichen Lebens nicht einfach abweist, sondern in seine Philosophie zu integrieren sucht. Für die Behandlung religionsphilosophischer Fragen im Rahmen rationaler Vernunfterwägungen in systematischer Hinsicht vgl. Tetens 2015: 55–79; sowie Rohs 2013: Kap. 6.
406 Zu prüfen wäre, ob sich aus der Möglichkeit, die Vergangenheit als sinnvollen Fortschritt zu erzählen, schließen ließe, dass die Menschen ihr Leben so führen und organisieren sollten, dass auch zukünftige Generationen ihr Leben sinnvoll in eine solche Geschichte einbetten könnten. Normative Überlegungen dieser Art finden sich allerdings in Hegels Manuskripten nicht und gingen systematisch über dessen Philosophie hinaus.

dieses Projektes, das Hegel in allen Teilen seines Systems verfolgt, ist er generell theoretischer Philosoph, seine Philosophie zielt in letzter Instanz auf ‚das Wahre' und nicht auf ‚das Gute'.[407]

Hinsichtlich des esoterischen Teilziels, der Versöhnung der Ansprüche und Hoffnungen der Individuen mit ihrer Gegenwart und deren historischem Gewordensein im Rahmen des objektiven Geistes, lässt sich zudem noch annehmen, dass Hegel daran gelegen ist, hier auch die exoterische Dimension seiner Philosophie zu integrieren. In den exoterischen Stellen seines Systems hat er immer wieder versucht auf gegenwärtige und aktuelle Herausforderungen zu reagieren, die dem Projekt einer Versöhnung im Wege stehen.[408] Da die hegelsche Geschichtsphilosophie ihren Ausgangspunkt, ihre Erkenntnisinteressen, wie auch ihre praktischen Interessen der eigenen Gegenwart entnimmt und von dort aus ihr

---

[407] Dies zeigt etwa die Unterordnung der Idee des Guten unter die absolute Idee in der *Lehre vom Begriff*. (Vgl. *Wdl.* (1816): 231.2–253.34). Nach meiner Lesart schlägt die absolute Idee jedenfalls deutlich zugunsten der theoretischen Philosophie aus, statt konkrete Normen für die *Veränderung* der staatlichen Institutionen oder ähnliches anzubieten. Dass auch die absolute Idee eher auf ‚das Wahre' als auf ‚das Gute' gerichtet ist, zeigt etwa auch Hegels knappe Bestimmung der absoluten Idee in der *Enzyklopädie* (1830): „Die Idee als Einheit der subjectiven und objectiven Idee ist der Begriff der Idee, dem die Idee als solche der Gegenstand, dem das Object sie ist; – ein Object, in welches alle Bestimmungen zusammengegangen sind. Diese Einheit ist hiemit die a b s o l u t e   u n d   a l l e   W a h r h e i t, die sich selbst denkende Idee, und zwar hier a l s denkende, als l o g i s c h e Idee." (*Enz.* (1830) § 236; 228.20–24). Zu Hegels genereller Orientierung am Ideal der Theoria vgl. auch Ritter 1957: 10 f. Quante hält Hegels System hinsichtlich der Fragestellung, ob es sich hierbei letztlich um eine am guten Leben ausgerichtete Form des Philosophierens handelt oder aber dieses Ziel gegenüber der Entwicklung einer skepsisresistenten Philosophie, die auf das Wahre abzielt, für ambivalent. Quante zufolge versucht Hegel letztlich beide Interessen zu vereinen, dies erkläre, warum man zu ambivalenten Deutungen gelange, je nach dem, nach welcher der beiden Formen (meta-)philosophischer Orientierung man bei Hegel suche (vgl. Quante 2011: 81). Auch wenn sich ein solcher Zusammenfall beider Formen im Rahmen einer Analyse der absoluten Idee nachweisen ließe, scheint es mir zielführend, im Rahmen einer metaphilosophischen Klassifikation der Philosophie der Weltgeschichte daran festzuhalten, die über die Weltgeschichte hinausweisenden Interessen Hegels, die das gesamte System betreffen, aufgrund ihres Wahrheitsbezuges von denjenigen Teilinteressen zu unterscheiden, die Hegel spezifisch mit dem Teilstück einer materialen Philosophie der Weltgeschichte verfolgt, die demgegenüber einen praktischen, auf die die Sittlichkeit gefährdenden Dichotomien der Gegenwart bezogenen Sinn haben. Die Deutung des hegelschen Systems vom Primat der Praxis her vollzog sich in dessen linkshegelianischen Umdeutungen, mit denen allerdings eine generelle Depotenzierung des absoluten Geistes in die Weltgeschichte und damit eine starke historische Relativität der im absoluten Geist abgehandelten Institutionen einherging. Zu einer solchen Umgestaltung bei Arnold Ruge vgl. etwa Rojek 2015. Zur linkshegelianischen Deutung der hegelschen Philosophie vgl. auch: Quante 2009; sowie ders. 2010.

[408] Zur versöhnenden Dimension der hegelschen Philosophie, gerade auch in den exoterischen Teilen, vgl. Rózsa 2005.

Rekonstruktionsprojekt in Angriff nimmt, liegt es nahe anzunehmen, dass Hegel hier auch der exoterischen Dimension gerecht zu werden versucht. Dies deshalb, da ja die je eigene Gegenwart gerade in der Philosophie der Weltgeschichte als Ausgangs- wie Endpunkt der materialen Begriffsgeschichte der Freiheit aufgefasst werden kann.

Diese Begriffsgeschichte ist so zu erzählen, dass sich unsere gegenwärtige Semantik der Freiheit als sinnvoll und gerechtfertigt ausweisen lässt. Dabei müssen die Übel der Weltgeschichte in diese Erzählung so integriert werden können, dass sie dem Fortschritt unseres Verständnisses von Freiheit nicht entgegenstehen.

> Diese Aussöhnung kann nur durch die Erkenntniß des Affirmativen erreicht werden, in welchem jenes Negative zu einem Untergeordneten und Überwundenen verschwindet; – durch das Bewußtseyn, theils was in Wahrheit der Endzweck der Welt sey, theils daß derselbe in ihr verwirklicht worden sey und nicht das Böse neben ihm ebensosehr und gleich mit ihm sich geltend gemacht habe. (M2: 150.15–19)

Seine Rede vom ‚Endzweck der Welt' ist dabei nicht so zu verstehen, als ob dieses Ziel in ferner Zukunft läge oder aus der Perspektive dieser Zukunft die historische Entwicklung zu rekonstruieren sei, sondern so, dass die Begriffsgeschichte der Freiheit sich als adäquates Erzählziel der Geschichtsphilosophie ausweisen lässt. Die Verwirklichung dieses Zwecks nachzuweisen, indem man zeigt, dass die Geschichte so erzählt werden kann, ist die Aufgabe der konkreten Rekonstruktion des weltgeschichtlichen Verlaufs auf Basis der Daten, die die nicht-philosophische Geschichtsschreibung, – freilich für ihre eigenen Zwecke – erarbeitet hat.

An einer späteren Stelle im Manuskript geht Hegel auf die Probleme, die mit einer solchen Erzählung der Weltgeschichte verbunden sind, näher ein. Da diese Passagen aufschlussreich dafür sind, inwiefern Hegel meint, dem praktischen Interesse, dem die Geschichtsphilosophie systemintern als Teilziel dient, gerecht zu werden, werde ich diese abschließend näher untersuchen.

Ich gehe von der Vermutung aus, dass es Hegel in der gesamten nun zu untersuchenden Passage (vgl. M2: 156.7–158.6) darum geht, inwiefern die materiale Geschichtsphilosophie ihr Erzählziel erfüllen und dennoch die Übel in der Weltgeschichte zur Kenntnis nehmen kann. Wie weiter oben gezeigt, stellt Hegel an die Geschichtsphilosophie die Adäquatheitsbedingung, dass diese nur dann die aus der religiösen Artikulation und der klassischen Metaphysik übernommene Theodizee-Problematik zufriedenstellend lösen kann, *wenn* sie die „concreten Übel" (M2: 150.10) der Weltgeschichte dabei nicht willkürlich ausblendet oder kleinredet. Der Fortschritt soll nicht an den Übeln vorbei erzählt werden, sondern diese müssen explizit darin vorkommen. Hegel muss von der philosophischen

Weltgeschichte also fordern, dass die Übel der Weltgeschichte in dieser Erzählung explizit auftreten und nicht marginalisiert werden. Selbst wenn man Hegels These, dass, sofern diese Forderung erfüllt wird, tatsächlich die Theodizee-Problematik im Rahmen der Geschichtsphilosophie als angemessen gelöst betrachtet werden kann, nicht folgen möchte, so ist es auch unabhängig davon sicher richtig, dass Hegels Begriffsgeschichte der Freiheit, insofern sie einem Fortschrittsnarrativ entsprechen soll, sich offensiv zu denjenigen Gehalten der Geschichte verhalten muss, die einem solchen Erzählziel *prima facie* entgegenstehen. Fortschrittsnarrative werden ja zumeist nicht deshalb abgelehnt, weil es uns unattraktiv erscheint, uns das eigene Gewordensein als eine – in irgendeinem Sinne – Entwicklung zum Besseren vorzustellen, sondern deshalb, weil sie aufgrund der Quellenlage sowie unseren intuitiven evaluativen Haltungen und Einstellungen zu vielen Geschehnissen der Geschichte sehr unplausibel erscheinen.

Hegel leitet die Passage folgendermaßen ein:

> Wenn wir dieses Schauspiel der Leidenschaften betrachten, und die Folgen ihrer Gewalttätigkeit, des Unverstandes, der sich nicht nur zu ihnen, sondern selbst auch und sogar vornehmlich zu dem, was gute Absichten, rechtliche Zwecke sind, gesellt, in der Geschichte uns vor Augen, das Übel, das Böse, die Zertrümmerung der edelsten Gestaltungen von Völkern und Staaten, den Untergang der blühendsten Reiche, die der Menschengeist hervorgebracht hat, so können wir, wenn wir auf die Individuen mit tieffem Mitleid ihres nahmenlosen Jammers [blicken,] nur mit Trauer über diese Vergänglichkeit überhaupt, und indem dieses Untergehens nicht ein Werk der Natur, sondern des Willens der Menschen, noch mehr mit moralischer Trauer, mit der Empörung des guten Geistes, wenn ein solcher in uns ist, über solches Schauspiel enden. (M2: 156.7–17)

In diesem langen, pathetisch formulierten Satz stellt Hegel exemplarisch eine mögliche Erzählweise der Geschichte vor. Die pathetischen Formulierungen, auf die er hier verfällt, sind dabei m. E. von ihm ganz bewusst stilistisch eingesetzt, um deutlich zu machen, welchen Einfluss die *Art* des Erzählens einer Episode der Weltgeschichte auf unsere Wahrnehmung und Haltung gegenüber dieser Episode hat. Nun waren zu Hegels Zeiten weder eine moderne erzähltheoretische Terminologie, noch Untersuchungen über die Wirkung bestimmter Erzählformen auf Personen, etwa auch im interkulturellen Vergleich, oder die möglichen Konstanten in der Wahrnehmung bestimmter Erzählmuster gegeben.[409] Hegel versucht, mangels etablierter Unterscheidungen und Terminologien, daher die potentiellen Evokationen von Erzählformen durch stilistische Mittel zu verdeutlichen. In der vorliegenden Passage schildert er den Eindruck, den die Weltgeschichte auf uns

---

[409] Für moderne Studien über die mögliche interkulturelle Stabilität verschiedener Erzählmuster vgl. Martínez/Scheffel 2012 [1999]: 161–175.

machen kann, je nachdem, welche Aspekte wir an ihr mit welchen Beschreibungsmitteln hervorheben.[410]

Wie die Untersuchungen im zweiten Kapitel belegen, ist Hegel generell der Ansicht, dass sich die Art und Weise, in der ein Erzählziel zu realisieren ist, nicht einfach aus den Quellen, sondern anhand der investierten Erkenntnisinteressen und Erzählprinzipien ergibt. Dies belegt auch die vorliegende Passage. Aus ihr lässt sich ersehen, dass die philosophische Weltgeschichte, so es ihr gelingen soll, die Geschichte als sinnvolle Fortschrittsnarration zu gestalten, den Übeln *in* der Weltgeschichte nicht erzählerisch ausweichen[411], sondern *trotz* dieser und unter expliziter Anführung derselben, den Fortschritt des Freiheitsbegriffs in der faktischen Weltgeschichte ausweisen soll.

Die oben angeführte Passage leitet Hegel kurz zuvor im Rahmen seiner Diskussion der ‚Mittel' mit dem Hinweis ein, es handele sich um die „nächste A n sicht der Geschichte" (M2: 155.7). Der Superlativ ‚nächste' ist dabei nicht im Sinne einer zeitlichen oder örtlichen Bestimmung zu verstehen, so mein Vorschlag, sondern metaphorisch. Hegel möchte damit auf diejenige erzählerische Perspektive hinweisen, die in Anbetracht der Quellen, die der Geschichtsschreibung zugrunde liegen, *prima facie* diejenige Perspektive ist, die der Common-Sense gegenüber der durch die Geschichtsschreibung vermittelten historischen Erfahrung einzunehmen gewillt sei. Hegel ist in der zitierten Passage nicht nur an der scheinbar quellenadäquaten evaluativen Beschreibungssprache interessiert, die der Common-Sense dabei verwendet („Schauspiel der Leidenschaften"; „Gewalttätigkeit des Unverstandes" usw.), sondern auch daran, welche emotiven Wirkungen eine solche Beschreibung im Rahmen der Erzählung von der Vergangenheit bei den Rezipienten hervorruft („tieffes Mitleid"; „nahmenloser Jammer").

Hegel fährt, nach dieser ersten Passage, mit einer Reflexion über diese erste, naheliegende Ansicht über die Art des Erzählens der Geschichte und die aus ihr folgenden emotiven Wirkungen fort:

> Man kann jene Erfolge ohne rednerische Übertreibung blos mit richtiger Zusammenstellung des Unglücks, den das Herrlichste an Völker- und Staaten-gestaltungen, wie an Privat-Tugenden oder Unschuld wenigstens erlitten hat, zu dem furchtbarsten Gemählde erheben, und

---

[410] Diese Passage findet sich im Kontext von Hegels Behandlung der ‚Mittel', derer sich in der Weltgeschichte bedient wird, um deren Entwicklung voranzutreiben. Da dieser Kontext aber im Rahmen der vorliegenden Studie ausgelassen wird, möchte ich mich hier auf diejenigen Aspekte konzentrieren, die etwas darüber indizieren, *auf welche Art und Weise* man die Geschichte im Rahmen einer Geschichtsschreibung erzählen kann.

[411] Etwa dadurch, dass signifikante Übel unerwähnt bleiben, oder indem auf verharmlosende und abschwächende Prädikate zurückgegriffen wird.

> ebenso damit die Empfindung zur tiefsten rathlosesten Trauer steigern, welcher kein versöhnendes Resultat das Gleichgewicht hält [A], und gegen die wir uns etwa dadurch befestigen oder daraus heraustreten, daß wir denken, es ist ebenso gewesen, ein Schicksal, es ist nicht daran zu ändern, [B] – und dann, daß wir aus der Langeweile, welche uns jene Reflexion der Trauer machen kann, zurück in unser Lebensgefühl, in die Gegenwart unserer Zwecke und Interessen, welche nicht eine Trauer über Vergangenheit, sondern unsere Wirksamkeit – auch in die Selbstsucht zurücktreten, welche am ruhigern Ufer steht, und von da aus sicher fernen Anblicks der verworrenen Trümmermasse genießt. [C] (M2: 156.17 – 157.9/ Siglen T.R.)

In diesem Abschnitt reflektiert er explizit auf die erzählerischen Techniken und die ihnen korrespondierenden emotiven Wirkungen bzw. die durch sie suggestiv nahegelegten Auffassungen der Geschichte, die durch die naheliegende Erzählhaltung, die in der vorherigen Passage skizziert wurde, bereits exemplarisch präsentiert wurden.

In [A] wird deutlich, dass die anhand der Quellen relativ zum Erzählziel gebildeten Narrationen explizit hinsichtlich der evaluativen ‚Färbung', die man diesen geben kann, betrachtet werden. Hegel hält daher Erzählungen, mit denen man „die Empfindung zur tiefsten rathlosesten Trauer steigern" (M2: 157.1) und damit eine resignierte Haltung gegenüber der eigenen Geschichte evozieren kann, keineswegs für falsch im Sinne von: inadäquat gegenüber dem Quellenmaterial. Dass die Erzähler dabei nicht einmal zu rhetorischen Kniffen, wie Hyperbeln oder Ähnlichem greifen müssen, gesteht er ebenfalls zu. Auch in dieser Hinsicht kann Hegel einer solchen Erzählung, die dem Anspruch seiner materialen Geschichtsphilosophie als *Fortschritts*geschichte entgegensteht, *keinen* Vorwurf machen.[412] Hegel zufolge kann man eine solche – Resignation hervorrufende – Erzählung anhand der Quellen gerade unter Verzicht auf rhetorische Kniffe einfach anhand „richtiger Zusammenstellung des Unglück" (M2: 156.18) erzeugen. Der Ausdruck ‚Zusammenstellung' verweist dabei darauf, dass ihm bewusst ist, dass es sich hierbei um *eine* mögliche Komposition des Materials handelt. Daraus folgt nicht, dass es die einzige mögliche Komposition darstellt. Nichtsdestotrotz ist einer solchen narrativen Komposition kein methodischer Fehler vorzuhalten. Der Ausdruck ‚richtig' verweist dabei zum einen darauf, dass eine solche Komposition

---

[412] Damit ist natürlich nicht ausgeschlossen, dass historische Erzählungen inadäquate Eindrücke aufgrund geschickter Verwendung stilistischer Mittel evozieren können. Hegel gesteht hier aber zu, dass er nicht einfach *jede* Erzählung, die eine resignative Haltung hervorruft bzw. hervorzurufen geeignet ist, durch das Kriterium ausschließen will, es bediene sich inadäquater rhetorischer Darstellungsmittel. Selbiges gilt für das Kriterium der adäquaten Verwendung vorhandener Quellenbestände. Diese Verwendung kann vorliegen, ohne dass die Geschichte eo ipso eine Fortschrittsgeschichte im von Hegel anvisierten Sinne würde.

der Quellen dann als passend einzuschätzen ist, wenn sie (zumindest bei den meisten) Rezipienten ratlose Trauer evoziert. Zum anderen verweist die Verwendung des Ausdrucks ‚richtig' aber auch auf den hegelschen Wahrheitsbegriff. Richtig ist eine solche Erzählung also dann, wenn sie die entsprechenden Wirkungen hervorruft und dabei methodisch und darstellerisch gemäß den Regeln für quellenkritisches Arbeiten vorgegangen worden ist. Mit dem Ausdruck ‚richtig' indiziert Hegel seinen propositionalen Wahrheitsbegriff, der von seinem ontologischen Wahrheitsbegriff, für den er zumeist das Prädikat ‚ist wahr' reserviert, zu unterscheiden ist. Da die Erzählungen der Geschichtsschreibungen empirisch sind, kommt ihnen *prima facie* der Anspruch zu, richtig zu sein. Erzählungen, die die Weltgeschichte im hier von Hegel charakterisierten Sinne erzählen, können also richtig und damit nach den Regeln der Fachwissenschaft Geschichte angemessen sein, sie sind aber philosophisch, d.h. im ontologischen Sinne, falsch. Dies deshalb, weil den philosophischen Zwecksetzungen hinsichtlich der Behandlung der Geschichte, anhand der von der nicht-philosophischen Geschichtsschreibung bereitgestellten Daten, eine solche Darstellung nicht gemäß wäre. Hegel lehnt alternative Geschichtserzählungen, wie ersichtlich, aber nicht einfach ab, sondern ordnet diese anderen Erzählzielen und Erzählstilen zu. Dass diese empirisch möglich sind, stellt er nicht in Frage.

Hegel kann also nicht einfach die Position zugeschrieben werden, dass die materiale Geschichtsphilosophie *die* Geschichte erzähle, der gegenüber sich alternative Erzählungen als empirisch inadäquat erwiesen. Hegels Hinweis im Text, dass eine Verfallserzählung oder einer Erzählung deprimierender Stagnation in der Weltgeschichte nicht durch ein „versöhnendes Resultat" (M2: 157.2) ausgeglichen würde, zeigt, dass solche Erzählungen gemessen am Zweck der philosophischen Behandlung der Weltgeschichte, diese nicht stützen können. Freilich können sie diese auch nicht widerlegen, da durch solche Erzählungen nicht zu zeigen ist, dass sie die einzig möglichen wären, die sich anhand des Quellenmaterials erzählerisch komponieren lassen.

In [B] behandelt Hegel die mögliche Folgereaktion auf eine so erzählende Geschichtsschreibung, der gegenüber die Rezipienten sich, um den Trauerzustand zu überwinden, dadurch zu „befestigen" (M2: 157.3) suchen, dass sie die Geschichte selbst für unveränderlich halten und sich auf einen Begriff des Schicksals berufen, demzufolge eben alles so gekommen sei, wie es gekommen ist. Nun ist einer solchen Haltung zwar insofern zuzustimmen, als die Geschichte selbst nicht zu ändern ist; wohl aber kann die Erzählung derselben (sofern sie quellenadäquat bleibt) geändert werden, sofern man alternative Erzählstrategien verfolgt. Eine Geschichtsschreibung, die eine solche resignierte und sich von der Vergangenheit abwendende Haltung hervorriefe, könnte wohl kaum diejenige sittliche Integrationsleistung übernehmen, die Hegel der Geschichtsschreibung zuweist.[413]

In [C] stellt Hegel dar, dass sowohl die Trauer als auch die Langeweile, die aus einer solchen Erzählung der Geschichte evoziert werden, weiterhin dadurch abgewehrt werden können, dass man sich von der Vergangenheit ab- und der eigenen Gegenwart, den je eigenen Interessen, zuwendet. Hegel möchte hier wohl auf unsere alltägliche Intuition abstellen, dass die Vergangenheit unveränderlich, die Zukunft aber offen, d.h. durch unsere Handlungen beeinflussbar sei. So jedenfalls ist der Hinweis auf „unsere Wirksamkeit" (M2: 157.7) zu verstehen. Mit der Betonung der je eigenen Gegenwart mit ihren je eigenen individuellen Interessen gehe ein Wiedereintreten in die „Selbstsucht" (M2: 157.7 f.) einher. Da der sittliche Geist, die gemeinsam getragenen Normen, Institutionen und Werte ihren Sinn primär durch ihre geschichtliche Integration in die eigene Gegenwart gewinnen, das Verfolgen der eigenen Zwecke aber von einem stabilen Gemeinwesen abhängig ist, trüge eine solche Haltung auf lange Sicht wohl zur Destabilisierung des Gemeinwesens bei. Aus diesem Grund verfehlte eine solche Geschichtsschreibung die ihr von Hegel zugewiesene normative Aufgabe.

Warum Hegel meint, dass solche Erzählungen der Vergangenheit langweilig seien, ist *prima facie* nicht klar. Eine mögliche Interpretation besteht darin, dass er meint, aus einer Geschichtsschreibung, die uns die geschichtliche Werdung der eigenen gesellschaftlichen Praxen als unveränderliches Fatum präsentiert, aus dem heraus der Sinn dieser Praxen für uns in der Gegenwart unverständlich bleibt, folge letztlich immer dasselbe Resultat: alles ist eben, wie es ist. Da so jede Erzählung letztlich dasselbe Ergebnis erbrächte, wäre aus der Geschichte gar nichts für unsere Gegenwart zu entnehmen. Es bliebe dann unverständlich, warum Gesellschaften sich überhaupt kulturreflexiv mit ihrer eigenen Vergangenheit auseinandersetzen.

Freilich gesteht Hegel im selben Satz zu, dass in einer anderen Hinsicht das Betrachten der Vergangenheit aus der Perspektive der eigenen selbstsüchtigen Gegenwart, die mit dieser Vergangenheit scheinbar nichts mehr zu tun hat, ästhetisch durchaus unterhaltend sein kann. Aus ästhetischer Perspektive gesehen verweist Hegel hier auf ein insbesondere in der nachhegelschen modernen Ästhetik in den Fokus der Aufmerksamkeit gerücktes Phänomen. Auch am Verfall oder der Stagnation in lebensunwürdigen Zuständen kann man sich ästhetisch

---

413 Der Frage, wie sich diese Konzeption zu den geschichtsphilosophischen Überlegungen von Benjamin oder Adorno verhält, kann ich im Rahmen dieser Studie nicht weiter nachgehen. Ein solcher Vergleich wäre deshalb von Interesse, da deren Zuwendung der Vergangenheit dem hegelschen Versuch einer Fortschrittsgeschichte *prima facie* entgegengestellt ist, ohne dass ihre Geschichtsphilosophien Resignation evozieren sollen.

delektieren, sofern man eine entsprechende Distanz zu den Phänomenen einnimmt. So spricht Hegel davon, dass es aus einer solchen „sicheren" Distanz heraus möglich sei, die „Trümmermasse" der Geschichte ästhetisch zu genießen.[414]

Auch eine solche ästhetizistische Einstellung gegenüber der Vergangenheit muss Hegel aufgrund seiner Vorgaben für sein geschichtsphilosophisches Projekt ablehnen. Zudem stellte eine solche Haltung einen weiteren Rückzug aus dem „Zutrauen" (*GPR* § 147; 138.22) zur je eigenen Gesellschaft dar und weist aufgrund dessen eine destabilisierende Tendenz auf.

In der anschließenden Passage verfolgt Hegel nun die weiteren zu gewärtigenden Einstellungen, die wiederum aus den in [C] geschilderten Umgangsweisen mit solchen resignierenden Geschichtserzählungen hervorgehen mögen:

> Aber auch indem wir die Geschichte als diese Schlachtbank betrachten, auf welcher das Glück der Völker, die Weisheit der Staaten und die Tugend der Individuen zum Opfer gebracht worden, so entsteht dem Gedanken nothwendig auch die Frage: wem, welchem Endzwecke diese ungeheuersten Opfer gebracht worden sind. (M2: 157.9 – 13)

Aus dieser nüchternen oder deprimierenden Betrachtung der Geschichte entsteht die Frage, welchem Ziel das Treiben der Geschichte mit allen seinen Übeln gedient haben möge. Dabei fallen mehrere Eigentümlichkeiten an der von Hegel hier angesetzten Beschreibungssprache auf: Er beschreibt die Geschichte nun als ‚Opfergang', in dem die gemeinhin positiv beurteilten Errungenschaften und Eigenschaften sowohl der Völker, als auch der Staaten und der Individuen – also von zentralen sozialen Entitäten –, letztlich geopfert werden. Im Rahmen einer solchen Beschreibung, in der die in der Geschichte untergegangenen Eigenschaften und Errungenschaften als Opfer erscheinen, ist nun die Frage formulierbar: Für wen bzw. zu welchem Zweck sind diese Opfer aufgebracht worden?

Dabei formuliert Hegel diese Frage wohlgemerkt so, dass gefragt werden kann, welchem Endzweck diese Opfer dienten, nicht aber so, dass es Opfer *für jemanden* wären. Er fasst diese Frage nicht sogleich so auf, dass ihre Antwort ein

---

[414] Solche Perspektiven wurden vor allem in der späteren Literatur des 19. Jahrhunderts realisiert, vgl. hierzu etwa die Aufsätze in Bohrer 2004. Exemplarisch verweisen ließe sich auch auf das Werk Ernst Jüngers. Vgl. hierzu, sowie der ästhetischen Vorgeschichte: Bohrer 1983. Aufgrund der philologischen Vorgaben im Rahmen dieser Arbeit, soll die Aufgabe, Parallelen zu dieser Charakterisierung in Hegels Ästhetik zu eruieren, hier nicht verfolgt werden. Sie stellte ein eigenständiges Projekt dar, das aufgrund der wenigen direkten hegelschen Quellen zur Ästhetik vor besonderen philologischen Herausforderungen steht. Dass sich in Hegels Ästhetik jedenfalls Anklänge an diese moderne ästhetische Haltung finden lassen, legt etwa die *Ästhetik des Hässlichen* von Rosenkranz nahe. Vgl. Rosenkranz 1979 [1853].

personales Wesen implizierte, das mit diesen Opfern etwas bezweckte. Diese Formulierung ist zentral für Hegels Vorschlag, das Theodizee-Problem im Rahmen der Geschichtsphilosophie zu verorten, ohne dieselbe damit zugleich zu einer Geschichtstheologie zu machen.

Hegels These, dass sich die Frage nach dem Endzweck „nothwendig" (M2: 157.12) einstelle, kann auf zweierlei Weisen gelesen werden. Im ersten Fall wird lediglich behauptet, dass, wenn man die Geschichte in der Semantik eines Opfergangs fasst, dies die Frage danach impliziere, was das Worum-willen dieser Opfer sei. Diese These ist plausibel, da bereits die Redeweise von einer Opferung impliziert, dass jemandem oder um eines Sachverhaltes willen jemand oder etwas geopfert wird. Ohne die Beantwortung der Frage, um wessen willen diese Opfer stattfänden, bliebe die Beschreibung, mithin die Erzählung, unvollständig. Im zweiten Fall hingegen könnte Hegel meinen, dass sich die gesamte Frage nach dem Endzweck der Geschichte notwendig einstelle, unabhängig von ihrer spezifischen Formulierung, was allerdings wenig plausibel erscheint.

Der Beginn des hegelschen Satzes deutet durch das „[a]ber auch" (M2: 157.9) die Ansicht an, dass wir selbst dann geneigt sind, uns die Frage nach dem Sinn bzw. Zweck der Geschichte zu stellen, wenn wir diese als bloße ‚Trümmermasse' betrachten. Auch die ästhetizistische Haltung erweist sich somit als unbefriedigend. Hegel möchte mit der gesamten Abfolge der möglichen Einstellungen gegenüber der Geschichte, wie sie aus einer die Übel in ihr betonenden Perspektive folgen, wohl motivieren, dass gerade auch eine solche Beschreibung, die Frage nach dem Zweck der gesamten (bisherigen) Geschichte hervorruft. Keine der vorgestellten Haltungen scheint auf Dauer befriedigend zu sein.[415]

Wenn Hegels Abfolge der möglichen Einstellungen, die aus einer solchen Geschichtsbetrachtung hervorgehen, letztlich ebenfalls die Frage danach evoziert, inwiefern wir den Geschichtsverlauf als rational einsehen können, so spricht dies dafür, dieses Erkenntnisinteresse bereits vorauszusetzen, wenn man darangeht, eine Geschichtserzählung zu verfassen. So formuliert er auch konsequent im Anschluss: „Von hier aus geht gewöhnlich die Frage nach dem, was wir zum allgemeinen Anfange unserer Betrachtung gemacht". (M2: 157.14 f.)

---

[415] Hegel ist nicht auf die Behauptung festgelegt, dass wir alle notwendig diese Abfolgen durchlaufen. Auch mag es Fälle von Personen geben, die *faktisch* mit einer dieser Haltungen zurechtkommen. Ob diese existentiell gesehen letztlich tatsächlich zu überzeugen vermögen, ist eine Frage, der ich hier nicht nachgehen werde. Auf eine ähnliche Abfolge für die Motivation der Zweckfrage verweist auch Tetens 2015: 56 f.; Vgl. auch 76: „Wer die zahllosen Opfer ernsthaft bedauert, kann das nur fassungs- und ratlos oder resignativ-melancholisch-abschiedlich oder in verzweifelt-trotziger Auflehnung tun."

Hegel stellt also diejenige Frage, die durch eine nach alternativen Erzählzielen verfasste Nicht-Fortschrittsgeschichtsschreibung nahegelegt wird, methodisch direkt an den Anfang einer philosophischen Behandlung der materialen Geschichte, um dann den Vorschlag zu explizieren und im Rahmen der Durchführung zu verteidigen, dass sich die Geschichte des Begriffs der Freiheit sinnvoll als Fortschrittsgeschichte fassen lasse.[416]

Hegel sucht hier also insgesamt zu plausibilisieren, inwiefern alternative Erzählungen der Geschichte zwar richtig sein mögen und insofern auch zugelassen sind, unseren Erkenntnisinteressen und Sinnbedürfnissen gegenüber der Geschichte jedoch nicht gerecht zu werden vermögen. Dies kann dann *Anlass* dafür sein, relativ zu einem alternativen Erzählziel, die Geschichte als so erzählbar auszuweisen. Selbstverständlich kann der Aufweis, dass man nicht-fortschrittliche Erzählungen der Geschichte als unbefriedigend empfindet, nicht selbst als Argument dafür herangezogen werden, dass es eine solche Fortschrittserzählung geben muss, allerdings ist durch *eine* mögliche Erzählweise der Geschichte nicht nachweisbar, dass dies die einzig mögliche sei. Lässt sich die Geschichte also auf eine Weise erzählen, die uns deren Verlauf nicht als völlig sinnleeres Durcheinander präsentiert, wäre diese Hegel zufolge vorzuziehen.

Er plädiert insgesamt also nicht dafür, *die* Geschichte als sinnvoll oder sinnleer, als fortschrittlich oder rückschrittlich zu betrachten, sondern dafür, dass verschiedene Erzählungen relativ zu den methodologischen Standards der nichtphilosophischen Geschichtsschreibung – an denen sich auch die philosophische Geschichtsschreibung zumindest insofern zu orientieren hat, als sie ihr Datenmaterial von jener bezieht – etablierbar sind. Dabei möchte Hegel im Rahmen der Durchführung seiner Erzählung der Weltgeschichte als materiale Begriffsgeschichte der Freiheit zeigen, dass eine solche Erzählung plausibel und quellenadäquat möglich ist. Im Gegensatz zu nicht-fortschrittlichen Erzählungen leistet sie einen positiven Beitrag zur Integration der Individuen in die sittlichen Normen des Staates, deren Entwicklungsrationalität sie transparent und verständlich machen soll. Damit ist Hegels materiale Geschichtsphilosophie auch gegen skeptische – insbesondere fortschrittsskeptische Thesen – gerichtet.

Akzeptiert man, dass die offensive Widerlegung des Skeptikers zu den Universalzielen des hegelschen Systems gehört, so leistet die Ausweisung der Rationalität der Weltgeschichte hierzu ihren Beitrag, als Teil des Argumentationsgangs des gesamten Systems. Da sich der Fortschrittsskeptizismus aber nicht nur

---

416 Mit der Rede von dem, was Hegel „zum allgemeinen Anfange" genommen habe, verweist er m.E. auf die Vernunftthese, denn nur durch deren Voraussetzung kann uns eine mögliche Unvernünftigkeit des Geschichtsverlaufs überhaupt zum Problem werden.

im Rahmen philosophischer Hörsaal- und Zeitschriftendebatten artikuliert, sondern auch und gerade Auswirkungen auf das Verhältnis der Individuen zu den Normen, Werten und Institutionen des Staates hat, leistet die Geschichtsphilosophie zudem einen Integrationsbeitrag für eine adäquate sittliche Gemeinschaft. Diese Rolle kann sie dabei unabhängig von Hegels übergeordneten Systeminteressen verfolgen, sofern es gelingt, eine plausible Erzählung der Weltgeschichte zu entwickeln, die mit den Standards der Geschichtsschreibung kompatibel ist und zudem den spezifischen Sinn und die Rationalität der entstandenen sittlichen Wertegemeinschaft einsichtig macht. Die von Hegel vorgeschlagene Erzählung oder eine Erzählung, die deren Interessen verfolgt, soll also in der Lage sein, die Vernunftthese, sowie die These von einem Fortschritt in der Weltgeschichte, der die Individuen mit dieser versöhnt und somit eine die Sittlichkeit stabilisierende und fördernde Haltung einzunehmen ermöglicht, in der Durchführung zu rechtfertigen. Da ich mich im Rahmen dieser Studie auf die Grundlagen der hegelschen Geschichtsphilosophie beschränke, werde ich der Frage, inwiefern Hegel damit erfolgreich war oder sein kann, nicht weiter nachgehen. Deutlich werden sollte jedoch, wie sehr für ihn die Frage des Fortschritts bzw. Nicht-Fortschritts der Weltgeschichte von seiner Berücksichtigung der jeweiligen Erzählziele und der hermeneutischen Einstellung abhängt. Hegel beendet die vorliegende Passage daher auch mit einem erneuten Hinweis auf die hermeneutische Inadäquatheit der Voreinstellungen der nicht auf das Auffinden eines Fortschrittes abzielenden Perspektive auf die Geschichte:

> Wir haben es überhaupt von Anfang an verschmäht, den Weg der Reflexion einzuschlagen, von jenem Bilde des Besondern zum Allgemeinen aufzusteigen [A], ohnehin ist es auch eigentlich nicht das Interesse jener gefühlvollen Reflexion selbst, sich wahrhaft über jene Ansichten und deren Empfindungen zu erheben, und die Räthsel der Vorsehung, welche in jenen Betrachtungen aufgegeben worden, in der That zu lösen, sondern vielmehr in den leeren, unfruchtbaren Erhabenheiten jenes negativen Resultat sich trübselig zu gefallen [B]. (M2: 157.20–158.3/Siglen T.R.)

In [A] hebt er sein eigenes Vorgehen im Rahmen der Geschichtsphilosophie von demjenigen ab, welches eine alternative, auf den Sinn des Geschichtsverlaufes abzielende Erzählung anbietet, die gerade *gegen* den Ausweis eines Fortschrittes in dieser gerichtet ist. Während eine solche alternative Erzählung ausgehend von den Quellen und Datenbeständen, die die Geschichtsschreibung zur Verfügung stellt, sukzessive zu einem Allgemeinen aufsteigt und dieses so gleichsam induktiv zu gewinnen sucht, verzichtet Hegel von vornherein darauf, methodisch zuerst mit den Quellenbeständen zu beginnen und von dort aus einen möglichen Fortschritt zu extrapolieren. Seine Alternative charakterisiert er dabei nur im negativen, nicht aber im positiven Sinne.

Ein Hinweis auf sein positives Vorgehen lässt sich aber aus den bisherigen Textstellen zusammenfassend gewinnen. Ein Indiz liefert im Rahmen des vorliegenden Passus Hegels Bemerkung, dass er bereits von Beginn an nicht die Quellenbestände methodisch an den Anfang der Geschichtsphilosophie gestellt habe. Wie im Rahmen der bisherigen Untersuchung gesehen, hat die hegelsche Geschichtserzählung quellenadäquat zu sein und insofern empirisch korrekt, als sie zum einen mit den Arbeiten der nicht-philosophischen Geschichtsschreibung kompatibel ist, zum anderen aber auch auf diesen aufbaut und aus ihnen ihr spezifisches Material gewinnt. Anders als bei beiden nicht-fortschrittlichen Geschichtserzählungen steht die Auseinandersetzung mit dem historischen Material aber methodisch *nicht* am Anfang. Vielmehr investiert Hegel zuvor die Vernunftthese, näher in derjenigen Form, dass sich der Begriff der Freiheit in seiner geschichtlichen Entwicklung und Entfaltung als *Fortschrittsgeschichte* erzählen lasse, und zwar so, dass sich die Quellen, gemäß der damit vorgegebenen hermeneutischen Maßstäbe, so erzählen und komponieren lassen, dass gegen die methodologischen Vorgaben der Geschichtsschreibung nicht verstoßen wird. Dabei sollte der philosophische Geschichtsschreiber im Sinne Hegels sich aber über seine hermeneutischen Maximen und Voraussetzungen Klarheit verschaffen, *bevor* er sich den Quellen und von Historikern verfertigten Erzählungen zuwendet. Hegel beginnt daher seine Vorlesungen methodisch konsequent zuerst mit der Explikation der Vernunftthese, sowie der These von der materialen Begriffsgeschichte der Freiheit, ehe er in einem späteren Schritt darangeht, die Geschichte dieses Begriffs erzählend zu entwickeln. Auch diese Überlegungen zeigen, dass Hegel methodisch reflektiert arbeitet und für ihn gerade der interessenabhängige Zugriff auf die Geschichte von vorrangiger Relevanz ist.

In [B] zeigt Hegel auf, dass die Differenzen zwischen einer auf Fortschritt und die Sinndimension der Geschichte gerichtete Erzählung gar nicht im Interesse alternativer Geschichtserzählungen liegt. Dies bestätigt die These, dass die Differenz und mithin die Entscheidung darüber, ob die Geschichte in gewisser Hinsicht fortschrittlich verlaufen ist oder nicht, nicht nur oder gar ausschließlich von den Quellenbeständen abhängt, sondern primär von unserem Zugriff auf diese. Die nicht-philosophische Geschichtserzählung endet bei einem „negativen Resultat" (M2: 158.2), weil sie ein positives qua ihrer Erkenntnisinteressen und Zugriffsweisen auf die Quellen gar nicht erst anstrebt. Damit aber widerlegt sie einen möglichen Fortschritt in der Geschichte nicht, sondern sie erzählt einfach nicht von diesem. Hegels polemische Ausdrucksweise, dass solche Erzählungen der Geschichte sich in einem solchen Resultat „trübselig zu gefallen" (M2: 158.2f.) pflegen, verweist auf die letzte von ihm charakterisierte Einstellung zurück, die die Rezipienten gegenüber solchen Erzählungen einzunehmen pflegen: Solche Erzählungen riefen letztlich einen gegenüber der eigenen Vergangenheit sich erhaben fühlenden Ästhetizismus hervor, der dazu geeignet scheint, die etablierte – historisch gewordene – Sittlichkeit zu zersetzen. Da eine solche Haltung, wie Hegel annimmt, die Interessen der Individuen aber letztlich verfehlt, bleibt das „Räthsel der Vorsehung" (M2: 157.24) in ihr ungelöst. Gerade um dieses ist es ihm aber, aufgrund seines in der *Rechtsphilosophie* insgesamt angezielten Nachweises der Vernünftigkeit unserer historisch gewordenen Normen, Werte und Institutionen, zu tun. Dass die Rezipienten der Geschichtsschreibung an diese gerade auch solche, deren Sinndimension betreffende, Fragen, sei es in politischer oder religiöser Artikulation, stellen, zeigt, dass Hegel hier kein philosophisches Interesse in den Common-Sense hereinträgt, sondern vielmehr die dort vorhandenen Interessen aufzugreifen und rational zu rekonstruieren sucht. So findet das Theodizeeproblem Hegel zufolge seinen adäquaten Ort in derjenigen Form der Geschichtserzählung, die den Individuen plausibel machen kann, welche Vorgänge und Gründe denn letztlich zu ihren Normen, Werten und Institutionen geführt haben. Diese Einsicht macht es dann möglich, dieses Gewordensein ggf. auch zu affirmieren und sich mit den erreichten Zwecken der Vergangenheit zu versöhnen. Hegels generelles Ziel, sittlichkeitsgefährdende Dichotomien aufzulösen, soll also durch eine materiale Geschichtsphilosophie im Ausgang von den Prämissen der Vernunftthese im Rahmen der geschichtlichen Auseinandersetzung mit den gegenwärtigen Normen, Werten, und Praxen eingelöst werden.[417]

Wie Hegel nun die Geschichte erzählt und ob es ihm tatsächlich gelingt, auf der Basis der hier explizierten Grundlagen eine Versöhnung der Individuen mit ihren Institutionen herbeizuführen, kann aufgrund des beschränkten Interesses dieser Arbeit nicht mehr Gegenstand sein. Bei einer solchen Arbeit wäre Mehreres zu unterscheiden: (1) Hält sich Hegel selbst an seine methodischen Vorgaben? (2) Kann man im Rahmen der von Hegel abgesteckten Grundlagen die Geschichte plausibler erzählen als er selbst dies tut? (3) Gelingt es ihm, eine mögliche Versöhnung der Individuen mit ihren Institutionen zumindest plausibel zu machen? (4) Ist es Hegel mit dem Nachweis einer solchen Versöhnung auch gelungen, allen Intuitionen, die die Theodizee-Problematik betreffen, gerecht zu werden?

Keiner dieser Fragen wird im Rahmen dieser Studie weiter nachgegangen werden. Mein Ziel bestand darin, die wissenschaftstheoretischen und philosophischen Grundlagen der spekulativen Philosophie der Weltgeschichte zu explizieren. Dabei ließ sich zeigen, dass es sich bei Hegels Geschichtsphilosophie um einen methodisch reflektierten und im Rahmen einer praktischen Philosophie

---

[417] Zu Hegels generellem Anspruch, sowohl im Praktischen wie im Theoretischen zu konfliktbesetzten Gegensätzen verhärtete Dualismen auflösen zu wollen vgl. Quante 2011:19 f.

diskussionswürdigen systematischen Vorschlag zur Verortung und Aufgabe einer materialen Philosophie der Geschichte handelt.

3.3.2 Philosophische Weltgeschichte als Teil des Versöhnungsprojektes und Teil der Rechtfertigung des Universalprinzips

Die Antwort auf die Frage, wie sich Hegels Geschichtsphilosophie metaphilosophisch klassifizieren lässt, ergibt abschließend ein differenziertes Bild. Teils lässt sich Hegels Geschichtsphilosophie der theoretischen, teils der praktischen Philosophie zuordnen.

Im Rahmen seines systeminternen Universalziels ist Hegel an der Rechtfertigung des Universalprinzips, d. h. der absoluten Idee interessiert. Aus dieser Warte gesehen, ist seine Philosophie der Weltgeschichte der *theoretischen* Philosophie zuzuordnen. Es geht Hegel hier darum, zu zeigen, dass auch der Wirklichkeitsbereich der Weltgeschichte sich einer philosophischen Explikation, die letztlich offensiv gegen den Skeptiker in jedweder Gestalt gerichtet ist, nicht verschließt.

Zugleich verfolgt Hegel ein systeminternes Teilziel. Im Rahmen dieses esoterischen Teilziels geht es um sein praktisches Versöhnungsprojekt. Hegels Geschichtsphilosophie soll den Individuen ermöglichen, sich selbst als integriert in ein letztlich bejahenswürdiges und durch rational rekonstruierbare Geschehnisse gewordenes Staatsgebilde zu erfahren und somit zur sittlichen Stabilität beitragen. Dabei verfolgt Hegels Geschichtsphilosophie aber letztlich kein praktisches Ziel in dem Sinne, dass seine Geschichtsphilosophie Normen oder Zwecke zu generieren suchte, die für die Zukunft konkrete Veränderungsvorschläge enthielten. Die von ihm angezielte Rechtfertigung eines als vernünftig erzählbaren Geschichtsverlaufs soll (potentielle) Konflikte und Reibungen zwischen Staatlichkeit und dem autonomen Selbstverständnis der Individuen transparent machen und durch ein rationales Verständnis beider sozialer Größen zur Depotenzierung solcher Konflikte beitragen, nicht aber Reformen oder Revolutionen im Rahmen dieses Verhältnisses vorantreiben. Ich bezeichne sie daher als praktische Philosophie *im weiteren Sinne*.

Dass für Hegel dieses Versöhnungsprojekt nicht nur eine innerphilosophische Dimension hat, in deren Rahmen philosophisch Interessierten, die an der Vernünftigkeit der eigenen Gegenwart und ihrem historischen Gewordensein zweifeln, Gründe gegen solche Zweifel geboten werden sollen, sondern auch eine – relativ zum System – exoterische praktische Dimension, zeigt etwa die *Vorrede* zu den *Grundlinien der Philosophie des Rechts*. Für Hegel stellt das Versöhnungsprojekt nicht lediglich ein intellektuelles ‚Lehrstuhlproblem' dar, sondern eine fortschrittliche Erzählung der Geschichte leistet auch im außerphilosophischen Rahmen einen Beitrag zur Stabilisierung der Sittlichkeit.

Wie weiter oben gezeigt, trägt für Hegel auch die nicht-philosophische Geschichtsschreibung eine wesentliche Verantwortung dafür, dass die Vergangenheit den Individuen nicht lediglich als irrationales und unverständlich bleibendes Chaos erscheint, sondern als derjenige Verlauf akzeptiert werden kann, der zu den gegenwärtigen Institutionen und Werten geführt hat. Sie leistet damit selbst einen Beitrag zur Integration und Bildung der Individuen zu sittlichen Staatsbürgern, indem sie dem Sinnbedürfnis der Individuen durch eine Fortschrittserzählung der Vergangenheit so gerecht zu werden sucht, dass eine Orientierung in der Gegenwart möglich wird, die diese Gegenwart, ihre Institutionen und Sitten verständlich und akzeptabel macht. Auch die emotive und motivationale Dimension, die eine solche Erzählung zur Ausbildung und Bewahrung der sittlichen Gesinnung der Staatsbürger beizutragen vermag, ist dabei von Relevanz.[418]

Die Klassifikation des hegelschen Projekts einer materialen Geschichtsphilosophie weist also, vor dem Hintergrund eines übergeordneten theoretischen Interesses an einer offensiv antiskeptischen Begründung von Wissen, in zwei Hinsichten eine praktische Dimension auf, die zum einen innersystemisch (d. h. *esoterisch*) zur Absicherung der erreichten Rechte und Pflichten, wie sie im Rahmen des objektiven Geistes entwickelt und verteidigt werden, beitragen soll, zum anderen *exoterisch* einen Beitrag zur Versöhnung zwischen moderner individueller Autonomie und staatlich-gemeinschaftlichen Institutionen leisten können.

Grundsätzlich lassen sich *zwei* mögliche Gefahren unterscheiden, die die Sittlichkeit – d. h. hier den von Hegel mit diesem Terminus gefassten sozialen Phänomenbereich – und damit ein stabil organisiertes Verhältnis zwischen Staatsbürgern und Institutionen destabilisieren könnten. Auf der einen Seite könnten die Institutionen, wie in der Französischen Revolution, deren Gefahren Hegel etwa in der *Phänomenologie des Geistes* analysiert hat,[419] repressiv werden und die Autonomie der Individuen, deren Freiheit in den Institutionen gewahrt werden soll, unterdrücken. Auf der anderen Seite können übersteigerte Autonomieerwartungen der Staatsbürger zur Destabilisierung der staatlichen Institutionen und damit der Sittlichkeit führen. Vor dem Hintergrund unserer heutigen Erfahrungen insbesondere mit den totalitären Systemen des 20. Jahrhunderts,

---

[418] Zur Rolle der Gesinnung für die Stabilisierung der sittlichen Institutionen vgl. *GPR* §§ 268, 269 sowie Siep 1992.

[419] Zu Hegels kritischer Auseinandersetzung, insbesondere mit der *Terreur*-Phase der Französischen Revolution vgl. *PhG:* Kap. VI, III „Die absolute Freyheit und der Schrecken", (*PhG:* 316.10 – 323.21), sowie hierzu: Siep 2000: 203–205; Klassisch: Ritter 1957.

scheint uns die erste Gefahr tendenziell näherliegend und Vorsichtsmaßnahmen gegen diese von vorrangiger Wichtigkeit. Hegel hingegen legt besonderes Gewicht auf die zweite Gefahr. Die Geschichtsphilosophie versucht die Entwicklung von Institutionen und individuellem Freiheitsbewusstsein so zu erzählen, dass deren wechselseitige Abhängigkeit voneinander deutlich und rational einsichtig wird, ohne einer von beiden Seiten ein *eindeutiges* Übergewicht zu verleihen.[420] Dabei ist Hegel Realist genug, dieses Verhältnis nicht als eines aufzufassen, das restlos spannungsfrei sein müsste, um akzeptabel zu sein. Gerade eine auf die Zukunft ausgelegte Geschichtsphilosophie, die die Gegenwart erst dann als akzeptabel einstuft, wenn das Verhältnis zwischen individueller Autonomie und sozialer Gemeinschaftlichkeit bzw. staatlicher Institutionenbildung völlig reibungsfrei verliefe, hätte Hegel zu den destabilisierenden Gefahren gerechnet, die die je eigene Gegenwart lediglich als defizitären Ausdruck eines Ideals zu beurteilen gestattet. In diesem Sinne lässt sich die Verortung der Theodizee-Problematik in der Geschichtsphilosophie auch als Plädoyer dafür auffassen, die fragilen und endlichen sozialen Institutionen keinem übersteigerten Erwartungsdruck auszusetzen, und zugleich die Gegenwart nicht als paradiesische und konfliktfreie Realisierung eines Ideals zu verklären, die sie nicht ist.

Die Gegenwart als sinnvoll aufzufassen, setzt eben unter anderem voraus, ihr mit angemessenen Bewertungsgrundlagen gegenüberzutreten. Dabei tritt Hegel zwar gegen Formen der Geschichtsschreibung an, die der Vergangenheit die Erzählbarkeit von Fortschritt überhaupt absprechen, ohne aber im Gegenzug die Gegenwart, trotz aller Fortschritte im Bewusstsein der Freiheit, als problem- und konfliktfrei aufzufassen.

Angesichts der Frage, welche Verbesserungen denn im Rahmen der endlichen Institutionen in Zukunft noch möglich sein werden, enthält sich Hegel hingegen im Rahmen seiner Vorgaben strikt einer möglichen Beantwortung. Seine Philosophie der Weltgeschichte ist nicht insofern praktisch, als sich aus ihr normative Vorgaben für sukzessive Reformen oder Ähnliches ableiten ließen.[421] Ob sich die praktische Dimension der hegelschen Geschichtsphilosophie so modifizieren

---

420 Dabei weigert sich Hegel sowohl die staatlichen Institutionen einfach als eine Interessenvermittlungsinstanz für die Bedürfnisse der Individuen aufzufassen, als auch diese dem Staat und seinen Interessen schlicht unterzuordnen. Es handelt sich vielmehr darum, das komplexe Geflecht zwischen den sozialen Entitäten: Individuen und staatlichen Institutionen so zu explizieren, dass deren wechselseitige Verwiesenheit aufeinander nicht einfach zugunsten einer von beiden Seiten aufgelöst wird. Zu den sozialontologischen Implikationen vgl. Quante/Schweikard 2009.
421 Plausibel erscheint allerdings, dass sich zumindest im negativen Sinne aufweisen lässt, dass Rückfälle hinter die bereits erreichte Extension des Freiheitsbegriffs – etwa die Ächtung der Sklaverei – als normativ falsch beurteilt werden können und somit gegen sie mit guten Gründen vorgegangen, oder zumindest argumentiert werden könnte.

ließe, dass auch *Kritik* an der Gegenwart unter Zielsetzung einer partiellen Verbesserung der Umstände bzw. der institutionellen Arrangements möglich wäre, gehört zu denjenigen systematischen Anschlussfragen, denen ich im Rahmen dieser Studie nicht mehr nachgehen kann. Positiv bleibt festzuhalten, dass Hegels Geschichtsphilosophie aufgrund ihrer strikt anti-utopischen Ausrichtung vielen häufig mit der materialen Geschichtsphilosophie in praktischer Absicht verknüpften Gefahren entgehen kann und – zumindest an vielen Stellen – der Gefahr der Glorifizierung der je eigenen Gegenwart als spannungsfreiem Idealzustand entgeht. Somit gibt Hegel einer – in diesem Sinne – realistischen Einstellung gegenüber den politischen und philosophischen Veränderungsmöglichkeiten der sozialen Wirklichkeit den Vorzug.

Fazit und Ausblick

Das Ziel dieser Studie bestand in einer wissenschaftstheoretisch und materialgeschichtsphilosophisch interessierten Analyse der Grundlagen der hegelschen Philosophie der Weltgeschichte.

Da bereits Unklarheit darüber besteht, auf welche Textbasis man sich bezieht, wenn man an einer Auseinandersetzung mit Hegels Philosophie der Geschichte interessiert ist, wurde im *ersten Kapitel* der Arbeit anhand einer Aufarbeitung der Editionsgeschichte der hegelschen Werke aufgewiesen, relativ zu welchen Erkenntnisinteressen der Bezug auf welche Quellenbestände sinnvoll erscheint. Ich bin dabei von der These ausgegangen, dass eine Klärung der konkreten Durchführung der materialen Philosophie der Weltgeschichte, die Hegel im Rahmen seiner Berliner Vorlesungstätigkeit in den Wintersemestern 1822/23, 1824/25, 1826/27, 1828/29 sowie schlussendlich 1830/31 vorgenommen hat, aufgrund des Fehlens von hegelschen Originalquellen zu diesen Vorlesungen erst dann gesicherte Resultate erzielen kann, wenn die Grundlagen des hegelschen Vorgehens im Rahmen seines geschichtsphilosophischen Projektes geklärt sind. Für eine solche Klärung boten sich neben den knappen Ausführungen im Rahmen der *Enzyklopädie der philosophischen Wissenschaften im Grundrisse*, sowie der *Grundlinien der Philosophie des Rechts* insbesondere zwei erhaltene Manuskripte Hegels zu seinen Vorlesungen an. In dieser Studie sollten die Grundlagen der hegelschen Philosophie der Weltgeschichte insbesondere anhand einer detaillierten und textnahen Auseinandersetzung mit diesen Manuskripten aufgehellt werden.

Im den *folgenden Kapiteln* der Arbeit habe ich mich diesen Grundlagen zugewandt. Während im zweiten Kapitel die wissenschaftstheoretische Perspektive Vorrang hatte, habe ich im dritten Kapitel auf der Basis der im zweiten Kapitel erzielten Ergebnisse versucht, diejenigen Grundlagen zu klären, die als konstitutiv für Hegels spezifische Form einer materialen Philosophie der Weltgeschichte angesehen werden können.

Ich möchte diese Ergebnisse zum Abschluss dieser Studie kurz rekapitulieren und dabei festhalten, welche Einsichten Hegels für die systematische Debatte im Rahmen der Geschichtsphilosophie attraktiv und bewahrenswert erscheinen.

Es bleibt festzuhalten, dass Hegels geschichtsphilosophisches Projekt in hohem Maße auf die methodologischen Voraussetzungen eines spezifisch-philosophischen Zugangs zur Geschichte reflektiert. Hegel hat gesehen, dass eine materiale Geschichtsphilosophie, soll sie überhaupt Plausibilität für sich beanspruchen können, klären muss, wie sie sich zu anderen Zugangsweisen zur Geschichte, insbesondere zur Geschichtsschreibung, verhält. Dieser fundamentalen Aufgabe ist Hegel, wie das zweite Kapitel insbesondere unter Rückgriff auf das erste Manuskript nachweist, nachgekommen, indem er die formalen Fragen der Geschichtsphilosophie methodisch seinem materialen Projekt vorordnet. Für Hegel ist die materiale Geschichtsphilosophie von der nicht-philosophischen Geschichtsschreibung insofern abhängig, als sie diese als Datenmaterial für ihre eigenen Zwecke verwendet. Er verfügt dabei über eine komplexe Wissenschaftssystematik, in deren Rahmen die verschiedenen Verhältnisbestimmungen zwischen nicht-philosophischen und philosophischen Wissenschaften bzw. der spekulativen Philosophie geordnet und geklärt werden.

Die nicht-philosophische Geschichtsschreibung gehört im Rahmen dieser Systematik zu den rationellen Wissenschaften und verfügt qua dieser Zuordnung über eine philosophisch explizierbare Grundlage. Dabei können vom spekulativen Geschichtsphilosophen nun insbesondere diejenigen Werke und Forschungsergebnisse der nicht-philosophischen Geschichtsschreiber herangezogen werden, die es erlauben, den spezifisch philosophischen Erkenntnisinteressen an der Vergangenheit gerecht zu werden. Diese Teile der nicht-philosophischen Geschichtsschreibung bezeichnet Hegel als rationell und sinnig. Die philosophische Bezugnahme auf die nicht-philosophischen Datenbestände der Geschichtsschreibung stellt dabei für Hegel einen Anwendungsfall desjenigen Verhältnisses dar, in dem es möglich wird, dass sich die spekulative Philosophie, relativ zu ihren eigenen Erkenntnisinteressen, den Ergebnissen nicht-philosophischer Wissenschaften zuwendet. Dabei ordnet Hegel die nicht-philosophische Geschichtsschreibung den eigenen philosophischen Interessen nicht einfach unter, die Geschichtsschreibung ist nicht einfach um der spekulativen Philosophie willen da, sondern die nicht-philosophischen Wissenschaftler können und sollen in ihrem disziplinären Rahmen ihren eigenen Interessen nachgehen. Insofern sich die spekulative Geschichtsphilosophie auf die dort erzielten Forschungsergebnisse bezieht, ist sie von diesen abhängig und hat auch deren methodische Standards zu berücksichtigen und zu wahren. Damit ist ein weiteres Kriterium für eine gelingende spekulative Geschichtsphilosophie benannt: Hegel zufolge muss diese empirisch adäquat sein, sie darf nicht mutwillig gegen die Standards der nicht-philosophischen Wissenschaften verstoßen. Daraus folgt für Hegel aber keineswegs, dass der Philosoph die Arbeitsweise, Methoden und Resultate der nicht-philosophischen Geschichtsschreiber einfach kritiklos hinzunehmen hätte. Vielmehr tritt er hier auch – systematisch gesehen – als *normativer* Wissenschaftstheoretiker in Erscheinung. Dabei kommt Hegel zu der Einsicht, dass die historischen Gegenstände relativ zu den Erzählinteressen und methodologischen Standards der Geschichtsschreibung von dieser mitkonstituiert werden. Die Deutung der Quellen gehört für ihn dabei mit zu dieser Konstitution, die man sich also nicht statisch, sondern vielmehr als wechselvolle Geschichte vorzustellen hat, in der die früheren Deutungen selbst – sei es kritisch, sei es affirmativ – in die weitere Deutungsgeschichte eingehen. Damit trägt Hegel wesentlichen Einsichten der Hermeneutik Rechnung. Eine adäquate nicht-philosophische Geschichtsschreibung entnimmt die Vergangenheit nicht einfach den Quellen, sondern hat ihre jeweiligen Erkenntnisinteressen und Erzählziele zu reflektieren, was Hegel in der Auseinandersetzung mit verschiedenen Formen der Geschichtsschreibung diskutiert. Dabei konnte gezeigt werden, dass nicht erst die moderne analytische Geschichtsphilosophie, sondern bereits Hegel den Status der Geschichtsschreibung als spezifisch narrativ organisierter Wissenschaft reflektiert und methodisch durch die Auszeichnung und Klärung ihrer Erkenntnisinteressen einzufangen sucht. Dabei legt auch Hegel schon besonderen Wert darauf, zu zeigen, dass die Erkenntnisinteressen der Historiker durch deren eigene Gegenwart geprägt sind, für die sie schreiben sollten. Neue Erkenntnisse in der Geschichtsschreibung werden gerade dadurch möglich, dass wir wissen, was seit dem Zeitpunkt, von dem aus wir erzählen möchten, geschehen ist. Dass die Vergangenheit vergangen ist, ist gerade kein Nachteil, sondern ein Vorzug. Er macht es uns möglich, relativ zu unseren Interessen (die daher möglichst explizit zu klären sind), Kriterien zu entwickeln, *was* wir und *wie* wir es erzählen wollen. Der Bezug auf die eigene Gegenwart liefert dabei ein entscheidendes Relevanzkriterium für die nicht-philosophische Geschichtsschreibung.

Die von Hegel hier erzielten Einsichten sind für seine Zeit innovativ und bemerkenswert; im Rahmen der analytischen Geschichtsphilosophie und mit den Mitteln der modernen Erzähltheorie konnten sie später weitaus elaborierter und detaillierter behandelt werden. *Positiv* bleibt festzuhalten, dass sich Hegel zu diesen modernen Einsichten und Theoriebildungen nicht etwa fremd verhält, sondern an diese anschlussfähig ist.

Innovativ und systematisch von besonderem Interesse für eine moderne Wissenschaftstheorie der Geschichtsschreibung ist Hegels Versuch einer methodischen Rekonstruktion der Formen der Geschichtsschreibung. Unabhängig davon, ob Hegels eigener Vorschlag tatsächlich zu überzeugen weiß, erlaubt ihm diese Fragestellung innovative Einsichten in die Rolle, die die Geschichtsschreibung für unser Selbstverständnis als immer auch historisch gewordene und sich historisch reflektierende Individuen und Staatsbürger spielt. Ein solches Vorgehen kann zum einen klären, welchen Motivationen und Erkenntnisinteressen das Entstehen einer Geschichtsschreibung überhaupt geschuldet ist, zum anderen aber auch zeigen, inwiefern die Geschichte der Geschichtsschreibung selbst zur Etablierung neuer methodischer Standards beiträgt. Aus einer praktischen Perspektive heraus betrachtet, kann Hegel hier auch deutlich machen, welche fundamentale Relevanz einer wissenschaftlich seriös arbeitenden Geschichtsschreibung sowohl für unser Selbstverständnis als auch für das Verständnis und die Einsicht in die Rationalität oder Irrationalität unserer Institutionen, Normen und Werte zukommt. Erst eine solche Praxis erlaubt es uns, eine reflektierte und aufgeklärte Haltung zu unserer Vergangenheit einzunehmen, die verhindert, dass wir tradierten Praxen einfach ausgeliefert sind. Auch für die Identifikation der Staatsbürger mit der Sittlichkeit und deren Institutionen ist bereits die nicht-philosophische Geschichtsschreibung für Hegel besonders wichtig. Sie erlaubt uns eine historische Verortung, in deren Rahmen wir sehen können, auf welche Probleme und Defizite unsere Institutionen einst reagiert haben. Bedenkt man, wie wichtig wechselseitiges Verständnis für historisch gewachsene Selbstverständnisse und Traditionen sowohl zwischen verschiedenen sozialen Gruppen in einer Gesellschaft als auch zwischen verschiedenen Gesellschaften ist, und macht man sich zudem klar, in welch hohem Maße unsere Gegenwart, etwa vermittelt durch Schulunterricht, Bücher, Fernsehsendungen usw., von den Ergebnissen historischer Forschungstätigkeit durchdrungen ist, dann ist Hegels umfassende wissenschaftstheoretische Perspektive und Sensibilität für die Rolle und Methodologie der Geschichtsschreibung als Rahmen für eine moderne formale Geschichtsphilosophie sicherlich als systematisch aussichtsreich zu werten.

Während die formalen Aspekte, die Hegels Auseinandersetzung mit dem Phänomen der Geschichte birgt, in der Forschung erst in jüngerer Zeit in den Fokus der Aufmerksamkeit rücken und Hegels Vorgehen und Einsichten hier noch unausgeschöpfte Potentiale enthalten, die im Verlauf der Arbeit detailliert aufgewiesen worden sind, hat das dritte Kapitel der Arbeit sich den Grundlagen der *materialen* Geschichtsphilosophie Hegels zugewandt.

Während die formalen Aspekte der hegelschen Auseinandersetzung mit Geschichte neben seiner Naturphilosophie einen der Hauptgründe darstellten, warum Hegels Philosophie als Ganze im Laufe des 19. und 20. Jahrhunderts in Misskredit geriet, bzw. mit Skepsis bedacht wurde, ist es die These dieses Kapitels, dass Hegels materiale Geschichtsphilosophie ihren Witz gerade vor dem Hintergrund der formalen Auseinandersetzung zeigt. Ihre systematische Pointe besteht in einer quellenadäquaten Erzählung, die als spezifisch philosophische Begriffsgeschichte aufzufassen ist. Sie soll dazu beitragen, dasjenige Geflecht von Institutionen und Werten, das in der Rechtsphilosophie so entfaltet wird, dass sowohl der modernen Autonomieforderung der Individuen als auch dem Eigenrecht staatlicher Institutionen Gerechtigkeit widerfahren kann, in ihrem historischen Gewordensein als rational auszuweisen. Fundamental ist für Hegel auch bei diesem Vorhaben die Reflexion auf die leitenden Erkenntnisinteressen und Voraussetzungen einer solchen Erzählung. Hegel möchte dabei eine Fortschrittsgeschichte des Begriffs der Freiheit nachzeichnen, die zeigt, dass unsere Gegenwart und deren Rationalität sich nicht einfach aus einem völlig sinnleeren und zufälligen Prozess historischer Entwicklung ergeben haben, sondern diese Entwicklung macht explizit, was ‚Freiheit' überhaupt heißen soll, und damit, welche ihrer Dimensionen im Rahmen moderner Staatlichkeit zu berücksichtigen sind.

Hegels Auszeichnung von ‚Freiheit' als Grundbegriff einer philosophischen Begriffsgeschichte lässt sich dabei sowohl über die Rechtsphilosophie und das diesen Teilbereich des hegelschen Systems leitende Teilprinzip des an und für sich freien Willens motivieren und rechtfertigen, als auch über die Spezialgeschichte, die als Form der nicht-philosophischen Geschichtsschreibung den Übergang zu spezifisch philosophischen Interessen an der Geschichte plausibilisiert.

Dabei ließ sich zeigen, dass sich sowohl mit Hegels Vernunftthese als auch mit seiner These, dass der Fortschritt in der Geschichte als Fortschritt im Bewusstsein der Freiheit zu explizieren ist, vernünftige Einsichten verbinden. Während erstere These der plausiblen Überzeugung Ausdruck verleiht, dass uns die Geschichtsschreibung erlaubt, unsere Auseinandersetzung mit der Vergangenheit auf kognitiv gehaltvolle Weise zu betreiben, etabliert die zweite These einen Vorschlag dafür, anhand welcher Kriterien und in welcher spezifischen Hinsicht Hegel überhaupt beansprucht, dass sich in der Geschichte ein Fortschritt aufweisen lasse.

Zum Abschluss meiner Untersuchung habe ich mich der Frage zugewandt, wie sich Hegels Geschichtsphilosophie zwischen theoretischer und praktischer Philosophie verorten lässt. Hinsichtlich dieser Frage ergab sich ein differenziertes Bild. Einerseits leistet die Geschichtsphilosophie in ihrer Scharnierfunktion für den Übergang in den absoluten Geist – dessen nähere Analyse hier ausgeblendet wurde – einen Beitrag zu Hegels esoterischem Universalziel einer offensiven Widerlegung des Skeptikers und der Etablierung der ‚Idee' als demjenigen Prinzip, das es erlauben soll, den Gehalt sämtlicher philosophisch relevanter Phänomene zu explizieren. Unabhängig davon, wie man den Erfolg oder Misserfolg dieses übergeordneten Projekts Hegels beurteilt – zu dem diese Arbeit sich agnostisch verhält –, ließen sich zwei Teilziele identifizieren, die Hegel mit seiner materialen Geschichtsphilosophie verfolgt. Während sein Universalziel eher der theoretischen Philosophie zuzurechnen ist, leistet die materiale Geschichtsphilosophie relativ zu den beiden Teilzielen einen Beitrag zur praktischen Philosophie. Die Fortschrittserzählung am Leitfaden des Begriffs der Freiheit soll sowohl im Rahmen der Rechtsphilosophie als auch exoterisch, d.h. mit Blick auf Hegels eigene Zeit, einen Beitrag zur Versöhnung der Individuen mit den Institutionen ihrer Gegenwart leisten. Durch ihren strikt anti-utopischen Charakter vermeidet Hegel dabei die Gefahr, eine solche Versöhnung durch zu hohen Erwartungsdruck auf die endlichen Institutionen zu gefährden. Dadurch, dass eine Erzählung der Geschichte als fortschrittliche möglich ist und durch Hegels Ausführung auch nachgewiesen werden können soll, versucht er andererseits der Gefahr einer Destabilisierung der Sittlichkeit, durch die Resignation der Individuen und einem damit einhergehenden Verlust der Einsicht in die historisch erarbeiteten Institutionen und deren problemlösende Kraft, entgegenzuarbeiten.

In diesem Rahmen verortet Hegel auch das Theodizee-Problem, das er aus seinem religionsphilosophischen Kontext herauslöst und in dem er gerade das Bedürfnis der Individuen danach, in einer letztlich als sinnvoll verstehbaren Wirklichkeit zu leben, artikuliert sieht. Diesem Bedürfnis sollte eine materiale Geschichtsphilosophie auch dann gerecht zu werden versuchen, wenn man ihr nicht die zusätzliche Beweislast aufbürdet, den religiösen Intuitionen gerecht zu werden, die mit der Theodizee-Problematik einhergehen.

Bei der Auseinandersetzung mit dieser Problematik konnte zudem gezeigt werden, dass Hegel über ein innovatives und systematisches Problemverständnis der Frage verfügt, ob die Geschichte nun fortschrittlich sei oder nicht. Ihm zufolge ist die Beantwortung dieser Frage nicht durch ein schlichtes Ja oder Nein nach vorhergehender Quellenbetrachtung möglich. Nicht die Quellen legen fest, ob die Geschichte fortschrittlich ist oder nicht. Vielmehr hängt die Beantwortung dieser Frage methodisch primär von unseren Erkenntnisinteressen ab, die uns die Kriterien dafür liefern, welche Geschichte wir erzählen wollen. Den Quellen kommt dabei methodisch sekundär die wichtige Funktion des Vetorechts zu. Damit eine Erzählung der Geschichte als plausibel zu beurteilen ist, darf sie nicht zu den Quellen in Widerspruch treten, muss diesen in ihrer ganzen Breite (relativ zum Erkenntnisinteresse) gerecht werden usw.

Für Hegel ist nicht die Frage, ob *die* Geschichte fortschrittlich ausfällt oder nicht, entscheidend, sondern die Frage, ob es uns gelingt, sie *als fortschrittlich* zu erzählen. Insofern kann eine quellenadäquate Geschichtsschreibung, die keinen Fortschritt erkennen lässt, möglich sein, ohne damit zeigen zu können, dass es keinen Fortschritt in der Geschichte gebe. Hegels Haupteinwand gegen solche Erzählungen besteht in zweierlei: Auf der einen Seite zielen sie an der Frage vorbei, die Hegel stellt, da sie gar nicht erst das Interesse verfolgen, eine Fortschrittsnarration zu entwickeln; zum anderen erweisen sie sich, so sie meinen, durch die Erzählbarkeit der Geschichte als nicht-fortschrittlich, deren faktische Nicht-Fortschrittlichkeit nachgewiesen zu haben, als methodologisch naiv. Diese Fassung der Problemstellung ist systematisch auch heute noch sinnvoll und aussichtsreich, insbesondere auch deshalb, weil sich die Frage der Fortschrittlichkeit von einem naiven Realismus des Geschichtsverlaufs auf unsere Beteiligung an der historischen Gegenstandskonstitution verschiebt.

Neben diesem positiven Ertrag der Arbeit, ist aber auch auf die *losen Enden* hinzuweisen, die insbesondere die materiale Geschichtsphilosophie betreffen. Hierbei wäre im Anschluss an diese Studie insbesondere das Verhältnis der philosophischen Begriffsgeschichte Hegels zu nicht-philosophischen Begriffsgeschichten zu klären, um prüfen zu können, inwiefern sich Hegels Vorschläge hier als relevant, irrelevant oder revisionsbedürftig erweisen. In diesem Zusammenhang ist auch das Verhältnis zwischen den Absichten und Interessen von Personen, die *innerhalb* einer historischen Erzählung agieren, zu denjenigen Absichten und Interessen, die die philosophische Begriffsgeschichte ihnen zuschreibt, zu konzipieren.

Unabhängig von diesen Fragen, ist der Zusammenhang zwischen der Philosophie der Weltgeschichte und dem absoluten Geist, mithin deren Übergangsfunktion zu erhellen, der auch Aufschluss über die historischen Dimensionen der drei Teilbereiche des absoluten Geistes geben könnte.

Während sich diese Fragen im Prinzip im Rahmen der von mir im ersten Kapitel ausgezeichneten Quellenbestände beantworten lassen, wäre eine Prüfung der konkreten Durchführung der Geschichtsphilosophie auf Kohärenzüberlegungen anhand von Nachschriften angewiesen und bewegte sich damit auf philologisch unsichererem, wenngleich nicht unbetretbarem Boden. Eine solche Prüfung, so die dieser Studie zugrundeliegende Überzeugung, ist aber überhaupt erst möglich, nachdem die Grundlagen des hegelschen Vorgehens geklärt sind.

Marx schrieb in seinem berühmten Brief an den Vater, ihm komme Hegels Philosophie gelegentlich vor wie eine „groteske Felsenmelodie"[422]. Der damit zum Ausdruck gebrachte Charakter der Fremdheit dieser Philosophie hängt zu nicht unwesentlichen Teilen – jedenfalls für uns – von der hegelschen Philosophie der Weltgeschichte ab. Wenn es dieser Studie gelungen ist, diesen Charakter der Fremdheit zumindest teilweise abzutragen, kann eines ihrer wesentlichen Ziele als erreicht gelten.

---

[422] Marx 1975: 16.

Literaturverzeichnis:

A: Hegel-Literatur mit Siglen

BR: Hegel, G.W.F. (1995): „Rede zum Antritt des Philosophischen Lehramtes an der Universität Berlin" in: *Vorlesungsmanuskripte II (1816–1831). Gesammelte Werke Band 18.* Hrsg. Walter Jaeschke. Hamburg, S. 11–31.

M1 = Hegel, Georg Wilhelm Friedrich (1995): „Philosophie der Weltgeschichte. Einleitung 1822–1828" in: ders. *Gesammelte Werke Band 18.* (Vorlesungsmanuskripte 1816–1831 II) (Hg.) Walter Jaeschke. Hamburg, S. 121–137.

M2 = Hegel, Georg Wilhelm Friedrich (1995): „Philosophie der Weltgeschichte. Einleitung 1830/31" in: ders. *Gesammelte Werke Band 18.* (Vorlesungsmanuskripte 1816–1831 II) (Hg.) Walter Jaeschke. Hamburg, S. 138–207.

GdP (1820) = Hegel, Georg Wilhelm Friedrich (1995): „Geschichte der Philosophie. Einleitung 1820" in: ders. *Gesammelte Werke Band 18.* (Vorlesungsmanuskripte 1816–1831 II) (Hg.) Walter Jaeschke. Hamburg, S. 36–94.

GPR = Hegel, G.W.F. (2009 [1820]): *Grundlinien der Philosophie des Rechts. Gesammelte Werke Band 14.1 Naturrecht und Staatswissenschaft im Grundrisse. Grundlinien der Philosophie des Rechts.* Hrsg. Klaus Grotsch und Elisabeth Weisser-Lohmann. Hamburg.

GPR § R. = Hegel, G.W.F. (2010): „Notizen zu den Paragraphen 1–180 der Grundlagen der Philosophie des Rechts" in: *Grundlinien der Philosophie des Rechts. Gesammelte Werke Band 14.2 Beilagen.* Hamburg, S. 293–773.

Enz. (1817) = Hegel, G.W.F. (2001 [1817]): *Enzyklopädie der philosophischen Wissenschaften im Grundrisse. (1817). Gesammelte Werke Band 13.* Hrsg. Wolfgang Bonsiepen und Klaus Grotsch unter Mitarbeit von Hans-Christian Lucas und Udo Rameil. Hamburg.

Enz. (1827) = Hegel, G.W.F. (1989 [1827]): *Enzyklopädie der philosophischen Wissenschaften im Grundrisse (1827). Gesammelte Werke Band 19.* Hrsg. Wolfgang Bonsiepen und Hans-Christian Lucas. Hamburg.

Enz. (1830) = Hegel, G.W.F. (1992 [1830]): *Enzyklopädie der philosophischen Wissenschaften im Grundrisse (1830). Gesammelte Werke Band 20.* Unter Mitarbeit von Udo Rameil. Hrsg. Wolfgang Bonsiepen und Hans-Christian Lucas. Hamburg.

PhG = Hegel, G.W.F. (1980 [1807]): *Phänomenologie des Geistes. Gesammelte Werke Band 9.* Hrsg. Wolfgang Bonsiepen und Reinhard Heede. Hamburg.

WdL. (1816) = Hegel, G.W.F. (1981 [1816]): *Wissenschaft der Logik. Zweiter Band. Die subjektive Logik (1816). Gesammelte Werke Band 12.* Hrsg. Friedrich Hogemann und Walter Jaeschke. Hamburg.

WdL. (1832) = Hegel, G.W.F. (1985 [1832]): *Wissenschaft der Logik. Erster Teil. Die Objektive Logik. Erster Band. Die Lehre vom Sein (1832). Gesammelte Werke Band 21.* Hrsg. Friedrich Hogemann und Walter Jaeschke. Hamburg.

VL = Hegel, G.W.F. (1996): *Vorlesungen über die Philosophie der Weltgeschichte. Berlin 1822/23.* (Vorlesungen. Ausgewählte Nachschriften und Manuskripte Band 12). (Hrsg.): Karl-Heinz Ilting, Karl Brehmer und Hoo Nam Seelmann. Hamburg.

B: Verwendete Hegel-Ausgaben

(a) Ausgaben der Geschichtsphilosophie

Hegel, G.W.F. (1837): *Georg Wilhelm Friedrich Hegel's Vorlesungen über die Philosophie der Geschichte*. Herausgegeben von Dr. Eduard Gans. Neunter Band. Berlin.

Hegel, G. W.F. (1840): *Georg Wilhelm Friedrich Hegel's Vorlesungen über die Philosophie der Geschichte*. Herausgegeben von Dr. Eduard Gans. Zweite Auflage besorgt von Dr. Karl Hegel. Neunter Band. Berlin.

Hegel, G.W.F. (1961 [1907]): *Vorlesungen über die Philosophie der Geschichte*. Mit einer Einführung von Theodor Litt. Herausgegeben von Fritz Brundstäd. Stuttgart.

Hegel, G.W.F. (1955): *Die Vernunft in der Geschichte*. Hrsg. Johannes Hoffmeister. Fünfte abermals verbesserte Auflage. Hamburg.

Hegel, G.W.F. (1970): *Vorlesungen über die Philosophie der Geschichte*. Werke Band 12. Auf der Grundlage der *Werke* von 1832–45 neu edierte Ausgabe. Redaktion Eva Moldenhauer und Karl Markus Michel. Frankfurt am Main.

Hegel, G.W.F. (1995): *Vorlesungsmanuskripte II (1816–1831)*. Georg Wilhelm Friedrich Hegel Gesammelte Werke Band 18. Hrsg. Walter Jaeschke. Hamburg.

Hegel, G.W.F. (1996): *Vorlesungen über die Philosophie der Weltgeschichte. Berlin 1822/23*. (Vorlesungen. Ausgewählte Nachschriften und Manuskripte Band 12). (Hrsg.): Karl-Heinz Ilting, Karl Brehmer und Hoo Nam Seelmann. Hamburg.

Hegel, G.W.F. (1987): *Vorlesungsmanuskripte I (1816–1831)*. Gesammelte Werke Band 18. Hrsg. Walter Jaeschke. Hamburg.

Hegel, G.W.F. (2015): *Vorlesungen über die Philosophie der Weltgeschichte. Gesammelte Werke Band 27.1 Nachschriften zu dem Kolleg des Wintersemesters 1822/23*. Hrsg. Bernadette Collenberg–Plotnikov. Hamburg.

(b) Verwendete Ausgaben/Texte anderer hegelscher Werke

Hegel, G.W.F. (2014): „Text 74" in: *Frühe Schriften II. Gesammelte Werke Band 2*. Bearbeitet von Friedhelm Nicolin, Ingo Rill und Peter Kriegel. Hrsg. Walter Jaeschke. Hamburg, S. 589–608.

Hegel, G.W.F. (2014): „Studien zur Geschichte" in: *Frühe Schriften II. Gesammelte Werke Band 2*. Bearbeitet von Friedhelm Nicolin, Ingo Rill und Peter Kriegel. Hrsg. Walter Jaeschke. Hamburg, S. 621.

Hegel, G.W.F. (2001 [1831]): „Görres–Rezension" in: *Schriften und Entwürfe II (1816–1831). Gesammelte Werke Band 16*. Unter Mitarbeit von Christoph Jamme. Hrsg. Friedrich Hogemann. Hamburg, S. 290–310.

Hegel, G.W.F. (1987): „Religionsphilosophie" in: *Vorlesungsmanuskripte I (1816–1831). Gesammelte Werke Band 17*. Hrsg. Walter Jaeschke. Hamburg, S. 5–300.

(c) Sonstige Literatur

Althaus, Horst (1992): Hegel und die heroischen Jahre der Philosophie. München.
Anderson, Benedict (1988): *Die Erfindung der Nation. Zur Karriere eines erfolgreichen Konzepts.* Frankfurt am Main.
Angehrn, Emil (1977): *Freiheit und System bei Hegel.* Berlin/New York.
Angehrn, Emil (2012): Geschichte und System. Die Bedeutung der Geschichte in Hegels Philosophie. In: Jamme, Christoph u. Yohichie Kubo (Hrsg.): *Logik und Realität. Wie systematisch ist Hegels System?* München, S. 247–258.
Aristoteles (2005): *Protreptikos.* Hinführung zur Philosophie. Rekonstruiert, übersetzt und kommentiert von Gerhart Schneeweiß. Darmstadt.
Aristoteles (2011): *Poetik.* Übersetzt und erläutert von Arbogast Schmitt. 2. Durchgesehene und ergänzte Auflage. Berlin.
Barth, Paul (1967 [1890]): *Die Geschichtsphilosophie Hegels und der Hegelianer bis auf Marx und Hartmann.* Darmstadt.
Barthes, Roland (1994 [1968]): „L'effet de Réel" in: Ders.: Oeuvres complétes. Tome 2: 1966–1973. Paris, S. 479–484.
Bauer, Christoph Johannes (2001): ‚*Das Geheimnis aller Bewegung ist ihr Zweck'. Geschichtsphilosophie bei Hegel und Droysen.* Hamburg 2001.
Bayly, Christopher A. (2006): *Die Geburt der modernen Welt. Eine Globalgeschichte 1780–1914.* Frankfurt am Main.
Becker, Willi (1981): II. Hegels hinterlassene Schriften im Briefwechsel seines Sohnes Immanuel. In: *Zeitschrift für philosophische Forschung Bd. 35* S. 592–614.
Bernheim, Ernst (1903): Lehrbuch der historischen Methode und der Geschichtsphilosophie. Mit Nachweis der wichtigsten Quellen und Hülfsmittel zum Studium der Geschichte. Dritte und vierte, völlig neu bearbeitete und vermehrte Auflage. Leipzig.
Beyer, W.R. (1967): Wie die Hegelsche Freundesvereinsausgabe entstand. (Aus neu aufgefundenen Briefen der Witwe Hegels) in: *Deutsche Zeitschrift für Philosophie.* S. 563–569.
Birnbacher, Dieter (1974): *Die Logik der Kriterien. Analysen zur Spätphilosophie Wittgensteins.* Hamburg.
Bohrer, Karl-Heinz (1983): *Die Ästhetik des Schreckens.* Frankfurt am Main.
Bohrer, Karl-Heinz (2004): *Imaginationen des Bösen. Zur Begründung einer ästhetischen Kategorie.* München.
Breitenbach, Hans-Rudolf (1979): Art. „Thukydides" in: (Hrsg.) Konrat Ziegler und Walther Sontheimer. *Der Kleine Pauly.* Lexikon der Antike. Bd. 5 Schaf-Zythos, München, Sp. 792–799.
Brenner, Peter J. und Helmut Reinalter (Hrsg.) (2011): *Lexikon der Geisteswissenschaften. Sachbegriffe – Disziplinen – Personen.* Wien/Köln/Weimar.
Brunner, Otto; Conze, Werner und Reinhart Koselleck (Hrsg.) (2004 [1975]): *Geschichtliche Grundbegriffe. Historisches Lexikon zur politisch-sozialen Sprache.* Bd. 2 E-G. Stuttgart.
Bubner, Rüdiger und Walter Mesch (2001) *Die Weltgeschichte – das Weltgericht? Stuttgarter Hegel-Kongress 1999.* Stuttgart.
Busse, Dietrich (2009): *Semantik.* Paderborn.
Butler, Ronald (1959): Other Dates. In: *Mind,* 68, S. 16–33.
Büttner, Manfred (1975): *Regiert Gott die Welt? Vorsehung Gottes und Geographie.* Stuttgart.

Caesar (2004): *Der Gallische Krieg*. Lateinisch-Deutsch. Herausgegeben und übersetzt von Otto Schönberger. Düsseldorf/Zürich.
Chladenius, Johann Martin (1969 [1742]): *Einleitung zur richtigen Auslegung vernünftiger Schriften und Reden*, mit einer Einleitung von Lutz Geldsetzer, Düsseldorf.
Churchill, Winston S. (2003 [1948]): *Der Zweite Weltkrieg*. Frankfurt am Main.
Cicero, Marcus Tullius (1970): „De Legibus/The Laws" in: *Loeb Classical Library. Cicero XVI, De Re Publica, De Legibus*. (Ed.) E.H. Warmington. Cambridge/Mass.
Cicero, Marcus Tullius (1942): *De Oratore/On the Orator Books I-II*. Loeb Classical Library Cicero III. (Ed.) Jeffrey Henderson. Cambridge/Mass.
Ciezskowski, August von (1981 [1838]): *Prolegomena zur Historiosophie*. Mit einer Einleitung von Rüdiger Bubner und einem Anhang von Jan Garewicz. Hamburg.
Clark, Christopher (2013 [engl. 2012]): *Die Schlafwandler. Wie Europa in den Ersten Weltkrieg zog*. München.
Cobet, Justus und Panteos, Athena (2012): Objektivität als methodisches Problem der Geschichtswissenschaft. In: Hartmann, Dirk; Mohseni, Amir et al.: *Methoden der Geisteswissenschaften. Eine Selbstverständigung*. Weilerswist, S. 94–124.
Conrad, Sebastian (2013): *Globalgeschichte. Eine Einführung*. München.
Daniel, Ute (2001): *Kompendium Kulturgeschichte*. Frankfurt am Main.
Danto, Arthur C. (2007 [1985]): *Narration and Knowledge*. (including the integral text of ANALYTICAL PHILOSOPHY OF HISTORY). New York.
Demandt, Alexander (2005 [2001]): *Ungeschehene Geschichte. Ein Traktat über die Frage: Was wäre geschehen, wenn ...?* Göttingen.
Deuser, Hermann (2003): „Vorsehung I" in: *Theologische Realenzyklopädie*. Band 35, S. 303–325.
DeVries, Willem A. (1988): *Hegel's theory of mental activity. An introduction to theoretical spirit*. Ithaca.
Dierse, Ulrich (2011): „Begriffsgeschichte, Ideengeschichte, Metapherngeschichte" in: Ricardo Pozzo und Marco Sgarbi (Hrsg.): *Begriffs-, Ideen-, und Problemgeschichte im 21. Jahrhundert*. Wiesbaden, S. 57–67.
Droysen, Johann Gustav (1977 [1936]): „Historik. Vorlesungen über Enzyklopädie und Methodologie der Geschichte." In: ders. *Historik. Vorlesungen über Enzyklopädie und Methodologie der Geschichte*. (Hrsg.): Rudolf Hübner. München/Wien, S. 1–316.
Droysen, Johann Gustav (1977 [1863]): „Erhebung der Geschichte zum Rang einer Wissenschaft" in: ders. *Historik. Vorlesungen über Enzyklopädie und Methodologie der Geschichte*. (Hrsg.): Rudolf Hübner. München/Wien, S. 386–405.
Düsing, Klaus (1976): *Das Problem der Subjektivität in Hegels Logik. Systematische und entwicklungsgeschichtliche Untersuchungen zum Prinzip des Idealismus und zur Dialektik*. Bonn.
Emundts, Dina und Horstmann, Rolf-Peter (2002): *G.W.F. Hegel. Eine Einführung*. Stuttgart.
Engels, Odilo; Günther, Horst; Koselleck, Reinhart und Meier, Christian (2004 [1975]: „Art. Geschichte" in den *Geschichtlichen Grundbegriffen* Bd. 2., S. 593–717.
Fellmann, Ferdinand (1976): *Das Vico-Axiom. Der Mensch macht die Geschichte*. Freiburg u. a.
Fichte, Johann Gottlieb (1991 [1806]): „Grundzüge des gegenwärtigen Zeitalters" in: ders. *Werke 1801–1806. J.G. Fichte Gesamtausgabe. Werke Band 8*. Hrsg. Reinhard Lauth und Hans Gliwitzky. Stuttgart-Bad Cannstatt 1991, S. 143–396.
Forster, Edward Morgan (1974): *Aspects of the Novel*. London.

Forster, Michael N. (2013): „Ursprung und Wesen des Hegelschen Geistbegriffs". Öffentlich zugänglicher Aufsatz: philosophy.uchicago.edu%2Ffaculty%2Ffiles%2Fforster%2F Ursprung%2520und%2520Wesen.doc&ei=EFZ4VIysFM7XPYqggYgF&usg=AFQjCNE6PGALy EoyeNzVZe5Ice36DCT5eg&bvm=bv.80642063,d.ZWUhttp://www.google.de/url? sa=t&rct=j&q=&esrc=s&source=web&cd=3&ved=0CDMQFjAC&url=http%3A%2F% 2Fphilosophy.uchicago.edu%2Ffaculty%2Ffiles%2Fforster%2FUrsprung%2520und% 2520Wesen.doc&ei=EFZ4VIysFM7XPYqggYgF&usg=AF-QjCNE6PGALyEoyeNzVZe5Ice36DCT5eg&bvm=bv.80642063,d.ZWU. [Letzter Zugriff: 27.11.2014]

Friedrich, Markus (2013): *Die Geburt des Archivs. Eine Wissensgeschichte.* München.

Fuhrmann, Manfred (1979): „Art. Livius, Titus" in: (Hrsg.) Konrat Ziegler und Walther Sontheimer. *Der Kleine Pauly. Lexikon der Antike. Band 3 Iuppiter–Nasidienus.* München, Sp. 695–698.

Fulda, Daniel (1996): *Wissenschaft aus Kunst. Die Entstehung der modernen deutschen Geschichtsschreibung 1760–1860.* Berlin/New York.

Fulda, Hans-Friedrich (1982): „Zum Theorietypus der Hegelschen Rechtsphilosophie." In: Dieter Henrich und Rolf-Peter Horstmann (Hrsg.): *Hegels Philosophie des Rechts. Die Theorie der Rechtsformen und ihre Logik.* Stuttgart, S. 393–427.

Fulda, Hans-Friedrich (2003): *Georg Wilhelm Friedrich Hegel.* München.

Gabriel, Gottfried (2013): „Fakten oder Fiktionen? Zum Erkenntniswert der Geschichte." In: *Historische Zeitschrift.* Band 297, H 1, S. 1–26.

Gadamer, Hans-Georg (2010 [1960]): *Wahrheit und Methode. Grundzüge einer philosophischen Hermeneutik.* Tübingen.

Georges: Lateinisch-Deutsches Handwörterbuch [*http://www.digitale-bibliothek.de/band69.htm*]

Gervinus, Georg Gottfried (2015 [1837]): *Grundzüge der Historik.* Paderborn.

Gethmann-Siefert, Annemarie (2005): *Einführung in Hegels Ästhetik.* München.

Gethmann, Carl-Friedrich (2004 [1995]): „Retorsion" in: Jürgen Mittelstraß in Verbindung mit Martin Carrier und Gereon Wolters (Hrsg.): *Enzyklopädie Philosophie und Wissenschaftstheorie. Band 3 P-So.* Stuttgart/Weimar, S. 597–601.

Gil, Thomas (1998): Hans Freyers Rekonstruktion der Weltgeschichte Europas. In: Weisser-Lohmann, Elisabeth und Dietmar Köhler (Hrsg.): *Hegels Vorlesungen über die Philosophie der Weltgeschichte. Hegel-Studien Beiheft 38,* Bonn, S. 251–268.

Goethe, Johann Wolfgang von (1999 [1810]): „Materialien zur Geschichte der Farbenlehre" in: Johann Wolfgang von Goethe. Hamburger Ausgabe. (Hrsg.): Erich Trunz. Band 14. *Naturwissenschaftliche Schriften III.* München, S. 7–269.

Halbig, Christoph (2002): *Objektives Denken. Erkenntnistheorie und philosophy of mind in Hegels System.* Stuttgart-Bad Cannstatt.

Halbig, Christoph (2004): „Ist Hegels Wahrheitsbegriff geschichtlich?" in: Barbara Merker, Georg Mohr und Michael Quante (Hrsg.): *Subjektivität und Anerkennung.* Paderborn, S. 32–46.

Halbig, Christoph und Michael Quante (2000): „Absolute Subjektivität. Selbstbewusstsein als Prinzip im deutschen Idealismus." In: Franz Gniffke und Norbert Herold (Hrsg.): *Klassische Fragen der Philosophiegeschichte II: Neuzeit und Moderne.* Münster, S. 83–104.

Halbig, Christoph; Quante, Michael und Ludwig Siep (2001): „Direkter Realismus. Bemerkungen zur Aufhebung des Alltäglichen Realismus bei Hegel" in: Ralph Schumacher (Hrsg.): *Idealismus als Theorie der Repräsentation?* Paderborn, S. 147–163.
Hegel, Karl (1900): *Leben und Erinnerungen.* Leipzig.
Heidegger, Martin (1995): *Ontologie. (Hermeneutik der Faktizität).* Gesamtausgabe. II. Abteilung: Vorlesungen. Band 63. Frankfurt am Main.
Heimsoeth, Heinz (1959/60): *Die Hegel-Ausgabe der Deutschen Forschungsgemeinschaft.* In: Kant Studien 51, S. 506–511.
Henning, Tim (2009): *Person sein und Geschichten erzählen. Eine Studie über personale Autonomie und narrative Gründe.* Berlin/New York.
Henrich, Dieter (1981): Fragen und Quellen zur Geschichte von Hegels Nachlass. I. Auf der Suche nach dem verlorenen Hegel. In: *Zeitschrift für philosophische Forschung Bd. 35* S. 585–591.
Henrich, Dieter (2011): *Werke im Werden. Über die Genesis philosophischer Einsichten.* München.
Herodot (1971): *Historien.* Deutsche Gesamtausgabe. Übersetzt von A. Horneffer. Neu herausgegeben und erläutert von H.W. Haussig. Mit einer Einleitung von W.F. Otto. Stuttgart.
Hesiod (2005): *Theogonie.* Übersetzt und herausgegeben von Otto Schönberger, Stuttgart.
Hobsbawm, Eric und Terence Ranger (Hrsg.) (1987): *The Invention of Tradition.* Cambridge.
Hodgson, Peter C. (2012): *Shapes of Freedom. Hegel's Philosophy of World History in Theological Perspective.* Oxford.
Horstmann, Rolf-Peter (1979): „Kriterien für Grundbegriffe. Anmerkungen zu einer Diskussion." In: Koselleck, Reinhart (Hrsg.): *Historische Semantik und Begriffsgeschichte.* Stuttgart, S. 37–42.
Horstmann, Rolf-Peter (2005²): „Hegels Theorie der bürgerlichen Gesellschaft." In: *Grundlinien der Philosophie des Rechts.* 2te bearbeitete Auflage. (Hrsg.) Ludwig Siep. Berlin, S. 193–216.
Hübner, Dietmar (2011): *Die Geschichtsphilosophie im deutschen Idealismus. Kant – Fichte – Schelling – Hegel.* Stuttgart.
Hüffer, Wilm (2002): *Theodizee der Freiheit. Hegels Philosophie des geschichtlichen Denkens.* Hamburg.
Humboldt, Wilhelm von (1960 [1821]): „Über die Aufgabe des Geschichtsschreibers. In: Ders.: Werke in fünf Bänden. Band 1: Schriften zur Anthropologie und Geschichte. Darmstadt, S. 585–606.
Iggers, Georg G. (1997): *Deutsche Geschichtsschreibung. Eine Kritik der traditionellen Geschichtsauffassung von Herder bis zur Gegenwart.* Wien.
Jaeschke, Walter (1980): Probleme der Edition der Nachschriften von Hegels Vorlesungen. In: *Allgemeine Zeitschrift für Philosophie,* S. 51–63.
Jaeschke, Walter (1995): Editorischer Bericht in: Vorlesungsmanuskripte II (1816–1831). Georg Wilhelm Friedrich Hegel Gesammelte Werke Band 18. (Hg.) Walter Jaeschke. Hamburg. S. 355–407.
Jaeschke, Walter (2001): Eine neue Phase der Hegel-Edition. In: *Hegel-Studien Band 36,* S. 15–33.
Jaeschke, Walter (2003): *Hegel-Handbuch. Leben-Werk-Schule.* Stuttgart/Weimar.
Jaeschke, Walter (2009): Das Geschriebene und das Gesprochene. Wilhelm und Karl Hegel über den Begriff der Weltgeschichte. In: *Hegel-Studien Band 44.* S. 13–44.

Kant, Immanuel (1911 [1787]): Kritik der reinen Vernunft. Zweite Auflage 1787. In: *Kant's gesammelte Schriften. Herausgegeben von der Königlich Preußischen Akademie der Wissenschaften. Band III.* Berlin.

Koselleck, Reinhart (2004a [1975]): „Geschichte, Historie. V. Die Herausbildung des modernen Geschichtsbegriffs", in: Otto Brunner, Werner Conze, Reinhart Koselleck (Hrsg.): *Geschichtliche Grundbegriffe. Historisches Lexikon zur politisch-sozialen Sprache in Deutschland*, Bd. 2. Stuttgart, S. 647–691.

Koselleck, Reinhart (1989a [1979]): Historia Magistra Vitae. Über die Auflösung des Topos im Horizont neuzeitlich bewegter Geschichte. In: ders. *Vergangene Zukunft. Zur Semantik geschichtlicher Zeiten.* Frankfurt am Main, S. 38–66.

Koselleck, Reinhart (1989b [1977]): „Standortbindung und Zeitlichkeit. Ein Beitrag zur historiographischen Erschließung der geschichtlichen Welt." In: ders. *Vergangene Zukunft. Zur Semantik geschichtlicher Zeiten*, Frankfurt am Main 1989, S. 176–207.

Koselleck, Reinhart (1989c [1979]): ,Erfahrungsraum' und ,Erwartungshorizont' – zwei historische Kategorien. In: ders. *Vergangene Zukunft. Zur Semantik geschichtlicher Zeiten.* Frankfurt am Main, S. 349–375.

Koselleck, Reinhart (1989d [1979]: *Vergangene Zukunft. Zur Semantik geschichtlicher Zeiten.* Frankfurt am Main.

Koselleck, Reinhart (2003 [2000]): „Erfahrungswandel und Methodenwechsel. Eine historisch-anthropologische Skizze." In: ders. *Zeitschichten. Studien zur Historik.* Frankfurt am Main, S. 27–77.

Koselleck, Reinhart (2004b [1972]): „Einleitung" in: Otto Brunner, Werner Conze und Reinhart Koselleck (Hrsg.): *Geschichtliche Grundbegriffe. Historisches Lexikon zur politisch-sozialen Sprache in Deutschland.* Band 1 A-D, S. XIII–XXVII.

Koselleck, Reinhart (2010 [2006]): „Sozialgeschichte und Begriffsgeschichte" in: ders. *Begriffsgeschichten. Studien zur Semantik und Pragmatik der politischen und sozialen Sprache.* Mit zwei Beiträgen von Ulrike Spre und Willibald Steinmetz sowie einem Nachwort zu Einleitungsfragmenten Reinhart Kosellecks von Carsten Dutt. Berlin, S. 9–31.

Koselleck, Reinhart (Hrsg.) (1979): *Historische Semantik und Begriffsgeschichte.* Stuttgart.

Köhnke, Klaus Christian (1986): *Entstehung und Aufstieg des Neukantianismus. Die deutsche Universitätsphilosophie zwischen Idealismus und Positivismus.* Frankfurt am Main.

Landwehr, Achim (2008): *Historische Diskursanalyse.* Frankfurt/New York.

Leibniz, Gottfried Wilhem (1996 [1710]): *Die Theodizee von der Güte Gottes, der Freiheit des Menschen und dem Ursprung des Übels.* (2 Bd.). in: ders. Philosophische Schriften. Band 2.1 & 2.2. Französisch und deutsch. Herausgegeben und übersetzt von Herbert Herring. Frankfurt am Main.

Lenin, W.I. (1971): *Werke Band 38 (Philosophische Hefte).* Berlin.

Lessing, Gotthold Ephraim (1997 [1780]): *Die Erziehung des Menschengeschlechts.* München.

Lorenz, Stefan (1998): „Theodizee" in: *Historisches Wörterbuch der Philosophie.* (Hrsg.): Joachim Ritter und Karlfried Gründer. Band 10: St-T. Basel, Sp. 1066–1073.

Lorenzen, Paul (1968): „Methodisches Denken." In: ders. *Methodisches Denken*, Frankfurt am Main, S. 24–49.

Luckhardt, Grant C. (1996[2]): „Das Sprechen des Löwen." In: Eike von Savigny und Oliver R. Scholz: *Wittgenstein über die Seele.* Frankfurt am Main, S. 253–267.

Luckmann, Thomas (2007a): „Zeit und Identität: Innere, soziale und historische Zeit"
in: Thomas Luckmann. Lebenswelt, Identität und Gesellschaft. (Hrsg.): Jochen Dreher.
Konstanz, S. 165–192.
Luckmann, Thomas (2007b): „Geschichtlichkeit der Lebenswelt?" in: Thomas Luckmann.
Lebenswelt, Identität und Gesellschaft. (Hrsg.): Jochen Dreher. Konstanz, S. 193–205.
Lüdtke, Alf (Hrsg.) (1989): *Alltagsgeschichte. Zur Rekonstruktion historischer Erfahrungen und Lebensweisen.* Frankfurt a.M./New York.
Lukian, Wie man die Geschichte schreiben müsse. In: ders.: *Sämtliche Werke.* Mit Anm.
Nach der Übersetzung von Christoph Martin Wieland bearbeitet und. ergänzt von Hanns
Floerke. Bd. 3. München, Leipzig 1911, S. 269–313.
Martin, Christian Georg (2012): *Ontologie der Selbstbestimmung. Eine operationale Rekonstruktion von Hegels „Wissenschaft der Logik".* Tübingen.
Martinez, Matias und Michael Scheffel (2012 [1999]): *Einführung in die Erzähltheorie.*
9., erweiterte und aktualisierte Auflage. München.
Marx, Karl (1975): „Karl Marx an Heinrich Marx in Trier. Berlin, 10./11. November 1837" in: *Karl Marx. Friedrich Engels. Gesamtausgabe (MEGA). Dritte Abteilung. Briefwechsel Band 1. Briefe bis April 1846.* Berlin, S. 9–18.
Marx, Karl (1976): „Ökonomische Manuskripte 1857/58. Text. Teil 1." In: *Karl Marx. Friedrich Engels. Gesamtausgabe (MEGA). Zweite Abteilung. „Das Kapital" und Vorarbeiten Band 1.* Berlin.
Meier, H.G. (1971): „Begriffsgeschichte" in: Joachim Ritter (Hrsg.): *Historisches Wörterbuch der Philosophie*, Bd. 1, Basel und Stuttgart, Sp. 788–808.
Meyer, Marion (2011): Klassische Archäologie in: Peter J. Brenner und Helmut Reinalter (Hrsg.): *Lexikon der Geisteswissenschaften. Sachbegriffe – Disziplinen – Personen.* Wien/Köln/Weimar.
Mohseni, Amir (2015): *Abstrakte Freiheit. Zum Begriff des Eigentums bei Hegel.* Hamburg.
Mooren, Nadine und Tim Rojek (2014): „Hegels Begriff der ‹Wissenschaft›" in: *Hegel-Studien* Band 48, S. 11–39.
Mooren, Nadine (2016): *Das Verhältnis von Religion, Philosophie und Theologie bei Hegel.* Inaugural-Dissertation. Münster.
Moldenhauer, Eva und Karl Markus Michel (1971): Editorischer Bericht. In: G.W.F. Hegel. *Werke in zwanzig Bänden. Vorlesungen über die Geschichte der Philosophie III. Theorie Werkausgabe.* Frankfurt am Main 1971, S. 529–557.
Motzkin, Gabriel (2011): „Über den Begriff der geschichtlichen (Dis-)Kontinuität: Reinhart Kosellecks Konstruktion der ‚Sattelzeit'. In: Hans Joas und Peter Vogt (Hrsg.): *Begriffene Geschichte. Beiträge zum Werk Reinhart Kosellecks.* Berlin, S. 339–358.
Müller, Ernst und Falko Schmieder (2016): *Begriffsgeschichte und historische Semantik. Ein kritisches Kompendium.* Berlin.
Muhlack, Ulrich (1991): *Geschichtswissenschaft im Humanismus und in der Aufklärung. Die Vorgeschichte des Historismus.* München.
Mulsow, Martin und Andreas Mahler (Hrsg.) (2010): *Die Cambridge School der politischen Ideengeschichte.* Berlin.
Nicolin, Friedhelm (1957): Probleme und Stand der Hegel-Edition. In: *Zeitschrift für philosophische Forschung* 11, S. 116–129.
Nicolin, Friedhelm (1961): Die neue Hegel-Gesamtausgabe. Voraussetzungen und Ziele in: *Hegel-Studien* Band 1, Bonn S. 295–313.

Nietzsche, Friedrich (1999 [1874]): Unzeitgemäße Betrachtungen II. Vom Nutzen und Nachtheil der Historie für das Leben. In: ders. Kritische Studienausgabe in 15 Bänden. Herausgegeben von Giorgio Colli und Mazzino Montinari Band 1, S. 243–334.
Osterhammel, Jürgen (2009): *Die Verwandlung der Welt. Eine Geschichte des 19. Jahrhunderts.* München.
Petri, Manfred (1990): *Die Urvolkhypothese. Ein Beitrag zum Geschichtsdenken der Spätaufklärung und des deutschen Idealismus.* Berlin.
Pinkard, Terry (2000): *Hegel. A Biography.* Cambridge.
Pippin, Robert B. (1989): *Hegel's Idealism. The Satisfactions of Self-Consciousness.* Cambridge.
Pötscher, Walter (1979a): Art. „Herodotos" in: (Hrsg.) Konrat Ziegler und Walther Sontheimer. *Der Kleine Pauly. Lexikon der Antike.* Bd. 2 Dicta Catonis – Iuno, München, Sp. 1099–1103.
Pötscher, Walter (1979b): „Art. Mnemosyne" in: in: (Hrsg.) Konrat Ziegler und Walther Sontheimer. *Der Kleine Pauly. Lexikon der Antike.* Bd. 3 Iuppiter–Nasidienus, München, Sp.1370–1371.
Quante, Michael (1993): *Hegels Begriff der Handlung.* Stuttgart-Bad Cannstatt.
Quante, Michael (2004): „Spekulative Philosophie als Therapie?" in: Christoph Halbig, Michael Quante und Ludwig Siep (Hrsg.): *Hegels Erbe.* Frankfurt a.M., S. 324–350.
Quante, Michael (2009): „Philosophie der Krise. Dimensionen der nachhegelschen Reflexion. Neuere Literatur zur Philosophie des Vormärz und der Junghegelianer." In: *Zeitschrift für philosophische Forschung* 63, S. 313–334.
Quante, Michael (2010): After Hegel. The Realization of Philosophy through Action. In: D. Moyar (Ed.), *Routledge Companion to 19th Century Philosophy*, London, Routledge, S. 197–237.
Quante, Michael (2011): *Die Wirklichkeit des Geistes. Studien zu Hegel*, Berlin.
Quante, Michael und David P. Schweikard (2009): Leading a universal life – the systematic relevance of Hegels social philosophy. – In: *History of the Human Sciences* 22 (1) S. 58–78.
Quante, Michael und Amir Mohseni (Hrsg.) (2015): *Die linken Hegelianer. Studien zum Verhältnis von Religion und Politik im Vormärz.* Münster.
Quine, Willard v. O. (2011): „Zwei Dogmen des Empirismus" in: ders. *Von einem logischen Standpunkt aus. Drei ausgewählte Aufsätze.* Englisch/Deutsch. Stuttgart, S. 56–127.
Ranke, Leopold von (1957 [1859]): *Englische Geschichte.* Band 1. Wiesbaden/Berlin.
Ranke, Leopold von (1971 [1854]): Über die Epochen der neueren Geschichte. Vorträge dem Könige Maxmillian II. von Bayern im Herbst 1854 zu Berchtesgaden gehalten. Vortrag vom 25. September 1854. Historisch-kritische Ausgabe, hg. v. Theodor Schieder und Helmut Berding. München 1971.
Reimann, Aribert (2009): *Dieter Kunzelmann. Avantgardist, Protestler, Radikaler.* Göttingen.
Ricci, Valentina und Federico Sanguinetti (Hrsg.) (2013): *Hegel on Recollection. Essays on the Concept of* Erinnerung *in Hegel's System.* Newcastle upon Tyne.
Ritter, Joachim (1957): *Hegel und die französische Revolution.* Köln und Opladen.
Rohs, Peter (1978): „Der Grund der Bewegung des Begriffs" in: Dieter Henrich (Hrsg.): *Die Wissenschaft der Logik und die Logik der Reflexion*, S. 43–62.
Rohs, Peter (2013): *Der Platz zum Glauben.* Münster.

Rojek, Tim (2015): „Zwischen Reform und Revolution. Arnold Ruges Geschichtsphilosophie." In: Michael Quante und Amir Mohseni (Hrsg.): *Die linken Hegelianer. Studien zum Verhältnis von Religion und Politik im Vormärz*. München, S. 141–160.

Rosenkranz, Karl (1974 [1844]): *G.W.F. Hegels Leben*. 3. Auflage, unveränderter reprographischer Nachdruck der Ausgabe Berlin 1844. Darmstadt.

Rosenkranz, Karl (1979 [1853]): *Ästhetik des Häßlichen*. Darmstadt.

Rózsa Erzsébet (2005): *Versöhnung und System. Zu Grundmotiven von Hegels praktischer Philosophie*. München.

Sawilla, Jan Marco (2004): „‚Geschichte': Ein Produkt der deutschen Aufklärung? Eine Kritik an Reinhart Kosellecks Begriff des ‚Kollektivsingulars Geschichte', in: *Zeitschrift für Historische Forschung* 31, S. 381–428.

Sawilla, Jan Marco (2011): „Geschichte und Geschichten zwischen Providenz und Machbarkeit. Überlegungen zu Reinhart Kosellecks Semantik historischer Zeiten." In: Joas Hans und Peter Vogt (Hrsg.): *Begriffene Geschichte. Beiträge zum Werk Reinhart Kosellecks*. Berlin, S. 387–422.

Schiller, Friedrich (2004 [1785]): „Was heißt und zu welchem Ende studiert man Universalgeschichte?" in: (Hrsg.) Peter-André Alt; Albert Meier und Wolfgang Riedel. Ders. Sämtliche Werke Band IV. Historische Schriften. München/Wien, S. 749–767.

Schiller, Friedrich (2004 [1795]): „Über naive und sentimentalische Dichtung" in: (Hrsg.) Wolfgang Riedel. ders. Sämtliche Werke Band V. Erzählungen. Theoretische Schriften. München/Wien, S. 694–780.

Schleiermacher, Friedrich Daniel Ernst (1974): *Hermeneutik*. Nach den Handschriften neu herausgegeben und eingeleitet von Hans Kimmerle, zweite, verbesserte und erweiterte Auflage. Heidelberg.

Scholz, Oliver Robert (2001²): *Verstehen und Rationalität. Untersuchungen zu den Grundlagen von Hermeneutik und Sprachphilosophie*. Zweite, durchgesehene Auflage. Frankfurt am Main.

Scholz, Oliver Robert (2001): Jenseits der Legende – Auf der Suche nach den genuinen Leistungen Schleiermachers für die allgemeine Hermeneutik", in: Jan Schröder (Hrsg.): Theorie der Interpretation vom Humanismus bis zur Romantik – Rechtswissenschaft, Philosophie, Theologie. Beiträge zu einem interdisziplinären Symposion in Tübingen, 29. September bis 1. Oktober 1999. Stuttgart 2001, S. 265–285.

Scholz, Oliver Robert (2005): „Die Vorstruktur des Verstehens. Ein Beitrag zur Klärung des Verhältnisses zwischen traditioneller und ‚philosophischer Hermeneutik'", in: Jörg Schönert und Friedrich Vollhardt (Hrsg.): Geschichte der Hermeneutik und die Methodik der textinterpretierenden Disziplin. Berlin/New York, S. 443–461.

Scholz, Oliver Robert (2008): „Johann Martin Chladenius" In: Kühlmann, Wilhelm (Hrsg.): *Killy Literaturlexikon. 2., vollständig überarbeitete Auflage. Band 2 Boa-Den*. Berlin/New York, S. 414–415.

Scholz, Oliver Robert (2015): Hermeneutics. In: James D. Wright (editor-in-chief), *International Encyclopedia of the Social & Behavioral Sciences*, 2nd edition, Vol 10. Oxford, S. 778–784.

Schultz, Heiner (2011): „Begriffsgeschichte und Argumentationsgeschichte" in: Joas, Hans und Peter Vorgt (Hrsg.): *Begriffene Geschichte. Beiträge zum Werk Reinhart Kosellecks*. Berlin, S. 225–263.

Schüren, Rainer (1969): *Die Romane Walter Scotts in Deutschland*. Berlin.

Seneca, Lucius Annaeus (1995): „De providentia/Von der Vorsehung" in: ders. *Philosophische Schriften. Erster Band.* Übersetzt, eingeleitet und mit Anmerkungen versehen von Manfred Rosenbach. Darmstadt.
Serrano, José María Sánchez de León (2013): *Zeichen und Subjekt im logischen Diskurs Hegels.* Hamburg.
Siep, Ludwig (1984): Wandlungen der Hegel-Rezeption. In: *Zeitschrift für philosophische Forschung.* Band 38, H. 1. S. 111–122.
Siep, Ludwig (1992): „,Gesinnung' und ,Verfassung'. Bemerkungen zu einem nicht nur Hegelschen Problem." In: ders. *Praktische Philosophie im deutschen Idealismus.* Frankfurt am Main, S. 270–284.
Siep, Ludwig (2000): *Der Weg der Phänomenologie des Geistes.* Frankfurt am Main.
Siep, Ludwig (2008): „Georg Wilhelm Friedrich Hegel (1770–1831)" in: Otfried Höffe (Hrsg.): *Klassiker der Philosophie Band 2. Von Immanuel Kant bis John Rawls.* München, S. 43–65.
Siep, Ludwig (2010): „Selbstverwirklichung, Anerkennung und politische Existenz. Zur Aktualität der politischen Philosophie Hegels." In: ders.: *Aktualität und Grenzen der praktischen Philosophie Hegels. Aufsätze 1997–2009.* München, S. 131–146.
Simon, Ernst (1928): *Ranke und Hegel.* München/Berlin.
Stewart, Jon Bartley (2003): *Kierkegaard's Relations to Hegel Reconsidered.* Cambridge.
Taylor, Charles (2009 [2007]): *Ein säkulares Zeitalter.* Frankfurt am Main.
Tetens, Holm (2015): *Gott denken. Ein Versuch über rationale Theologie.* Stuttgart.
Thukydides (2004): *Der Peloponnesische Krieg.* Übersetzt und herausgegeben von Helmuth Vretska und Werner Rinner. Stuttgart.
Tschudi, Aegidius (1734–1736): *Schweizer Chronik.* Basel.
Vico, Giambattista (2009): *Prinzipien einer neuen Wissenschaft über die gemeinsame Natur der Völker.* Band 1 und 2. Übersetzt und herausgegeben von Vittorio Hösle und Christoph Jermann. Hamburg.
Von Müller, Johannes (1786 ff.): *Die Geschichte der Schweizerischen Eidgenossenschaft.* Bd. 1–5 Leipzig.
Wahrig-Burfeind, Renate (Hrsg.) (2011): *Brockhaus. Wahrig Deutsches Wörterbuch.* Gütersloh/München. Neunte Auflage.
Weber, Max (2005 [1922]: *Wirtschaft und Gesellschaft. Grundriss der verstehenden Soziologie.* Frankfurt am Main.
Wehler, Hans-Ulrich (1987): *Deutsche Gesellschaftsgeschichte. Erster Band. Vom Feudalismus des Alten Reiches bis zur Defensiven Modernisierung der Reformära. 1700–1815.* München.
Weisser-Lohmann, Elisabeth und Dietmar Köhler (Hrsg.): *Hegels Vorlesungen über die Philosophie der Weltgeschichte. Hegel-Studien Beiheft 38*, Bonn.
Wette, Wolfram (1992): „Militärgeschichte von unten. Die Perspektive des ‚kleinen Mannes'." In: ders. (Hrsg.): *Der Krieg des kleinen Mannes. Eine Militärgeschichte von unten.* München/Zürich, S. 9–47.
Wilkins, Burleigh Taylor (1974): *Hegel's Philosophy of History.* Ithaca/London.
Wille, Matthias (2012): *Transzendentaler Antirealismus. Grundlagen einer Erkenntnistheorie ohne Wissenstranszendenz*, Berlin/Boston.
Winter, Max (2015): *Hegels formale Geschichtsphilosophie.* Tübingen.
Wittgenstein, Ludwig (1984 [1953]): „Philosophische Untersuchungen" in: *Ludwig Wittgenstein. Werkausgabe Band 1*, S. 225–580.

Wolff, Michael (1985): „Hegels staatstheoretischer Organizismus. Zum Begriff und Methode der Hegelschen ‚Staatswissenschaft'. In: *Hegel-Studien 19*, S. 147–177.
Wolff, Michael (1986): Hegel und Cauchy. Eine Untersuchung zur Philosophie und Geschichte der Mathematik. – In: Rolf Peter Horstmann/Michael John Petry (Hrsg.): *Hegels Philosophie der Natur. Beziehungen zwischen empirischer und spekulativer Naturerkenntnis.* Stuttgart, 197–263.
Wolff, Michael (2014): „Hegels Dialektik – eine Methode? Zu Hegels Ansichten von der Form einer philosophischen Wissenschaft." In: Anton Friedrich Koch, Friedrike Schick, Klaus Vieweg und Claudia Wirsing (Hrsg.): *Hegel – 200 Jahre Wissenschaft der Logik.* Hamburg, S. 71–86.
Ziegler, Konrat und Walther Sontheimer (Hrsg.) (1979): *Der Kleine Pauly. Lexikon der Antike.* Auf der Grundlage von Pauly's Realencyclopädie der classischen Altertumswissenschaft unter Mitwirkung zahlreicher Fachgelehrter bearbeitet und herausgegeben von Konrat Ziegler und Walther Sontheimer. München.

Personenregister

Adorno, Theodor W.   274
Althaus, Horst   41
Anderson, Benedict   89
Angehrn, Emil   224
Aristoteles   5, 60, 123 f., 191, 230

Barthes, Roland   117
Bauer, Bruno   12, 15
Bauer, Christoph Johannes   5, 7,
Bayly, Christopher A.   88
Becker, Willi   31
Benjamin, Walter   274
Bernheim, Ernst   7, 93
Beyer, W.R.   11, 15
Birnbacher, Dieter   223
Bohrer, Karl-Heinz   275
Breitenbach, Hans-Rudolf   51
Brunstäd, Fritz   21 f.
Bubner, Rüdiger   222
Busse, Dietrich   242
Butler, Ronald   83
Büttner, Manfred   256

Caesar, Gaius Iullius   73, 134
Chladenius, Johann Martin   92, 104
Churchill, Winston Spencer   77
Cicero, Marcus Tullius   47, 52, 93
Cieszkowski, August von   14
Clark, Christopher   149
Cobet, Justus   74
Conrad, Sebastian   88
Conze, Werner   241

Daniel, Ute   116
Danto, Arthur Coleman   104 f., 178
Demandt, Alexander   148
Deuser, Hermann   254, 256, 265
DeVries, Willem A.   58
Dierse, Ulrich   222
Droysen, Johann Gustav   6 f., 119
Düsing, Klaus   186

Emundts, Dina   10
Engels, Odilo   52

Fellmann, Ferdinand   235
Fichte, Johann Gottlieb   178–180, 183, 192
Forster, Edward Morgan   122
Forster, Michael N .   112,
Friedrich, Markus   68
Friedrich der Große   78
Fuhrmann, Manfred   99
Fulda, Daniel   5, 75, 85, 127 f., 130
Fulda, Hans-Friedrich   11, 144

Gabriel, Gottfried   90
Gadamer, Hans-Georg   83
Gervinus, Georg Gottfried   5–7
Gethmann, Carl-Friedrich   191
Gethmann-Siefert, Annemarie   14
Gil, Thomas   29
Goethe, Johann Wolfgang von   116

Halbig, Christoph   57, 169, 171, 177, 186 f., 198, 251
Hegel, Karl   12 f., 16, 20–25, 28, 31, 33
Heidegger, Martin   83
Heimsoeth, Heinz   15, 30
Henning, Tim   60, 80, 95, 122, 124
Henrich, Dieter   17, 31
Herodot   50–54, 57, 59, 70, 74, 110, 164
Hesiod   58
Hitler, Adolf   134
Hobsbawm, Eric   89
Hodgson, Peter C.   70
Hoffmeister, Johannes   16, 23–26, 32, 34
Horstmann, Rolf-Peter   10, 140, 244
Hübner, Rudolf   6
Hübner, Dietmar   178
Hüffer, Wilm   222
Humboldt, Wilhelm von   5

Iggers, Georg G.   141

Personenregister

Jaeschke, Walter 10 f., 14 f., 18, 24, 27, 31–36, 42 f., 128, 130
Jünger, Ernst 275

Kant, Immanuel 6, 186, 198 f.
Kierkegaard, Sören 14
Köhnke, Klaus Christian 14
Koselleck, Reinhart 47, 52, 80, 90 f., 134, 241–244

Landwehr, Achim 222
Lasson, Georg 23–26, 32, 34, 36
Leibniz, Gottfried Wilhelm 263–265
Lenin, Wladimir I. 14, 18
Lessing, Gotthold Ephraim 236
Lorenz, Stefan 264
Lorenzen, Paul 173
Luckhardt, Grant C. 115
Luckmann, Thomas 131
Lüdtke, Alf 116
Lukian 75
Luther, Martin 147, 256

Mahler, Andreas 242
Marheineke, Philipp 12, 15 f., 19
Martin, Christian Georg 120
Martinez, Matias 100, 117, 123
Marx, Karl 14, 41, 159, 291
Meier, Heinrich G. 52, 240 f.
Melanchthon 256
Mesch, Walter 222
Meyer, Marion 93
Michel, Karl Markus 13, 23, 27–29
Mohseni, Amir 159
Moldenhauer, Eva 13, 23, 27–29
Mooren, Nadine 134, 173, 190, 194, 206, 210, 253
Motzkin, Gabriel 159
Muhlack, Ulrich 5, 46, 93
Müller, Ernst 106, 222, 240
Mulsow, Martin 242

Napoleon 134
Nicolin, Friedhelm 11 f., 16, 22 f., 30, 53
Nietzsche, Friedrich Wilhelm 71

Osterhammel, Jürgen 88

Panteos, Athena 74
Petri, Manfred 193
Pinkard, Terry 41
Pippin, Robert B. 10, 144, 176, 186, 194
Pötscher, Walter 51, 58

Quante, Michael 13, 50, 62, 72, 137, 143, 153, 158, 177, 186, 201, 209, 225, 231, 248, 260, 263, 268, 280, 283
Quine, Willard v. O. 199

Ranger, Terence 89
Ranke, Leopold von 98, 126–128
Reimann, Aribert 127
Ricci, Valentina 58
Ritter, Joachim 268, 282
Rohs, Peter 142, 267
Rosenkranz, Karl 12, 14, 53, 275
Rózsa, Erszébet 156, 268

Sanguinetti, Federico 58
Sawilla, Jan-Marco 91
Scheffel, Michael 100, 117, 123, 270
Schiller, Friedrich von 5, 53, 101, 221 f.
Schleiermacher, Friedrich Daniel Ernst 83, 170, 198, 260 f.
Schmieder, Falko 222, 240
Scholz, Oliver Robert 83, 92, 182–184, 198
Schultz, Heiner 244
Schüren, Rainer 129 f.
Schweikard, David P. 137, 283
Scott, Walter 106, 127, 129 f.
Seneca, Lucius Annaeus 265
Serrano, José María Sánchez de León 176
Siep, Ludwig 34, 141, 150, 156, 177, 282
Simon, Ernst 128
Stewart, Jon Bartley 14

Taylor, Charles 57
Teichmüller, Gustav 241
Tetens, Holm 267, 276
Thukydides 51–54, 59, 65–67, 73–75, 122 f., 164
Trendelenburg, Friedrich Adolf 241
Tschudi, Aegidius 101

Vico, Giambattista 193, 235
Von Müller, Johannes 101f., 106

Wahrig-Buhrfeind, Renate 92, 133
Weber, Max 55
Wehler, Hans-Ulrich 187, 250
Wette, Wolfram 79

Wilkins, Burleigh Taylor 29
Wille, Matthias 42
Winter, Max 83, 128, 167
Wittgenstein, Ludwig 115
Wolff, Michael 140–142, 153, 216

Zwingli, Hyldreich 256

Sachregister

Aggregat   196–201, 211
Antike   51–53, 68, 74f., 77, 83, 109, 112f., 119, 125, 159, 164, 211, 265
Antirealismus   89
Archäologie   93
Aufklärung   46, 75, 85

Beginn der Geschichte   52, 54–65, 211
Begriff   8, 47f., 51–53, 55–57, 61, 64, 66, 69, 80f., 87, 94f., 109, 120f., 124, 139, 157, 180, 221, 223–231, 233–247, 257f., 264, 266, 277, 279, 288f.
Begriff (der)   142–147, 161, 163, 172–176, 187, 195, 202–204, 206–210, 268
Begriffsgeschichte   8, 52, 221, 230f., 240–245, 254, 258, 269f., 277, 279, 288–291

Epoche   23, 46f., 54f., 65, 83, 89, 98, 106, 108f., 111, 113, 134, 147, 178f., 230–233, 237
Erfahrung (historische)   59, 74, 244f., 271, 282
Erfahrungsraum   47, 80, 134
Erinnerung   55, 58f., 61, 69
Erinnerungskultur   59, 63, 68
Erkenntnisinteressen   40f., 49, 67f., 72, 75f., 81, 84, 91f., 97f., 102f., 113, 116f., 123, 135, 138, 160f., 165f., 182, 187, 200, 202, 209, 221f., 230, 237, 239, 268, 271, 277, 279, 285–288, 290
Erklärung   82, 209, 255
Erwartungshorizont   47
Erzählte Zeit   71, 100, 122f.
Erzählung   45f., 53, 59f., 66–69, 72, 76, 80, 90, 95, 97–103, 105, 107, 110–112, 115–119, 121–130, 135f., 138, 141, 150, 152, 165f., 182, 187f., 211, 214, 219, 223, 240, 269–274, 276–279, 282, 288–291
Erzählzeit   100, 122f.
Exempla-Lehre   45f.

Fortschritt   1, 57, 60f., 67, 98f., 102, 107, 115, 154f., 223f., 229–231, 234–237, 267, 269, 271, 278f., 283, 289f.
Fortschrittsgeschichte   98, 185, 223, 229, 244, 270, 272, 274, 277, 279, 288
Freiheit   8, 163, 187, 221, 223–227, 229–231, 233f., 236–247, 250, 252, 254, 257f., 266, 269f., 277, 279, 282f., 288f.

Geist   48, 51, 66, 71f., 75, 80–83, 97f., 101f., 111–113., 129, 133–135, 150–152, 158–160, 171, 173f., 191,195, 201f., 228, 236, 239, 264, 266–268,
– Geist, absoluter   1, 61f., 214, 218, 220, 222, 224, 239, 250, 252f., 259, 262, 289, 291
– Geist, objektiver   1, 3, 48, 141–146, 174, 213, 222, 224–227, 234f., 237f., 259, 262, 266–268, 274, 282
– Geist, subjektiver   58, 111, 224, 226, 261
Genese   2, 4, 8, 20, 45, 55, 62, 68, 101, 138, 141f., 144, 157, 159, 163, 165, 167, 200, 204, 240, 250
Geschichte   1–8, 10–13, 37, 40f., 46, 51–55, 57–66, 69–78, 81, 83–105, 116f., 119, 124, 126f., 136–138, 141, 159f., 163–165, 175, 177–183, 185, 187f., 192–194, 197, 199f., 202–204, 210–212, 214, 227–234, 245f., 255, 269–282, 285–290
– Geschichte, allgemeine   86, 89, 91, 93f., 96–105, 111, 116–118, 123–127, 132–135, 152, 165, 187, 211
– Geschichte, philosophische   47, 163, 167–170, 178, 180–193, 239–241, 271, 273, 289f.
– Geschichte, pragmatische   131–151, 155, 157, 161, 165f.
– Geschichte, reflektierte   37, 47, 80–85, 87, 91, 94, 99, 103f., 110–113, 116, 164–166
– Geschichte, Spezialgeschichte   156–163, 166, 211, 237–242, 289

Sachregister — 309

– Geschichte, ursprüngliche 47, 50–54, 58, 65, 68–72, 74–76, 78, 80, 87f., 94f., 97, 110–112, 123, 137, 164f., 239
– Geschichte vs. Geschichtsschreibung 54–65
Geschichtsschreibung 2–8, 32, 37, 44–48, 50–55, 57–92, 94–100, 102–107, 110, 112–117, 119–121, 123–135, 137f., 141f., 147–157, 160f., 163–170, 173, 175, 177–182, 185–193, 196f., 199–204, 207f., 210–215, 218, 220f., 228f., 238f., 241f., 244, 247, 249, 265, 269, 271, 273f., 277–280, 282f., 285–290
Gesetz 60, 62f., 192, 216, 235

Hermeneutik 5, 82f., 105, 107f., 113, 198, 287
– Hermeneutik als Kunstlehre des Verstehens 83, 107f.
– Hermeneutik, philosophische 83
Hilfswissenschaften, historische 93
Historia magistra vitae 47
Historia rerum gestarum 53f., 60, 64
Historia res gestae 53f.

Idealismus 4, 10, 186
Idee 62, 143–145, 158, 161, 172, 189, 195, 202–204, 210, 212, 223f., 235f., 239, 242, 245, 259f., 268, 281, 289
Interpretation 3f., 16, 20, 26, 29f., 33, 36–43, 85, 99, 102f., 127, 155, 170
Interpretationsautonomie 19f., 23f., 35f., 38

Krieg 51f., 54, 59, 65, 70, 73f., 104, 122f., 125, 133f., 157
Kultur 53–55, 57, 59, 65f., 68, 70–72, 78, 87f.–90, 108–111, 113, 124, 131, 138, 160, 162, 164, 231f., 237, 262

Logik 22, 39, 48–50, 118, 120, 140, 142f., 146, 148, 158, 174, 186, 195, 208–210, 216, 245, 262f.

Metaphilosophie 222, 247, 262f., 266, 268
Militär 74, 76

Militärgeschichte 73, 79,
Mnemosyne 57–60, 67f.

Natur 65, 143, 158, 171, 203, 209, 224, 226, 235, 238, 254, 261f., 270
Naturphilosophie 143, 146, 158f., 195, 199, 202, 288
Neuzeit 68, 70, 75, 77f., 106, 109, 242

Organismus 62, 140f.

Philosophie 1–26, 28–32, 34–40, 44f., 47–50, 55, 58, 85f., 89, 98, 100, 120, 139–141, 143, 145f., 151, 153, 158–161, 168, 170–177, 179–183, 185–191, 194–197, 200–206, 210–219, 221–229, 233f., 236, 238–240, 246, 248–253, 255, 257–269, 280f., 283, 285, 288f., 291
– Philosophie, praktische im weiten Sinne 8, 221–229, 238, 246, 248–253, 266,–269, 280f., 283, 285, 288f.,
– Philosophie, spekulative 120, 162f., 188–192, 194, 196, 201f., 204, 206–208, 210–214, 216–219, 227f., 237, 248, 251–255, 260f., 265, 280, 286
Präsumtion 182–185

Reflexion 45f., 51f., 56f., 72, 74, 132, 150, 164, 172–174, 182, 278, 288
Relevanzkriterien 46, 68, 72, 88, 100, 103, 117, 126, 129, 132, 135f., 160, 165

Signifikanz, emotionale 59f., 66, 87, 95, 102, 110, 125–127, 130, 157
Sinnzusammenhang 122
Sittlichkeit 56, 112, 142, 151, 153, 155f., 165, 200, 225f., 238, 268, 278, 280, 282, 288f.
Sklaverei 109, 232, 283
Spekulation 120
Störfall 59, 66, 70, 73, 76

Textkonstitution 43
Theorie 1f., 50, 57, 72, 78, 105, 138, 141, 143f., 148, 171, 174, 176, 180f., 185, 190f., 194, 196, 201, 217, 222, 224f., 227, 240, 245f., 266

Variation 40
Verhältnisbestimmungen (Philosophie zu Wissenschaft) 3, 8, 210 f., 253, 258, 261, 286
Vernunft 49, 120, 136, 180 – 185, 188 f., 201, 212, 252, 256
Vernunftthese 180, 184 f., 188 f., 193, 197, 213, 236, 247 – 257, 259 – 261, 277 – 280, 289
Verstand 117 f., 120 – 122, 135, 148, 171, 176, 181, 185, 196

Weltgeschichte 1 – 4, 45 – 47, 53 – 55, 74, 87 f., 95, 143, 147, 150, 156 f., 159 f., 162 f., 165, 167 f., 179 – 182, 189, 208, 210 – 214, 223 f.,, 227 – 229, 232 – 240, 247, 249 – 251, 255., 257 – 271, 273, 280 f., 283, 285, 291
Wesen 16, 28, 203, 217, 230, 237
Wille 141 – 143, 168 f., 224, 226, 229 f., 233, 235, 245
Wissenschaftstheorie 1 f., 4, 6, 150, 189, 191, 201, 211 – 214, 229, 244 f., 266, 280, 285, 287 f.

Zeit (geschichtslose) 54 – 65,
Zufall 63, 203, 247, 266
Zukunft 178, 218, 237, 267, 269, 274, 281, 283
Zutrauen 56, 226, 229, 267, 275

www.ingramcontent.com/pod-product-compliance
Lightning Source LLC
Chambersburg PA
CBHW032050220426
43664CB00008B/946